BIM应用系列教程

BIM 建模基础与应用

Revit建筑

朱溢镕　焦明明　主编

化学工业出版社

·北京·

《BIM建模基础与应用》为BIM应用系列教程中的一本，以《BIM算量一图一练》中的两个案例为本书的精讲及实战案例，基于BIM-Revit建筑建模基础与应用进行编写。

本书围绕BIM概述、BIM建模案例讲解、BIM建模案例实训三部分展开编制。通过专用宿舍楼案例工程，借助Revit建筑软件对案例建筑、结构模型的设计及翻模原理过程进行精细化讲解。一方面，给BIM工程师提供一个建模样例，指导读者掌握BIM土建建模的方法、流程；另一方面，详细分析了工程项目基于BIM模型的后阶段BIM应用。通过员工宿舍楼案例工程，以阶段任务场景化的实战引导模式，以独立的案例帮助读者进一步掌握BIM建模基础实践应用。本书还系统地分析了BIM是什么、干什么以及未来的趋势，对当前行业应用现状、BIM技术实施的难题等进行了深入的剖析。

本书适合作为高校建筑类相关专业教材，也可以作为培训机构、BIM建模人员的培训和自学用书。

图书在版编目（CIP）数据

BIM建模基础与应用/朱溢镕，焦明明主编. —北京：化学工业出版社，2017.6（2025.2重印）

BIM应用系列教程

ISBN 978-7-122-29586-6

Ⅰ.①B… Ⅱ.①朱… ②焦… Ⅲ.①建筑设计-计算机辅助设计-应用软件-教材 Ⅳ.①TU201.4

中国版本图书馆CIP数据核字（2017）第096142号

责任编辑：吕佳丽　　装帧设计：王晓宇

责任校对：宋　夏

出版发行：化学工业出版社（北京市东城区青年湖南街13号　邮政编码100011）

印　　装：三河市航远印刷有限公司

787mm×1092mm　1/16　印张16¼　字数438千字　2025年2月北京第1版第15次印刷

购书咨询：010-64518888　售后服务：010-64518899

网　　址：http://www.cip.com.cn

凡购买本书，如有缺损质量问题，本社销售中心负责调换。

定　　价：45.00元

编审委员会名单

编写人员名单

主　编　朱溢镕　广联达工程教育

焦明明　广联达工程院

副主编　张西平　武昌工学院

王文利　湖北工业大学工程技术学院

温晓慧　青岛理工大学

参　编　（排名不分先后）

吴正文　安徽建筑大学

殷许鹏　河南城建学院

刘　强　四川攀枝花学院

王　莉　商丘工学院

王　领　河南财政金融学院

张士彩　石家庄铁道大学四方学院

赵玉强　齐鲁理工学院

张永锋　吉林电子信息技术学院

冯　卡　北京交通职业技术学院

樊　磊　河南应用技术职业学院

熊　燕　江西现代职业技术学院

蒋吉鹏　广东水利电力职业技术学院

刘　萌　山东商务职业学院

陈荣平　江苏联合职业技术学院东台分院

石知康　杭州宾谷科技

樊　娟　黄河建工集团

应春颖　广联达 BIM 中心

二十多年前，由于 CAD 技术的快速普及，一场轰轰烈烈的“甩图板”运动在工程界悄然兴起，随着其应用的深入及普及，CAD 技术被认为是推动建筑工程界的第一次信息化革命。今天，BIM 技术的应用已势不可挡，工程项目描述正从二维概念到三维模型实时呈现转变，BIM 应用范围也在不断扩大及深入，BIM 技术贯穿于建筑全生命周期，涵盖从兴建过程到营运过程以及最终的拆除过程应用。至此，BIM 技术可以说为推动建筑工程界的第二次信息化革命。

BIM（Building Information Modeling）—建筑信息模型，是以建筑工程项目的各项相关信息数据作为模型的基础，进行建筑模型的建立，通过数字信息仿真模拟建筑物所具有的真实信息。建筑信息的数据在 BIM 模型中的存储，主要以各种数字技术为依托，从而以这个数字信息模型作为各个建筑项目的基础，去进行相关工作。在建筑工程的整个生命周期中，建筑信息模型可以实现集成管理，因此这一模型既包括建筑物的信息模型，同时又包括建筑工程管理行为的模型。综上所述，BIM 模型为 BIM 技术项目实施的基础载体。本书主要围绕 BIM 模型的设计及应用进行展开，是 BIM 技术入门的基础应用课程。

《BIM 建模基础与应用》是基于 BIM-Revit 建筑建模基础与应用进行任务情景模式设计的，依托于《BIM 算量一图一练》两个案例工程项目，围绕 BIM 概述、BIM 建模案例讲解、BIM 建模案例实训三部分展开编制。通过专用宿舍楼案例工程，借助 Revit 建筑软件对案例建筑、结构模型的设计及翻模原理过程进行精细化讲解。一方面，给 BIM 工程师提供一个建模样例，指导读者掌握 BIM 土建建模的方法、流程；另一方面，详细分析了工程项目基于 BIM 模型的后阶段 BIM 应用。通过员工宿舍楼案例工程，以阶段任务场景化的实战引导模式，以独立的案例帮助读者进一步掌握 BIM 建模基础实践应用。本书还系统地分析了 BIM 是什么、干什么以及未来的趋势，对当前行业应用现状、BIM 技术实施的难题等进行了深入的剖析。

本书为“BIM 应用系列教程”中的 BIM 建模分册，配套图纸为《BIM 算量一图一练》（读者可以单独购买），主要针对高等院校建筑类相关专业建筑识图、建筑工程建模与制图及 BIM 建模基础应用等课程学习使用，可以作为高等院校土木工程、施工技术、工程管理、造价管理、房地产经营管理、审计、公共事业管理、资产评估等专业的 BIM 教材，同时也可以作为建设单位、施工单位、设计及监理等单位 BIM 工程师 BIM 建模及入门学习的参考资料。

教材提供有配套的授课 PPT、《BIM 算量一图一练》图纸等电子授课资料包，授课老师可以扫码加入 BIM 教学应用交流群【QQ 群号：273241577（该群为实名制，入群读者申请以“姓名+ 单位”命名）】索取。 我们希望搭建该平台为广大读者就 BIM 技术落地应用、BIM 应用系列教程优化改革等展开交流合作。 同时，教材编委会为方便广大读者及 BIM 爱好者学习，打造了 BIM 应用系列教程的案例视频，读者可以登录“建才网校”在线学习（百度搜索“建才网校”即可找到）。

由于编者水平有限，书中难免有不足之处，恳请广大读者批评指正，以便及时修订与完善。

【BIM 教学应用交流 QQ 群】

编者

2017 年 5 月

第1篇 BIM概论

第2篇 BIM建模案例讲解

第1篇 BIM概论

学习目标

1. 了解BIM的基本概念及BIM应用的基本方向及难点。
2. 熟悉BIM人才需求与岗位能力要求。
3. 了解高校BIM人才培养途径。
4. 了解基于BIM模型的造价、施工方向全过程应用流程业务内容。

1 概述

建筑行业信息化技术的发展，使得BIM技术在建筑领域应用愈加广泛，BIM已经不仅代表“建筑信息模型”或“建筑信息管理”，随着技术和应用的发展，BIM自身的概念正在不断地被人们重新解读。

1.1 什么是BIM

《BIM技术应用丛书》中从不同维度理解BIM：第一个维度是项目不同阶段的BIM应用，第二个维度是项目不同参与方的BIM应用，第三个维度是不同层次和深度的BIM应用。英国麦格劳-希尔建筑信息公司2009年的一份报告里将BIM-建筑信息模型定义为创建并利用数字模型对项目进行设计、建造及运营管理的过程。

在Peter Barners和Nige Davies（2014）编著的《BIM in principle and in practice》一书里，BIM被定义为一个过程，它是“基于计算机建筑3D模型，随实际建筑的变化而变化的过程”；2014年，英国BIM研究院对BIM的定义是“一项综合的数字化流程”，即从设计到施工建设再到运营，提供贯穿所有项目阶段的可协调且可靠的共享数据。

1.2 制约BIM应用的难题

目前，世界各国都在推广BIM的应用，因为应用BIM技术能够产生经济效益、社会效益和环境效益，但是由于缺乏具有综合能力的BIM技术人员，已经阻碍了BIM技术在建筑产业中的应用。中国建筑施工行业信息化发展报告（2015）调研结果（图1-1）表明，BIM人才的培养是当前影响BIM深度应用与发展的主要障碍。如何推动BIM系列软件在建筑行

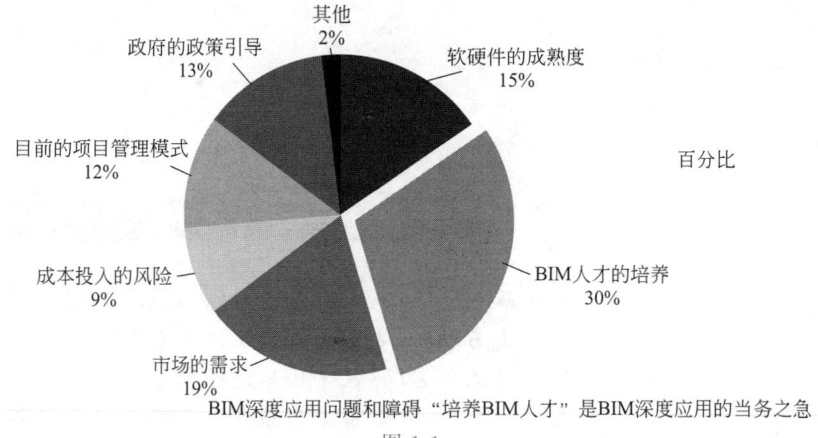

图1-1

业应用，进一步落实BIM技术推广，培养企业所需的BIM人才，是当前亟需解决的问题。

1.3 BIM人才分析

1.3.1 行业用人需求分析

随着建筑信息化时代的到来，行业岗位人才需求也发生了巨大变化，以下以BIM技术为代表对建筑行业信息化人才需求进行分析。

BIM技术是在CAD技术基础上发展起来的多维模型信息集成技术，这些维度包括在三维建筑模型基础上的时间维、造价维、安全维、性能维等。BIM的作用是使建设项目信息在规划、设计、建造和运营维护全过程中充分共享、无损传递；可以使建设项目的所有参与方在项目从概念产生到完全拆除的整个生命周期内，都能够在模型中操作信息和在信息中操作模型，进行协同工作，从而从根本上改变过去依靠以文字符号形式表达蓝图进行项目建设和运营管理的工作方式。

BIM技术人才最基本的要求就是掌握最基础的BIM操作技能，即通过操作BIM建模软件，能将建筑工程设计和建造中产生的各种模型和相关信息制作成可用于工程设计、施工和后续应用所需的BIM及其相关的二维工程图样、三维集合模型和其他有关的图形、模型和文档的能力；通过操作BIM专业应用软件进行BIM技术的综合应用能力。但是仅仅掌握BIM最基础的技能，并不能称为BIM技术人才。BIM的意义在于项目全生命周期的信息交互（图1-2）。

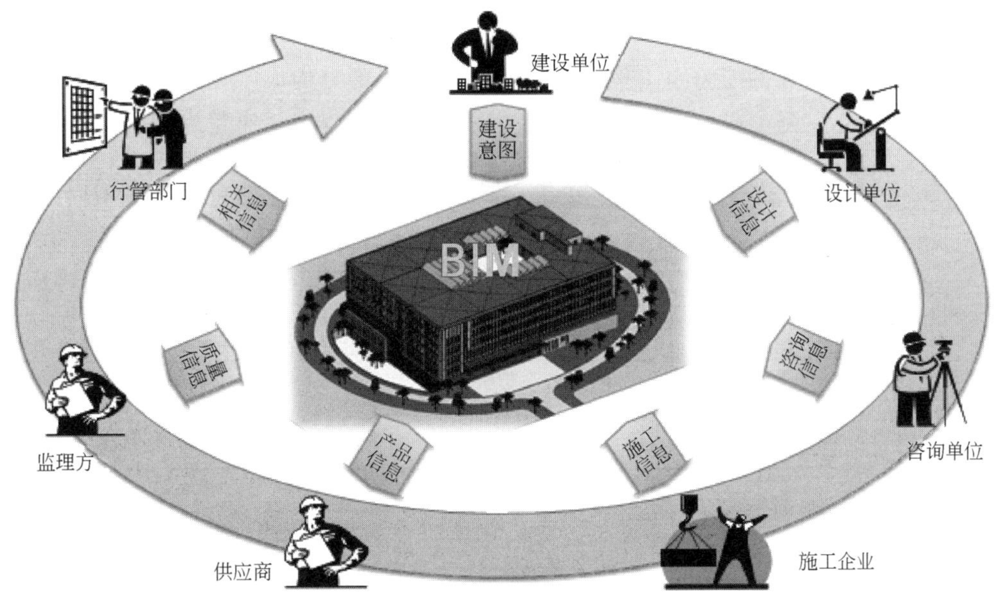

图1-2

因此，BIM人才应该具备基本的工程能力＋BIM技能＋管理协同能力。只会用单一软件建模，而不会用多种软件解决项目全生命周期的问题，或者只会用模型解决单一工种问题，而不会解决多工种问题的，不算懂BIM；只会干活而不会带领团队，或者只会带队干活而不懂培养人才的也不算BIM技术人才。BIM人才应该是复合型人才，只有这样才能担起在一个项目中的责任，才能发挥出BIM真正的价值。目前企业BIM团队人才需求可以分为以下几类（图1-3）。

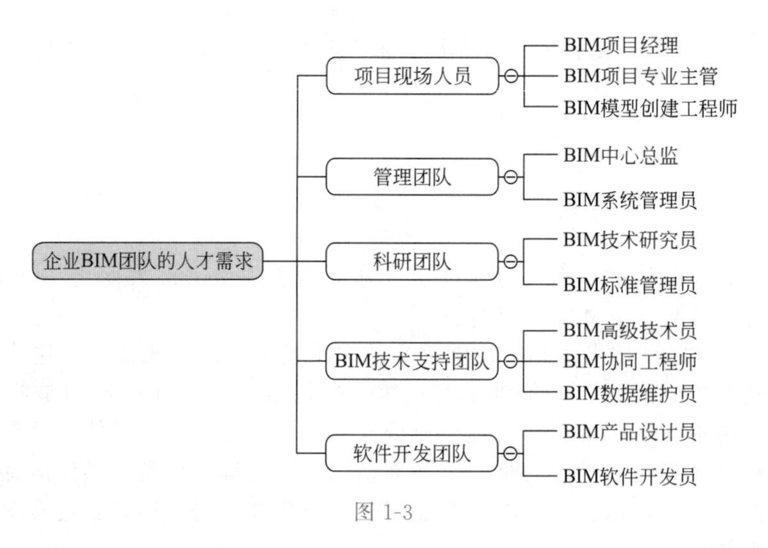

图 1-3

行业用人需求层次总结归纳为以下三个大类：

（1）BIM 操作层，即 BIM 建筑建模师、BIM 结构建模师、BIM 机电建模师、BIM 全专业建模师。

（2）BIM 专业层，即 BIM 建筑工程师、BIM 结构工程师、BIM 机电工程师、BIM 暖通工程师、BIM 桥梁工程师、BIM 轨道交通工程师、BIM 造价工程师。

（3）BIM 管理层，即 BIM 技术经理、BIM 项目经理、BIM 企业总监。

1.3.2 BIM 人才能力分析

BIM 专业应用人才的能力由工程能力和 BIM 能力两部分构成（见图 1-4）。工程能力可以按照工程项目生命周期的主要阶段分成设计、施工和运维三种类型；每一个阶段需要完成的工作又可以分成不同的专业或分工，例如设计阶段的建筑、结构、设备、电气等专业，施工阶段的土建施工、机电安装、施工计划、造价控制等，运维阶段的空间管理、资产管理、设备维护等。

图 1-4

结合行业用人需求及 BIM 岗位需求分析，对 BIM 专业应用人才的能力进行分析说明，如表 1-1 所示。

表 1-1 BIM 专业应用人才能力分析

序号	能力分类	能 力 要 求
1	BIM 软件操作能力	BIM 专业应用人员掌握一种或若干种 BIM 软件使用的能力，这是 BIM 模型生产工程师、BIM 信息应用工程师和 BIM 专业分析工程师三类职位必须具备的基本能力
2	BIM 模型生产能力	指利用 BIM 建模软件建立工程项目不同专业、不同用途模型的能力，如建筑模型、结构模型、场地模型、机电模型、性能分析模型、安全预警模型等，这是 BIM 模型生产工程师必须具备的能力
3	BIM 模型应用能力	指使用 BIM 模型对工程项目不同阶段的各种任务进行分析、模拟、优化的能力，如方案论证、性能分析、设计审查、施工工艺模拟等，这是 BIM 专业分析工程师需要具备的能力
4	BIM 应用环境建立能力	指建立一个工程项目顺利进行 BIM 应用而需要的技术环境的能力，包括交付标准、工作流程、构件部件库、软件、硬件、网络等，这是 BIM 项目经理在 BIM IT 应用人员支持下需要具备的能力

续表

序号	能力分类	能 力 要 求
5	BIM 项目管理能力	指按要求管理协调 BIM 项目团队、实现 BIM 应用目标的能力，包括确定项目的具体 BIM 应用、项目团队建立和培训等，这是 BIM 项目经理需要具备的能力
6	BIM 业务集成能力	指把 BIM 应用和企业业务目标集成的能力，包括确认 BIM 对企业的业务价值、BIM 投资回报计算评估、新业务模式的建立等，这是 BIM 战略总监需要具备的能力

通过对岗位能力的要求及培养目标要求分析，BIM 专业人才能力具体要求解析如图 1-5 所示。

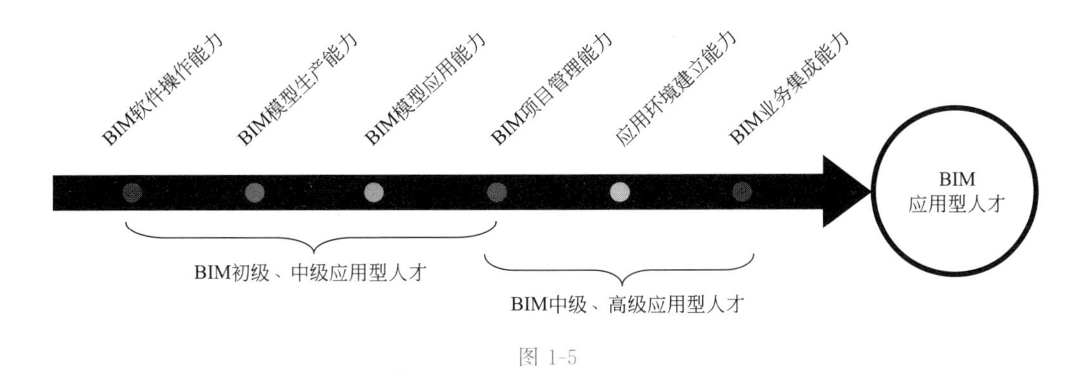

图 1-5

通过图 1-5 不难看出，各 BIM 人才的培养应从低到高进行梯次提升，从会软件、会建模到会应用，这是通过项目实践应用后逐步发展到能够进行业务集成的高级 BIM 管理人员量变到质变的过程。

1.3.3 企业及高校 BIM 人才培养

（1）目前企业主要是公司项目形式带动 BIM 人才培养，即通过项目应用 BIM 技术，从而以公司项目部的形式组织进行 BIM 系列培训带动 BIM 人才培养。行业学会及协会组织的 BIM 等级考试及相关的培训，主要以 BIM 岗位等级认证证书能力考核为主导。

学会及协会 BIM 等级培训及资格认证考试是企业 BIM 人才培养的一种模式，目前主要的 BIM 认证考核组织如下。

① 中国图学学会及国家人力资源和社会保障部联合颁发：一级 BIM 建模师、二级 BIM 高级建模师（区分专业）、三级 BIM 设计应用建模师（区分专业基础之上偏重模型的具体分析）。

② 中国建设教育协会单独机构颁发：一级 BIM 建模师、二级专业 BIM 应用师（区分专业）、三级综合 BIM 应用师（拥有建模能力，包括与各个专业的结合、实施 BIM 流程、制定 BIM 标准、多方协同等，偏重于 BIM 在管理上的应用）。

③ 工业和信息化部电子行业职业技能鉴定指导中心和北京绿色建筑产业联盟联合颁发：BIM 建模技术、BIM 项目管理、BIM 战略规划考试。

④ ICM 国际建设管理学会颁发：BIM 工程师、BIM 项目管理总监。

（2）高校的 BIM 人才培养现状　BIM 技术的发展日新月异，负责人才培养的教育和培训事业面临着很大的挑战，但同时也是很大的机遇。鉴于中国快速大规模的城镇化和行业管理的一体化系统，中国 BIM 增长的曲线会更加陡高。那么随着中国 BIM 应用高峰的日渐临近，人才的培养需求已经迫在眉睫。BIM 技术高校落地实施的难题是 BIM 专业建设及专业人才培养方案的修订，BIM 如何与专业进行结合、如何入课是目前摆在高校面前的一道难题。BIM 高校应用现状调研见图 1-6。

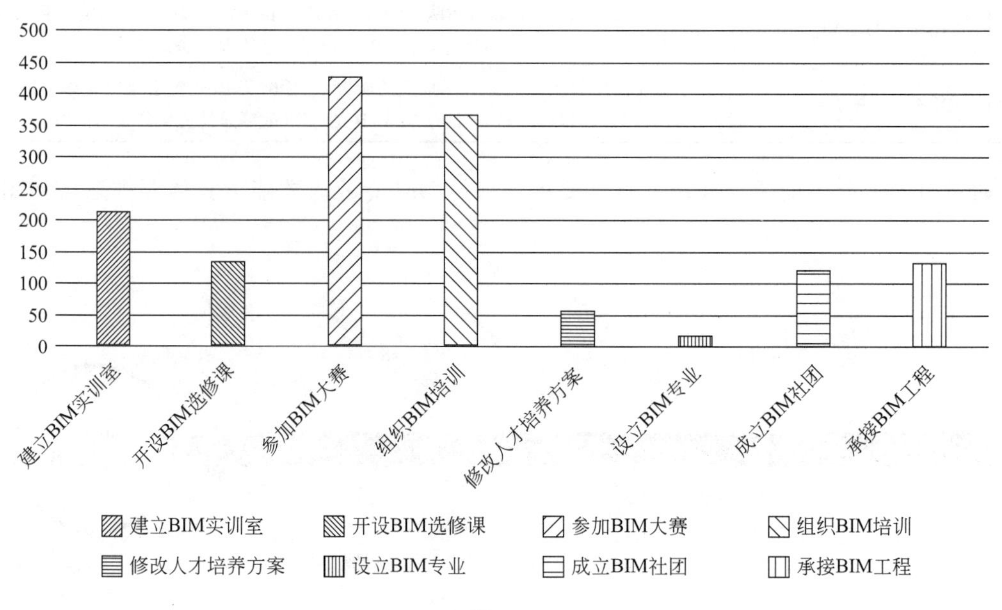

图 1-6

（3）高校 BIM 人才培养的方向　BIM 标准人才，即做标准研究的 BIM 人才；BIM 工具人才，即做工具研制的 BIM 人才；BIM 应用人才，即应用 BIM 支持本人专业分工的人才。同时，结合行业 BIM 岗位需求分析，BIM 应用人才应该为高校人才培养的重中之重。

1.4　BIM 建模应用概述

随着 BIM 应用的深入发展，BIM 在设计阶段的建模应用已逐渐成为趋势，作为 BIM 设计模型的后价值之一，BIM 模型后续应用逐渐受到建设各方的关注。例如过去常采用 Revit 辅助算量，通过 Revit 本身具备的明细表功能，把模型构件按各种属性信息进行筛选、汇总，最后排列表达出来。但是 Revit 模型中的构件是完全纯净的，算量结果完全取决于建模的方法和模型精度，所以明细表中列出的工程量为“净量”，即模型构件的净几何尺寸，与国标清单工程量还有一定差距。

为了更好地探索设计模型后价值，目前除建立模型规则、统一标准，规范工作流程外，还一直在尝试 BIM 模型与 BIM 系列软件（如算量、施工等）进行对接，试图实现设计模型向算量模型等深层次应用的顺利传递，增加模型的附加值。

1.5　BIM 模型全过程应用流程

随着 BIM 技术应用逐渐深入，BIM 应用从最开始的 BIM 模型创建及各专业模型碰撞检查等应用，开始向基于 BIM 模型深度应用进行转变。

（1）基于 BIM 模型造价方向全过程应用见图 1-7。

（2）基于 BIM 模型施工方向全过程应用见图 1-8。

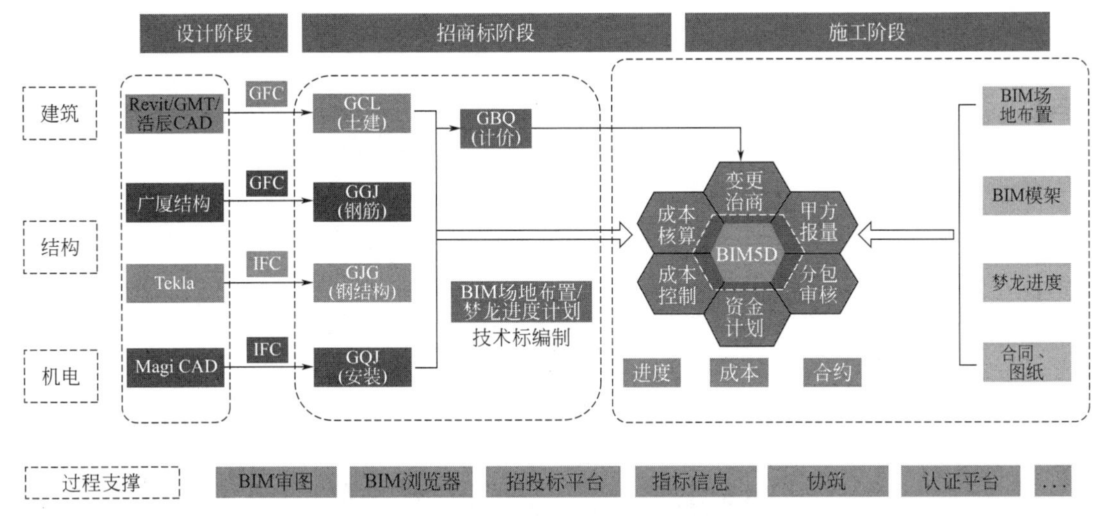
设计阶段
招商标阶段
施工阶段
建筑
结构
机电
Revit/GMT/浩辰CAD
广厦结构
Tekla
Magi CAD
GFC
GFC
IFC
IFC
GCL (土建)
GGJ (钢筋)
GJG (钢结构)
GQJ (安装)
GBQ (计价)
BIM场地布置/梦龙进度计划
技术标编制
变更治商
甲方报量
分包审核
资金计划
成本控制
成本核算
BIM5D
进度
成本
合约
BIM场地布置
BIM模架
梦龙进度
合同、图纸
过程支撑
BIM审图
BIM浏览器
招投标平台
指标信息
协筑
认证平台
...

图 1-7

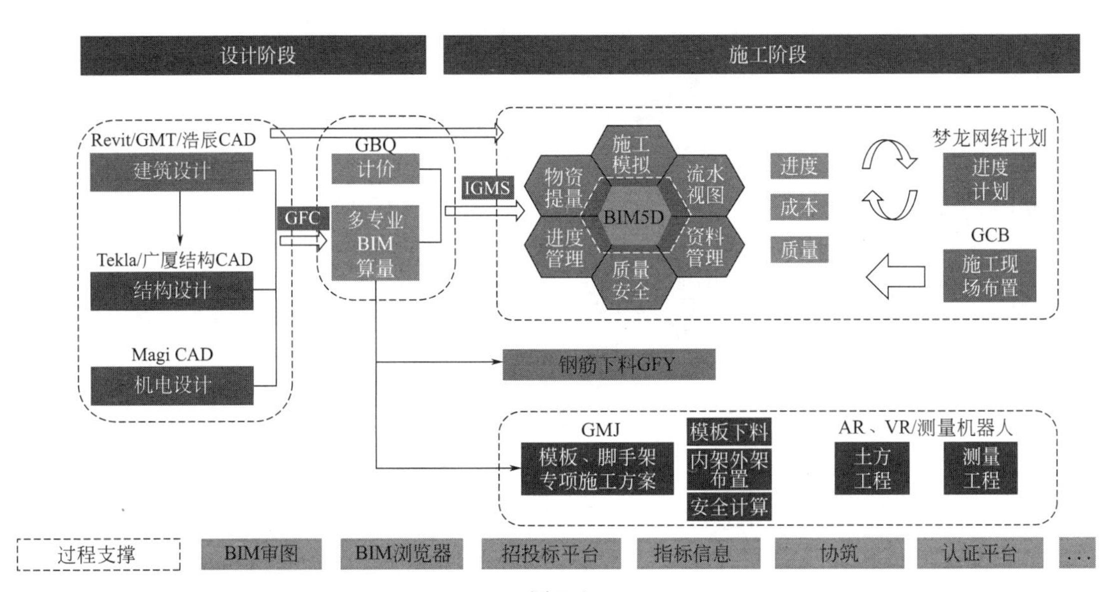
设计阶段
施工阶段
Revit/GMT/浩辰CAD
建筑设计
Tekla/广厦结构CAD
结构设计
Magi CAD
机电设计
GFC
GBQ
计价
多专业 BIM 算量
IGMS
施工模拟
流水视图
资料管理
质量安全
进度管理
物资提量
BIM5D
进度
成本
质量
梦龙网络计划
进度计划
GCB
施工现场布置
钢筋下料GFY
GMJ
模板、脚手架专项施工方案
模板下料
内架外架布置
安全计算
AR、VR/测量机器人
土方工程
测量工程
过程支撑
BIM审图
BIM浏览器
招投标平台
指标信息
协筑
认证平台
...

图 1-8

第 2 篇

BIM建模案例讲解

学习目标

1. 掌握 Revit 软件创建项目文件、标高、轴网的步骤，熟练使用“轴网”、“阵列”、“复制”、“对齐”等操作功能。

2. 熟练使用 Revit 软件创建案例工程项目的独立基础、基础垫层、结构柱、梯柱、构造柱、结构梁、梯梁、结构板、楼梯，完成结构模型的搭建。

3. 熟练使用 Revit 软件创建案例工程项目的建筑墙、女儿墙、圈梁、门、窗（含护窗栏杆）、洞口、过梁、台阶、散水、坡道（含坡道栏杆）、空调板（含空调护栏）、室内装修及外墙面装修，完成建筑模型的搭建。

4. 熟练使用 Revit 软件对案例工程项目进行模型浏览、动画漫游、图片渲染、材料统计、出施工图等操作，体验案例工程模型的后期应用。

5. 了解 Revit 软件与其他 BIM 软件数据对接的流程及步骤。

2

模前期准备

2.1 新建项目

2.1.1 任务说明

打开 Revit 软件，根据提供的项目样板文件，完成专用宿舍楼项目文件的创建。

2.1.2 任务分析

★ 业务层面分析

找到已提供的项目模板 2016. rte 文件，以此为基础建立项目文件。

★ 软件层面分析

（1）学习使用“新建”—“项目”命令建立项目文件。

（2）学习使用“项目单位”命令修改项目文件基础设置。

（3）学习使用“保存”命令保存项目文件。

2.1.3 任务实施

【说明】在正式使用 Revit 建立 BIM 模型之前，需要先建立项目文件。项目文件包含了后期建模过程中的所有数据，所以建立项目文件是后期所有工作的第一步。（注意本书以 Revit2016 为例讲解）下面以《BIM 算量一图一练》中的专用宿舍楼项目为例，讲解新建项目文件的操作步骤。

（1）打开合适的项目模板。启动 Revit，默认打开“最近使用的文件”页面，单击左上角的“应用程序”按钮，在列表中选择“新建”—“项目”命令，弹出“新建项目”窗口如图 2-1 所示。单击“浏览”按钮，找到提供的“专用宿舍楼配套资料 \ 02-项目模板 \ 项目模板 2016. rte”，选择“项目模板 2016. rte”样板文件，点击“打开”按钮，确认“新建项目”窗口中的“新建”类型为“项目”，单击“确定”按钮，Revit 将以“项目模板 2016. rte”为样板建立新项目。弹出“模型升级”窗口，如图 2-2 所示，这是由于 Revit 版本为 2016，样板文件为低于 Revit2016 的版本，需要将文件进行升级，等待片刻后“模型升级”窗口自动消失，完成新项目的创建。

新建项目
样板文件
项目模板2016.rte
浏览(B)...
新建
项目(P)
项目样板(T)
确定
取消
帮助(H)

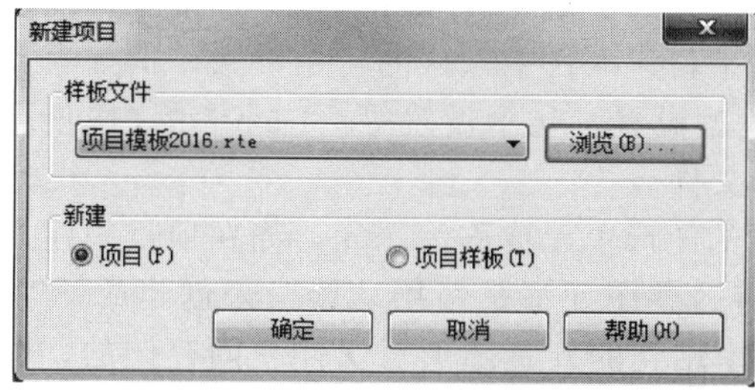

图 2-1

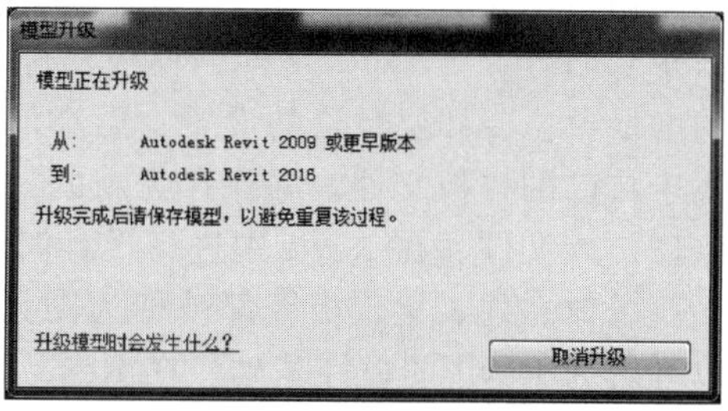
模型升级
模型正在升级
从: Autodesk Revit 2009 或更早版本
到: Autodesk Revit 2016
升级完成后请保存模型，以避免重复该过程。
升级模型时会发生什么?
取消升级

图 2-2

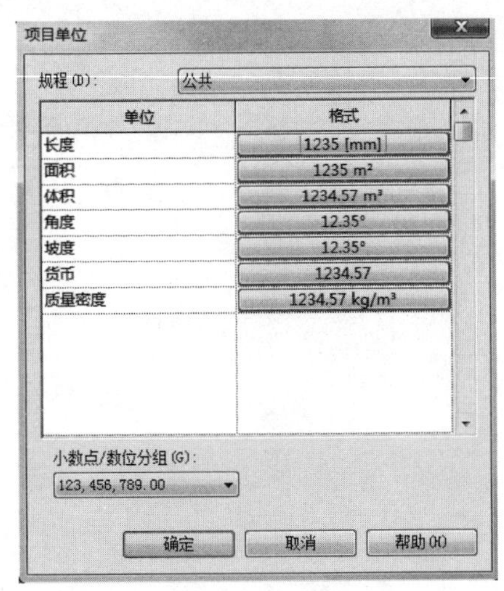

图 2-3

（2）在新项目中进行简单编辑。升级完成后，默认将打开“场地”楼层平面视图。切换至“管理”选项卡，单击“设置”面板中的“项目单位”工具，打开“项目单位”窗口，如图 2-3 所示。设置当前项目中的“长度”单位为“mm”，“面积”单位为“m^2”，单击“确定”按钮退出“项目单位”窗口。

（3）保存设置好的项目文件。单击“快速访问栏”中保存按钮，弹出“另存为”窗口，指定存放路径为“Desktop \ 专用宿舍楼 \ 项目文件”，命名为“专用宿舍楼”，默认文件类型为“. rvt”格式，点击“保存”按钮，关闭窗口。将项目保存为“专用宿舍楼”。如图 2-4 所示。

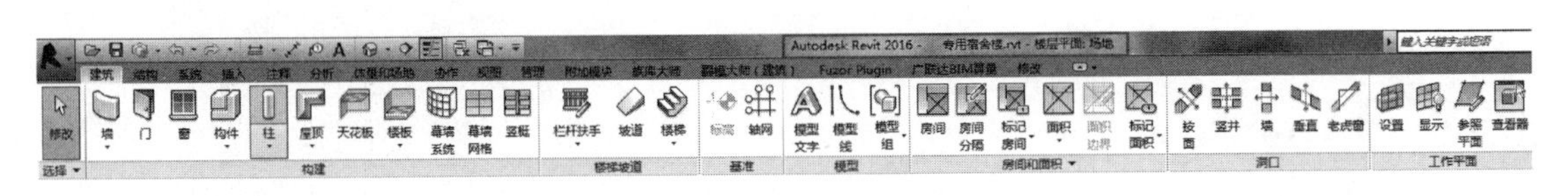

图 2-4

2.1.4 总结拓展

★ 步骤总结

上述 Revit 软件建立项目文件的操作步骤主要分为三步。第一步：打开合适项目模板；第二步：在新项目中进行简单编辑；第三步：保存设置好的项目文件。按照本操作流程读者可以完成专用宿舍楼项目文件的创建。

★ 业务扩展

Revit 作为一款优秀的 BIM 软件，具有专用的数据存储格式，且针对不同的用途，Revit 将会存储为不同格式的文件。在 Revit 中，最常见的几种文件类型为项目文件、样板文件和族文件。

（1）项目文件。在 Revit 中，所有的模型成果、材料表、图纸等信息全部存储在一个后缀名为“. rvt”的 Revit 项目文件中。Revit 中项目文件的功能相当于 CAD 的“. dwg”文件。项目文件包含设计所需的全部信息，例如后面章节将讲到的建筑、结构模型，渲染的图片，制作的漫游动画，统计的材料量表等。

（2）样板文件。在 Revit 中新建项目时，Revit 会自动以一个后缀为“. rte”的文件作为项目的初始选择，这个“. rte”格式的文件就被称为“样板文件”，Revit 中样板文件的功能相当于 CAD 的“. dwt”文件。样板文件中定义了新建项目中默认的初始参数，例如项目默认的度量单位、楼层数量的设置、层高信息、线型设置、显示设置等。Revit 允许用户自定义属于自己的样板文件，并保存为新的“. rte”文件。

（3）族文件。在 Revit 中进行设计时，基本的图形单元被称为图元，如在项目中建立的墙、门、窗、柱、梁、板等都被称为图元。所有这些图元都是使用“族”来创建的，“族”可以理解为 Revit 的设计基础。在 Rcvit 的项目中用到的族是随项目文件一同存储的，可以通过展开“项目浏览器”中“族”类别进行查看。“族”还可以保存为独立的后缀为“. rfa”

格式的文件，方便与其他项目共享使用，如“门”、“窗”等构件，这类族称为“可载入族”。Revit 中族文件的功能相当于 CAD 中的块文件。Revit 还提供了族编辑器，可以根据项目需求自由创建、修改所需的族文件。

2.2 新建标高

2.2.1 任务说明

打开 Revit 软件，根据提供的专用宿舍楼图纸，完成专用宿舍楼标高体系的创建。

2.2.2 任务分析

★ 业务层面分析

翻阅图纸找到“建施-01”中“建筑楼层信息表”，以此为基础创建标高；找到“结施-02”，“基础平面布置图”下注明的基础底标高为－2.450m，以此为基础创建基础底标高。

★ 软件层面分析

（1）学习使用“标高”命令创建标高。

（2）学习使用“复制”命令快速创建标高。

（3）学习使用“平面视图”命令创建标高对应平面视图。

2.2.3 任务实施

【说明】保存项目文件之后，可以进行标高体系的创建。Revit 中标高用于反应建筑构件在高度方向上的定位情况。在开始建立实体模型前，需要对项目的层高和标高信息进行整理规划。Revit 软件提供了“标高”工具用于创建标高对象。下面以《BIM 算量一图一练》中的专用宿舍楼项目为例，讲解从空白项目开始创建项目标高的操作步骤。

（1）进入立面视图。在“项目浏览器”中展开“立面”视图类别，双击“南立面”视图名称，切换至南立面视图，在绘图区域显示项目样板中设置的默认标高 1F 与 2F，且 1F 标高为±0.000m，2F 标高为 3.000m。如图 2-5、图 2-6 所示。

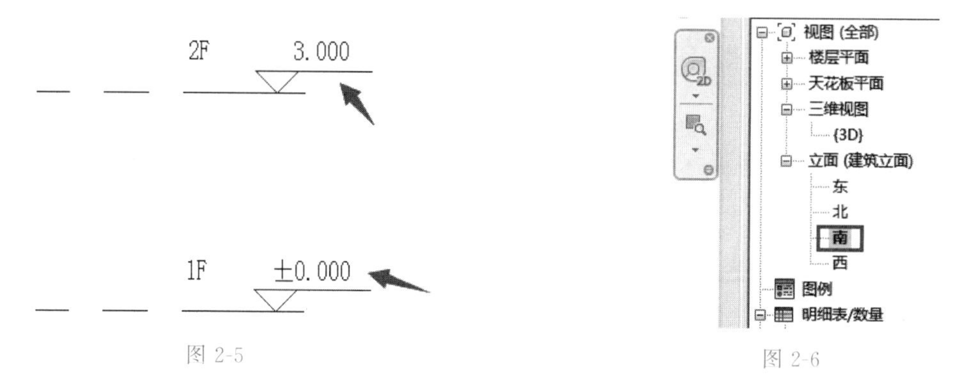

图 2-5　　图 2-6

（2）对原有标高体系修改。根据“建施-01”中的“建筑楼层信息表”中标高和层高信息进行标高创建。单击“2F”标高线选择该标高，标高“2F”高亮显示。鼠标单击“2F”标高值位置，进入文本编辑状态，Delete 键删除文本编辑框内原有数字，输入“3.6”，Enter 键确认输入，Revit 将“2F”标高向上移至 3.6m 的位置，同时该标高与“1F”标高距离变为 3600mm。如图 2-7、图 2-8 所示。

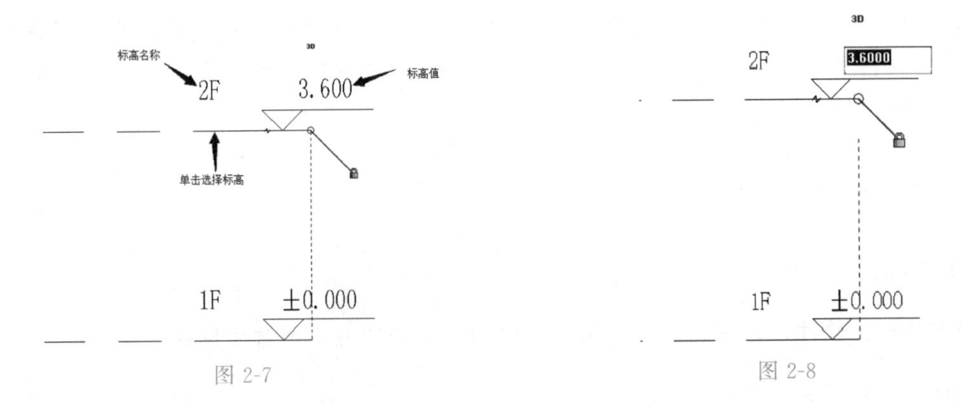

图 2-7　　　　图 2-8

（3）绘制新标高设置。单击“建筑”选项卡“基准”面板中的“标高”工具（见图 2-9），Revit 自动切换至“修改｜放置标高”上下文选项。确认“绘制”面板中标高的生成方式为“直线”，确认选项栏中已经勾选“创建平面视图”，设置“偏移量”为“0”（见图 2-10）。单击选项栏中的“平面视图类型”按钮，打开“平面视图类型”窗口（见图 2-11），在视图类型列表中选择“楼层平面”，单击“确定”按钮退出窗口（见图 2-12）。这样将在绘制标高时自动为标高创建与标高同名的楼层平面视图。

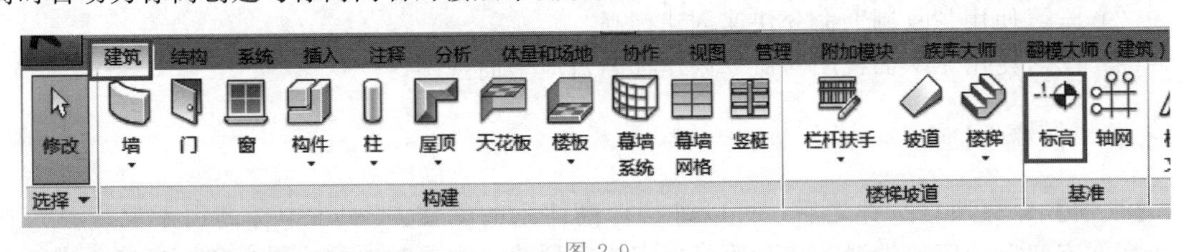

图 2-9

图 2-10

图 2-11

（4）绘制新标高。将鼠标移动至标高“2F”上方任意位置，鼠标指针显示为绘制状态，并在指针与标高“2F”间显示临时尺寸标注（临时尺寸的长度单位为 mm）。移动鼠标指针，当指针与标高“2F”端点对齐时，Revit 将捕捉已有标高端点并显示端点对齐蓝色虚线，单击鼠标左键，确定为标高起点。如图 2-13 所示。

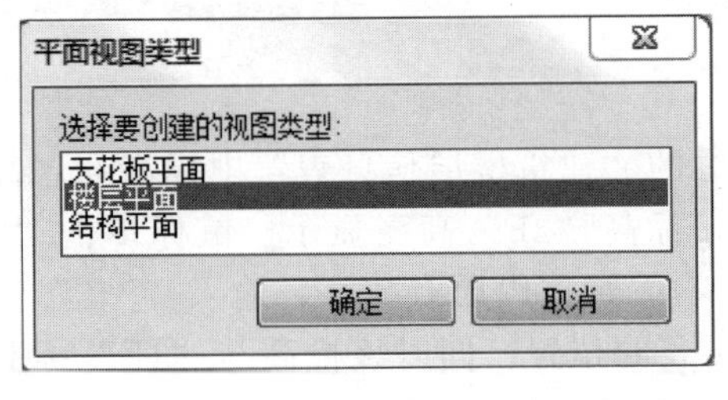

图 2-12

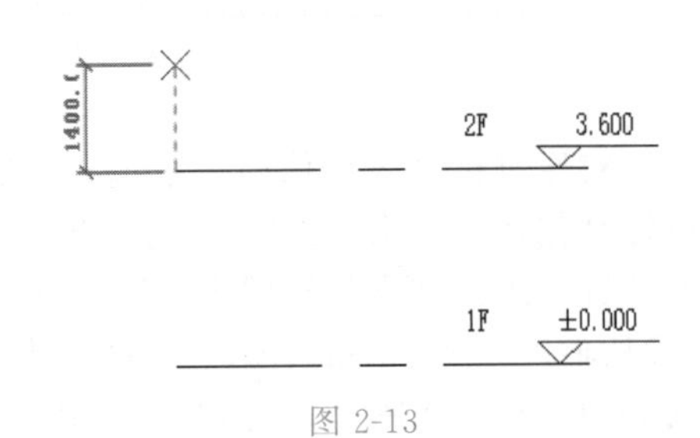

图 2-13

（5）沿水平方向向右移动鼠标，在指针与起点间绘制标高。适当缩放视图，当指针移动至已有标高右侧端点位置时，Revit 将显示端点对齐位置，单击鼠标左键完成标高绘制。Revit 将自动命名该标高为“-1F-2”，并根据与标高“2F”的距离自动计算标高值。Esc 键两次退出标高绘制模式。在“项目浏览器”—“楼层平面视图”中自动建立“-1F-2”楼层平面视图。单击标高“-1F-2”，Revit 在标高“-1F-2”与标高“2F”之间显示临时尺寸标注，修改临时尺寸标注值为“3600”，Enter 键确认输入。Revit 将自动调整标高“-1F-2”的位置，同时修改标高值为 7.2m。如图 2-14 所示。

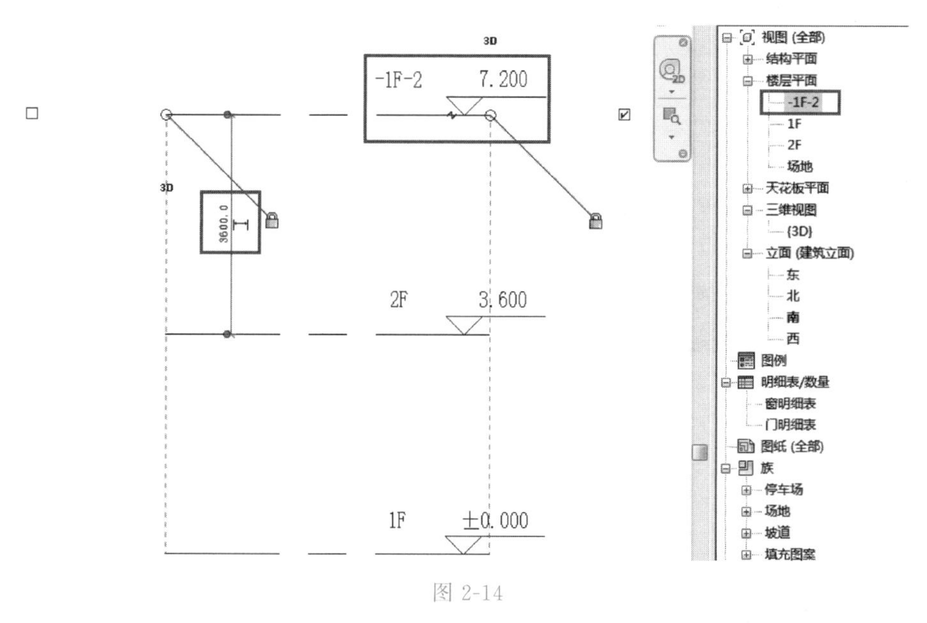

图 2-14

（6）复制方式创建标高。选择标高“-1F-2”，Revit 自动切换到“修改｜标高”选项卡，单击“修改”面板中“复制”工具，单击标高“-1F-2”任意一点作为复制基点，向上移动鼠标，键盘输入“3600”，Enter 键确认，Revit 将自动在标高“-1F-2”上方 3600mm 处复制生成新标高，并自动命名该标高为“-1F-3”。按 Esc 键完成复制操作。如图 2-15 所示。

（7）使用复制方式创建的标高生成楼层平面视图。需要注意，复制出来的标高“-1F-3”在“项目浏览器”平面视图列表中并未生成“-1F-3”的楼层平面视图，并且 Revit 以黑色标高标头显示没有生成平面视图类型的标高。需要单击“视图”选项卡“创建”面板中的“平面视图”—“楼层平面”工具，如图 2-16 所示。打开“新建楼层平面”窗口，选中“-1F-

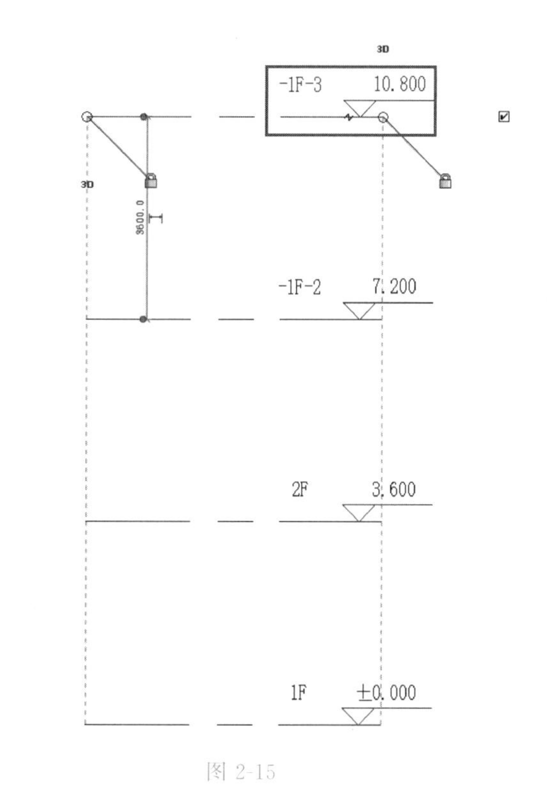

图 2-15

3”，如图 2-17 所示。点击“确定”按钮关闭窗口，此时“项目浏览器”楼层平面位置出现“-1F-3”，并且当前默认视图切换到“-1F-3”。双击“南立面”回到南立面视图，可以看到标高“-1F-3”的标头与其他标高标头颜色一致。如图 2-18 所示。

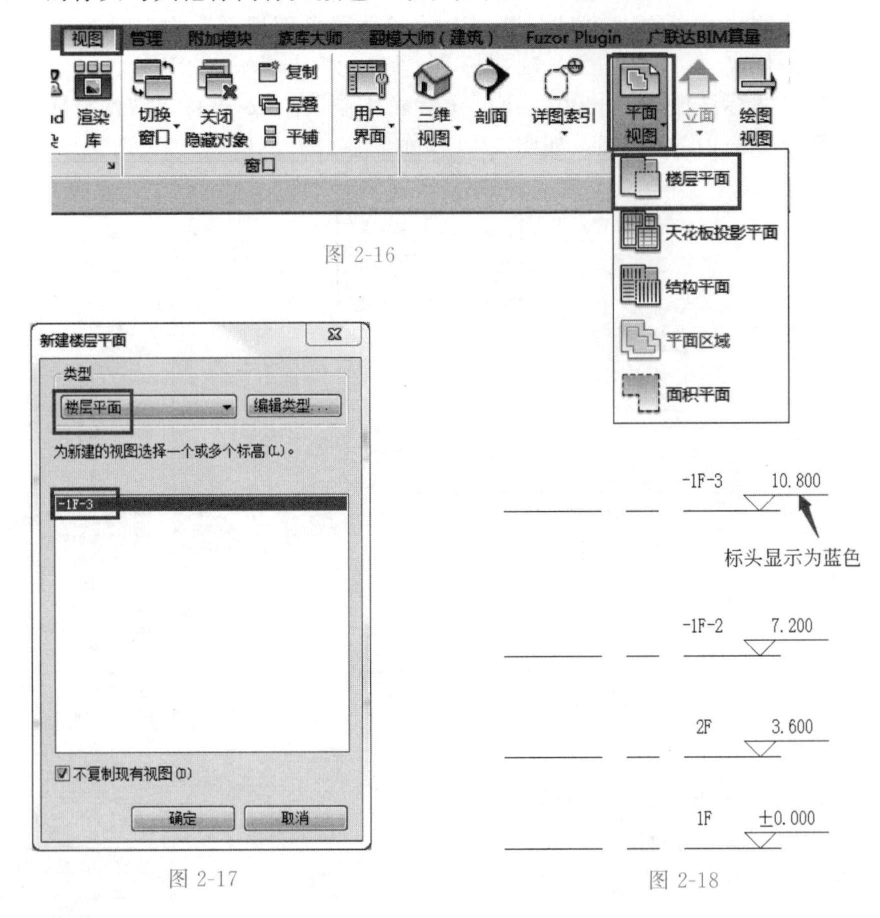

图 2-16

图 2-17

图 2-18

（8）建立基础底标高。查阅“结施-02”中，“基础平面布置图”下注明的基础底标高为－2.450m。如图 2-19 所示，为了后期结构基础建模时标高使用方便，可在上述已完成标高体系中再添加一条标高为－2.450m 的标高线。操作时可以使用“直线”工具绘制新的标高，也可以利用原有标高“复制”出新的标高。基础底标高建立完成后的标高体系如图 2-20 所示。

图 2-19

图 2-20

（9）修改目前各标高名称，使其与图纸“建施-01”中“建筑楼层信息表”中标高名称一致，具体操作如下：移动鼠标，单击标高“1F”线条，可以看到“标高名称”、“项目浏览器”中楼层平面名称、标高“属性”面板“名称”一栏中都显示为“1F”。单击标高名称“1F”，激活 1F 文本框，如图 2-21 所示。删除原有内容，输入“首层”，Enter 键确认，弹出“Revit 窗口”，点击“是”按钮，如图 2-22 所示。Revit“1F”中“标高名称”、“项目浏览器”中楼层平面名称、标高“属性”面板“名称”一栏中都修改为“首层”。如图 2-23 所示。

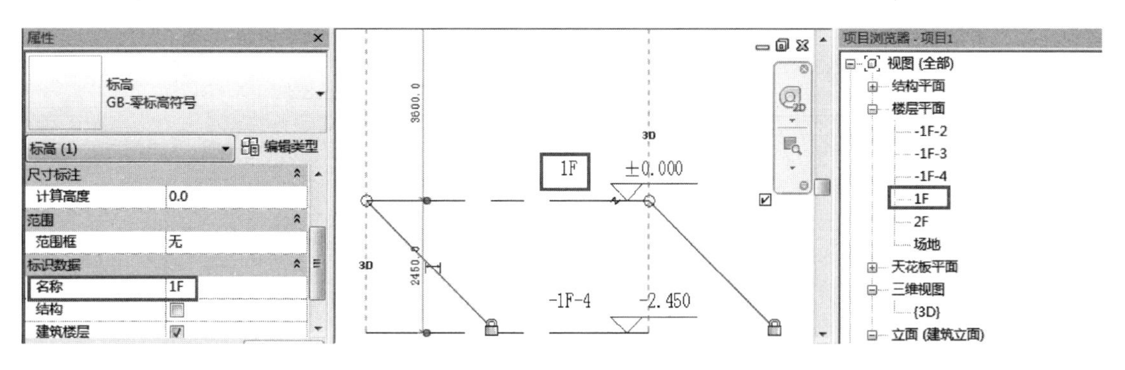

图 2-21

图 2-22

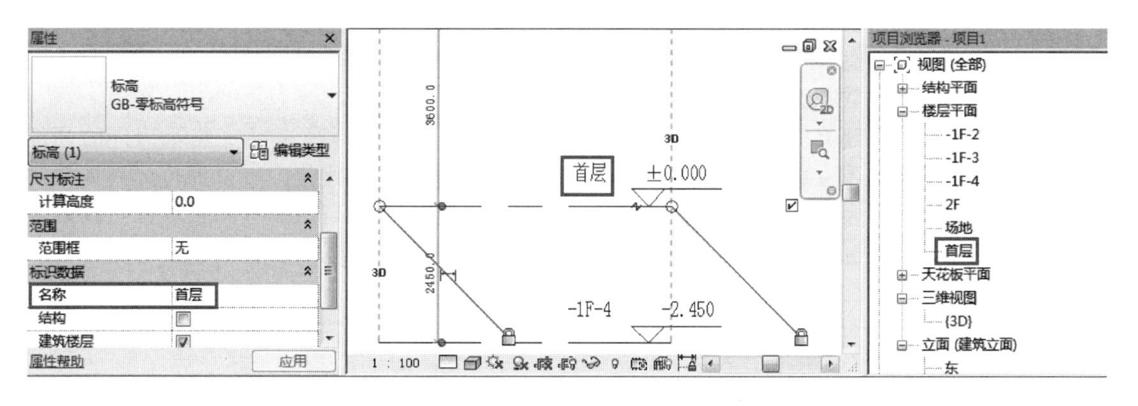

图 2-23

（10）同理也可以单击“项目浏览器”中“1F”楼层平面名称，右键选择“重命名”修改为“首层”，其他两处也会同步修改；也可以单击标高“1F”线条，在标高“属性”面板“名称”一栏中修改为“首层”，其他两处也会同步修改。同样的操作，修改其他标高的标高名称，至此完成标高创建。完成后的标高体系如图 2-24 所示。单击“快速访问栏”中保存按钮，保存当前项目成果。

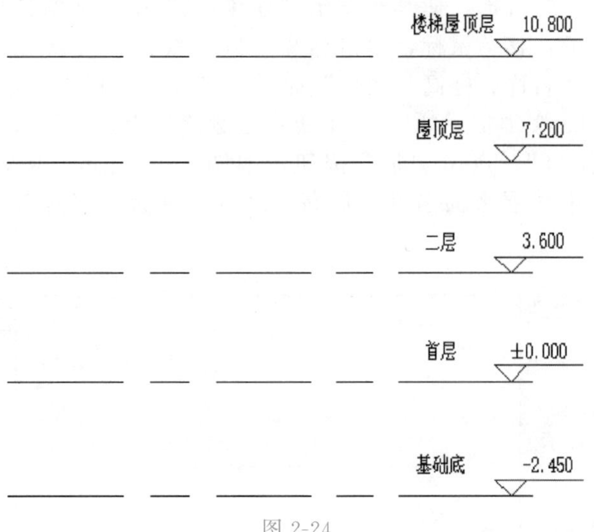

图 2-24

2.2.4 总结拓展

★ 步骤总结

上述 Revit 软件建立标高体系的操作步骤主要分为三步。第一步：进入立面视图；第二步：创建初始标高体系（含有修改原有标高数据、绘制新标高数据、复制生成标高数据等小步骤）；第三步：修改完善本项目标高体系。按照本操作流程读者可以完成专用宿舍楼项目标高体系的创建。

★ 业务扩展

建立标高体系时一般需要注意以下两点。

（1）一般采取建筑标高体系。在本项目专用宿舍楼图纸中，结施从“结施-01”到“结施-11”共计 11 张结构图纸；建施从“建施-01”到“建施-11”共计 11 张建筑图纸。在这么多的图纸中，一般情况下应依据建施图纸所给的标高信息进行 Revit 标高体系搭建，且主要由建施图纸的楼层信息表中获取相关数据信息。如果没有完整的楼层信息表，一般以图纸立面图中所标注的标高数据为参考建立标高体系。

（2）标高体系要建立完整，不宜反复修改。Revit 软件通过标高来确定建筑构件的高度和空间位置。因此在建立标高体系时，需要对项目图纸进行全面阅读，尽量保持标高体系完整且实用、简洁不冗余。建议按层建立标高，若单一楼层出现标高不一或降板情况，建议选择大多数构件统一的标高作为本层标高，其他少数标高可以进行标高数值返算。

2.3 新建轴网

2.3.1 任务说明

打开 Revit 软件，根据提供的专用宿舍楼图纸，完成专用宿舍楼轴网体系的创建。

2.3.2 任务分析

★ 业务层面分析

翻阅图纸找到“建施-03”中“一层平面图”，以此为基础创建轴网体系。

★ 软件层面分析

（1）学习使用“轴网”命令创建轴网。

（2）学习使用“阵列”、“复制”命令快速创建轴网。

（3）学习使用“对齐”命令建立轴网尺寸标注。

2.3.3 任务实施

【说明】标高体系创建完成后，可以切换至任意楼层平面视图来创建和编辑轴网。轴网用于在平面视图中定位项目图元，Revit 软件提供了“轴网”工具用于创建轴网对象。下面以《BIM 算量一图一练》中的专用宿舍楼项目为例，讲解创建项目轴网的操作步骤。

（1）进入楼层平面视图。根据“建施-03”中“一层平面图”轴网定位进行 Revit 轴网的绘制。在上述已完成项目成果的基础上双击“项目浏览器”中“首层”切换至“首层楼层平面视图”，单击“建筑”选项卡“基准”面板中的“轴网”工具，自动切换至“修改｜放置轴网”上下文选项，进入轴网放置状态，“绘制”面板中绘制方式为“直线”，其他设置默认。如图 2-25 所示。

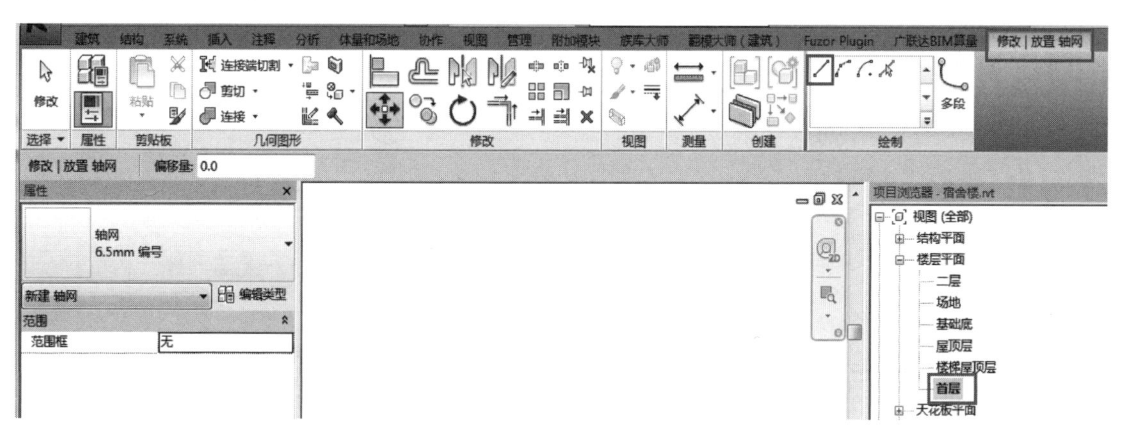

图 2-25

（2）绘制第一根竖向轴线。移动鼠标指针至空白绘图区域左下角位置单击，作为轴线起点，沿垂直方向向上移动鼠标指针至左上角位置时，单击鼠标左键完成第一条轴线的绘制，并自动为该轴线编号为 1。注意，确定起点后按住“Shift”键不放，Revit 将进入正交绘制模式，可以约束在水平或垂直方向绘制。如图 2-26 所示。

图 2-26

（3）绘制第二根竖向轴线。确定 Revit 仍处于放置轴线状态，移动鼠标指针至 1 轴线起点右侧任意位置，Revit 自动捕捉该轴线的起点，给出端点对齐捕捉参考线，并在鼠标指针与 1 轴线间显示临时尺寸标注，输入“3600”并按 Enter 键确认，将距离 1 轴右侧 3600mm 处确定为第二条轴线起点，沿垂直方向向上移动鼠标，直至捕捉至 1 轴线另一侧端点时单击鼠标左键，完成第 2 条轴线的绘制。该轴线自动编号为 2，按 Esc 键两次退出轴网绘制模式。如图 2-27、图 2-28 所示。

（4）利用阵列方式快速创建轴线。选择 2 号轴线，自动切换至“修改｜轴网”上下文选项，单击“修改”面板中的“阵列”工具，进入阵列修改状态，设置选项栏中的阵列方式为“线性”，取消勾选“成组并关联”选项，设置项目数为 13，移动到“第二个”，勾选“约束”选项。如图 2-29、图 2-30 所示。

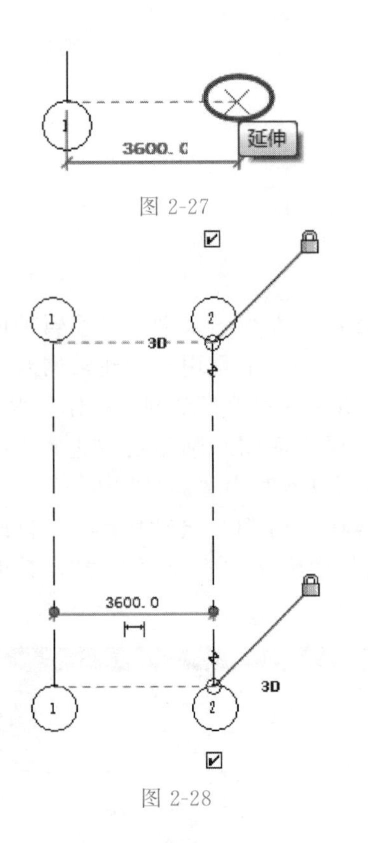

图 2-27

图 2-28

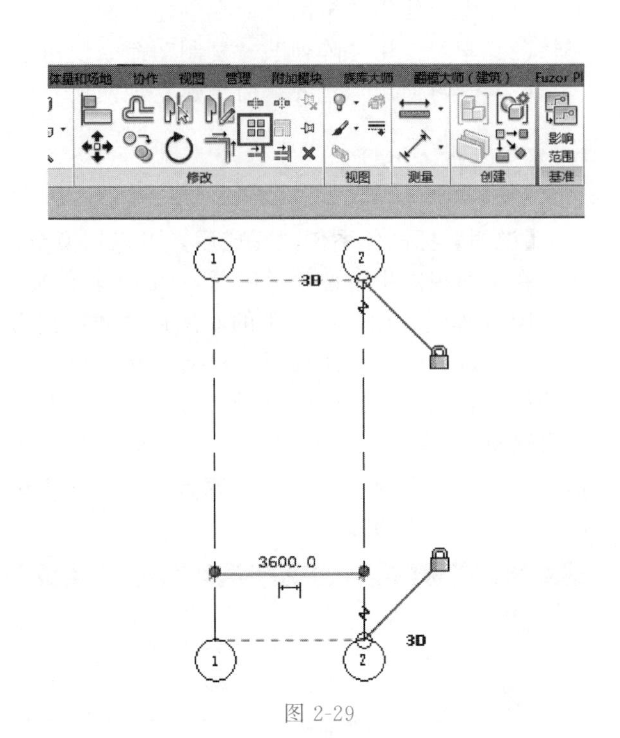

图 2-29

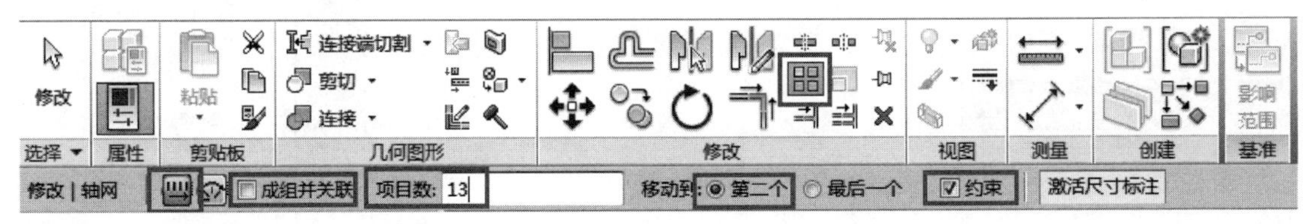

图 2-30

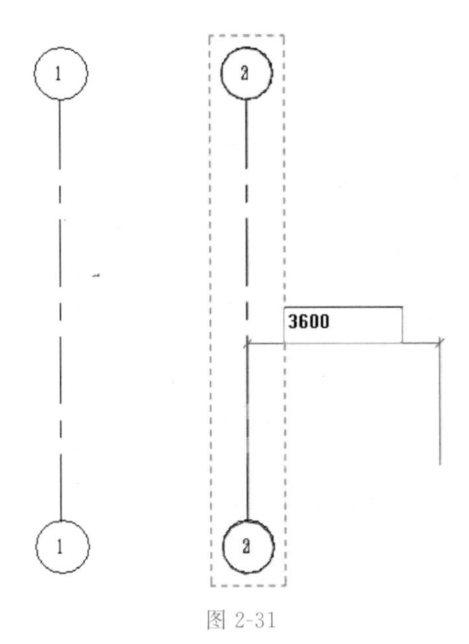

图 2-31

（5）鼠标单击 2 号轴线上任意一点，作为阵列基点；向右移动鼠标指针至与基点间出现临时尺寸标注，键盘输入“3600”作为阵列间距，按 Enter 键确认；Revit 将向右阵列生成轴线，并按数值累加的方式为轴线编号。如图 2-31、图 2-32 所示。

（6）对竖向轴线进行尺寸标注。单击“注释”选项卡“尺寸标注”面板中的“对齐”工具，鼠标指针依次点击轴线 1 到轴线 14，随鼠标移动出现临时尺寸标注，左键点击空白位置，生成线性尺寸标注，以此来检查刚才阵列轴网的正确性。局部轴网如图 2-33 所示。

（7）绘制第一根水平轴线。单击“建筑”选项卡“基准”面板中的“轴网”工具，继续使用“绘制”面板中“直线”方式，沿水平方向绘制第一根水平轴网，Revit 自动按轴线编号累计加 1 的方式命名该轴线编号为 15。如图 2-34 所示。

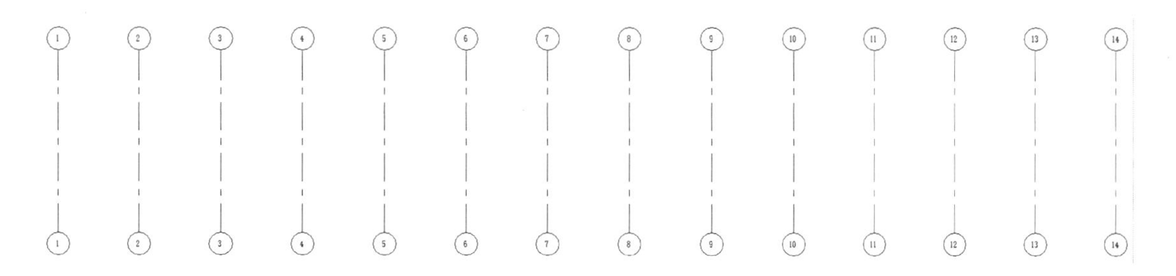

图 2-32

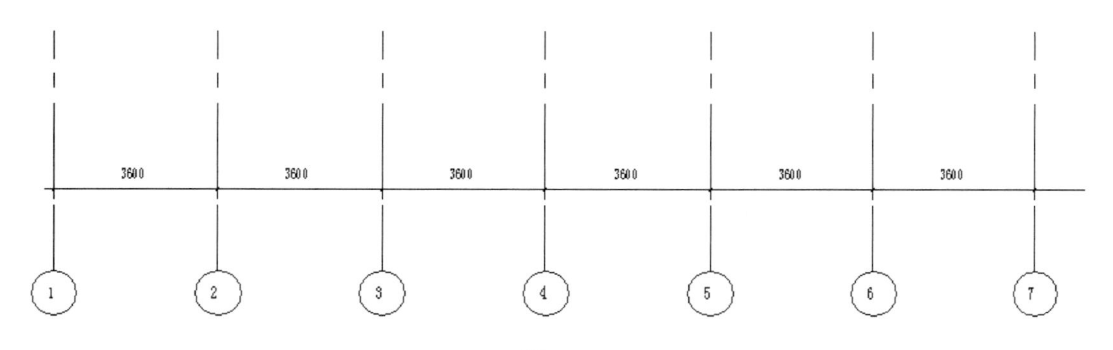

图 2-33

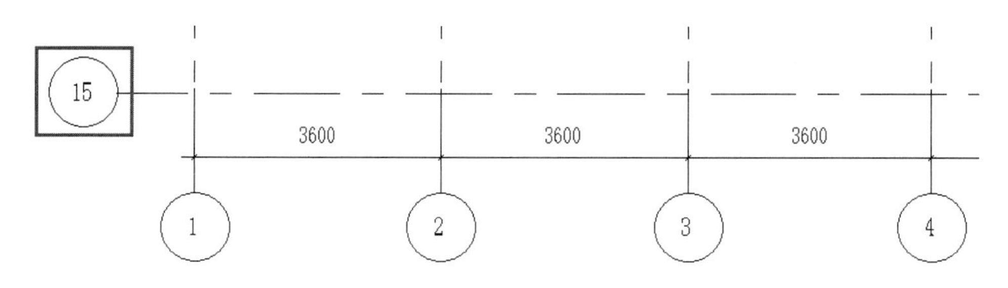

图 2-34

（8）选择刚刚绘制的轴线 15，点击轴线标头中的轴线编号，进入编号文本编辑状态，删除原有编号值，输入“A”，按 Enter 键确认，该轴线编号将修改为 A。如图 2-35 所示。

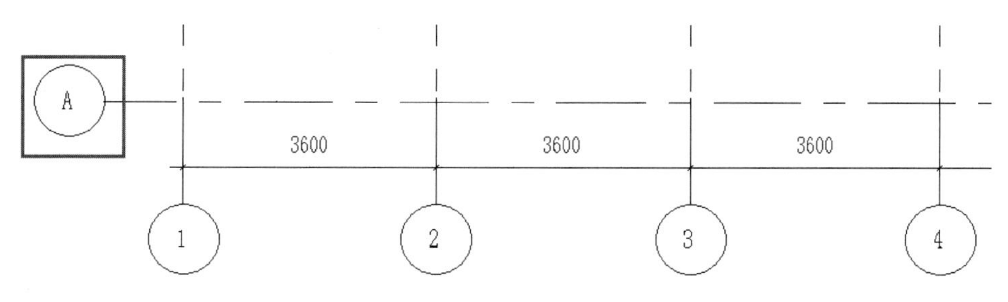

图 2-35

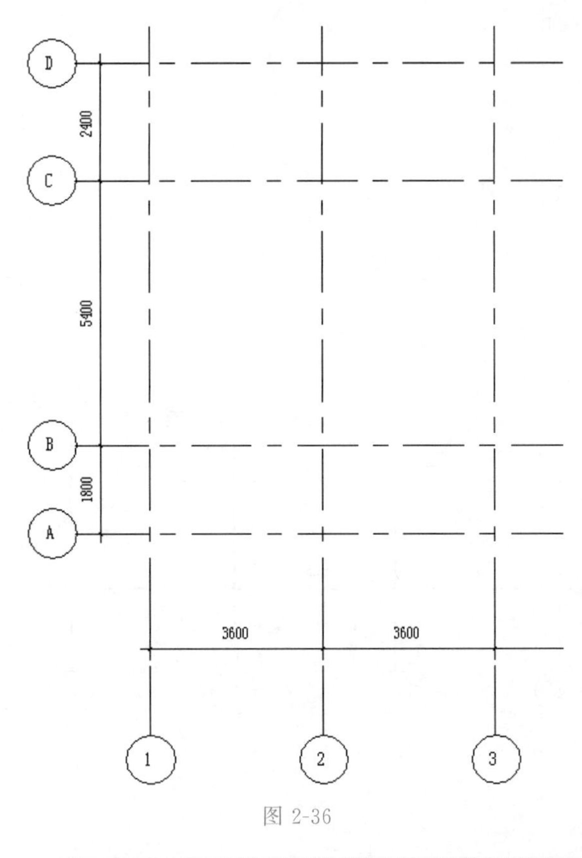

图 2-36

（9）绘制其他水平轴线。确认 Revit 仍处于轴网绘制状态，在 A 轴正上方 1800mm 处，确保轴线端点与 A 轴线端点对齐，自左向右绘制水平轴线，Revit 自动为该轴线编号为 B。使用同样的方式在 B 轴线上方 5400mm、2400mm 处绘制轴线 C、轴线 D。绘制完成后，按 Esc 键两次退出轴网绘制模式。同样使用“注释”选项卡“尺寸标注”面板中的“对齐”工具建立线性尺寸标注。结果如图 2-36 所示。

（10）复制生成其他轴线。选择轴线 D，单击“修改”面板中的“复制”工具，进入复制编辑状态，勾选选项栏中的“约束”选项，取消勾选“多个”选项。单击轴线 D 上的任意一点作为复制操作的基点，沿垂直方向向上移动鼠标指针，出现临时尺寸标注，输入“5400”，Enter 键确认。在 D 轴线上方 5400mm 处复制生成轴线，Revit 自动编号为 E。如图 2-37、图 2-38 所示。

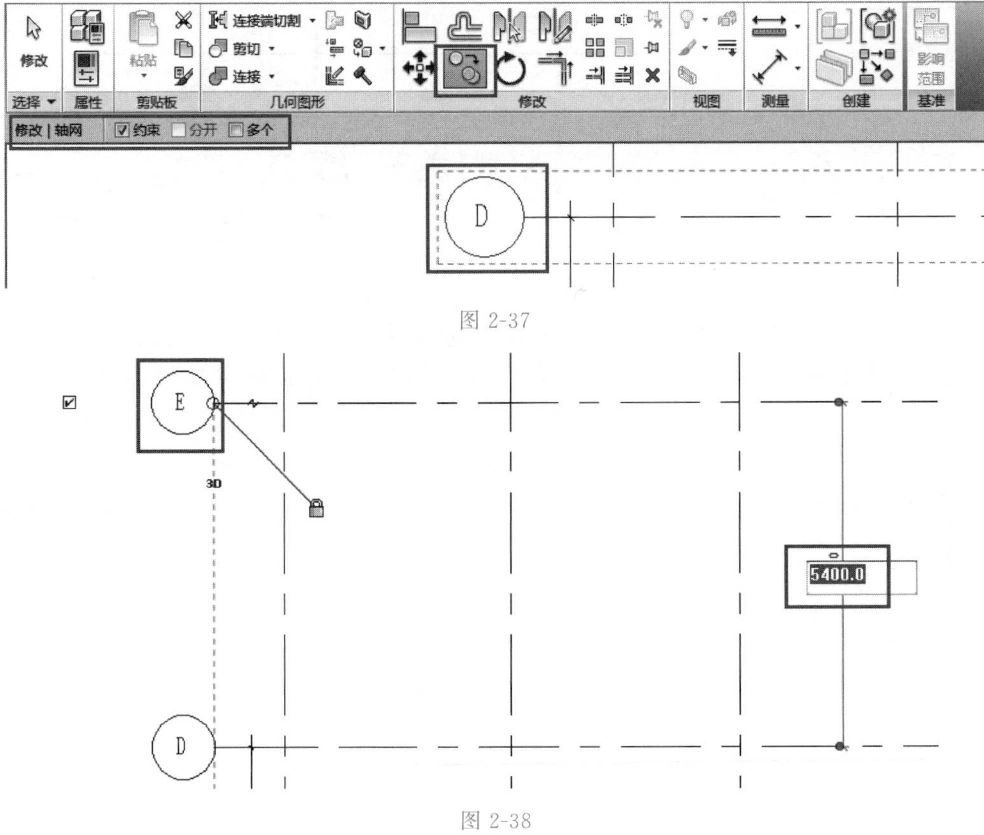

图 2-37

图 2-38

（11）同样的操作在 E 轴上方 1800mm 处复制生成轴线 F。至此完成该项目轴网的绘制。如图 2-39 所示。

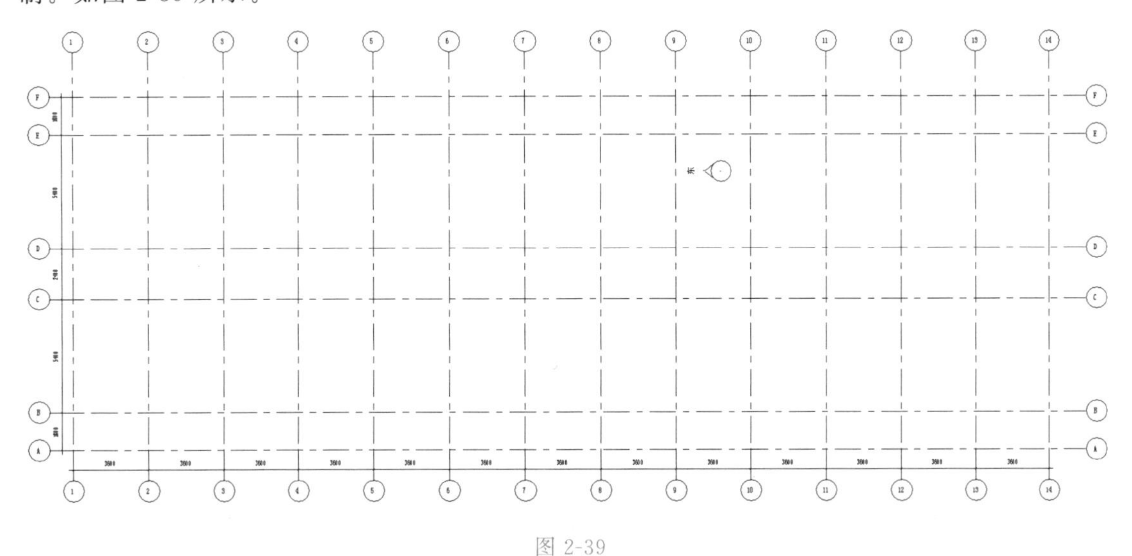

图 2-39

（12）完成轴线绘制。绘图区域符号表示项目中的东、西、南、北各立面视图的位置。分别框选这四个立面视图符号，将其移动到轴线外，至此完成创建轴网的操作。结果如图 2-40 所示。

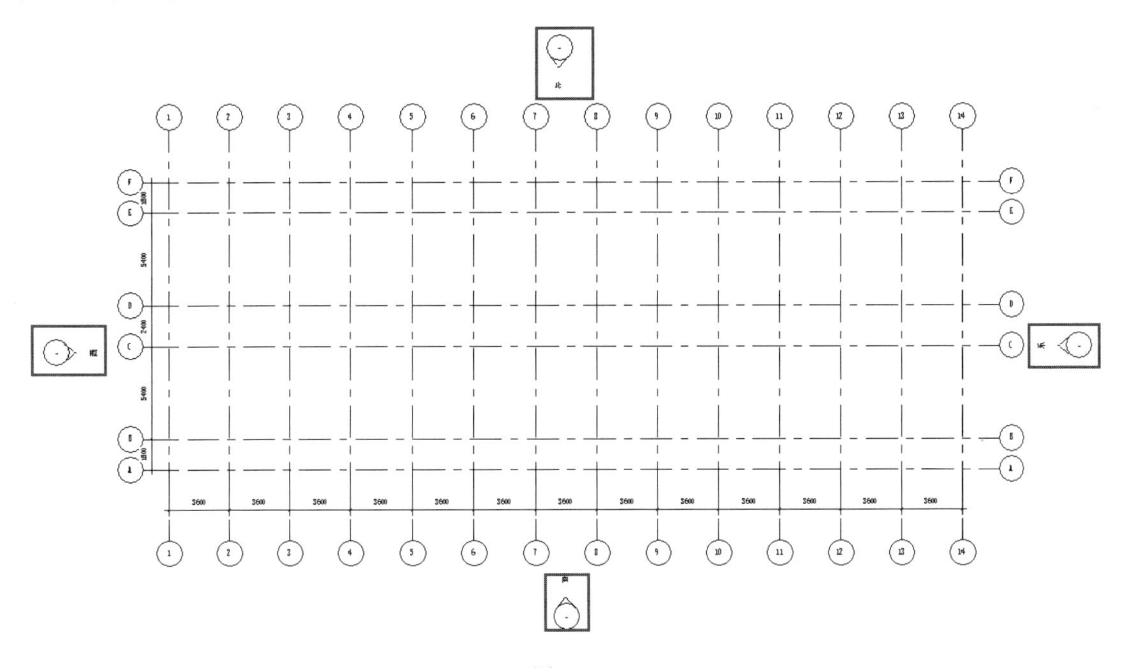

图 2-40

（13）将项目基点调出。在“首层楼层平面视图”空白位置，点击键盘“VV”，调出“楼层平面：首层的可见性/图形替换”窗口，在“模型类别”页签中找到“场地”，在“场地”的下拉内容中找到“项目基点”勾选。如图 2-41 所示。此时绘图区域将出现蓝色原点。如图 2-42 所示。

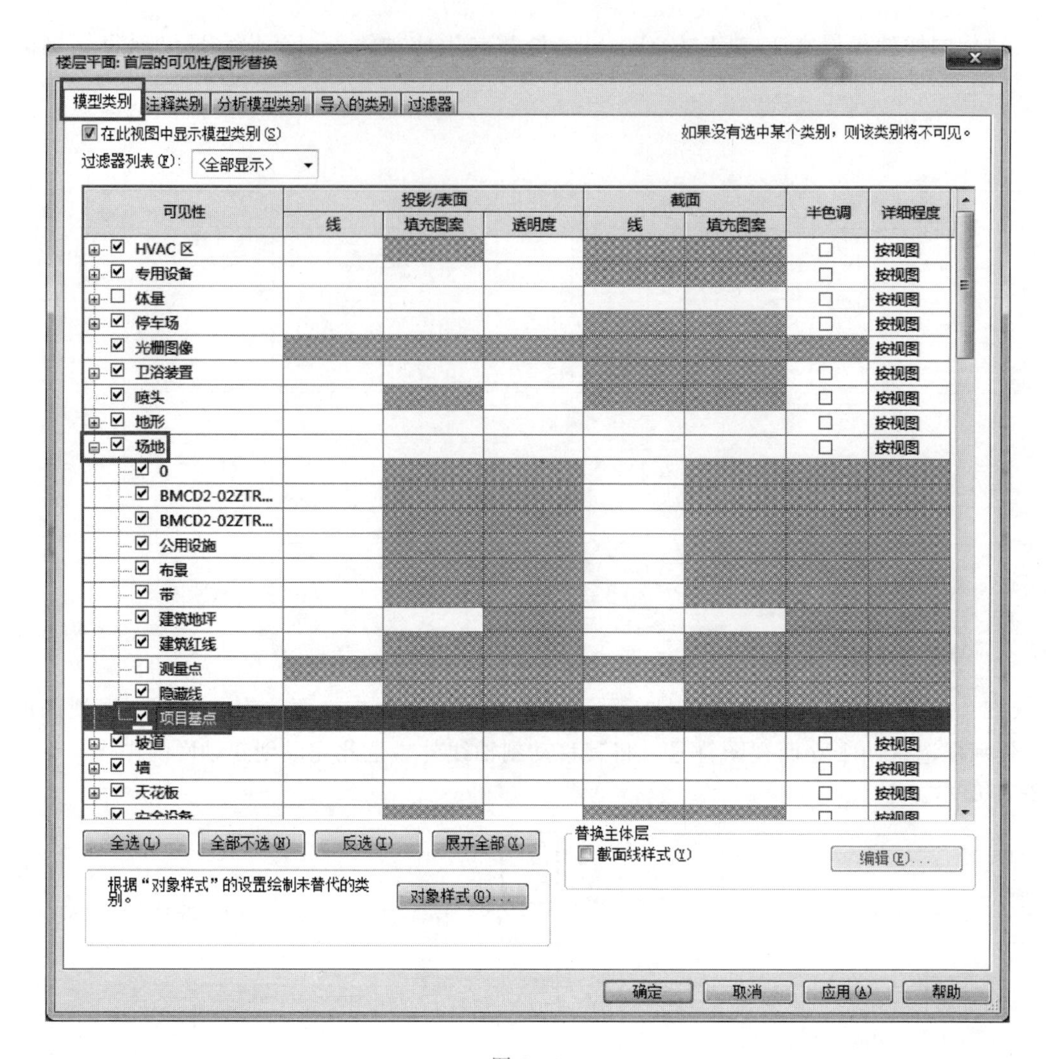
楼层平面: 首层的可见性/图形替换
模型类别
注释类别
分析模型类别
导入的类别
过滤器
在此视图中显示模型类别(S)
如果没有选中某个类别，则该类别将不可见。
过滤器列表(F):
<全部显示>
可见性
投影/表面
截面
半色调
详细程度
线
填充图案
透明度
线
填充图案
HVAC 区
专用设备
体量
停车场
光栅图像
卫浴装置
喷头
地形
场地
0
BMCD2-02ZTR...
BMCD2-02ZTR...
公用设施
布景
带
建筑地坪
建筑红线
测量点
隐藏线
项目基点
坡道
墙
天花板
按视图
全选(L)
全部不选(N)
反选(I)
展开全部(X)
替换主体层
截面线样式(Y)
编辑(E)...
根据“对象样式”的设置绘制未替代的类别。
对象样式(O)...
确定
取消
应用(A)
帮助

图 2-41

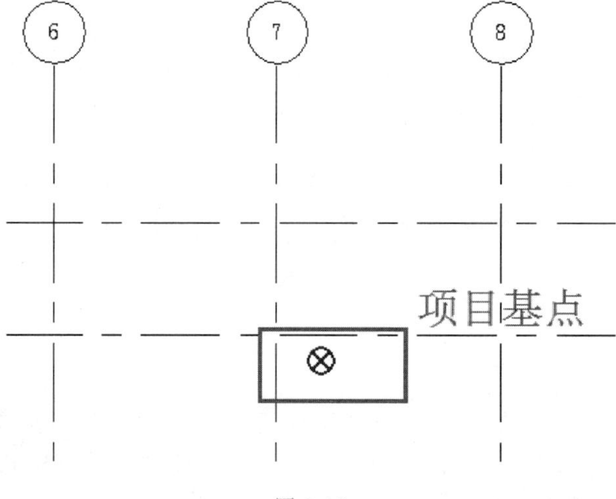
6
7
8
项目基点

图 2-42

（14）将轴网左下角点与项目基点对齐。使用“移动”功能进行对齐。在“首层楼层平面视图”中，按住鼠标左键从左上角到右下角将绘图区域内轴网、尺寸标注、东、西、南、北视图、项目基点全部选中。如图 2-43 所示。在当前选中状态下，按住键盘 Shift 键，鼠标放在“项目基点”处，当出现“—”图标时，单击“项目基点”，此时将“项目基点”排除在选中状态外。如图 2-44 所示。

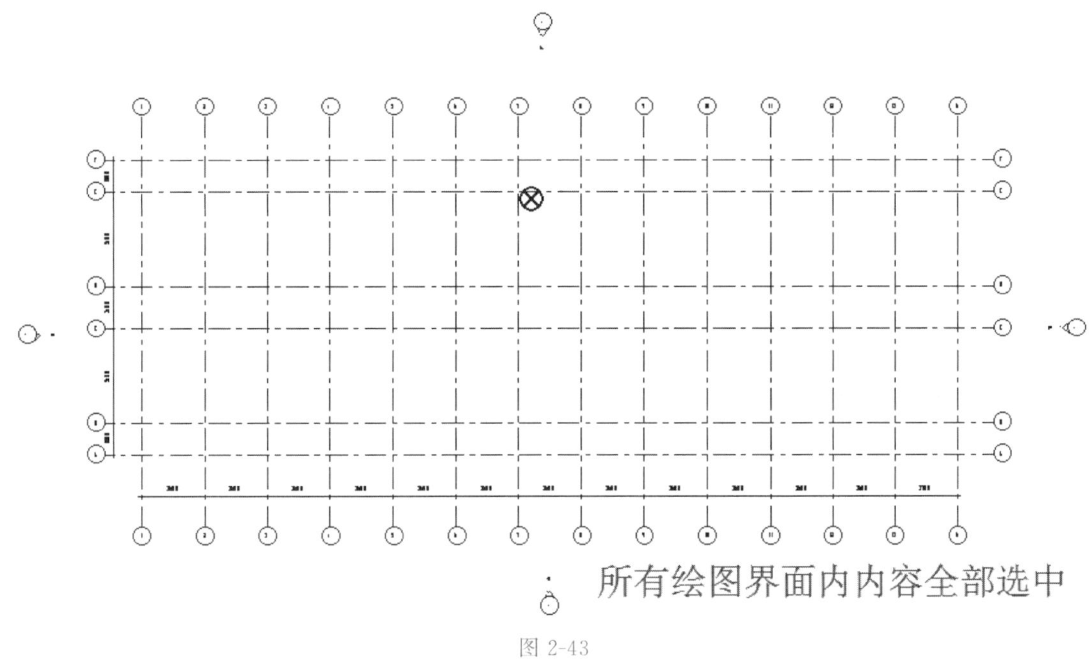

图 2-43

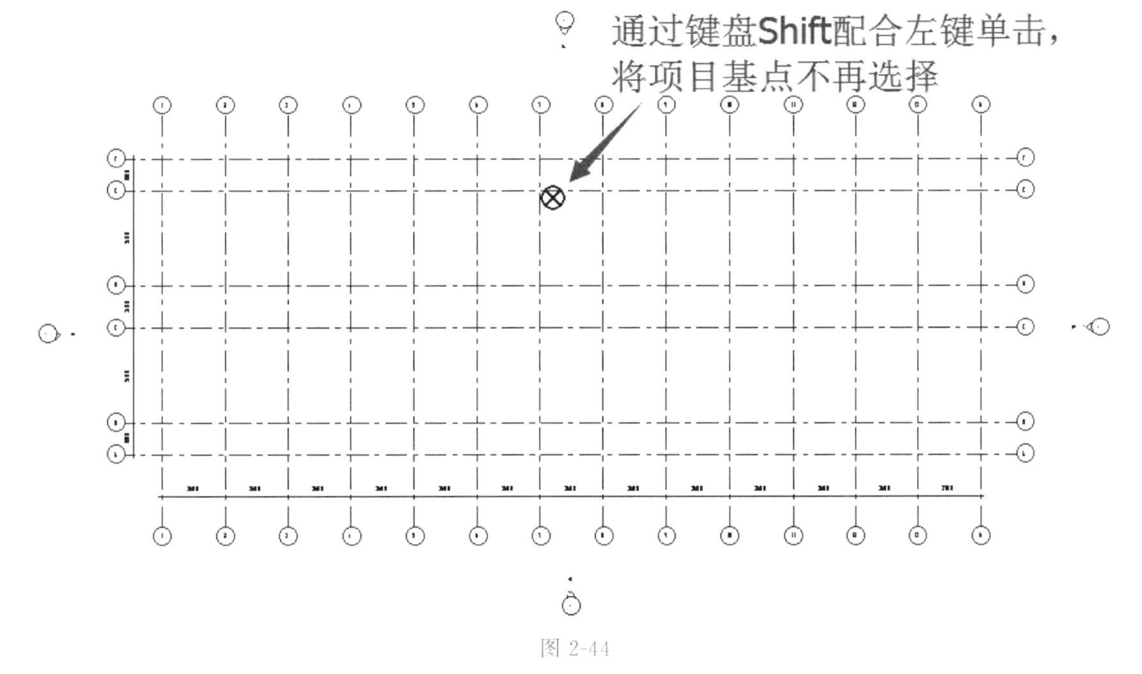

图 2-44

（15）继续上述操作，点击“修改｜选择多个”上下文选项卡“修改”面板中的“移动”工具。如图 2-45 所示。滚动鼠标滚轮将轴网左下角放大在主界面，左键点击 1 轴与 A 轴交点位置，松开鼠标，将其移动指定到“项目基点”位置，如图 2-46、图 2-47 所示。完成轴网左下角点与“项目基点”位置的对齐操作（注意：本项目是将左下角点，即 1 轴与 A 轴交点与项目基点进行了对齐操作，在做实际项目时，可以约定轴网的具体某个位置与项目基点对齐，只需保证同一项目的所有模型设置的项目基点位置一致即可）。完成后如图 2-48 所示。

图 2-45

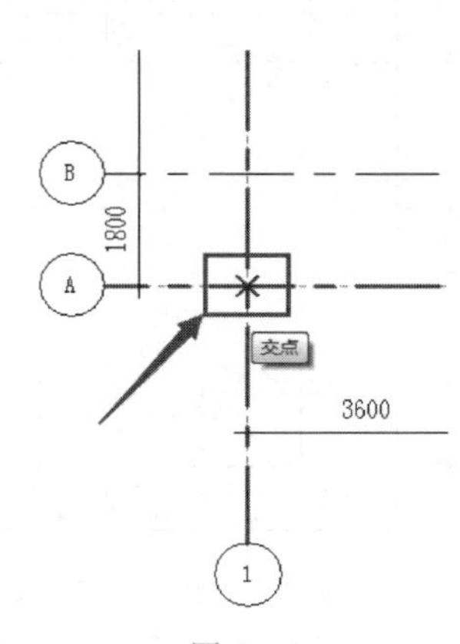

图 2-46

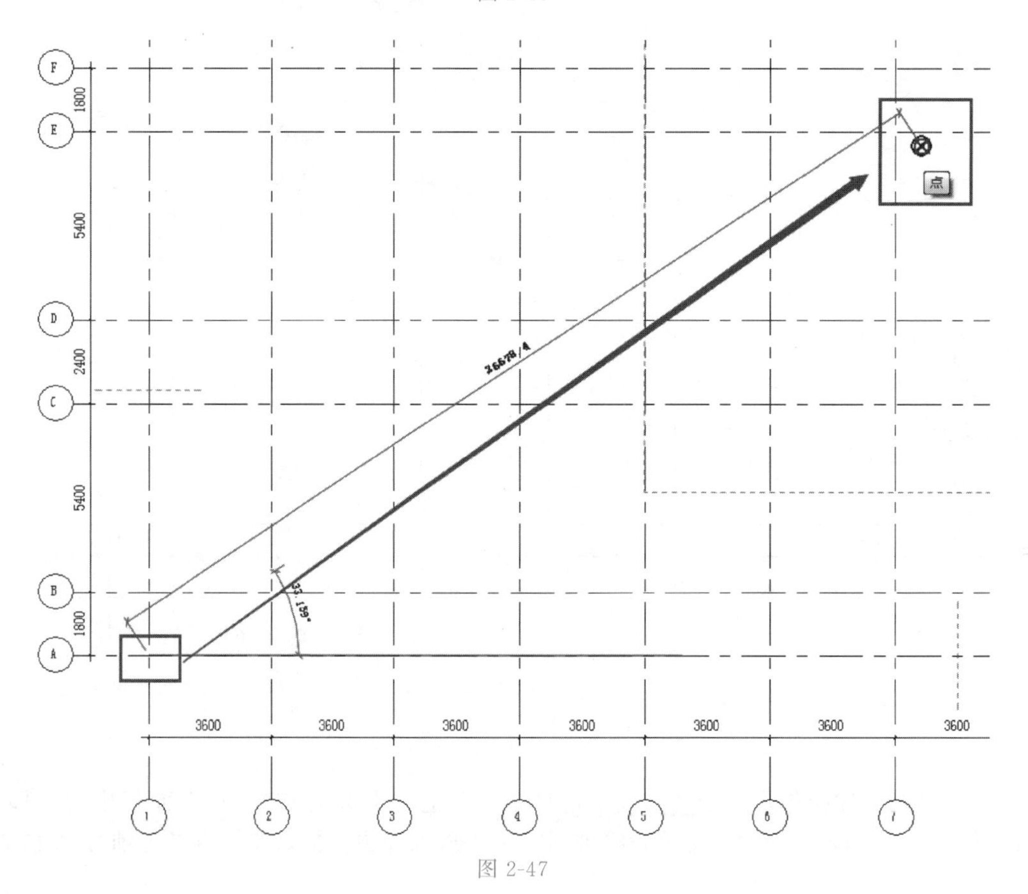

图 2-47

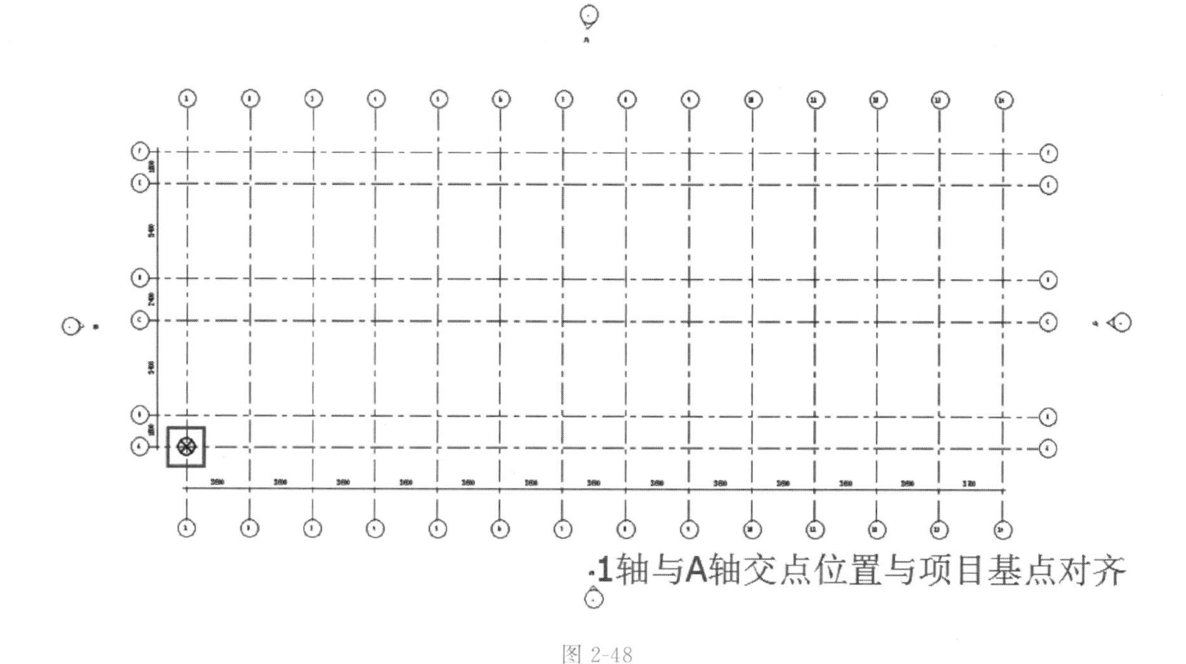

图 2-48

（16）将轴网锁定。在步骤（15）的选择状态下，按住键盘 Shift 键，逐个单击东、西、南、北视图以及尺寸标注，取消其选择状态，保证最后只有完整的轴网被选中。如图 2-49 所示。点击“修改｜轴网”上下文选项卡“修改”面板中的“锁定”工具将整个轴网锁定，如图 2-50 所示（注意：轴网锁定后，将不能进行移动、删除等操作，可以保证后期建模过程中所创建的构件定位正确）。如图 2-51 所示。

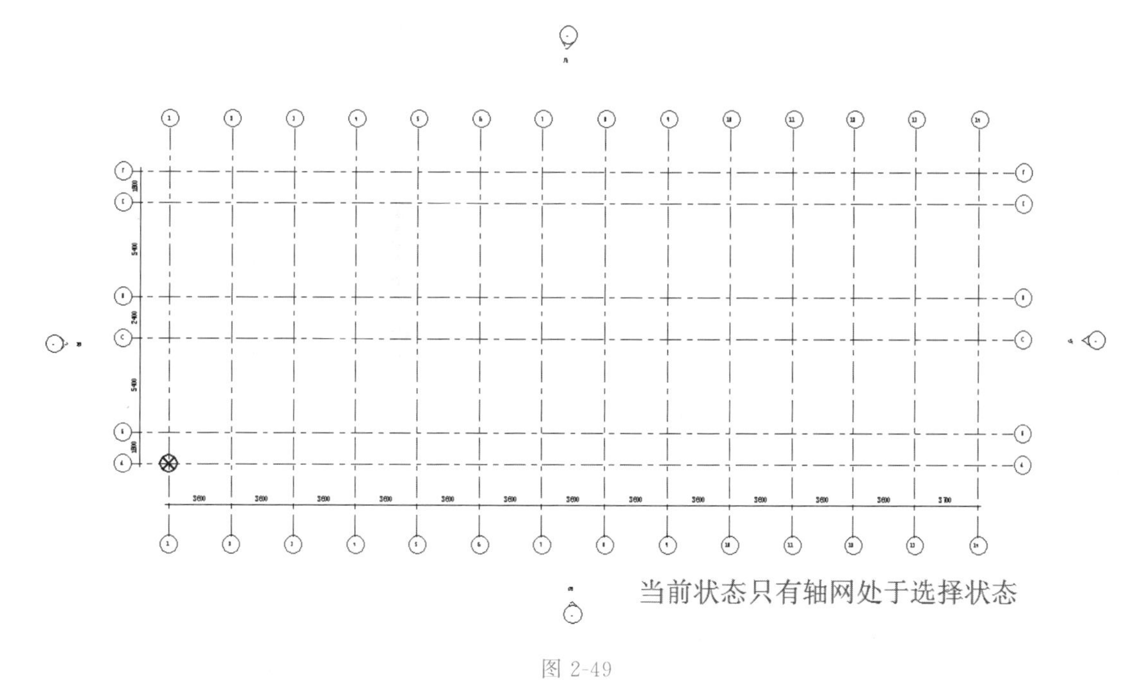

图 2-49

（17）单击“快速访问栏”中保存按钮，保存当前项目成果。

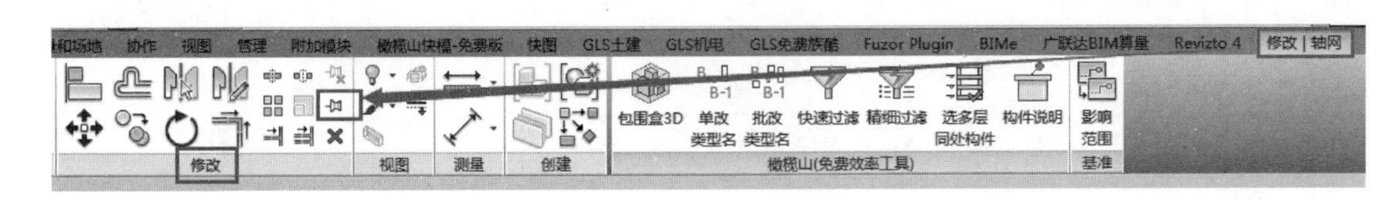

图 2-50

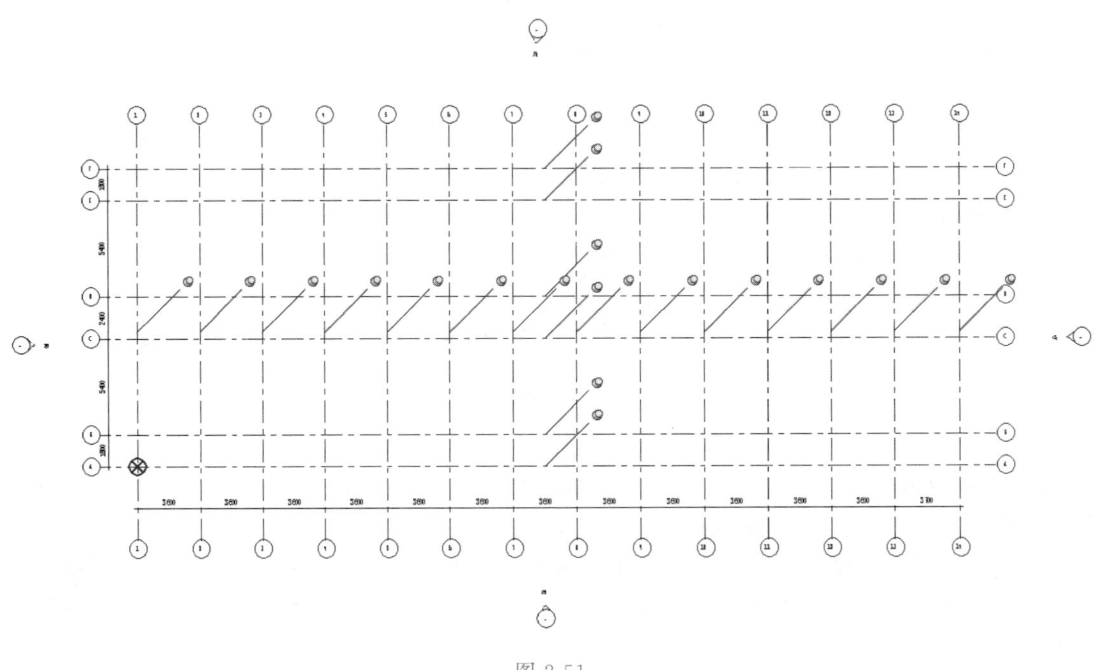

图 2-51

2.3.4 总结拓展

★ 步骤总结

总结上述 Revit 软件建立轴网体系的操作步骤主要分为四步，第一步：进入楼层平面视图；第二步：创建轴网体系（含有建立竖向轴网、水平轴网、以及阵列、复制快速生成轴网数据、尺寸标注等小步骤）；第三步：将项目基点调出；第四步：将轴网左下角点与项目基点对齐。按照本操作流程，读者可以完成专用宿舍楼项目轴网体系的创建。

★ 业务扩展

绘制轴网的过程与基于 CAD 的二维绘图方式无太大区别，但 Revit 中的轴网是具有三维属性信息的，轴网与标高共同构成了建筑模型的三维网格定位体系。一般情况下，轴网分为直线轴网、斜交轴网和弧线轴网。轴网由定位轴线（建筑结构中的墙或柱的中心线）、标志尺寸（用于标注建筑物定位轴线之间的距离大小）和轴号组成。

在施工中轴网用来确定建（构）筑物主要结构或构件位置及尺寸的控制线。决定墙体、柱子、屋架、梁、板、楼梯的位置。

在平面图中，横向与纵向的轴线构成轴线网，它是设计绘图时决定主要结构位置和施工时测量放线的基本依据。一般情况下主要结构或构件的自身中线与定位轴线是一致的，但也常有不一致的情况出现，这在审图、放线和向施工人员交底时，均应特别注意，以防造成工程错位事故。

练　习　题

一、单项选择题

1. Revit Architecture 2015 定义的项目样板应用至 2014 版本时出现的情况为（　　）

A. 2014 无法打开这个样板文件

B. 2014 可以打开这个文件，但文件版本会被升级

C. 2014 可以打开这个文件，但文件不会被升级

D. 2014 可以打开这个文件，但文件版本会被降级

2. 在使用修改工具前（　　）

A. 必须退出当前命令　　B. 必须切换至“修改”模式

C. 必须先选择图元对象　　D. 必须选择同类别图元对象

3. 对于标高，下列描述错误的是（　　）

A. 使用“标高”命令，可定义建筑内的垂直高度或楼层

B. 要添加标高，必须处于剖面视图或立面视图中

C. 当编号移动偏离轴线时，如果切换至三维范围，其效果将影响至其他视图

4. 在视图中如何隐藏整个轴网（　　）

A. 删掉轴网　　B. 使用视图范围

C. 在可见性对话框中清除“轴网”选项　　D. 关闭图层

5. 以下有关调整标高位置最全面的是（　　）

A. 选择标高，出现蓝色的临时尺寸标注，鼠标点击尺寸修改其值可实现

B. 选择标高，直接编辑其标高值

C. 选择标高，直接用鼠标拖曳到相应的位置

D. 以上皆可

6. 以下说法有误的是（　　）

A. 可以在平面视图中移动、复制、阵列、镜像、对齐门窗

B. 可以在立面视图中移动、复制、阵列、镜像、对齐门窗

C. 不可以在剖面视图中移动、复制、阵列、镜像、对齐门窗

D. 可以在三维视图中移动、复制、阵列、镜像、对齐门窗

7. 以下命令对应的快捷键哪个是错误的（　　）

A. 复制 Ctrl+C　　B. 粘贴 Ctrl+V

C. 撤销 Ctrl+X　　D. 恢复 Ctrl+Y

8. Revit Architecture 中创建标高的方式，下列说法错误的是（　　）

A. 设计栏“基本-标高”命令，捕捉标高起点和终点位置绘制标高

B. 直接拾取已有的线、dwg 文件的标高等图元自动创建标高

C. 通过工具栏中的“复制”命令可以复制相同名称的标高

D. 通过工具栏中的“阵列”命令绘制标高

9. 在立面视图中编辑标高线的方式为（　　）

A. 调整标高线的尺寸　　B. 升高或降低标高

C. 重新标注标高　　D. 以上说法均正确

10. 如果重命名标高，下面哪一个平面的名称也将随之更新（　　）

A. 剖面　　B. 投影平面　　C. 立面　　D. 详图

11. 如何将临时尺寸标注更改为永久尺寸标注（　　）

A. 单击尺寸标注附近的尺寸标注符号　　B. 双击临时尺寸符号
C. 锁定　　D. 无法互相更改

12. 不能给以下哪种图元放置高程点（　　）

A. 墙体　　B. 门窗洞口　　C. 线条　　D. 轴网

答案：ACCCD CCCDB AD

二、判断题

1. Revit 软件的族文件的扩展文件名为. rfa。（　　）
2. Revit 软件的项目文件格式是. rvt 。（　　）
3. 建筑信息模型的应用贯穿于整个项目全生命期的各个阶段：设计、施工和运营管理。（　　）
4. BIM 软件和传统的三维建模软件最大的区别在于 BIM 软件模型更精细美观。（　　）
5. 美国建筑师学会制定了 BIM 级别，最高标准为 LOD500。（　　）

答案：√√√×√

三、问答题

Revit 项目样板有何意义？

四、操作应用题

根据图 2-52 中给定的尺寸绘制标高轴网。某建筑共计 3 层，首层地面标高为±0.000，层高为 3m，要求两侧标头都显示，将轴网颜色设置为红色并进行尺寸标注。将模型以“轴网”为文件名保存。

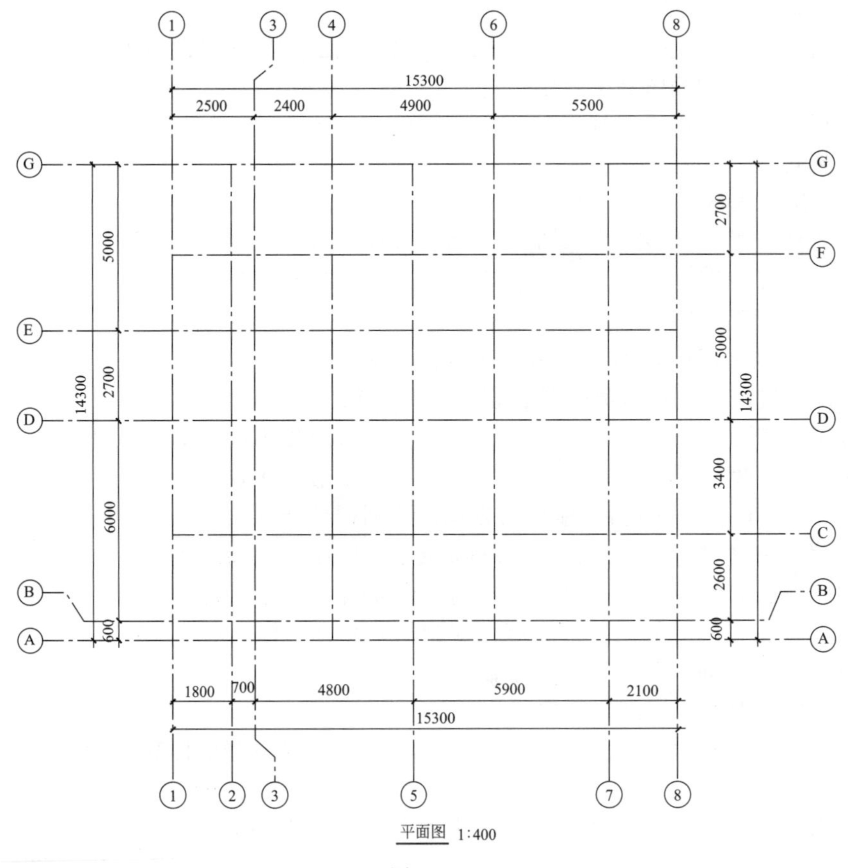

图 2-52

3 结构模型搭

3.1 结构图纸解读

《BIM 算量一图一练》专用宿舍楼结施图纸包括从“结施-01”到“结施-11”共计 11 张结构图纸。在结构建模过程中需重点关注以下图纸信息。

（1）“结施-01”中关注混凝土强度等级表格、构造柱截面图、过梁截面图、结构楼层信息表。

（2）“结施-02”中关注独立基础的平面定位、尺寸信息、基础标高信息以及基础垫层信息。

（3）“结施-03”中关注结构柱的平面定位信息。

（4）“结施-04”中关注柱配筋表，关注女儿墙标高、圈梁尺寸及标高信息。

（5）“结施-05”中关注一层结构梁的平面定位、尺寸信息、标高信息。

（6）“结施-06”中关注二层结构梁的平面定位、尺寸信息、标高信息。

（7）“结施-07”中关注屋顶层结构梁的平面定位、尺寸信息、标高信息。

（8）“结施-08”中关注二层结构板的平面定位、板厚、标高信息。

（9）“结施-09”中关注屋顶层结构板的平面定位、板厚、标高信息。

（10）“结施-10”中关注楼梯顶层结构梁的平面定位、尺寸信息、标高信息；结构板的平面定位、板厚、标高信息。

（11）“结施-11”中关注梯梁、梯柱、楼梯属性等信息。

3.2 Revit 软件结构工具解读

在 Revit 软件中专门设置有“结构”选项卡，含有“结构”、“基础”、“钢筋”等面板，并有结构柱、结构梁、结构板、结构基础等多种建模工具。在专用宿舍楼项目建模操作中可以使用以下工具进行结构模型搭建。

（1）使用“族文件”命令创建独立基础族构件。

（2）使用“族参数”命令创建独立基础参变族文件。

（3）使用“结构基础：楼板”命令创建独立基础垫层。

（4）使用“结构柱”、“移动”、“复制到剪贴板”、“粘贴”等命令创建全楼结构柱、梯柱、构造柱。

（5）使用“结构梁”、“对齐”、“复制到剪贴板”、“粘贴”等命令创建全楼结构梁、梯梁。

（6）使用“楼板：结构”、“参照平面”等命令创建全楼结构板。

（7）使用“楼梯（按草图）”、“多层顶部标高”、“参照平面”等命令创建全楼楼梯。

3.3 结构模型创建流程

实际项目中建筑结构体系复杂多样，简要介绍项目中常用的结构体系。如表 3-1 所示。

表 3-1

序号	建筑结构体系	简　介
1	混合结构体系	适合 6 层以下，横向刚度大，整体性好，但平面灵活性差
2	框架结构体系	框架结构是利用梁柱组成的纵、横向框架，同时承受竖向荷载及水平荷载的结构，适合 15 层以下建筑
3	剪力墙结构体系	剪力墙结构是利用建筑物的纵、横墙体承受竖向荷载及水平荷载的结构。剪力墙结构的优点是侧向刚度大，在水平荷载作用下侧移小；其缺点是剪力墙间距小，建筑平面布置不灵活，不适合于要求大空间的公共建筑
4	框架-剪力墙结构体系	框架-剪力墙结构是在框架结构中设置适当剪力墙的结构，它具有框架结构平面布置灵活，有较大空间的优点，又具有侧向刚度大的优点。框架-剪力墙结构中，剪力墙主要承受水平荷载，竖向荷载主要由框架承担。框架-剪力墙结构一般用于 10～20 层的建筑
5	筒体结构体系	超高层建筑水平荷载起控制作用 筒体结构适合于 30～50 层的建筑
6	网架结构	网架结构可分为平板网架和曲面网架两种。平板网架采用较多，其为空间受力体系，杆件主要承受轴向力，受力合理，节省材料；整体性好，刚度大、稳定、抗震性能好，可悬挂吊车；杆件类型较少，适于工业化生产
7	拱式结构	拱式结构的主要内力为轴向压力，可利用抗压性能良好的混凝土建造大跨度的拱式结构。由于拱式结构受力合理，在建筑和桥梁中被广泛应用，且适用于体育馆、展览馆等建筑中

本专用宿舍楼项目“建施-01”的项目概况中已明确项目结构类型为框架结构。根据本专用宿舍楼项目类型及提供的图纸信息并结合 Revit 软件的建模工具，归纳本项目结构部分建模的流程为：建立独立基础→建立基础垫层→建立结构柱→建立结构梁→建立结构板→建立楼梯。

下面将按照构件类型分为多个小节依据此结构建模流程进行专用宿舍楼整体结构模型的搭建，并在讲解过程中结合 Revit 软件操作技巧以便快速提高建模效率。

3.4 新建独立基础

3.4.1 任务说明

打开 Revit 软件，根据提供的专用宿舍楼图纸，完成专用宿舍楼独立基础的创建。

3.4.2 任务分析

★ 业务层面分析

建立基础模型前，先根据专用宿舍楼图纸查阅独立基础的尺寸、定位、属性等信息，保证独立基础模型布置的正确性。根据“结施-02”中“基础平面布置图”可知，基础底标高均为−2.450m，为钢筋混凝土阶型（两阶）基础。项目中两阶基础共有 8 种不同尺寸，分别为：DJj01-250/200、DJj02-300/250、DJj03-350/250、DJj04-350/250、DJj05-350/250、DJj06-300/250、DJj07-350/250、DJj08-400/300。根据“结施-01”中“混凝土强度等级”表格可知基础混凝土强度等级为C30。

★ 软件层面分析

(1) 学习使用“创建族”命令创建独立基础-二阶族。

(2) 学习使用“移动”命令精确修改独立基础-二阶构件位置。

(3) 学习使用“尺寸标注”命令建立独立基础-二阶构件尺寸标注。

3.4.3 任务实施

【说明】Revit软件提供了3种基础形式，分别为条形基础、独立基础和基础底板，用于生成建筑不同类型的基础形式。条形基础的用法为沿墙底部生成带状基础模型；独立基础是将自定义的基础族放置在项目中，作为基础参与结构计算；基础底板可以用于创建建筑筏板基础，用法和楼板一致。下面以《BIM算量一图一练》中的专用宿舍楼项目为例，讲解创建项目独立基础的操作步骤。

(1) 以“独立基础-三阶”族文件为基础创建“独立基础-二阶”族。Revti软件族库本身有三阶基础族文件，没有二阶基础族文件，本项目的二阶独立基础可以使用Revit默认族库中三阶基础族文件修改而成。具体操作方法为：单击左上角的“应用程序”按钮，选择“打开”—“族”命令，弹出“打开”窗口，默认进入Revit族库文件夹，点击“结构”文件夹—“基础”文件夹，找到“独立基础-三阶.rfa”文件，点击“打开”命令，将“独立基础-三阶.rfa”打开。如图3-1～图3-3所示。

图3-1

图3-2

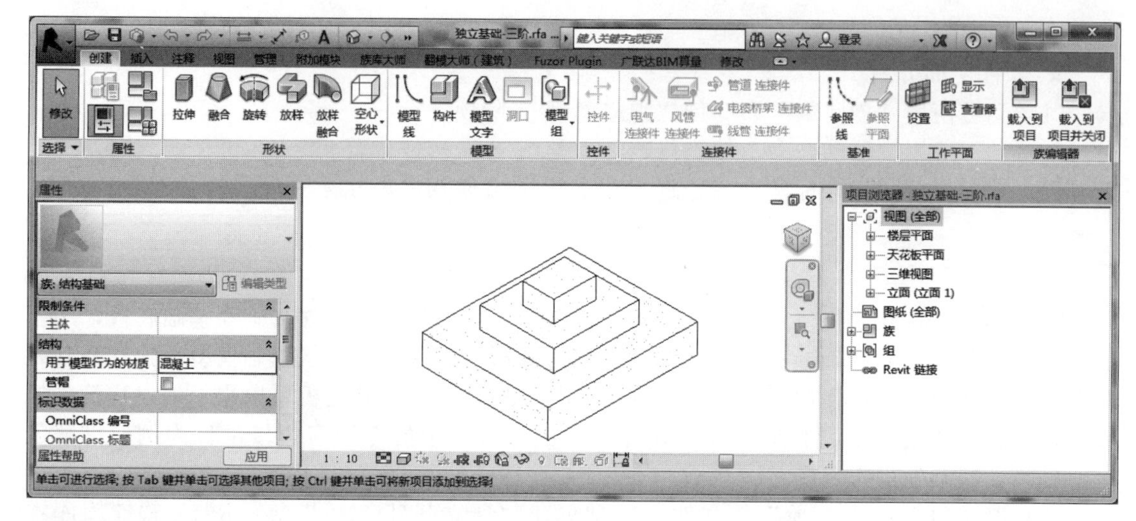

图 3-3

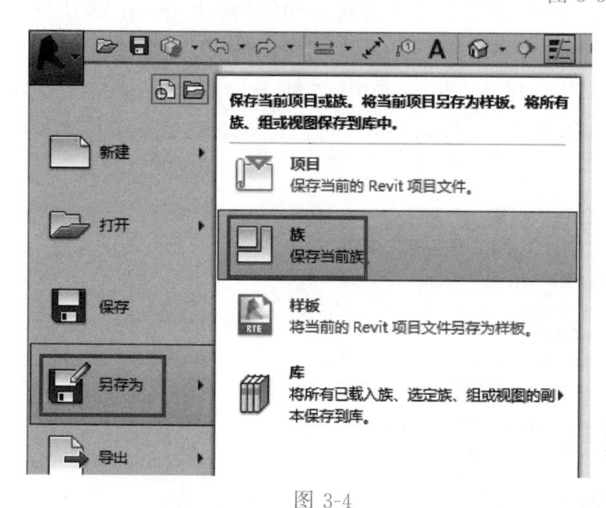

图 3-4

（2）为了不修改原始族文件，将打开后的“独立基础-三阶.rfa”另存为“独立基础-二阶.rfa”族文件。单击左上角的“应用程序”按钮，选择“另存为”—“族”命令，弹出“另存为”窗口，指定存放路径为“Desktop \ 案例工程 \ 专用宿舍 \ 族 \ 独立基础族”，命名为“独立基础-二阶.rfa”，默认文件类型格式为“.rfa”格式，点击“保存”按钮，关闭窗口。“独立基础-二阶.rfa”保存完成后如图3-4、图3-5所示。

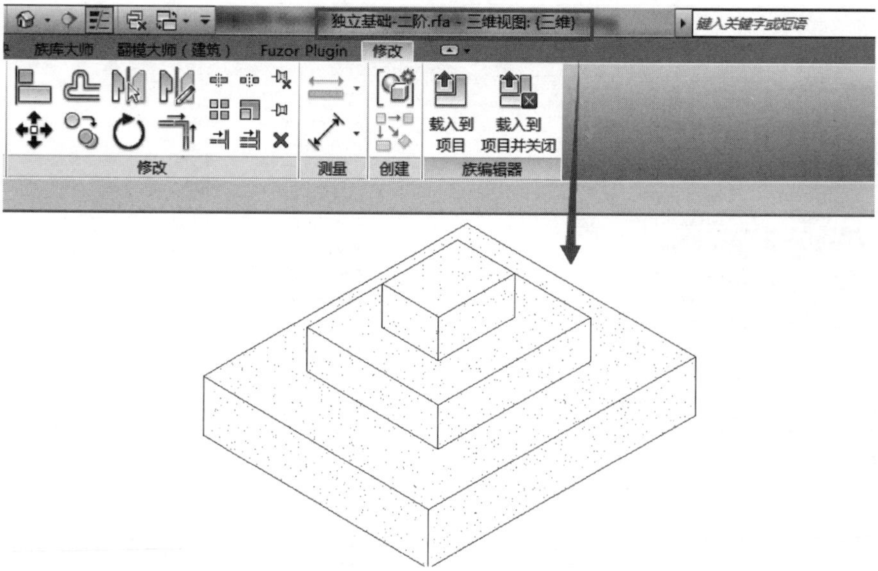

图 3-5

（3）现在可以对三阶基础进行改造，修改为可参变的二阶基础。鼠标放在独立基础最上面的独立基础三阶位置，鼠标左键点击选择后，按 Delete 键删除独立基础上面第三阶。如图 3-6、图 3-7 所示。

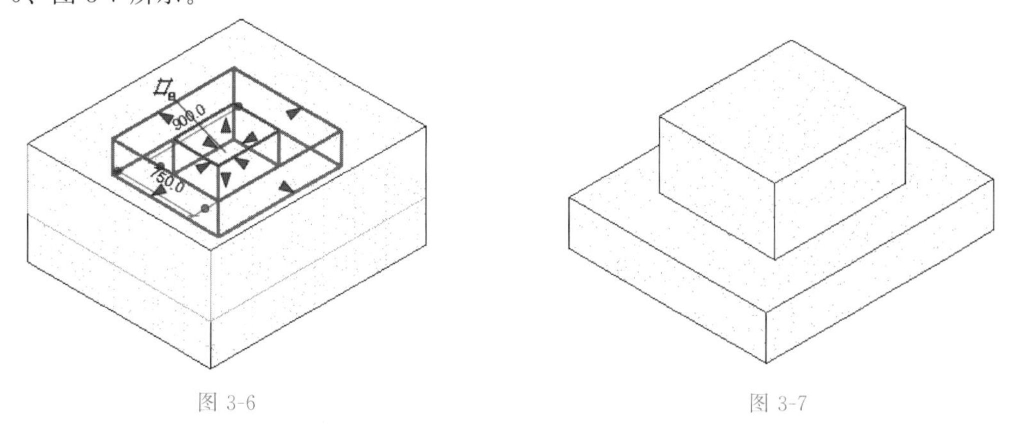

图 3-6　　　　图 3-7

（4）在“项目浏览器”中展开“楼层平面”视图类别，双击“参照标高”进入“参照标高”视图。如图 3-8 所示。

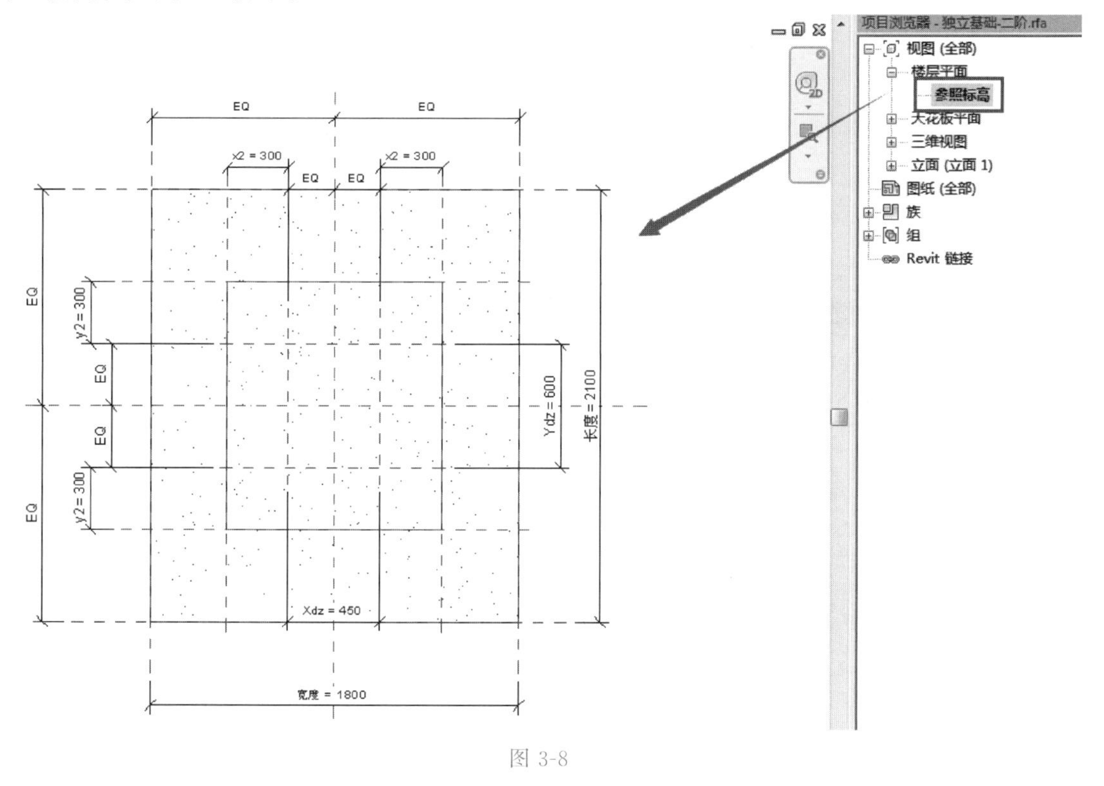

图 3-8

（5）鼠标点击 $X_2=300$，$Y_2=300$ 等线性尺寸标注，按 Delete 键删除，删除之后的绘图区域模型如图 3-9 所示。

（6）单击“修改”选项卡“属性”面板中的“族类型”工具，打开“族类型”窗口，选择除“宽度”、“长度”之外的其他尺寸标注，使用“参数”下面的“删除”按钮逐一删除。删除完毕之后点击“确定”，关闭“族类型”窗口。删除之前与删除之后，如图 3-10、图 3-11 所示。

（7）回到“参照标高”平面视图，双击鼠标滚轮，使图形显示在绘图界面正中心。单击“注释”选项卡“尺寸标注”面板中的“对齐”工具，逐一点击独立基础上面二阶的左侧参

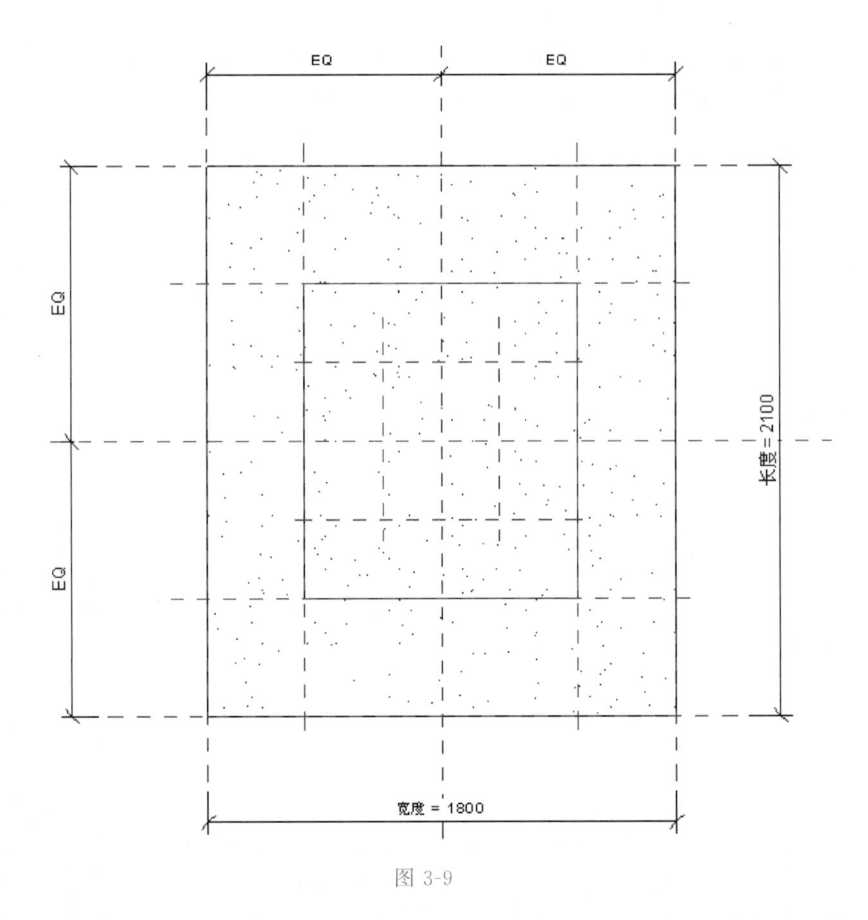

图 3-9

参数	值	公式	锁定
材质和装饰			
结构材质 (默认)	混凝土 - 现场浇	=	
尺寸标注			
h3	300.0	=	☑
h2	300.0	=	☑
h1	400.0	=	☑
y2	300.0	=	☑
x2	300.0	=	☑
宽度	1800.0	=	☑
长度	2100.0	=	☑
Ydz	600.0	=	☑
Xdz	450.0	=	☑
厚度	1000.0	=h1 + h2 + h3	☑
标识数据			

图 3-10

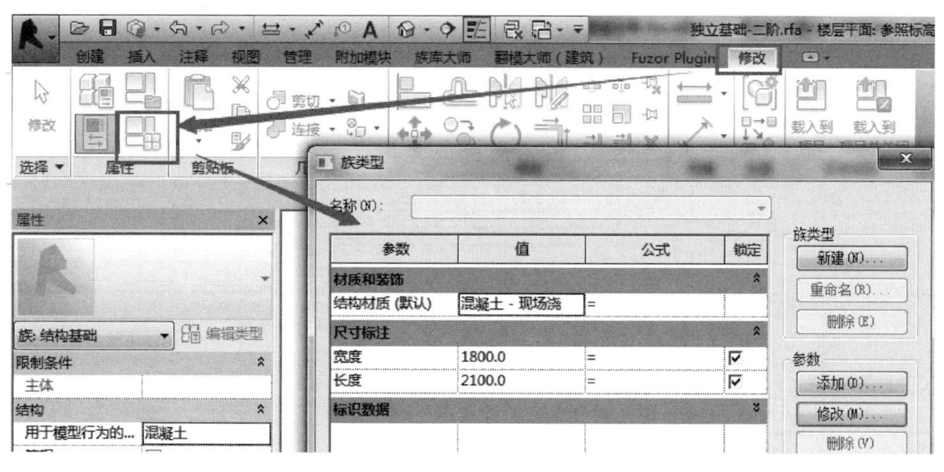

图 3-11

照平面（绿色虚线条）、中间参照平面（绿色虚线条）、右侧参照平面（绿色虚线条），出现临时尺寸标注后，左键点击空白位置，生成线性尺寸标注。鼠标点击EQ图标，线性尺寸标注均等平分。上述操作步骤如图 3-12～图 3-14 所示。

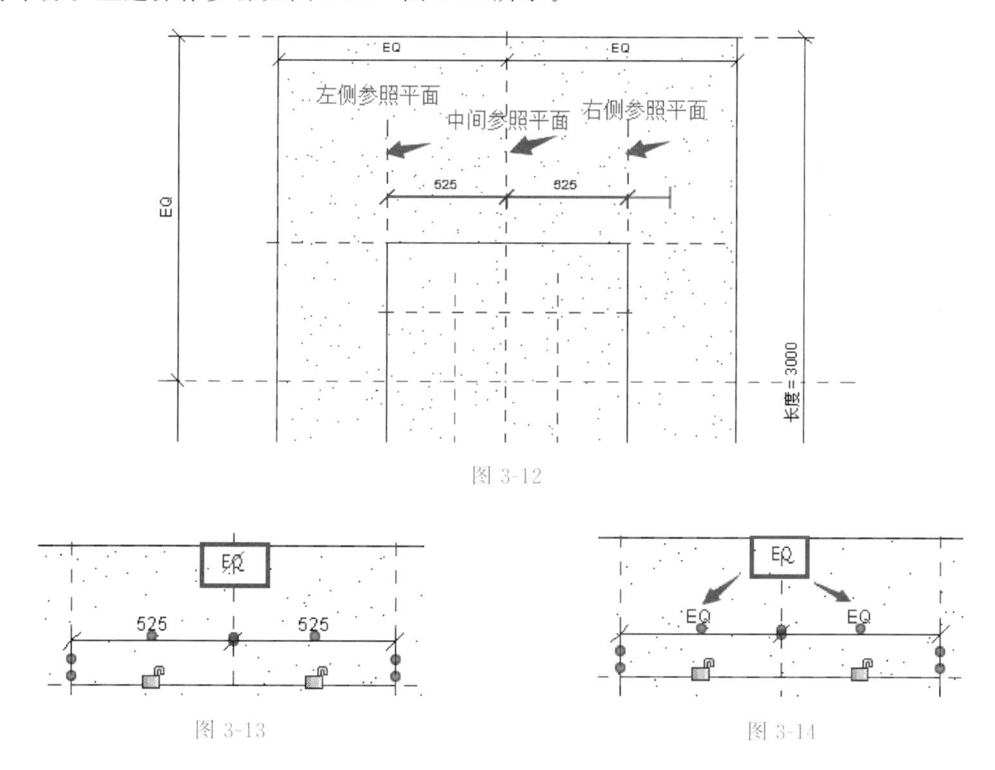

图 3-12

图 3-13

图 3-14

（8）继续点击“对齐”工具，逐一点击独立基础上面二阶的下侧参照平面（绿色虚线条），中间参照平面（绿色虚线条），上侧参照平面（绿色虚线条），出现临时尺寸标注后，左键点击空白位置，生成线性尺寸标注。鼠标点击EQ，线性尺寸标注均等平分。如图 3-15 所示。

（9）继续点击“对齐”工具，逐一点击独立基础上面二阶的左侧参照平面（绿色虚线条）、右侧参照平面（绿色虚线条），出现临时尺寸标注后，左键点击空白位置，生成线性尺寸标注。逐一点击独立基础上面二阶的下侧参照平面（绿色虚线条）和上侧参照平面（绿色虚线条），出现临时尺寸标注后，左键点击空白位置，生成线性尺寸标注。如图 3-16 所示。

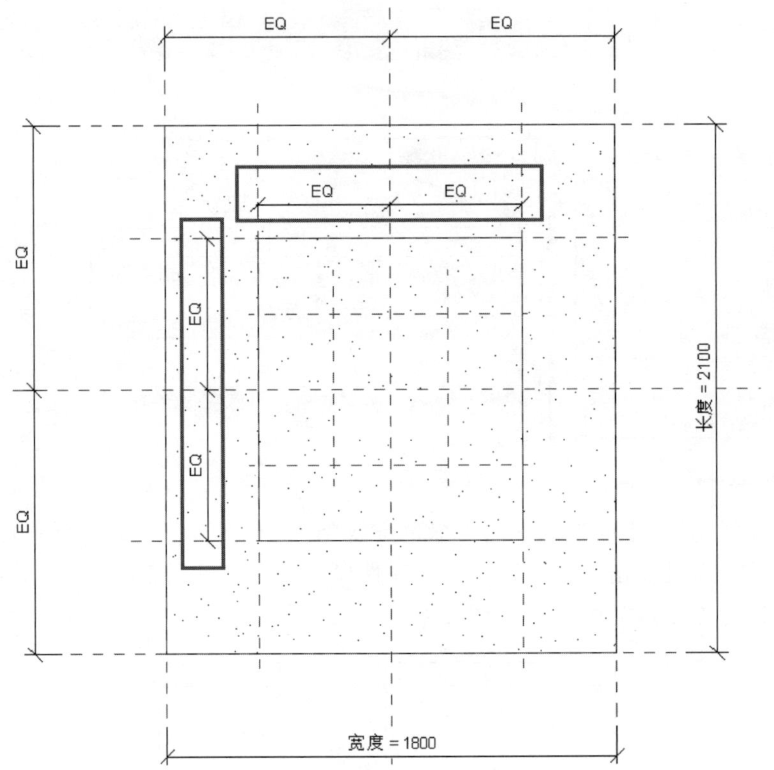

图 3-15

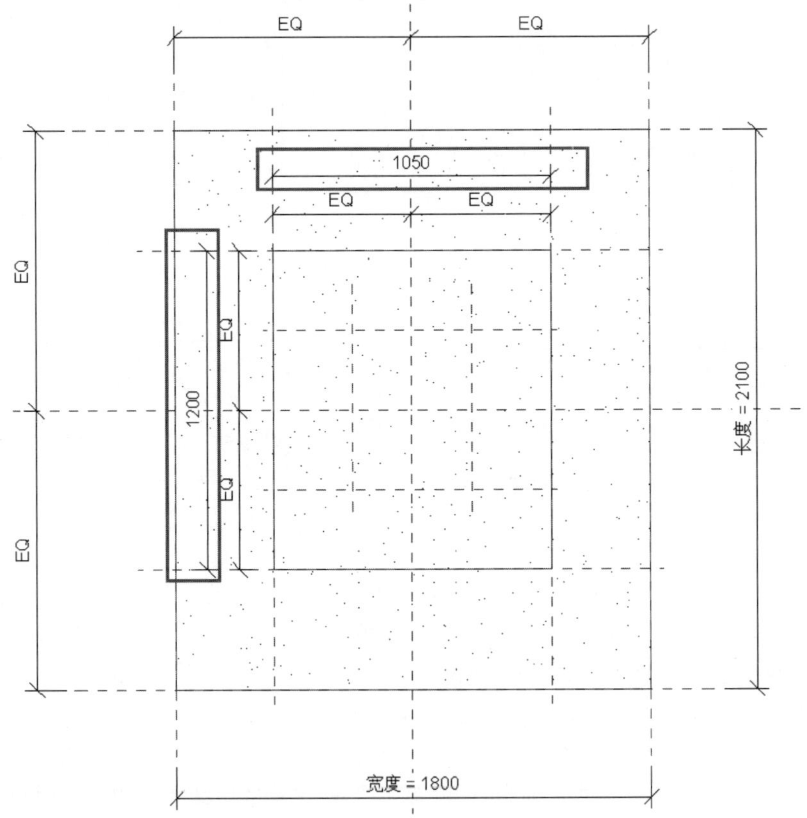

图 3-16

（10）选择上步中生成的线性尺寸标注，切换到“修改｜尺寸标注”上下文选项，单击选项卡中“标签”右侧下拉小三角，点击“添加参数”，打开“参数属性”窗口，在“名称”中输入“宽度-1”，其他保持默认不变，点击“确定”按钮，退出“参数属性”窗口，“宽度-1”参数完成。操作步骤如图 3-17～图 3-19 所示。

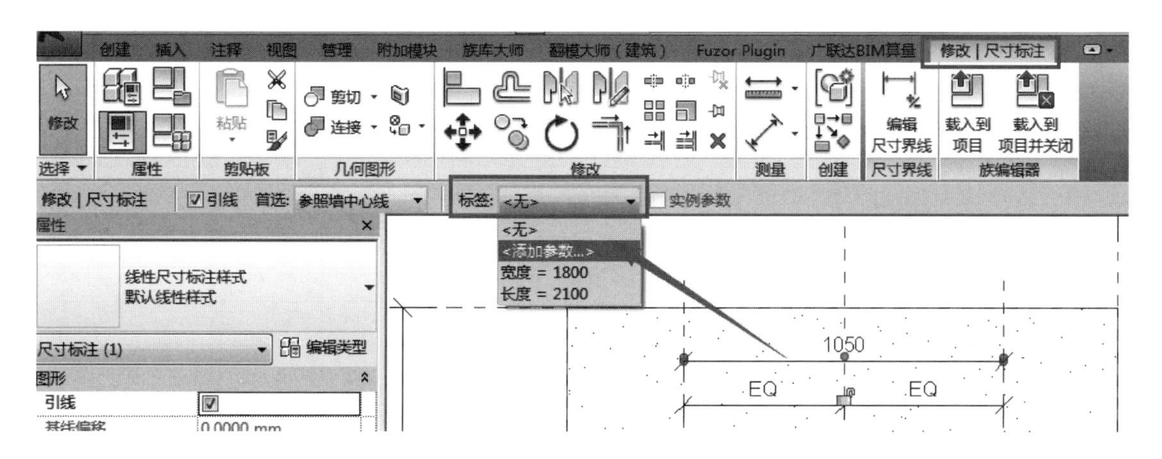

图 3-17

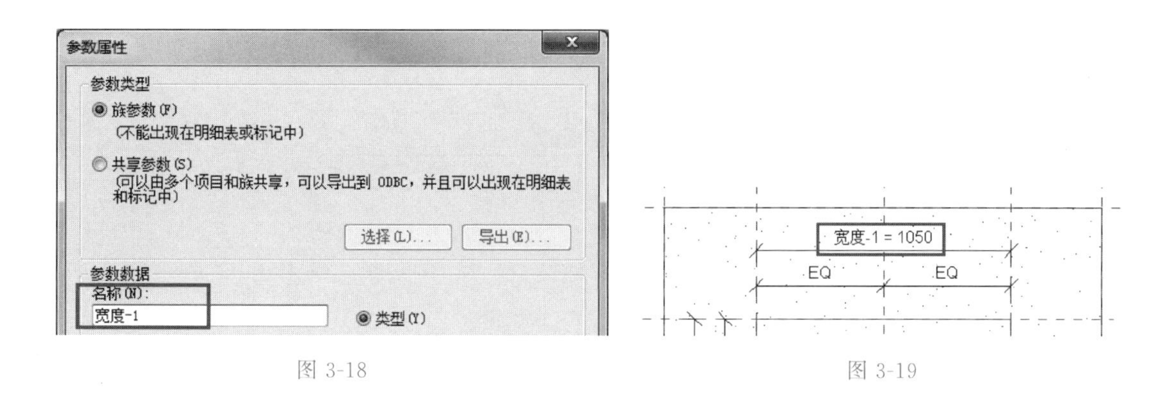

图 3-18

图 3-19

（11）同样的操作，选择上步中生成的 1200 的线性尺寸标注，切换到“修改｜尺寸标注”上下文选项，单击选项卡中“标签”右侧下拉小三角，点击“添加参数”，打开“参数属性”窗口，在“名称”中输入“长度-1”，其他保持默认不变，点击“确定”按钮，退出“参数属性”窗口，“长度-1”参数完成。完成之后如图 3-20 所示。

（12）在“项目浏览器”中展开“立面（立面 1）”视图类别，双击“前”立面进入“前”立面视图。鼠标逐一点击显示为 300 的两个线性尺寸标注，按 Delete 键删除。单击“注释”选项卡“尺寸标注”面板中的“对齐”工具，逐一点击独立基础二阶的顶部参照标高（绿色虚线条）和一阶的顶部参照平面（绿色虚线条），生成长度为 600 的线性尺寸标注。两次 Esc 键退出放置尺寸标注模式。如图 3-21 所示。

（13）单击长度为 600 的线性尺寸标注，自动切换到“修改｜尺寸标注”上下文选项，单击选项卡中“标签”右侧下拉小三角，点击“添加参数”，打开“参数属性”窗口，在“名称”中输入“h_2”，其他保持默认不变，点击“确定”按钮，退出“参数属性”窗口，“h_2”参数完成。同样选择长度为 400 的线性尺寸标注，设置标签参数为“h_1”。操作结果如图 3-22 所示。

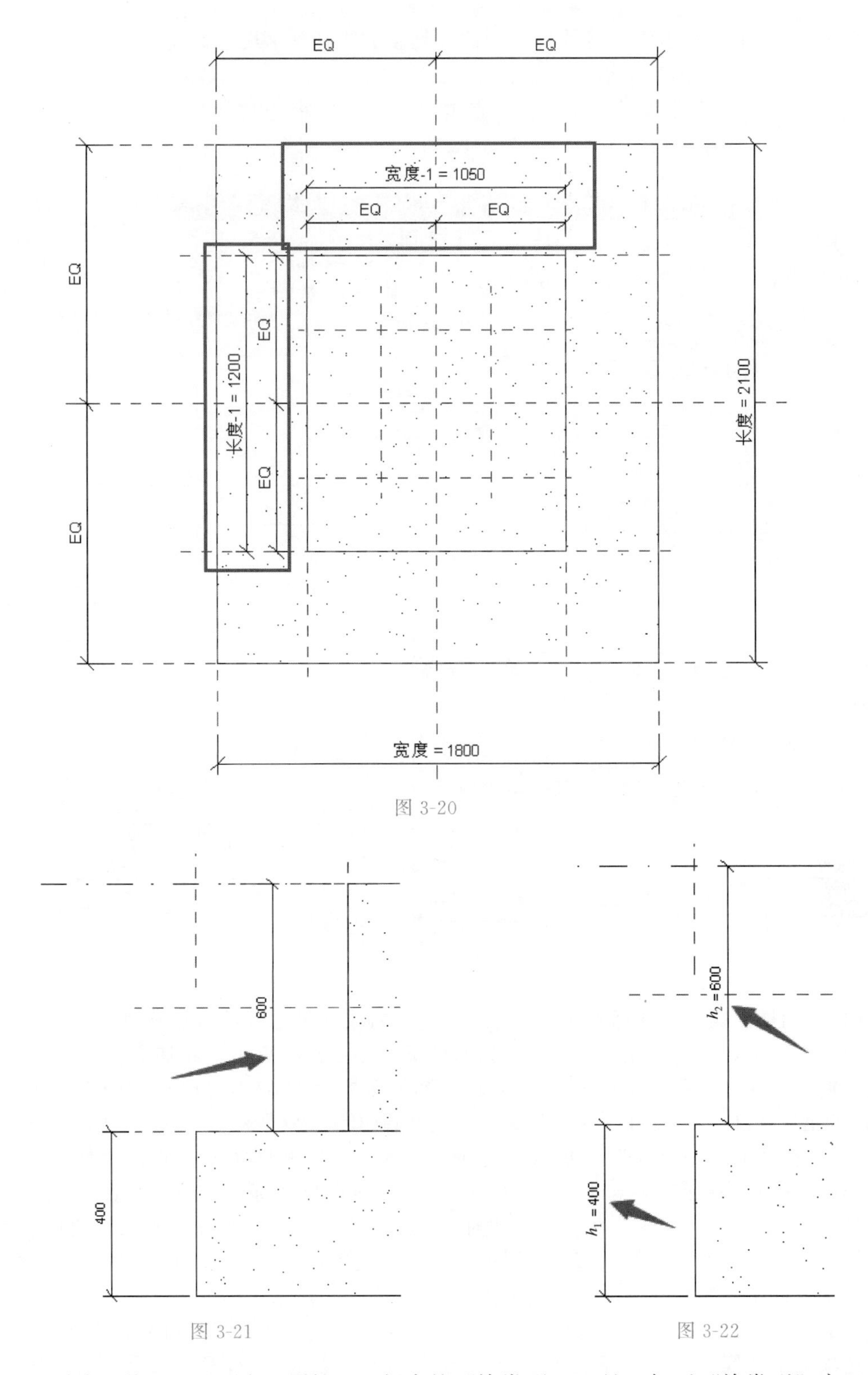

图 3-20

图 3-21

图 3-22

（14）单击“修改”选项卡“属性”面板中的“族类型”工具，打开“族类型”窗口，二阶基础参变参数全部设置完成。点击“确定”按钮，退出“族类型”窗口。如图 3-23 所示。

（15）单击“快速访问栏”中三维视图按钮，切换到三维查看，修改好的独立基础-二阶如图 3-24 所示。

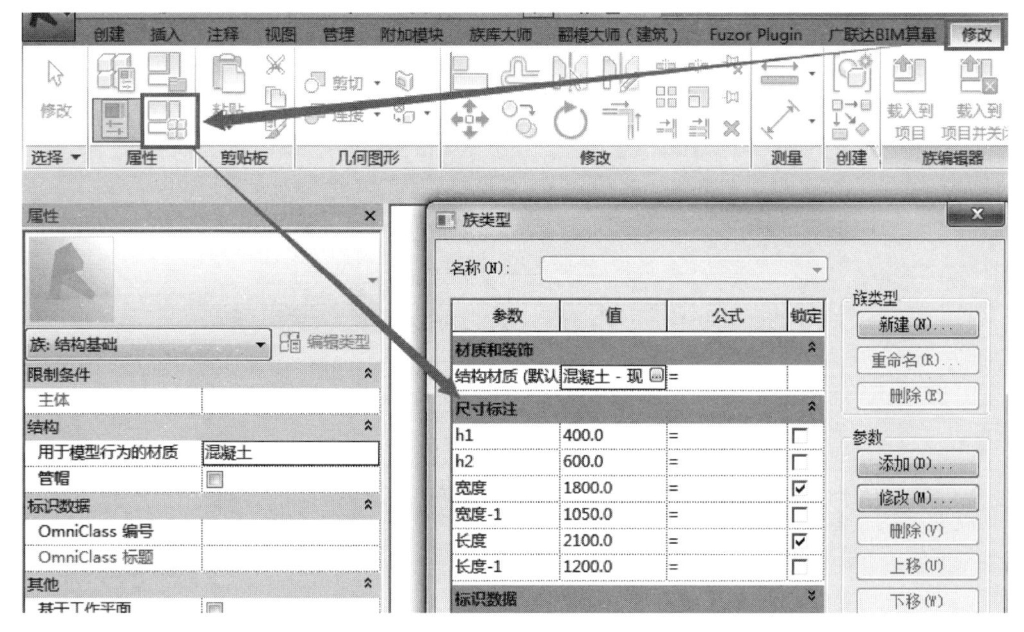

图 3-23

（16）将做好的“独立基础-二阶”族导入到项目中。点击“修改”选项卡“族编辑器”面板中的“载入到项目”工具，默认切换到“专用宿舍楼”项目文件中。“独立基础-二阶”的族构件就已经载入到“专用宿舍楼”项目。切换到“专用宿舍楼”项目，点击“建筑”选项卡“构建”面板中的“构件”下拉下的“放置构件”工具，就可以找到载入到项目中的独立基础-二阶构件。如图 3-25 所示。

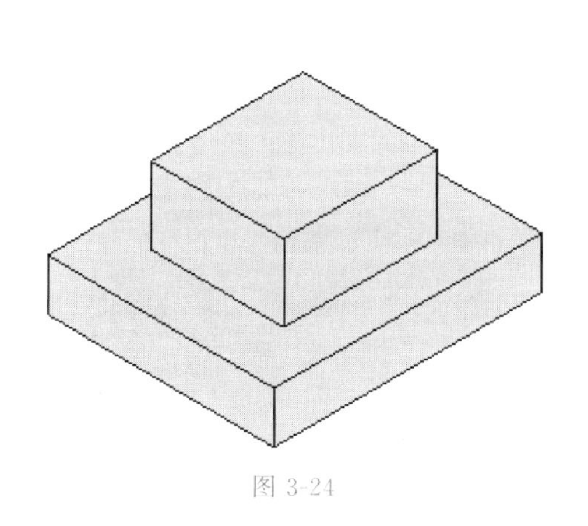

图 3-24

图 3-25

（17）在项目中对“独立基础-二阶”进行构件定义。在“项目浏览器”中展开“楼层平面”视图类别，双击“基础底”视图名称，进入“基础底”楼层平面视图，单击“建筑”选项卡“构建”面板中的“构件”下拉下的“放置构件”工具，找到载入到项目中的独立基础-二阶构件。点击“属性”面板的中“编辑类型”，打开“类型属性”窗口，点击“复制”按钮，弹出“名称”窗口，输入“S-DJj01-250/200”（**注意**：基础前面的“S”为structure的首字母，为“结构”的意思），点击“确定”关闭窗口；根据“结施-02”中DJj01-250/200的信息，分别在“h_1”、“h_2”、“宽度”、“宽度-1”、“长度”、“长度-1”位置输入“250”、“200”、“2700”、“2300”、“2700”、“2300”。输入完毕后，点击“确定”按钮，退出“类型属性”窗口。如图 3-26 所示。

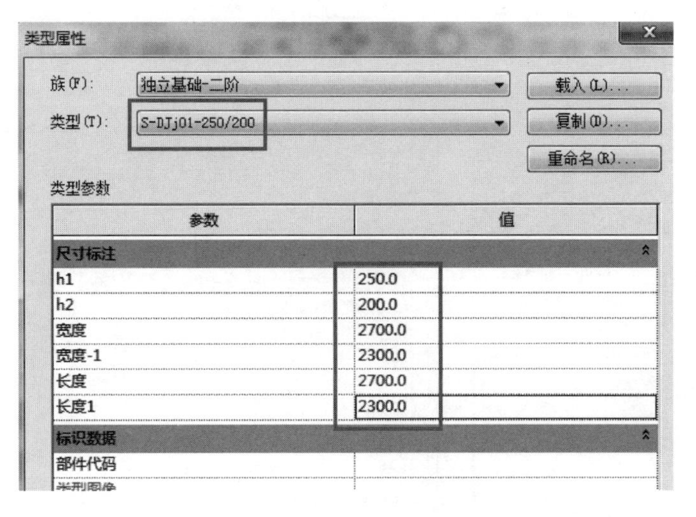

图 3-26

(18) 点击“属性”面板中的“结构材质”右侧按钮，打开“材质浏览器”窗口，当前选择为“混凝土-现场浇筑混凝土”，鼠标右键，选择“重命名”，修改为“混凝土-现场浇注混凝土-C30”。点击“确定”按钮，退出“材质浏览器”窗口。如图 3-27 所示。

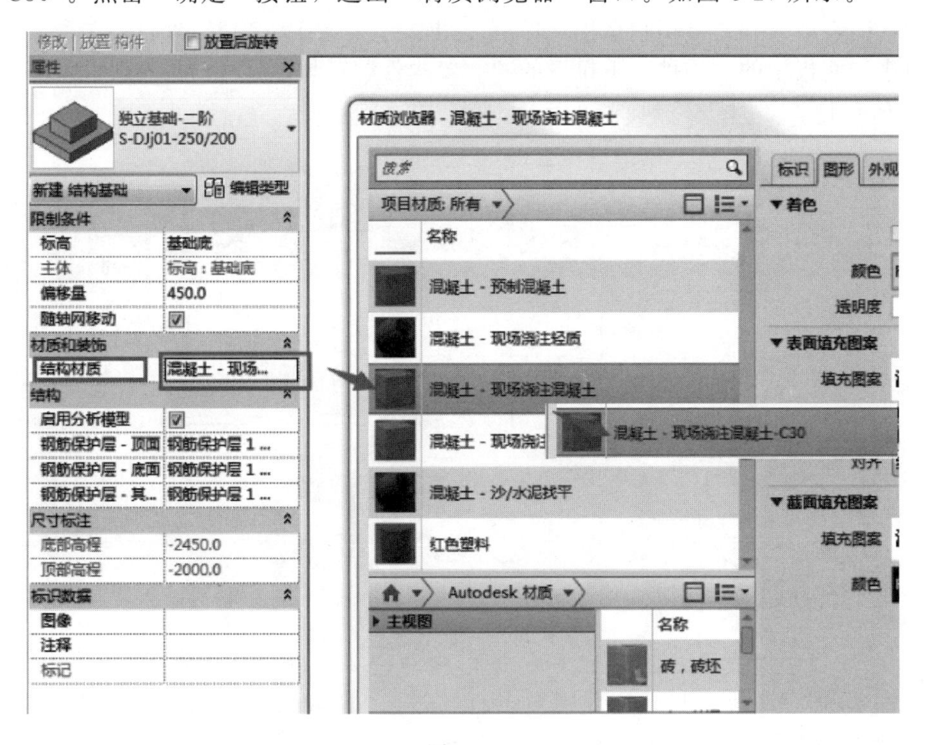

图 3-27

(19) 依照同样的方法，根据“结施-02”中“基础平面布置图”中其他独立基础信息，建立构件类型并进行相应尺寸及结构材质的设置。全部输入完毕后，“类型属性”窗口中构件类型如图3-28 所示。

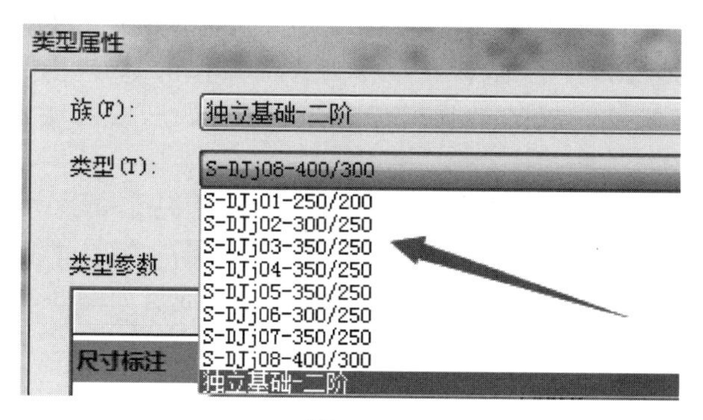

图 3-28

（20）构件定义完成后，开始布置“独立基础-二阶”构件。根据“结施-02”中“基础平面布置图”布置二阶独立基础。在“属性”面板中找到“S-DJj01-250/200”，设置“标高”为“基础底”，“偏移量”为“450”，Enter 键确认。鼠标移动到 1 轴与 F 轴交点位置处，点击左键，布置 S-DJj01-250/200 构件。布置过程如图 3-29～图 3-32 所示。

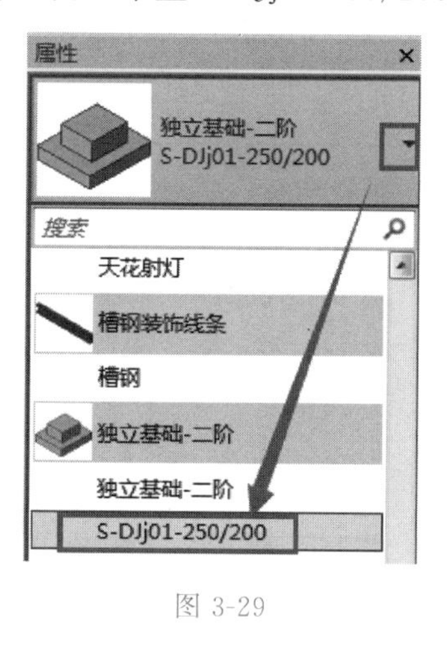

图 3-29

图 3-30

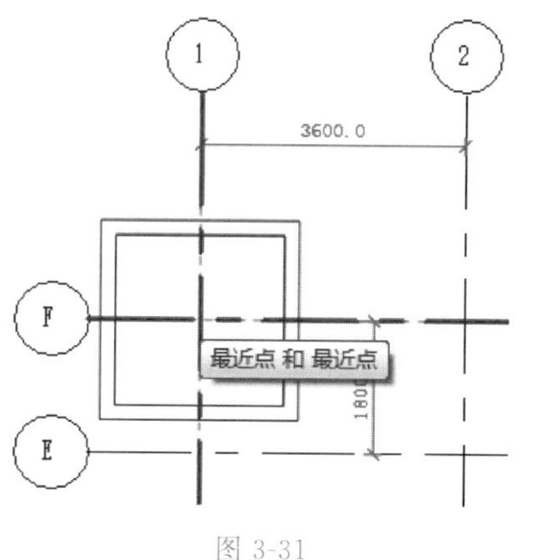

图 3-31

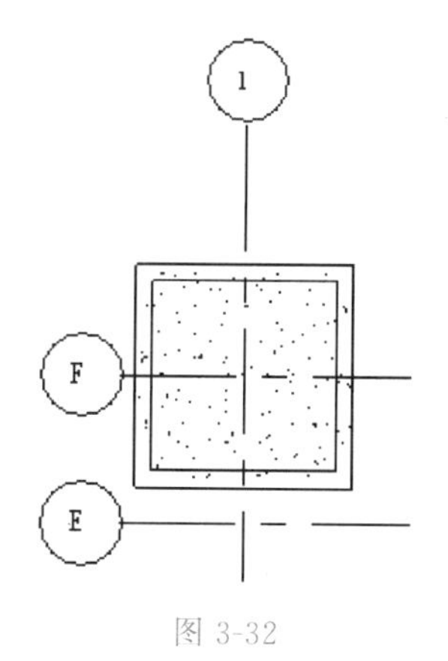

图 3-32

（21）修改“独立基础-二阶”构件位置。对刚刚布置的 S-DJj01-250/200 构件进行位置精确修改。点击刚布置好的 S-DJj01-250/200 构件，切换至“修改｜结构基础”上下文选项，单击“修改”面板中的“移动”工具，进入移动编辑状态，勾选选项栏中的“约束”选项，单击 S-DJj01-250/200 上的任意一点作为移动操作的基点，沿垂直方向向上移动鼠标指针，出现临时尺寸标注，输入“150”，Enter 键确认。再次单击修改面板中的“移动”工具，单击 S-DJj01-250/200 上的任意一点作为移动操作的基点，沿水平方向向左移动鼠标指针，出现临时尺寸标注，输入“100”，Enter 键确认。按两次 Esc 键退出编辑模式。如图 3-33 所示。

（22）对“独立基础-二阶”构件进行尺寸标注。S-DJj01-250/200 构件位置精确修改后，单击“注释”选项卡“尺寸标注”面板中的“对齐”工具，参照“结施-02”中“基础平面布置图”对 S-DJj01-250/200 进行线性尺寸标注。标注完成后如图 3-34 所示。

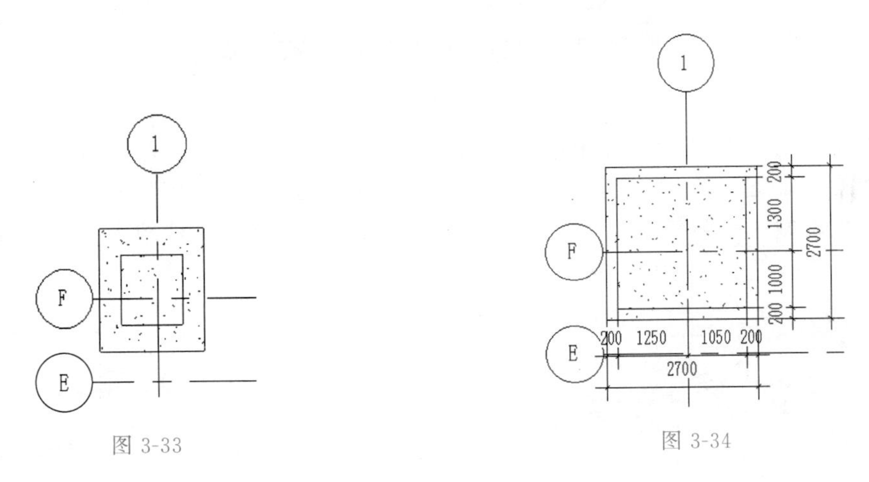

图 3-33　　图 3-34

（23）按照上面布置及修改的操作步骤，在 14 轴与 A 轴交线位置，14 轴与 C 轴交线位置，14 轴与 D 轴交线位置，14 轴与 F 轴交线位置布置 S-DJj01-250/200 构件。布置完成后如图 3-35 所示。

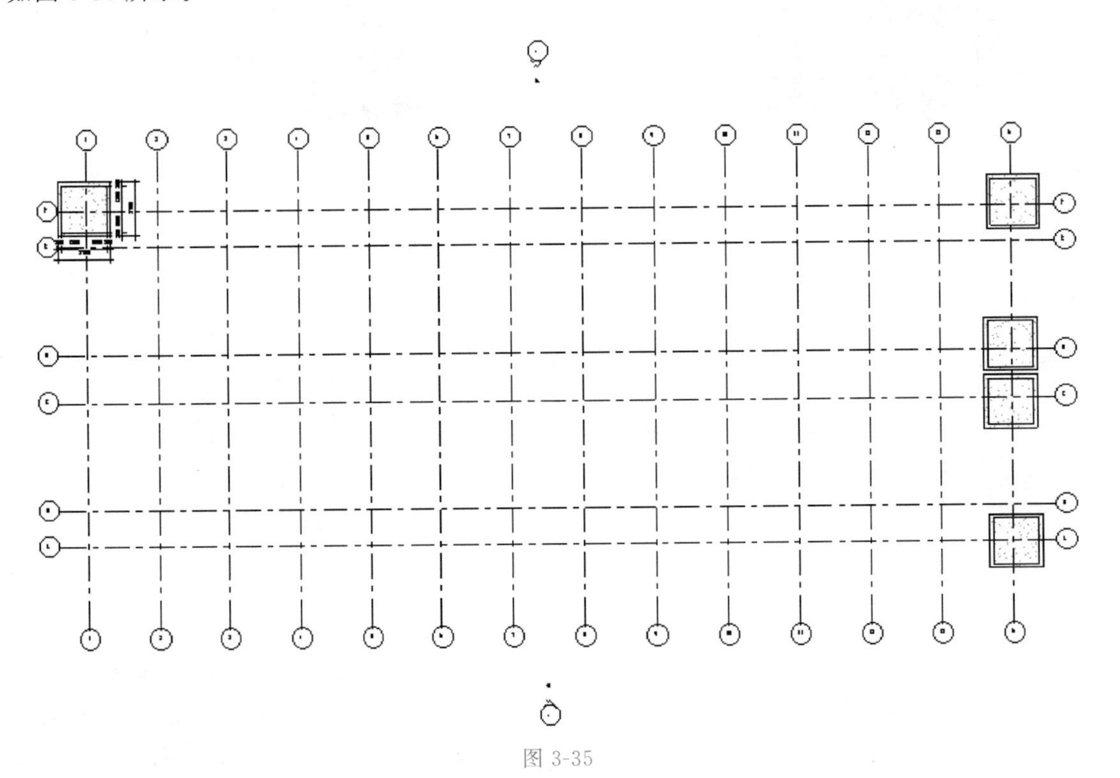

图 3-35

（24）参照上面的操作方法，将其他“独立基础-二阶”构件进行布置并进行位置精确修改。需注意各构件标高设置不同，具体如下。

①“S-DJj02-300/250”，设置“标高”为“基础底”，“偏移量”为“550”。

②“S-DJj03-350/250”，设置“标高”为“基础底”，“偏移量”为“600”。

③“S-DJj04-350/250”，设置“标高”为“基础底”，“偏移量”为“600”。

④“S-DJj05-350/250”，设置“标高”为“基础底”，“偏移量”为“600”。

⑤“S-DJj06-300/250”，设置“标高”为“基础底”，“偏移量”为“550”。

⑥“S-DJj07-350/250”，设置“标高”为“基础底”，“偏移量”为“600”。

⑦“S-DJj08-400/300”，设置“标高”为“基础底”，“偏移量”为“700”。

全部布置完成后如图 3-36 所示。

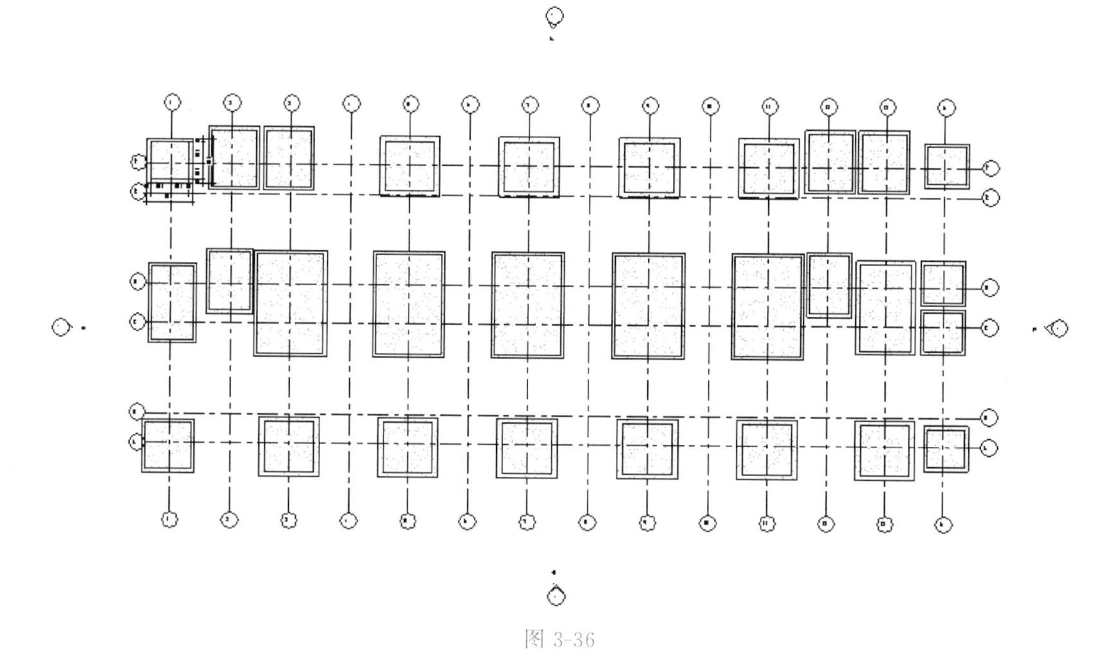

图 3-36

（25）单击“快速访问栏”中三维视图按钮，切换到三维进行查看。单击“视图控制栏”中“视图样式”按钮，选择“真实”模式。模型显示如图 3-37～图 3-39 所示。

（26）单击“快速访问栏”中保存按钮，保存当前项目成果。

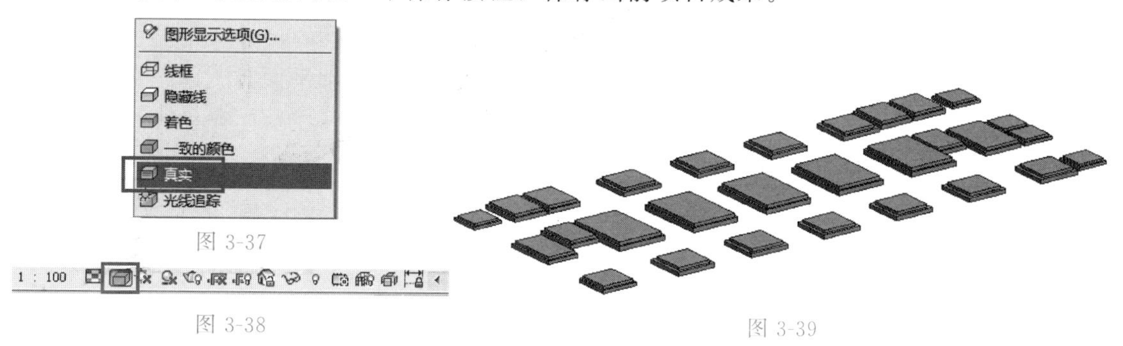

图 3-37

图 3-38

图 3-39

3.4.4 总结拓展

★ 步骤总结

上述用 Revit 软件建立独立基础的操作步骤主要分为四步，第一步：以“独立基础-三阶”

族文件为基础创建“独立基础-二阶”族（含有修改族设置、族参数等小步骤）；第二步：将做好的“独立基础-二阶”族导入到项目中；第三步：对项目中的“独立基础-二阶”进行构件定义；第四步：对项目中的“独立基础-二阶”构件进行布置（含有修改位置、尺寸标准等小步骤）。按照本操作流程读者可以完成专用宿舍楼项目独立基础的创建。

★ 业务扩展

基础是将结构所承受的各种作用传递到地基上的结构组成部分。基础按照不同的划分维度可以进行不同的类别细分，具体如下。

（1）按使用的材料分为灰土基础、砖基础、毛石基础、混凝土基础、钢筋混凝土基础。

（2）按埋置深度可分为浅基础、深基础。埋置深度不超过 5m 者称为浅基础，大于 5m 者称为深基础。

（3）按受力性能可分为刚性基础和柔性基础。

（4）按构造形式可分为条形基础、独立基础、满堂基础和桩基础。满堂基础又分为筏形基础和箱形基础。

上述章节中讲到的独立基础一般是用来支承柱子的，按基础截面形式又分为台阶式（或阶梯形）基础、锥形基础、杯形基础（当柱采用预制构件时，则基础做成杯口形，然后将柱子插入并嵌固在杯口内，故称杯形或杯口基础）。当杯的深度大于长边长度时称为高杯口基础。

本节详细讲解了建立“独立基础-二阶”族的方法与布置“独立基础-二阶”构件的操作步骤。在实际复杂的项目中，基础类型复杂多变，需要灵活应用 Revit 软件建立相应的基础构件。

3.5 新建基础垫层

3.5.1 任务说明

打开 Revit 软件，根据提供的专用宿舍楼图纸，完成专用宿舍楼基础垫层的创建。

3.5.2 任务分析

★ 业务层面分析

建立基础垫层模型前，先根据专用宿舍楼图纸查阅基础垫层的尺寸、定位、属性等信息，保证基础垫层模型布置的正确性。根据“结施-02”中“基础平面布置图”可知基础垫层为 100 厚 C15 素混凝土，每边宽出基础边 100mm。根据“结施-01”中“混凝土强度等级”表格可知基础垫层混凝土强度等级为 C15。

★ 软件层面分析

（1）学习使用“结构基础：楼板”命令创建基础垫层。

（2）学习使用“视图范围”命令使基础垫层构件显示。

3.5.3 任务实施

【说明】Revit 软件中没有专门绘制基础垫层构件的命令，一般情况下使用“结构基础：楼板”工具创建基础垫层构件类型，在命名中包含“垫层”字眼即可。下面以《BIM 算量一图一练》中的专用宿舍楼项目为例，讲解创建项目基础垫层的操作步骤。

（1）以“结构基础：楼板”工具为基础创建基础垫层构件类型。在“项目浏览器”中展开“楼层平面”视图类别，双击“基础底”视图名称，进入“基础底”楼层平面视图，单击“结构”选项卡“基础”面板中的“板”下的“结构基础：楼板”工具。点击“属性”面板中的“编辑类型”，打开“类型属性”窗口，点击“复制”按钮，弹出“名称”窗口，输入“100 厚 C15 素混凝土垫层”，点击“确定”按钮关闭窗口。点击“结构”右侧“编辑”按钮，进入“编辑部件”窗口，修改“结构【1】”“厚度”为“100”，点击“结构【1】”“材质”“按类别”进入“材质浏览器”窗口，当前选择为“混凝土-现场浇筑混凝土-C30”右键，选择“复制”，修改为“混凝土-现场浇注混凝土-C15”。点击“确定”关闭窗口，再次点击“确定”按钮退出“类型属性”窗口，属性信息修改完毕。修改过程如图 3-40～图 3-43 所示。

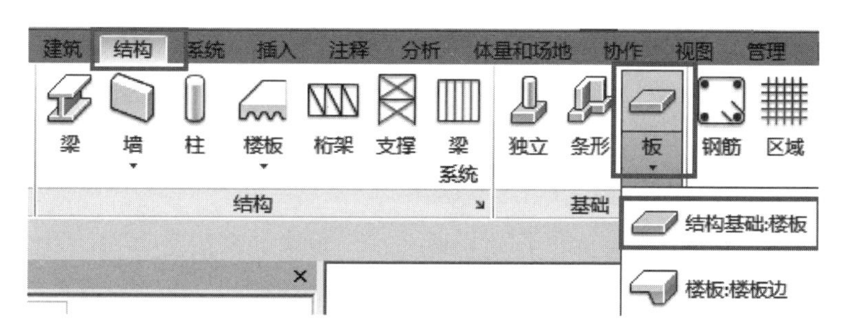

图 3-40

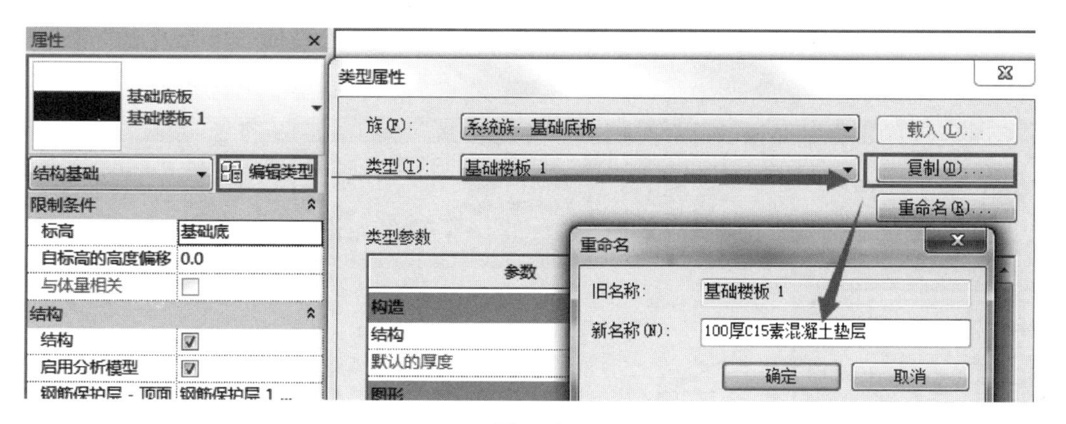

图 3-41

图 3-42

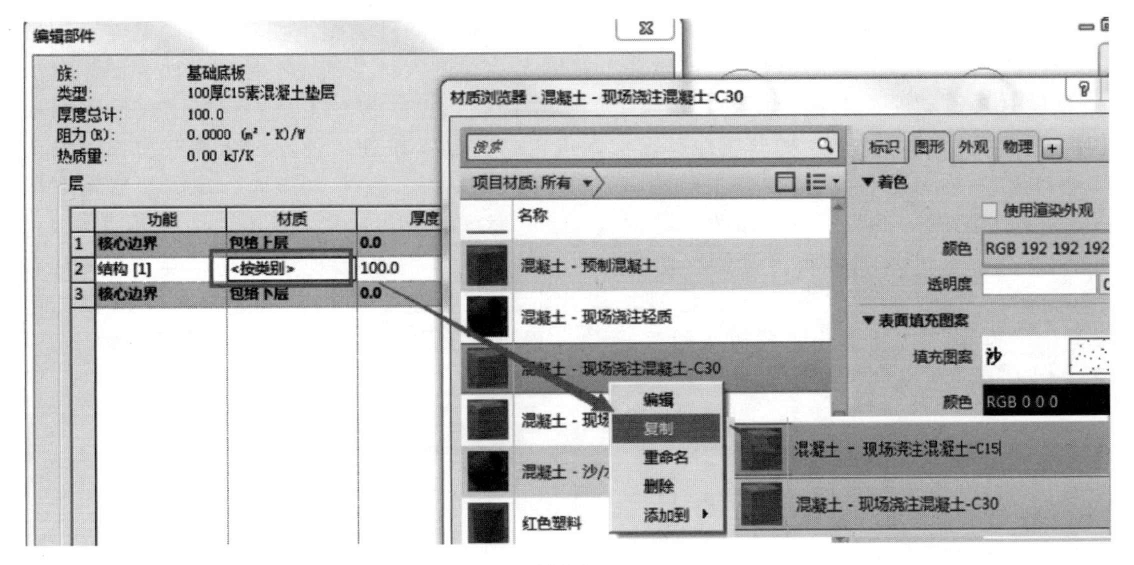

图 3-43

（2）基础垫层构件定义完成后，开始布置构件。根据“结施-02”中“基础平面布置图”布置基础垫层。在“属性”面板设置“标高”为“基础底”，“自标高的高度偏移量”为“0”，Enter 键确认。“绘制”面板中选择“矩形”方式，选项栏中“偏移量”设置为“100”。鼠标移动至 1 轴与 F 轴间的 S-DJj01-250/200 构件的左上角位置点击左键，松开鼠标左键，滚动鼠标滚轮，当粉色矩形框到达 S-DJj01-250/200 构件的右下角时点击左键。如图 3-44 所示。

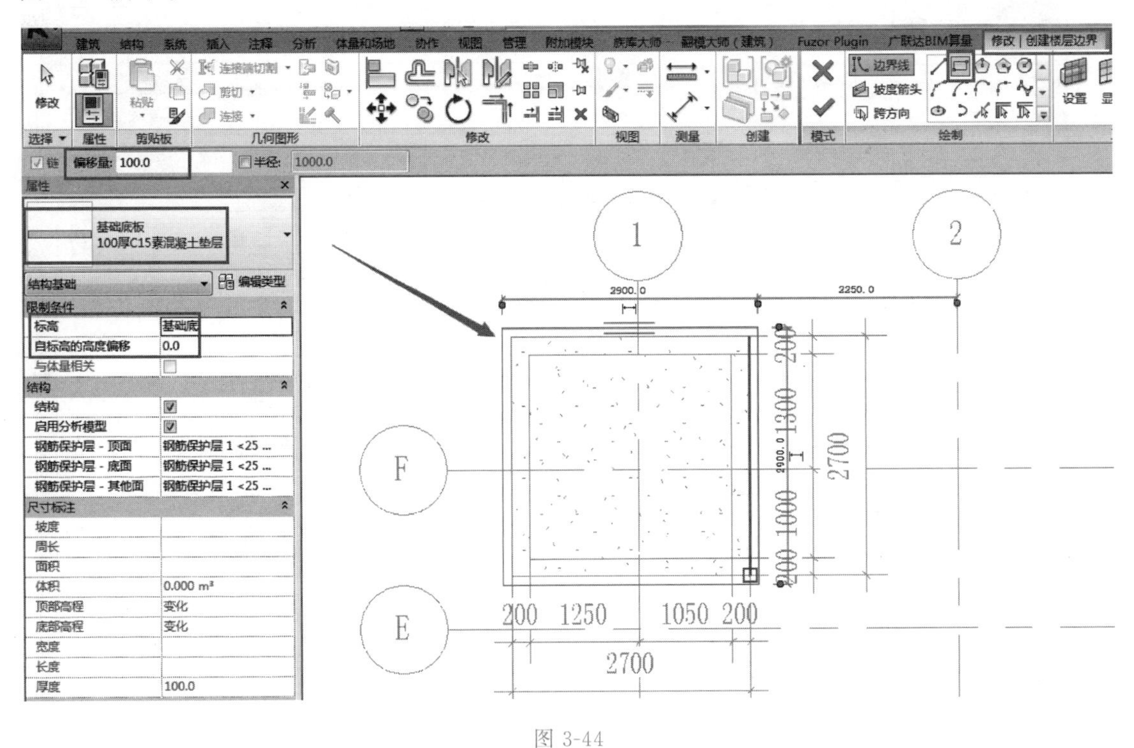

图 3-44

（3）点击“模式”面板中的“对勾”，弹出“Revit”窗口，点击“否”，关闭即可，Esc 键退出绘制模式。S-DJj01-250/200 下的基础垫层绘制完毕。如图 3-45、图 3-46 所示。

图 3-45

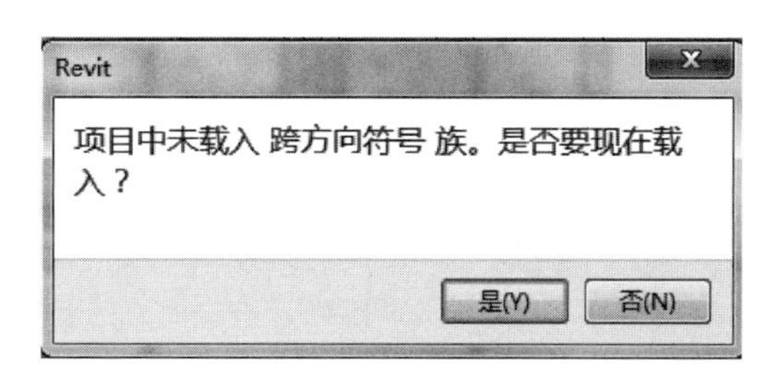

图 3-46

（4）修改视图范围，便于基础垫层显示。S-DJj01-250/200 构件下基础垫层绘制完毕后在“基础底”楼层平面视图中无法显示，点击“属性”面板中“视图范围”右侧的“编辑”按钮，打开“视图范围”窗口，在“底（B）”后面“偏移量（F）”处输入“-100”，在“标高（L）”后面“偏移量（S）”处输入“-100”，点击“确定”按钮，关闭窗口。S-DJj01-250/200 构件下面的 100 厚垫层显示出来。如图 3-47、图 3-48 所示。

（5）单击“视图控制栏”中“详细程度”按钮，选择“精细”模式，单击“视图样式”按钮，选择“真实”模式。模型显示如图 3-49～图 3-51 所示。

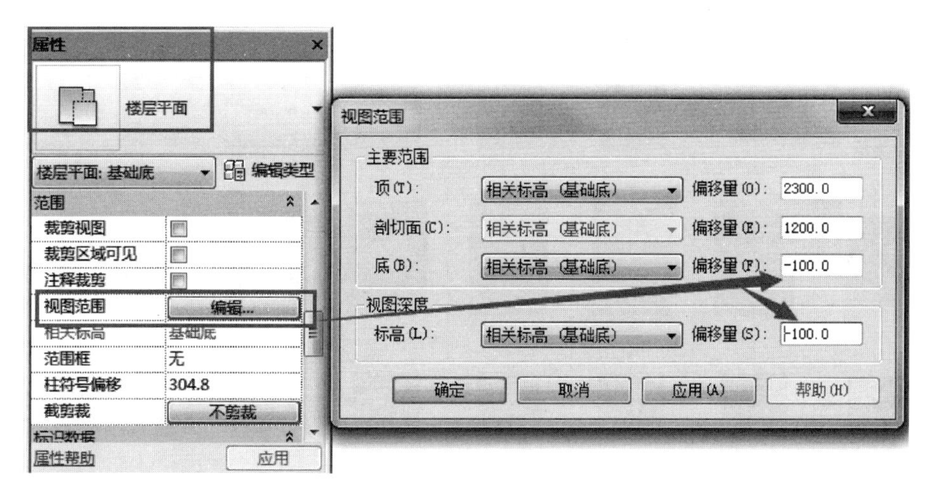

图 3-47

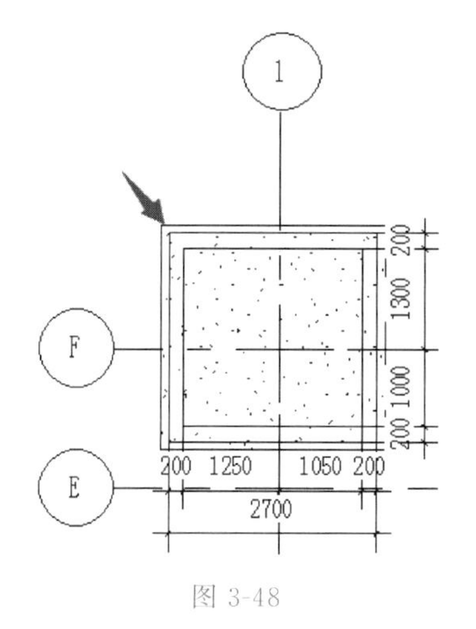

图 3-48

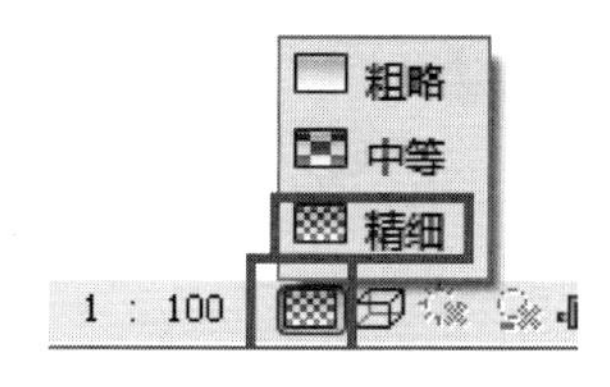

图 3-49

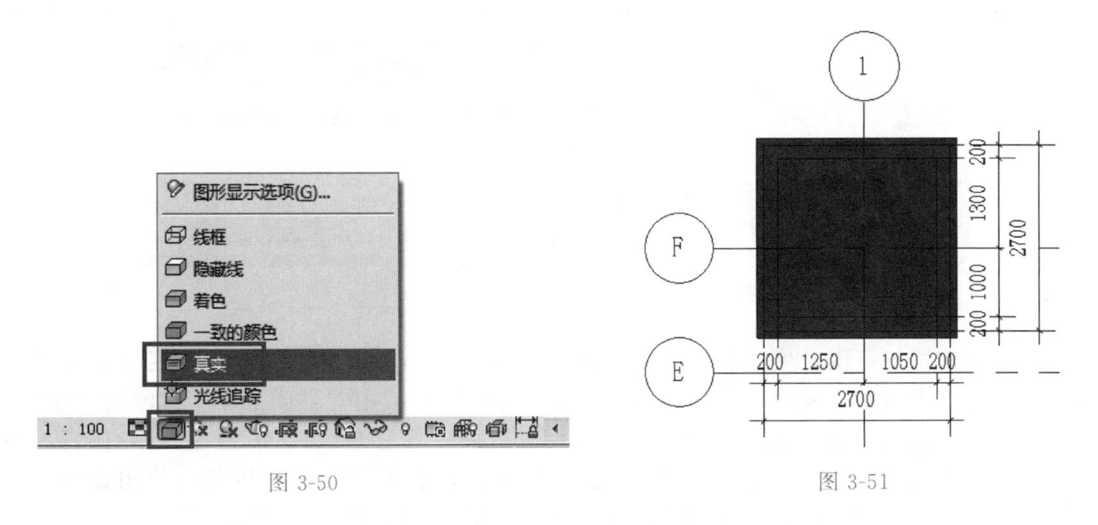

图 3-50　　　　图 3-51

(6) 按照上面操作方式在其他二阶独立基础下面布置垫层，布置完成后如图 3-52 所示。

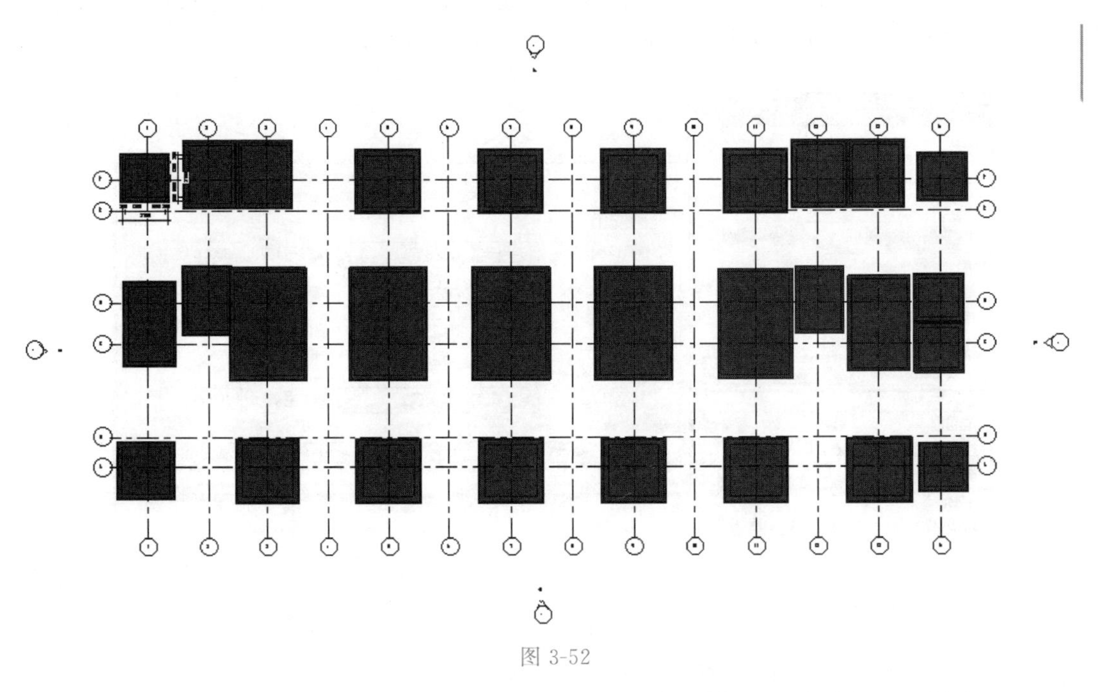

图 3-52

(7) 单击“快速访问栏”中三维视图按钮，切换到三维视图，如图 3-53 所示。

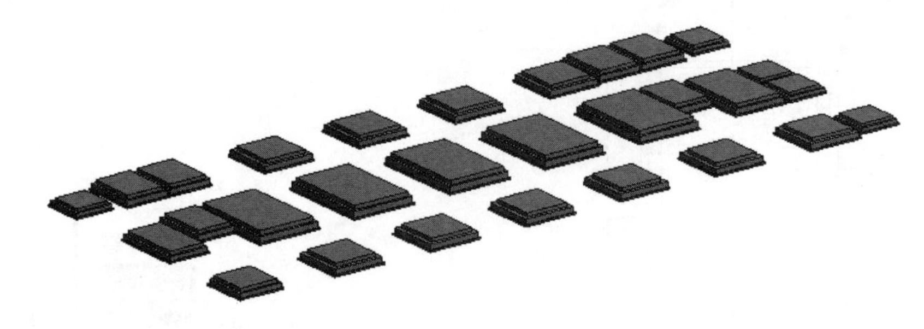

图 3-53

(8) 单击“快速访问栏”中保存按钮，保存当前项目成果。

3.5.4 总结拓展

★ 步骤总结

上述 Revit 软件建立基础垫层的操作步骤主要分为两步，第一步：建立基础垫层构件类型（以“结构基础：楼板”工具为基础）；第二步：布置基础垫层构件（含修改视图范围等小步骤）。按照本操作流程读者可以完成专用宿舍楼项目基础垫层的创建。

★ 业务扩展

垫层是钢筋混凝土基础与地基土的中间层，作用是使其表面平整便于在上面绑扎钢筋，起找平、隔离、过渡和保护基础的作用；垫层均为素混凝土，无需加钢筋。如有钢筋则应视为基础底板。在实际项目中基础垫层存在以下作用。

（1）方便施工放线、支基础模板给基础钢筋做保护层。

（2）确保基础底板筋的有效位置，方便保护层控制，使底筋和土壤隔离不受污染。

（3）方便基础底面做防腐层。

（4）方便找平，通过调整厚度弥补土方开挖的误差，使底板受力在一个平面，也不浪费基础的高标号混凝土。

本节详细讲解了基础垫层的绘制方式。在 Revit 软件中基础垫层没有相对应的命令，只能用创建族方法建立基础垫层或者采取以“结构基础：楼板”工具为基础的变通方式进行绘制。在实际项目的结构部分，垫层是必不可少的构件。

3.6 新建结构柱

3.6.1 任务说明

打开 Revit 软件，根据提供的专用宿舍楼图纸，完成专用宿舍楼结构柱的创建。

3.6.2 任务分析

★ 业务层面分析

建立结构柱模型前，先根据专用宿舍楼图纸查阅结构柱构件的尺寸、定位、属性等信息，保证结构柱模型布置的正确性。根据“结施-03”中“柱平面定位图”可知结构柱构件的平面定位信息；根据“结施-04”中“柱配筋表”可知结构柱构件共有 24 种类型；根据“结施-01”中“混凝土强度等级”表格可知结构柱的混凝土强度等级为 C30。

★ 软件层面分析

（1）学习使用载入“结构柱”族文件命令。

（2）学习使用“柱”命令创建结构柱。

（3）学习使用“过滤器”、“复制到剪贴板”、“粘贴”、“与选定的标高对齐”等命令快速创建结构柱。

3.6.3 任务实施

【说明】Revit 软件提供了两种不同用途的柱：建筑柱和结构柱，分别为“建筑”选项卡“构建”面板中的“柱”以及“结构”选项卡“结构”面板中的“柱”。建筑柱和结构柱在 Revit 软件中所起的功能与作用各不相同。建筑柱主要起到装饰和维护作用，而结构柱则主要用于支撑和承载重量。对于大多数结构体系，采用结构柱这个构件。可以根据需要在完成标高和轴网定位信息后创建结构柱，也可以在绘制墙体后再添加结构柱。下面以《BIM 算量一图一练》中的专用宿舍楼项目为例，讲解使用“结构”选项卡“结构”面板中的“柱”创建项目结构柱的操作步骤。

（1）首先载入“结构柱”族文件。在“项目浏览器”中展开“楼层平面”视图类别，双击“基础底”视图名称，进入“基础底”楼层平面视图。单击“结构”选项卡“结构”面板中的“柱”工具，点击“属性”面板中的“编辑类型”，打开“类型属性”窗口，点击“载入”按钮，弹出“打开”窗口，默认进入 Revit 族库文件夹；点击“结构”文件夹，“柱”文件夹，“混凝土”文件夹，点击“混凝土-矩形-柱. rfa”，点击“打开”命令，载入到专用宿舍楼项目中。“类型属性”窗口中“族（F）”和“类型（T）”对应刷新。如图 3-54、图 3-55 所示。

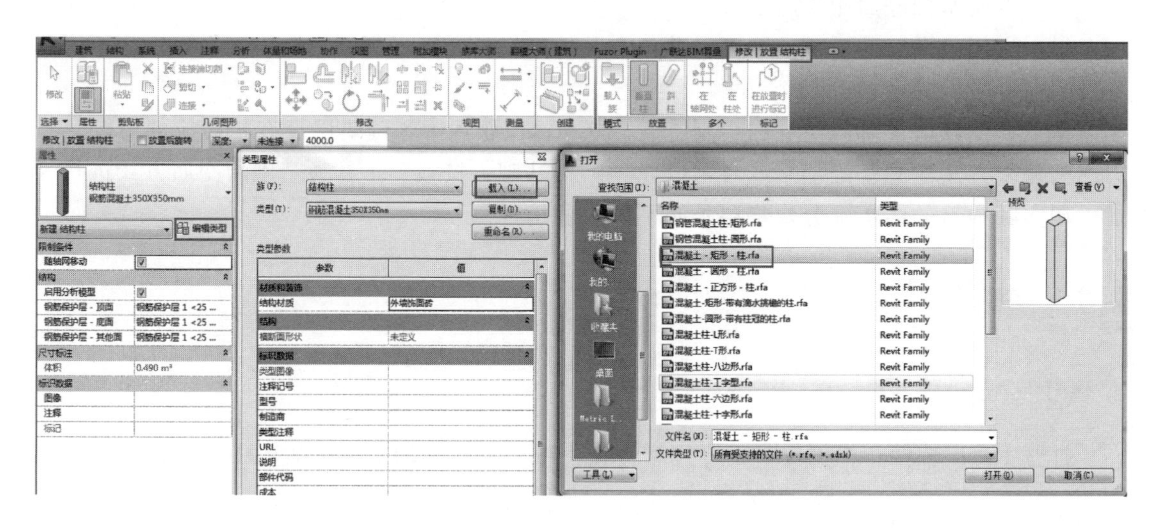

图 3-54

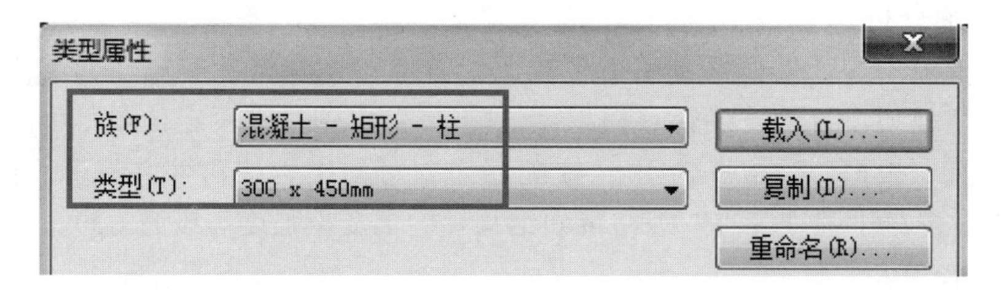

图 3-55

（2）建立结构柱构件类型。点击“复制”按钮，弹出“名称”窗口，输入“S-KZ1-500×500”（注意：结构柱前面的“S”为 structure 的首字母，为结构的意思），点击“确定”按钮关闭窗口。根据“结施-04”中“柱配筋表”的信息，分别在“b”位置输入“500”，“h”位置输入“500”。点击“确定”按钮，退出“类型属性”窗口。点击“属性”面板中的“结构材质”右侧按钮，选择材质为“混凝土-现场浇注混凝土-C30”。如图 3-56 所示。

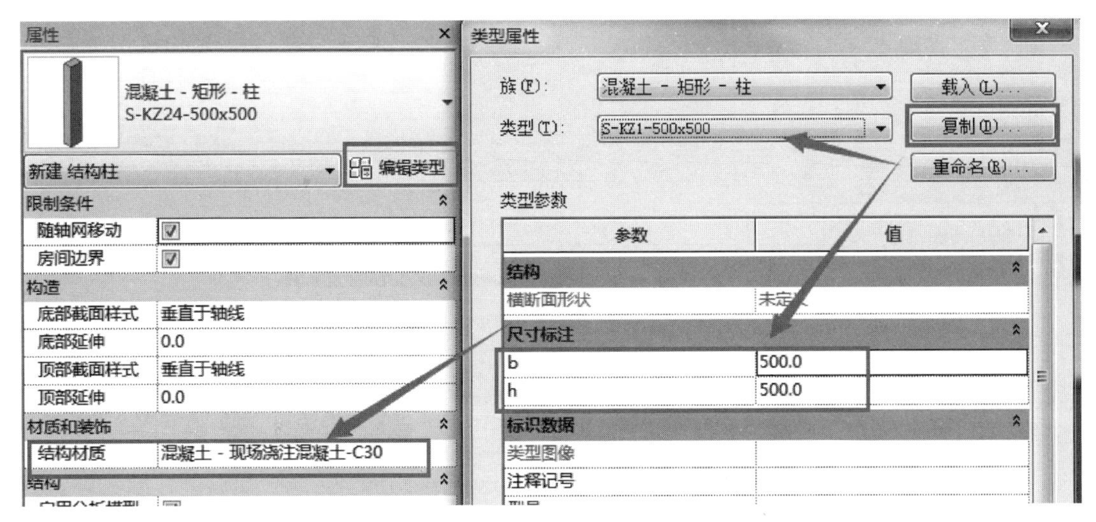

图 3-56

（3）同样的方法，根据“结施-04”中“柱配筋表”的信息，建立其他结构柱构件类型并进行相应尺寸及结构材质的设置。全部输入完成后，“类型属性”窗口中构件类型如图 3-57 所示。

图 3-57

（4）构件定义完成后，开始布置构件。先进行“基础底”楼层平面视图结构柱布置。根据“结施-03”中“柱平面定位图”，在“属性”面板中找到 S-KZ1-500×500，Revit 自动切换至“修改 | 放置结构柱”上下文选项，单击“放置”面板中的“垂直柱”（即生成垂直于标高的结构柱），选项栏选择“高度”（Revit 软件提供了两种确定结构柱高度的方式：高度和深度。高度方式是指从当前标高到达的标高的方式确定结构柱高度；深度是指从设置的标高到达当前标高的方式确定结构柱高度），到达标高选择“首层”。鼠标移动到 1 轴与 *A* 轴交点位置处，点击左键，布置 S-KZ1-500×500。弹出如下“警告”窗口，点击右上角叉号关闭即可。如图 3-58、图 3-59 所示。

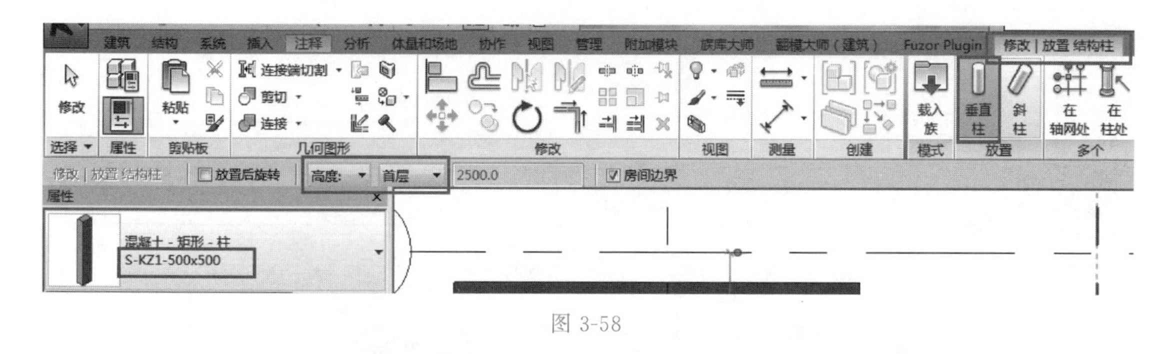

图 3-58

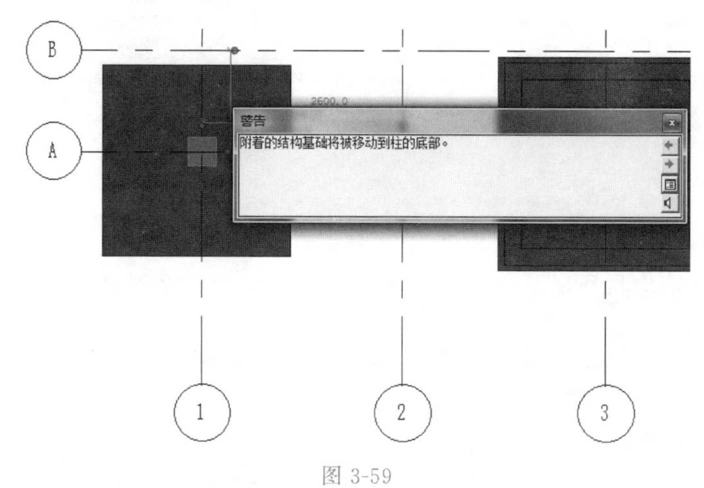

图 3-59

（5）单击“快速访问栏”中三维视图按钮，切换到三维，可以看到原本的 100 厚 C15 素混凝土垫层向上移动到了独立基础-二阶 S-DJj02-300/250 构件的上面。如图 3-60 所示。

图 3-60

（6）单击“视图”选项卡“窗口”面板中的“平铺”工具，使“基础底”楼层平面视图与三维模型视图同时平铺显示在绘图区域。如图 3-61、图 3-62 所示。

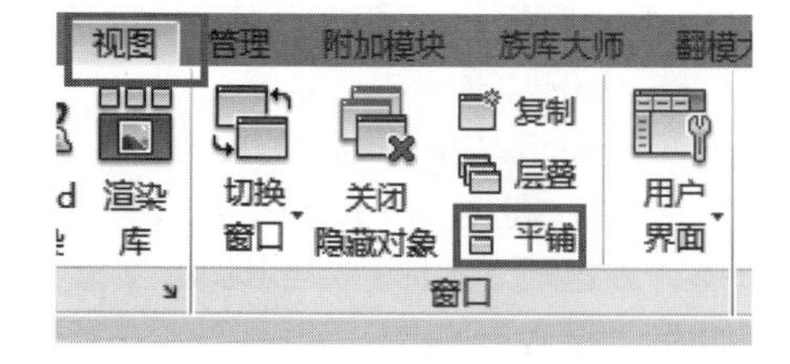

图 3-61

（7）查阅“结施-04”中“柱配筋表”可知 KZ1 在“基础底”层的标高体系为“基础顶－0.050”。在“基础底”楼层平面视图单击选择刚布置的 KZ1，三维模型视图同时选中，在“属性”面板中设置“底部标高”为“基础底”，“底部偏移”为“550”

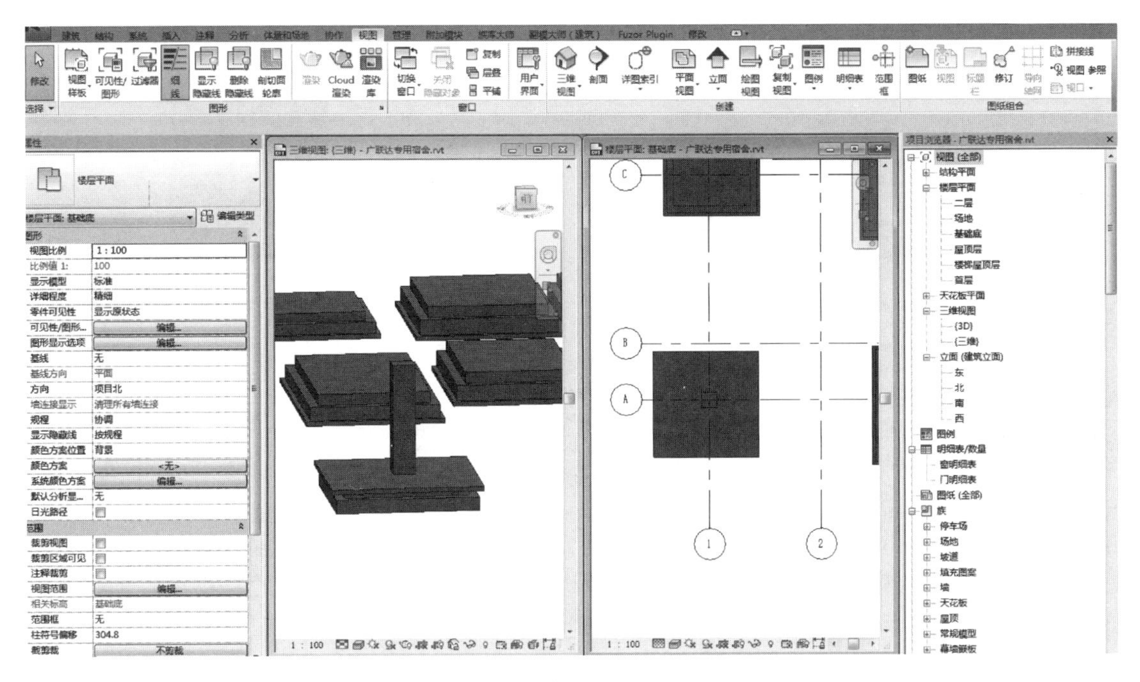

图 3-62

（输入 550 的原因为 KZ1 下面的独立基础-二阶 S-DJj02-300/250，两阶高度分别为 $h_1=300$，$h_2=250$，合计为 $h_1+h_2=550$，所以按照 KZ1 的标高要求 KZ1 的底部标高为基础顶，就应该为在基础底标高基础上向上输入独立基础-二阶的高度也就是 $h_1+h_2=550$。其他结构柱在布置时标高也需要这样来修改），“顶部标高”为“首层”，“顶部偏移”为“－50”（因为在开始建立标高体系时，参照的是建筑标高体系，由于建筑的首层标高为±0.000m，与结构标高相差－0.050m 也就是 50mm；要求 KZ1 的顶部标高为－0.05m，且在“属性”面板中“顶部标高”使用的是“首层”，也就是±0.000m，所以“顶部偏移”应该向下减去 50mm。其他结构柱在布置时标高也需要做同样修改），Enter 键确认。弹出提示“AutoDesk Revit 2016”窗口，点击“确定”，关闭窗口。KZ1 标高修改正确，且原本的 100 厚 C15 素混凝土垫层也回到了原来位置。如图 3-63、图 3-64 所示。

图 3-63

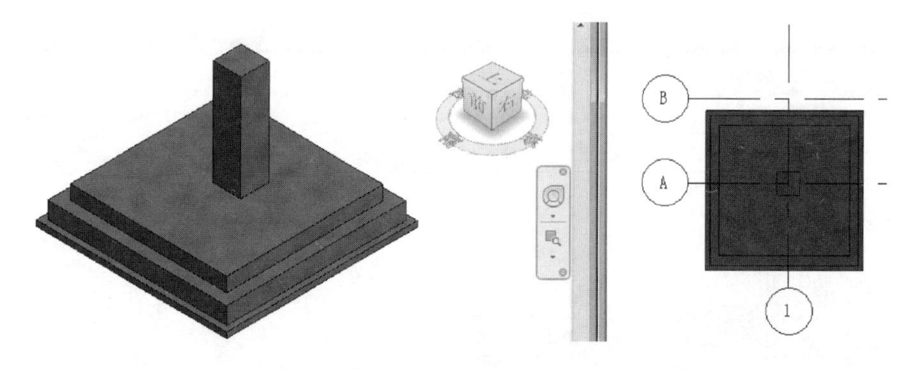

图 3-64

（8）根据“结施-03”中“柱平面定位图”对刚刚布置的 S-KZ1-500×500 结构柱进行位置精确修改。点击刚布置完成的 S-KZ1-500×500，切换至“修改｜结构柱”上下文选项，单击“修改”面板中的“移动”工具，进入移动编辑状态，勾选选项栏中的“约束”选项，单击 S-KZ1-500×500 上的任意一点作为移动操作的基点，沿垂直方向向下移动鼠标指针，出现临时尺寸标注，输入“150”，Enter 键确认。再次单击修改面板中的“移动”工具，单击 S-KZ1-500×500 上的任意一点作为移动操作的基点，沿水平方向向左移动鼠标指针，出现临时尺寸标注，输入“100”，Enter 键确认。按两次 Esc 键退出编辑模式。移动的过程中，三维模型视图同步更新了修改。如图 3-65 所示。

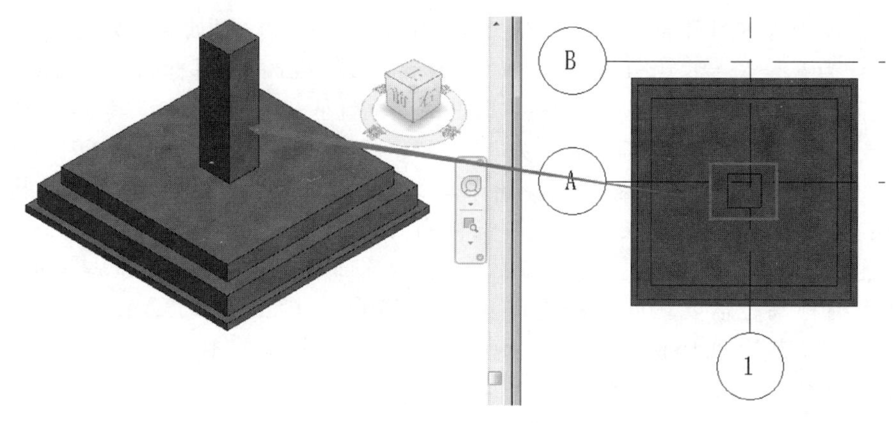

图 3-65

（9）S-KZ1-500×500 构件位置精确修改后，单击“注释”选项卡“尺寸标注”面板中的“对齐”工具，参照“结施-03”中“柱平面定位图”中尺寸标注，对 S-KZ1-500×500 进行线性尺寸标注，便于校对模型布置的正确性。标注完成后如图 3-66 所示。

（10）参照上面的操作方法，依次选择 S-KZ1-500×500、S-KZ2-500×500、S-KZ3-500×500、S-KZ4-500×500、S-KZ5-500×500、S-KZ6-500×800、S-KZ7-500×600、S-KZ8-550×600、S-KZ9-550×600、S-KZ10-500×600、S-KZ11-550×600、S-KZ12-500×600、S-KZ13-500×600、S-KZ14-500×600、S-KZ15-550×600、S-KZ16-500×600、S-KZ17-500×500、S-KZ18-500×600、S-KZ19-500×500、S-KZ20-500×500、S-KZ21-500×500、S-KZ22-500×500、S-KZ23-500×500、S-KZ24-500×500 结构柱进行布置，布置完成后根据“结施-04”中“柱配筋表”对结构柱标高进行精确修改，根据“结施-03”中“柱平面定位图”对结构柱位置进行精确修改。布置完成后“基础底”楼层平面视图以及三维模型视图中结构柱如图 3-67、图 3-68 所示。

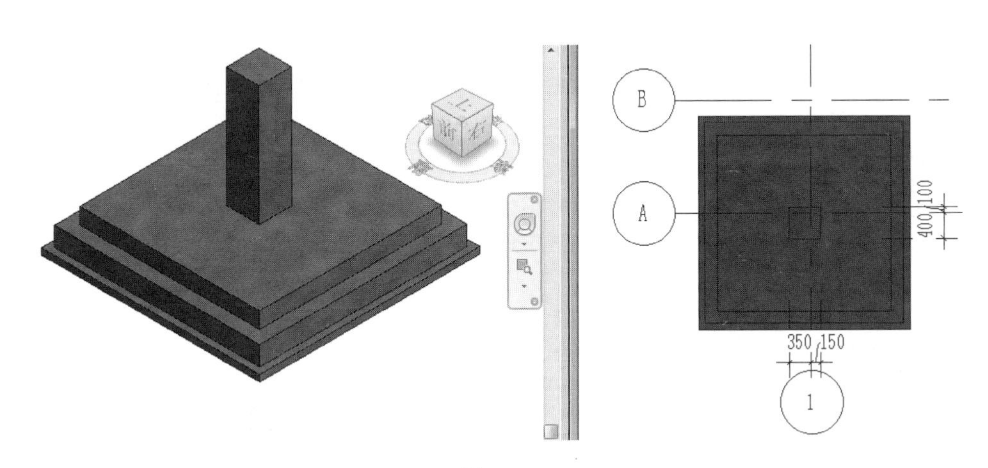

图 3-66

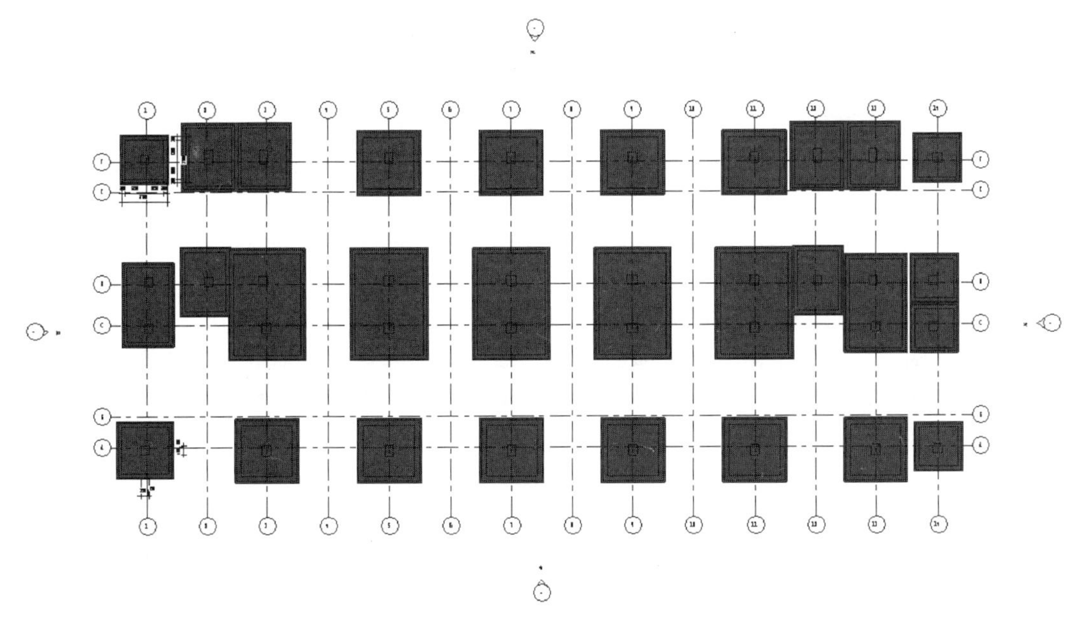
图 3-67

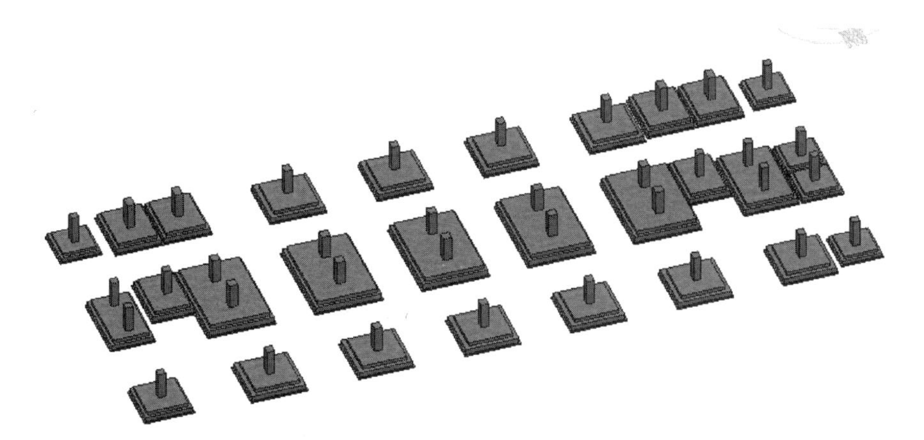
图 3-68

（11）单击“快速访问栏”中保存按钮，保存当前项目成果。

（12）“基础底”楼层平面视图结构柱绘制完成后，开始绘制“首层”楼层平面视图结构柱。

查阅“结施-04”中“柱配筋表”、“结施-03”中“柱平面定位图”可知 －0.050～3.550m 的结构柱与基础顶～－0.050m 的结构柱位置一致，且结构柱截面尺寸没有变化。为了绘图方便，可以直接复制基础顶～－0.050m 的结构柱到－0.050～3.550m，再进行后期标高的修改。

为了更直观地看到复制粘贴的过程以及完成后的效果，单击“视图”选项卡“窗口”面板中的“平铺”工具，使“基础底”楼层平面视图与三维模型视图同时平铺显示在绘图区域。如图 3-69 所示。

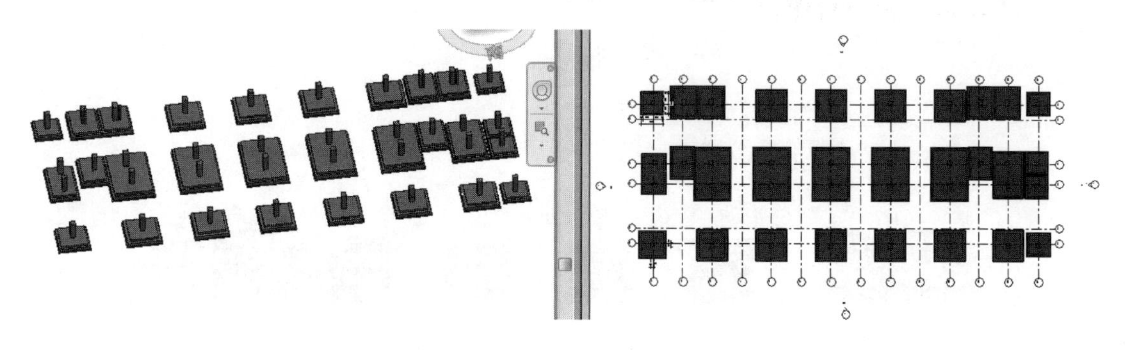

图 3-69

（13）利用“过滤器”及“复制到剪贴板”工具快速建立“首层”楼层平面视图结构柱。左键点击“基础底”楼层平面视图，激活视图。移动鼠标滚轮适当缩放绘图区域模型，当前模型全部显示在绘图区域后，按住鼠标左键自左上角向右下角全部框选绘图区域构件。如图 3-70 所示。

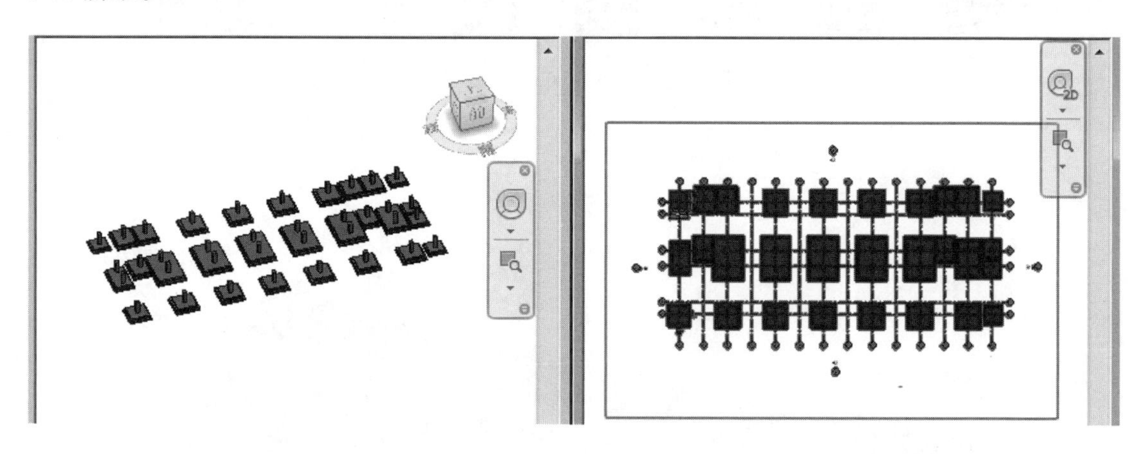

图 3-70

（14）框选完毕之后，Revit 自动切换至“修改｜选择多个”上下文选项，单击“选择”面板中的“过滤器”工具，弹出“过滤器”窗口，只勾选“结构柱”类别，其他构件类别取消勾选，点击“确定”按钮，关闭窗口。如图 3-71 所示。

（15）此时模型中只有结构柱被选中，移动鼠标滚轮缩放绘图区域模型。模型显示如图 3-72、图 3-73 所示。

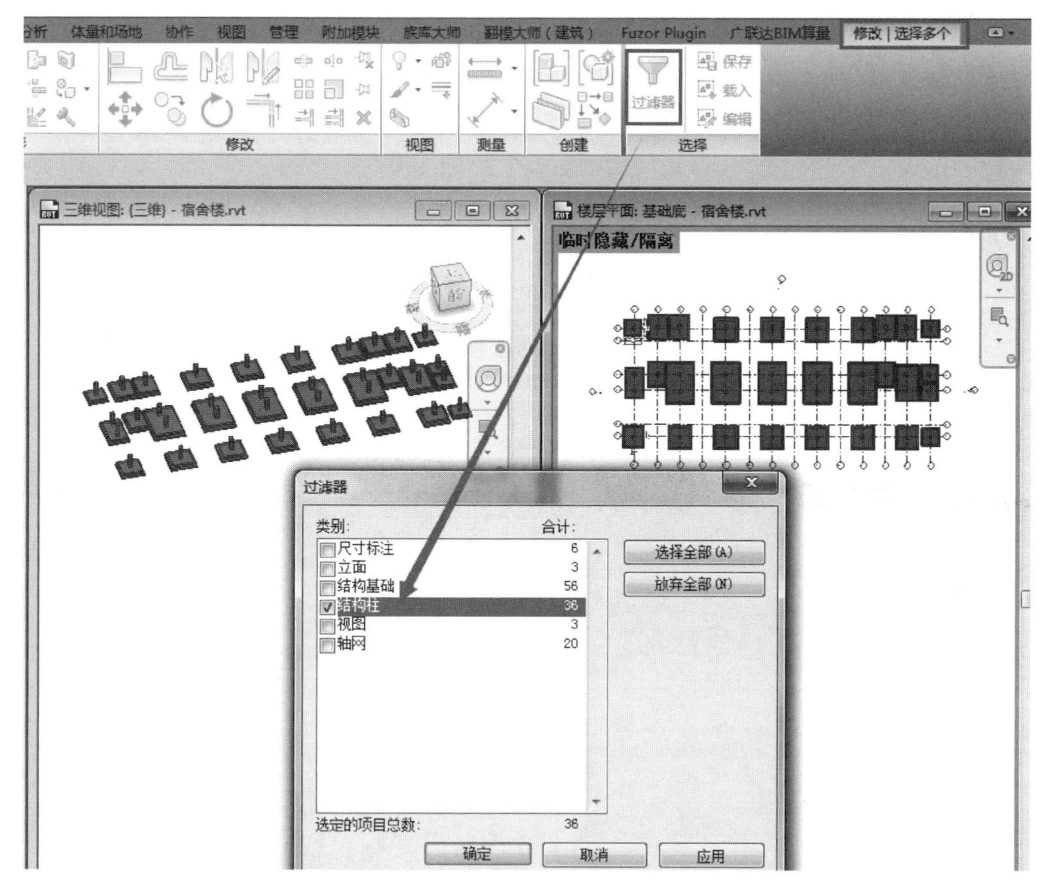

图 3-71

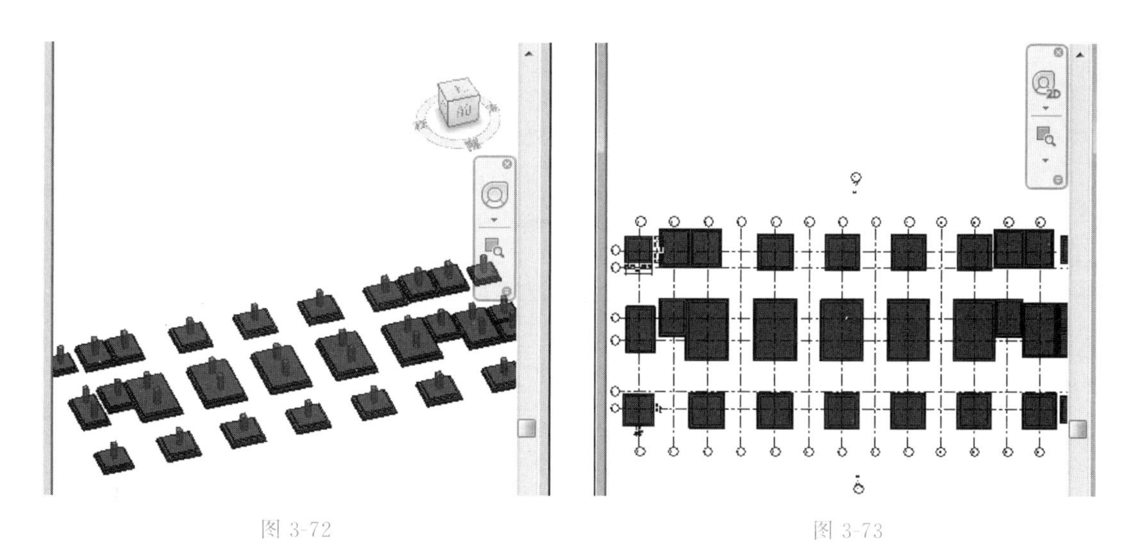

图 3-72　　　　图 3-73

（16）此时 Revit 自动切换至“修改｜结构柱”上下文选项，单击“剪贴板”面板中的“复制到剪贴板”工具，然后单击“粘贴”下的“与选定的标高对齐”工具，弹出“选择标高”窗口，选择“二层”，点击“确定”按钮，关闭窗口。此时基础顶～－0.050m 的结构柱已经被复制到－0.050～3.550m。如图 3-74、图 3-75 所示。

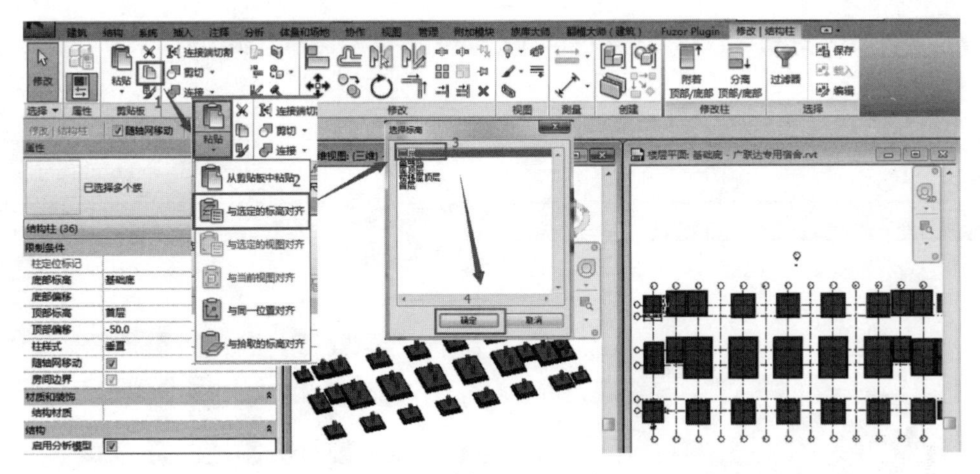

图 3-74

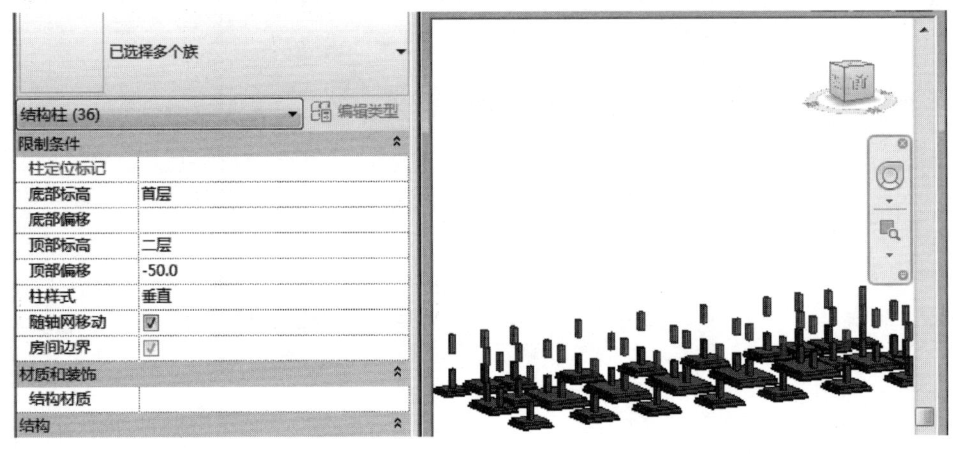

图 3-75

（17）对复制上来的结构柱进行标高修改。在保持复制上来的结构柱处于选择状态下，在“属性”面板设置“底部标高”为“首层”，“底部偏移”为“－50”；“顶部标高”为“二层”，“顶部偏移”为“－50”，Enter键确认，此时可以看到原本漂浮的结构柱底部已经与“基础底”楼层平面视图中的结构柱在标高上吻合。Esc键退出选择状态。过程如图3-76、图3-77所示。

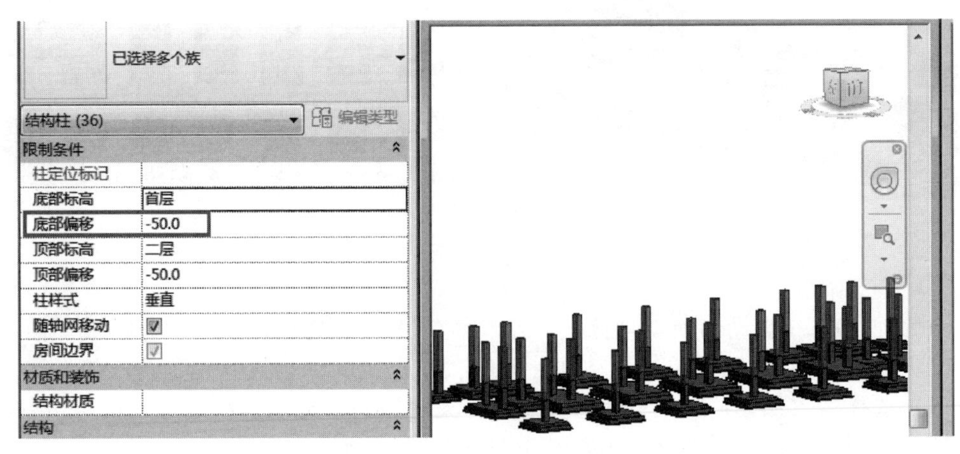

图 3-76

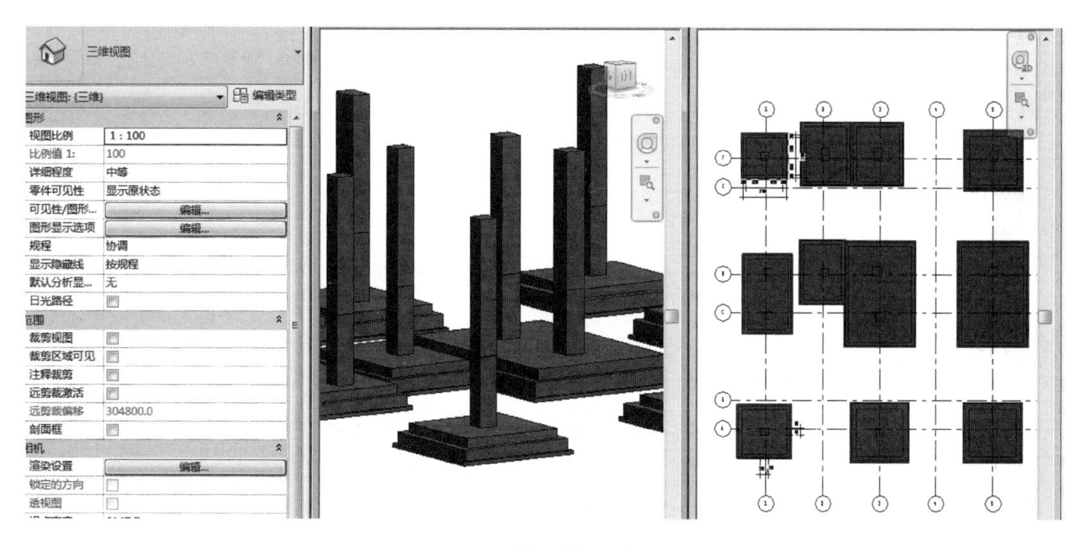

图 3-77

（18）单击“基础底”楼层平面视图右上角叉号，关闭“基础底”楼层平面视图。双击“项目浏览器”中“首层”进入“首层”楼层平面视图，可以看到复制后的标高在−0.050～3.550m 的结构柱。单击“视图控制栏”中“详细程度”按钮，选择“精细”模式，单击“视图样式”按钮，选择“真实”模式。模型显示如图 3-78～图 3-80 所示。

图 3-78　　　　图 3-79

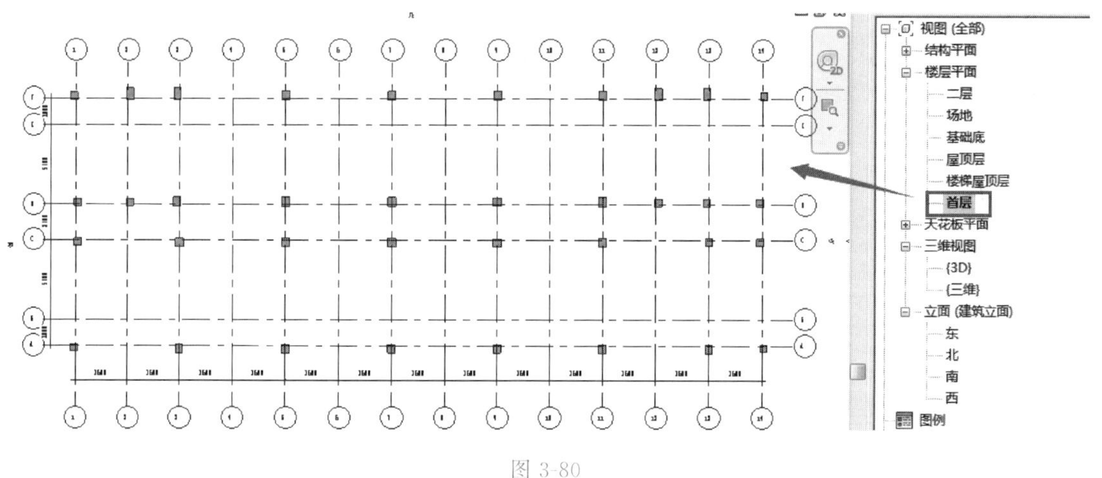

图 3-80

（19）单击“快速访问栏”中的保存按钮，保存当前项目成果。

（20）“首层”楼层平面视图结构柱绘制完成后，开始绘制“二层”楼层平面视图结构柱。

查阅“结施-04”中的“柱配筋表”、“结施-03”中的“柱平面定位图”可知，3.550～7.200m的结构柱与－0.050～3.550m的结构柱位置一致，且结构柱截面尺寸没有变化。为了绘图方便，可以直接复制－0.050～3.550m的结构柱到3.550～7.200m，再进行后期标高的修改即可。

（21）参照建立“首层”楼层平面视图结构柱的方法建立“二层”楼层平面视图结构柱。框选首层所有构件，使用“过滤器”工具只选择结构柱，使用“复制到剪贴板”、“粘贴”、“与选定的标高对齐”工具，在“选择标高”窗口中，选择“屋顶层”，点击“确定”按钮，关闭窗口。在保持复制上来的结构柱处于选择状态下，在“属性”面板设置“底部标高”为“二层”，“底部偏移”为“－50”，“顶部标高”为“屋顶层”，“顶部偏移”为“0”，Enter键确认。保证了本层结构柱的底部与首层结构柱的顶部对齐，本层结构柱的顶部与屋顶层7.2m对齐。Esc键退出选择状态。如图3-81所示。

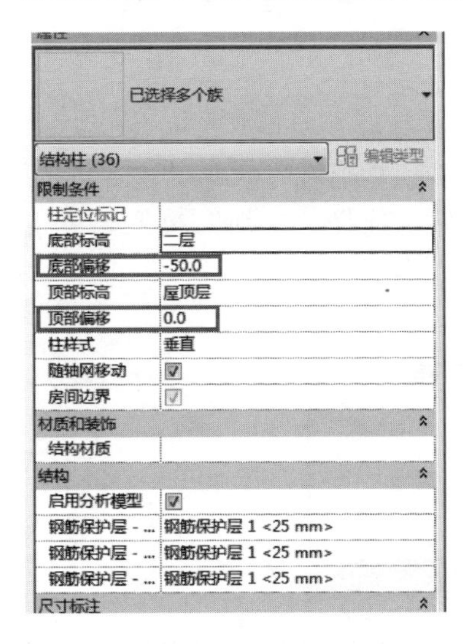

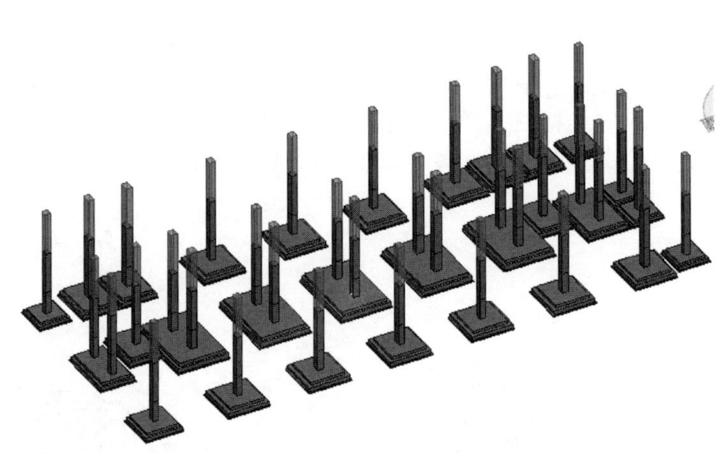

图 3-81

（22）双击“项目浏览器”中“二层”进入“二层”楼层平面视图，可以看到复制上来的标高在3.550～7.200m的结构柱。模型显示如图3-82所示。

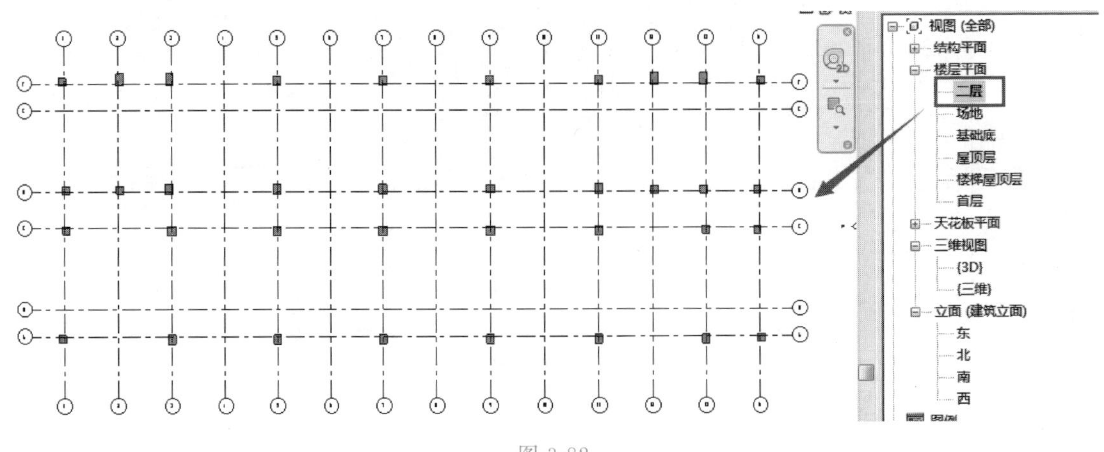

图 3-82

（23）单击“快速访问栏”中保存按钮，保存当前项目成果。

（24）“二层”楼层平面视图结构柱绘制完成后，开始绘制“屋顶层”楼层平面视图结构柱。

查阅“结施-04”中的“柱配筋表”，可知只有 KZ5、KZ6、KZ9、KZ17、KZ20 的顶标高为 10.8m，也就是屋顶层只有这 5 种结构柱。查阅“结施-03”中的“柱平面定位图”可知，KZ5、KZ6、KZ9、KZ17、KZ20 的位置在 2 轴与 F 轴、3 轴与 F 轴、2 轴与 D 轴、3 轴与 D 轴、12 轴与 F 轴、13 轴与 F 轴、12 轴与 D 轴、13 轴与 D 轴交线位置。

通过分析上述创建结构柱的操作步骤，可以使用以下两种方法建立屋顶层这些结构柱。方法 1：可以使用“结构”选项卡“结构”面板中的“柱”工具进行绘制；方法 2：可以继续使用“复制到剪贴板”工具将下一层的结构柱复制上来。为了操作简便，下面讲述使用第二种方法。

（25）由于是单独选择“KZ5、KZ6、KZ9、KZ17、KZ20”图元，所以不能使用前面讲到的“过滤器”工具，并且由于本项目中“KZ5、KZ6、KZ9、KZ17、KZ20”图元量较少，所以建议使用鼠标配合键盘方式进行多选。双击“项目浏览器”中的“二层”，进入“二层楼层平面视图”，单击 KZ5 图元，按住 Ctrl 键，鼠标指针上出现“+”；继续单击 KZ6、KZ9、KZ17、KZ20 图元进行多选。选择完成后，点击“复制到剪贴板”工具，点击“粘贴”下的“与选定的标高对齐”，在“选择标高”窗口中，选择“楼梯屋顶层”，点击“确定”按钮，关闭窗口。在保持复制的结构柱处于选择状态下，在“属性”面板设置“底部标高”为“屋顶层”，“底部偏移”为“0”，“顶部标高”为“楼梯屋顶层”，“顶部偏移”为“0”，Enter 键确认。保证了本层结构柱的底部与屋顶层结构柱的顶部对齐，本层结构柱的顶部与楼梯屋顶层 10.8m 对齐。Esc 键退出选择状态。过程如图 3-83 所示。

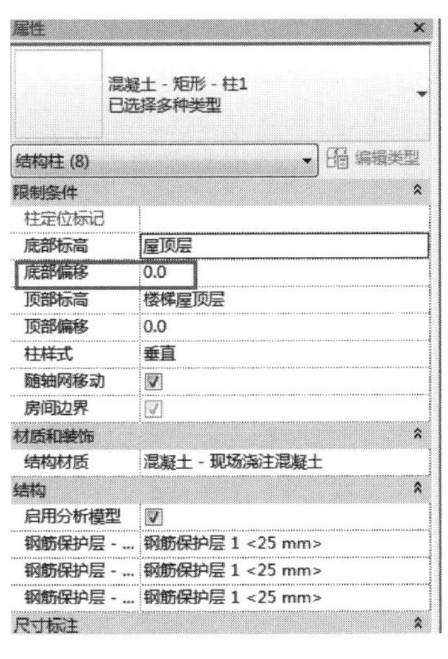

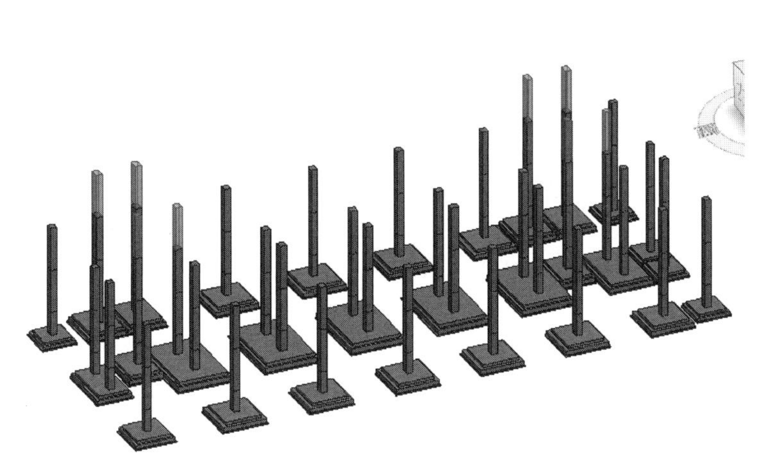

图 3-83

（26）双击“项目浏览器”中“屋顶层”进入“屋顶层”楼层平面视图，可以看到复制上来的标高在 7.200～10.800m 的结构柱。模型显示如图 3-84 所示。

（27）单击“快速访问栏”中的三维视图按钮，切换到三维。模型显示如图 3-85 所示。

（28）单击“快速访问栏”中保存按钮，保存当前项目成果。

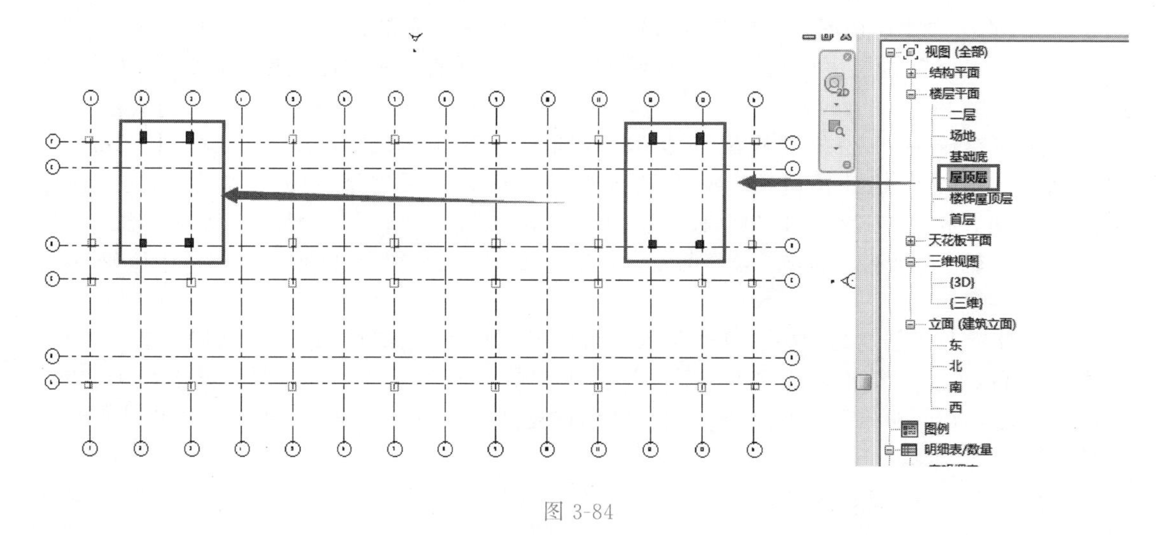

图 3-84

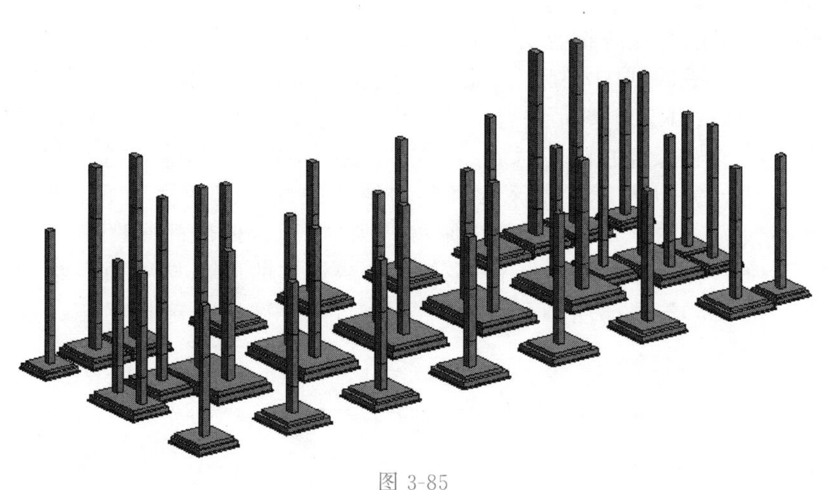

图 3-85

3.6.4 总结拓展

★ 步骤总结

上述 Revit 软件建立结构柱的操作步骤主要分为六步，第一步：载入结构柱族文件；第二步：建立结构柱构件类型；第三步：布置“基础底”楼层平面视图结构柱（含有修改标高、修改位置、尺寸标准等步骤）；第四步：布置“首层”楼层平面视图结构柱（含有过滤器、复制到剪贴板、粘贴、与选定的标高对齐等步骤）；第五步：布置“二层”楼层平面视图结构柱（含有过滤器、复制到剪贴板、粘贴、与选定的标高对齐等步骤）；第六步：布置“屋顶层”楼层平面视图结构柱（含有使用鼠标配合键盘方式进行多选等步骤）。按照本操作流程，读者可以完成专用宿舍楼项目结构柱的创建。

★ 业务扩展

柱是建筑物中垂直的主要构件，承托在它上方物件的重量。通常项目中柱分为以下几类。

(1) 框架柱：就是在框架结构中承受梁和板传来的荷载，并将荷载传给基础，是主要的竖向受力构件，需要通过计算配筋。

(2) 框支柱：因为建筑功能要求，下部大空间，上部部分竖向构件不能直接连续贯通落地，而通过水平转换结构与下部竖向构件连接，当布置的转换梁支撑上部的剪力墙的时候，转换梁叫框支梁，支撑框支梁的柱子就叫做框支柱。

（3）暗柱：指布置于剪力墙中柱宽等于剪力墙厚的柱，一般在外观无法看出，所以称之为暗柱，如果布置位置在端部，也可以作为端柱分析。

（4）端柱：端柱的宽度比墙的厚度要大，03G101-1 图集 18 页规定，约束边缘端柱 YDZ 的长与宽的尺寸要大于等于 2 倍墙厚；端柱担当框架柱的作用。

（5）普通柱：是除去上面的柱子和构造柱以外的柱子构件。

实际做项目过程中还可能遇到以下柱子：

（1）按截面形式分为方柱、圆柱、管柱、矩形柱、工字形柱、H 形柱、T 形柱、L 形柱、十字形柱、双肢柱、格构柱。

（2）按所用材料分为石柱、砖柱、砌块柱、木柱、钢柱、钢筋混凝土柱、劲性钢筋混凝土柱、钢管混凝土柱和各种组合柱。

（3）按长细比分为短柱、长柱及中长柱。

本节详细讲解了结构柱的绘制方式。在 Revit 软件中，建筑柱主要为建筑师提供柱子示意，只有垂直柱，没有斜柱，功能比较单薄。当建筑柱与墙连接时，会与墙融合并继承墙的材质。结构柱在结构中承受梁和板传来的荷载，并将荷载传给基础，是主要的竖向受力构件，需要通过计算进行配筋。除了建模之外，结构柱还带有分析线，可直接导入分析软件进行分析。结构柱可以是竖直的也可以是倾斜的，功能相对强大。

3.7 新建梯柱

3.7.1 任务说明

打开 Revit 软件，根据提供的专用宿舍楼图纸，完成专用宿舍楼梯柱的创建。

3.7.2 任务分析

★ 业务层面分析

建立梯柱模型前，先根据专用宿舍楼图纸查阅梯柱构件的尺寸、定位、属性等信息，保证梯柱模型布置的正确性。根据“结施-11”中“TZ1”可知梯柱名称为 TZ1，尺寸为 200×400，标高为：梯柱从框架梁顶生根到休息平台板顶，即标高为－0.050～1.750m，3.550～5.350m。根据“结施-11”中“楼梯二层平面详图”以及“楼梯顶层平面详图”可知梯柱的平面布置位置。

★ 软件层面分析

（1）学习使用“柱”命令创建梯柱。

（2）学习使用“过滤器”、“复制到剪贴板”、“粘贴”、“与选定的标高对齐”等命令快速创建梯柱。

3.7.3 任务实施

【说明】Revit 软件中没有专门绘制梯柱构件的命令，一般情况下使用“结构”选项卡“结构”面板中的“柱”工具创建梯柱构件类型，在命名中包含“梯柱或 TZ”字眼即可。下面以《BIM 算量一图一练》中的专用宿舍楼项目为例，讲解创建项目梯柱的操作步骤。

（1）首先建立梯柱构件类型。双击“项目浏览器”中“首层”进入“首层”楼层平面视图，按照建立结构柱构件类型的方式建立 TZ1 的构件类型。如图 3-86、图 3-87 所示。

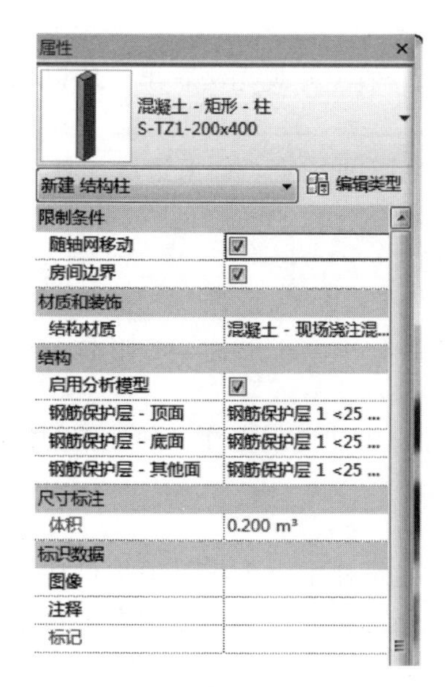

图 3-86

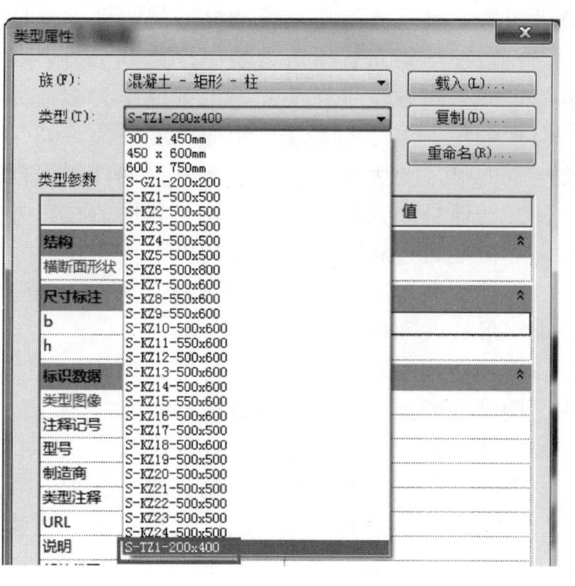

图 3-87

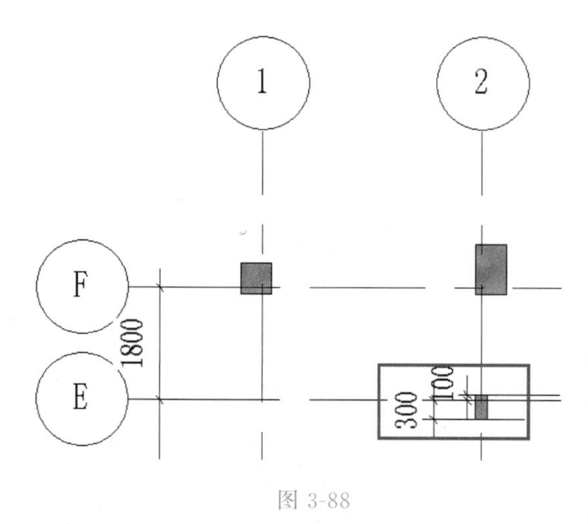

图 3-88

（2）构件定义完成后，开始布置构件。先进行“首层”楼层平面视图梯柱布置。根据“结施-11”中“楼梯二层平面详图”布置梯柱。

参照布置结构柱的操作方法，首先在E轴与2轴交点位置布置TZ1，然后利用“移动”工具对TZ1位置精确修改。同样的操作在E轴与3轴、E轴与12轴、E轴与13轴交点位置也布置TZ1，并利用“移动”工具进行位置精确修改（也可以将E轴与2轴交点位置的TZ1复制到其他3个位置）。最后利用“Ctrl键”选中这4个TZ1图元，统一进行标高修改。过程操作步骤如图3-88、图3-89所示。

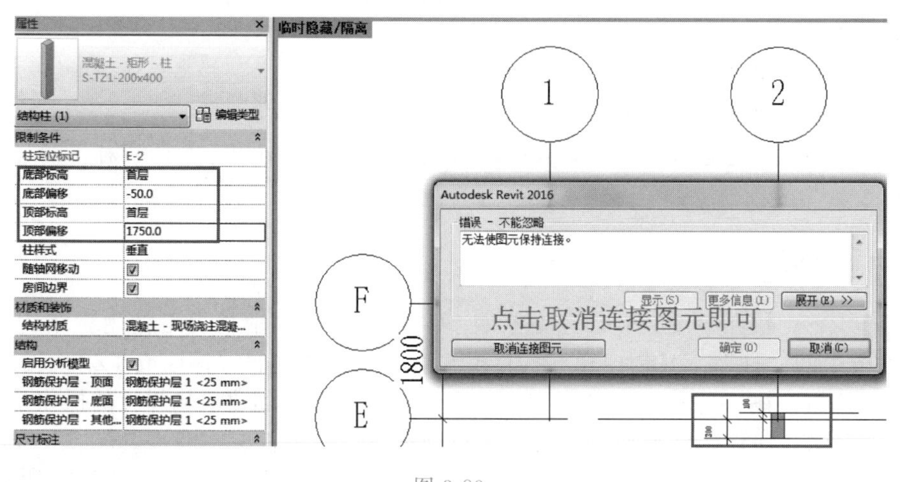

图 3-89

（3）单击“快速访问栏”中三维视图按钮，切换到三维，模型显示如图 3-90 所示。

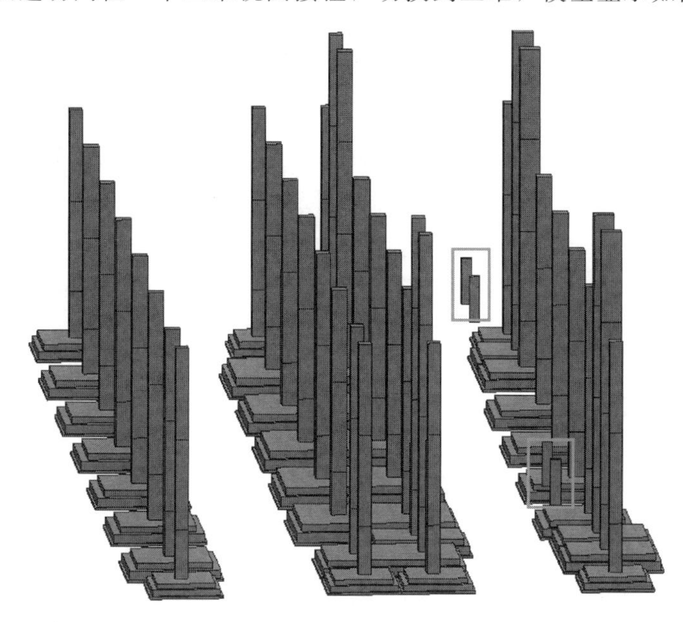

图 3-90

（4）单击“快速访问栏”中保存按钮，保存当前项目成果。

（5）“首层”楼层平面视图梯柱绘制完成后，开始绘制“二层”楼层平面视图梯柱。

可以使用以下两种方法绘制二层梯柱。方法 1：可以使用“结构”选项卡“结构”面板中的“柱”工具进行绘制；方法 2：可以使用“复制到剪贴板”工具将首层的梯柱复制到二层。为了操作简便，建议使用第二种方法。在保持复制到二层的梯柱处于选择状态下，在“属性”面板设置“底部标高”为“二层”，“底部偏移”为“-50”，“顶部标高”为“二层”，“顶部偏移”为“1750”，Enter 键确认，Esc 键退出选择状态。过程及结果如图 3-91、图 3-92 所示。

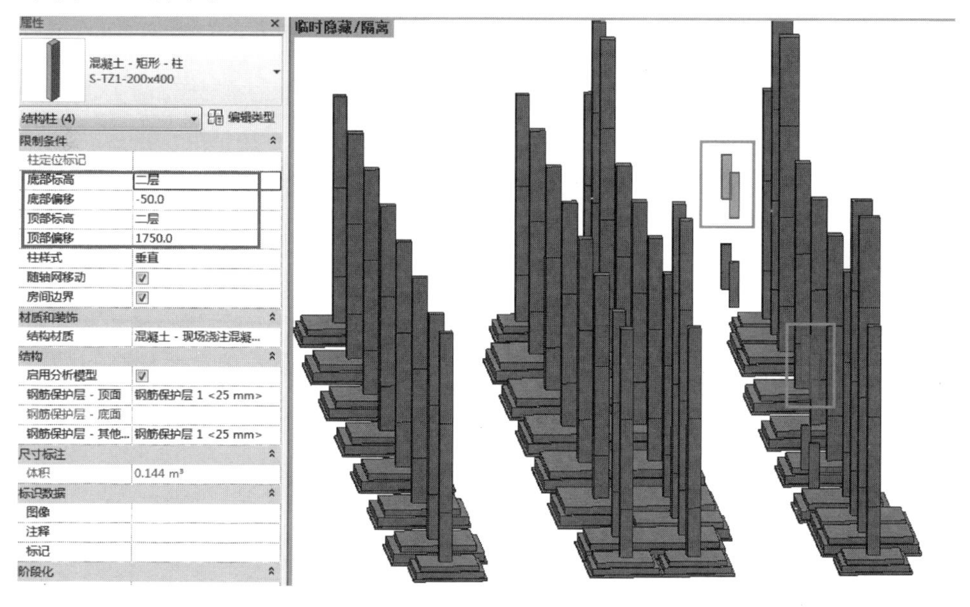

图 3-91

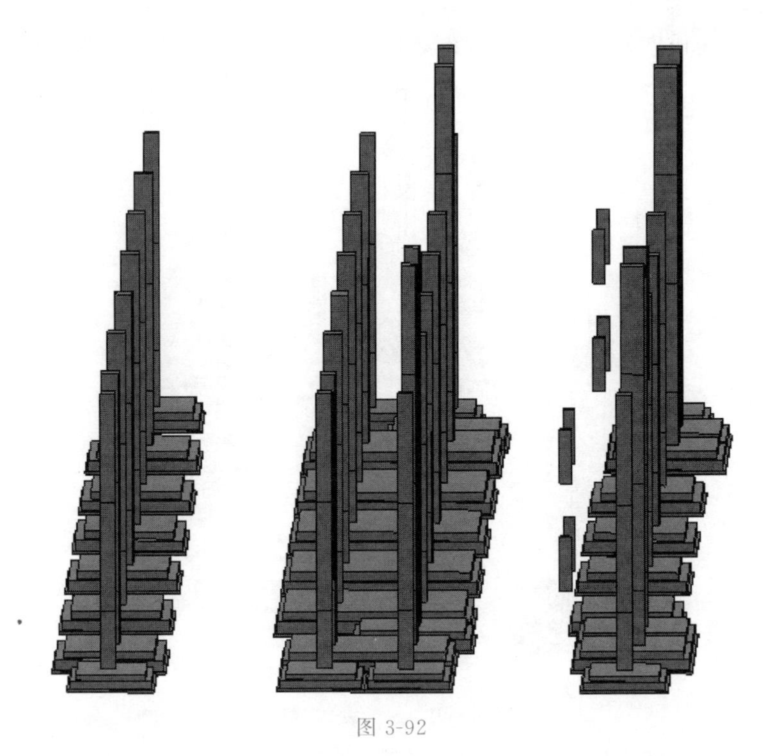

图 3-92

(6) 单击“快速访问栏”中保存按钮，保存当前项目成果。

3.7.4 总结拓展

★ 步骤总结

上述 Revit 软件建立梯柱的操作步骤主要分为两步，第一步：建立梯柱构件类型（以“结构”选项卡“结构”面板中的“柱”工具为基础）；第二步：布置梯柱构件（含有移动、尺寸标注、鼠标配合键盘方式进行多选、复制到剪贴板、粘贴、与选定的标高对齐等步骤）。按照本操作流程，读者可以完成专用宿舍楼项目梯柱的创建。

★ 业务扩展

梯柱（TZ）为多层建筑楼梯构架的支柱，从建筑结构上讲，一般分为两类，即独立柱和框架柱。梯柱广泛应用于各式建筑的楼层链接，是建筑物层面的链接通道，保护通行安全。

(1) 独立柱：设计的梯柱是否在墙体内；如果设计在墙体内就是构造柱，如果设计不在墙体内，是独立的柱就是独立柱。

(2) 框架柱：框架柱是在框架结构中承受梁和板传来的荷载，并将荷载传给基础，是主要的竖向受力构件，需要通过计算进行配筋。框架结构里面的梯柱要看与周边结构的连接情况。如果固接，就是受力的柱子，地震中极易损坏；如果是滑动连接，可以算自承重的短柱。

本节详细讲解了梯柱的绘制方式，根据上述拓展内容并结合专用宿舍楼项目“结施-11”、“建施-03”、“建施-04”可以判断本项目设计的梯柱在墙体内，应该归类为构造柱。

3.8 新建构造柱

3.8.1 任务说明

打开 Revit 软件，根据提供的专用宿舍楼图纸，完成专用宿舍楼构造柱的创建。

3.8.2 任务分析

★ 业务层面分析

建立构造柱模型前，先根据专用宿舍楼图纸查阅构造柱构件的尺寸、定位、属性等信息，保证构造柱模型布置的正确性。根据“结施-01”中“7.6.2 构造柱截面图”可知构造柱尺寸为墙厚×200；根据“结施-04”中大样图可知 QL1 尺寸为 200×200，则女儿墙墙厚为 200，所以构造柱尺寸为 200×200；根据“结施-04”中大样图可知女儿墙底部高度为 7.200m，顶部高度为 8.700m，减去 QL1 的高度 200，实际为 8.500m。构造柱与女儿墙同高，所以构造柱的标高为 7.200～8.500m；根据“结施-09”中“屋顶层板配筋图”可知构造柱的平面布置位置；根据“结施-01”中“混凝土强度等级”表格可知构造柱的混凝土强度等级为 C25。

★ 软件层面分析

（1）学习使用“柱”命令创建构造柱。

（2）学习使用“过滤器”、“复制到剪贴板”、“粘贴”、“与选定的标高对齐”等命令快速创建构造柱。

3.8.3 任务实施

【说明】Revit 软件中没有专门绘制构造柱构件的命令，一般情况下使用“结构”选项卡“结构”面板中的“柱”工具创建构造柱构件类型，在命名中包含“构造柱或 GZ”字眼即可。下面以《BIM 算量一图一练》中的专用宿舍楼项目为例，讲解创建项目构造柱的操作步骤。

（1）首先建立构造柱构件类型。双击“项目浏览器”中“屋顶层”进入“屋顶层”楼层平面视图，按照建立结构柱构件类型的方式建立 GZ1 的构件类型。如图 3-93、图 3-94 所示。

图 3-93

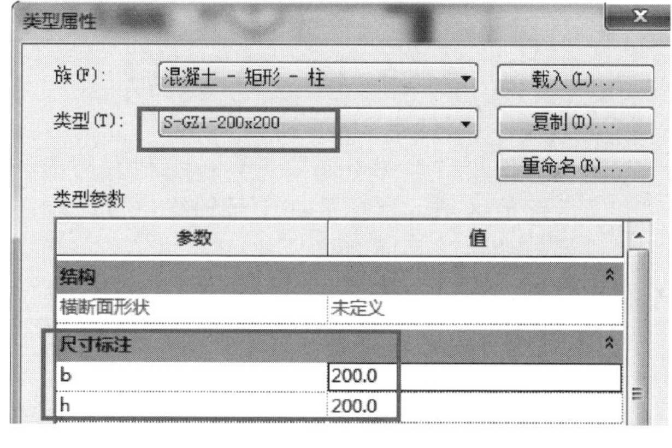

图 3-94

（2）构件定义完成后，开始布置构件。根据“结施-09”中“屋顶层板配筋图”布置构造柱。按照布置结构柱的流程布置构造柱。查阅“结施-09”中“屋顶层板配筋图”可知构造柱没有在轴线交点位置，为了确定构造柱的平面定位，需要利用参照平面辅助构造柱位置定位。单击“建筑”选项卡“工作平面”面板中的“参照平面”工具，绘制方式选择“拾取线”，选项栏中“偏移量”设置为“800”。缩放区域，鼠标放在 A 号轴线位置，下侧显示绿色的参照线后，左键点击 A 号轴线，参照平面绘制完毕。Esc 键两次退出操作命令。点选刚才绘制的参照平面，在“属性”面板“名称”位置输入“A′”，Enter 键确认修改。如图 3-95、图 3-96 所示。

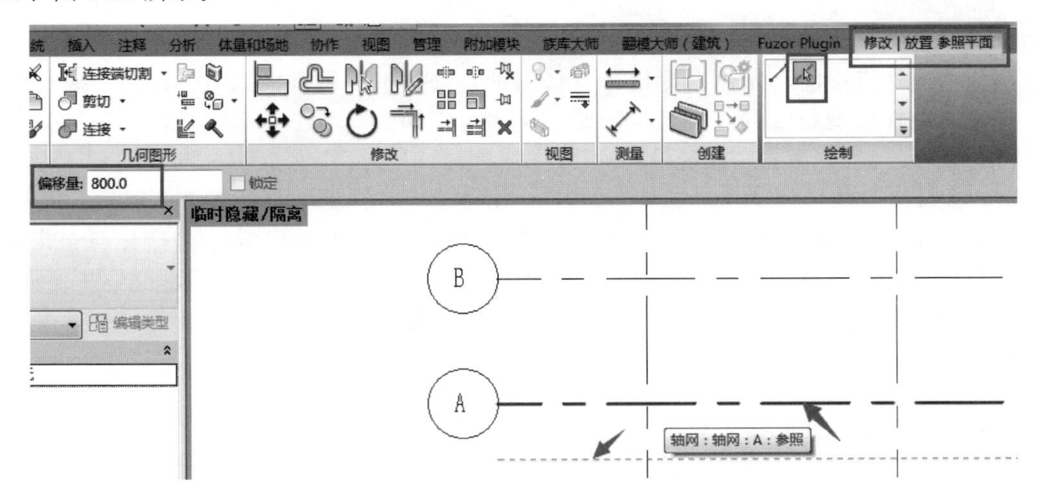

图 3-95

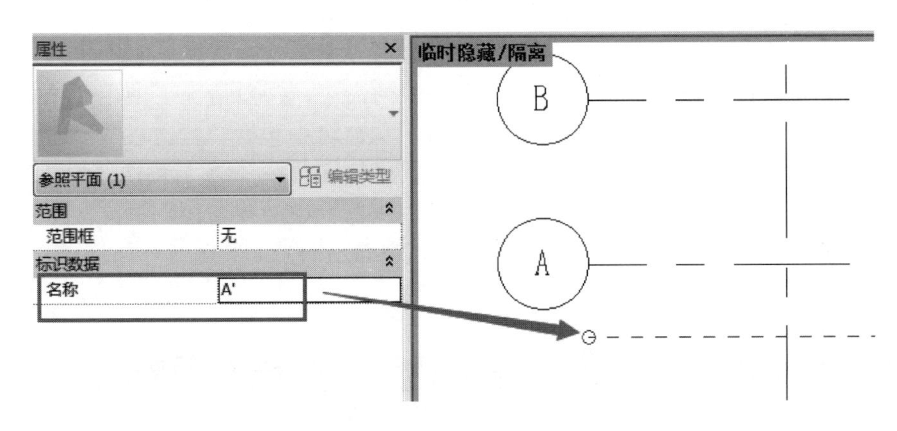

图 3-96

（3）再次使用“参照平面”工具，绘制方式选择“拾取线”，选项栏中“偏移量”设置为“350”。缩放区域，鼠标放在 1 号轴线位置，左侧显示绿色的参照线后，左键点击 1 号轴线。生成的新的参照平面命名为“1′”。

再次使用“参照平面”工具，绘制方式选择“拾取线”，选项栏中“偏移量”设置为“600”。缩放区域，鼠标放在 F 号轴线位置，上侧显示绿色的参照线后，左键点击 F 号轴线。生成的新的参照平面命名为“F′”。

再次使用“参照平面”工具，绘制方式选择“拾取线”，选项栏中“偏移量”设置为“700”。缩放区域，鼠标放在 F 号轴线位置，上侧显示绿色的参照线后，左键点击 F 号轴线。生成的新的参照平面命名为“F′-1”。

再次使用“参照平面”工具，绘制方式选择“拾取线”，选项栏中“偏移量”设置为“350”。缩放区域，鼠标放在 14 号轴线位置，右侧显示绿色的参照线后，左键点击 14 号轴线。生成的新的参照平面命名为“14′”。

参照平面建立完毕后，结果如图 3-97 所示。

（4）平面定位建立完成后，可以进行构造柱布置。首先在 A′参照平面与 1′参照平面交点位置布置构造柱。如图 3-98 所示。

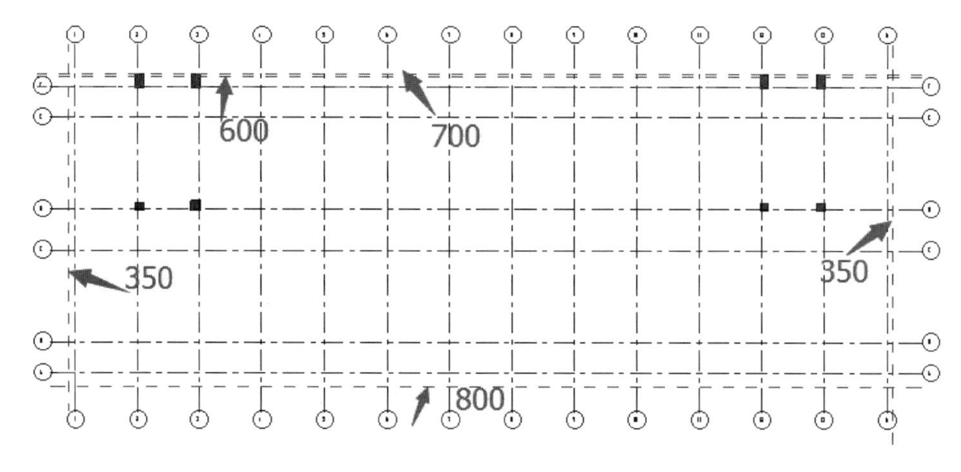

图 3-97

（5）对刚刚布置的构造柱图元进行位置的精确修改。单击“修改”选项卡“修改”面板中的“对齐”工具，鼠标指针变成带有对齐图标的样式，左键点击要对齐的 A′参照平面，作为对齐的参照线，然后选择要对齐的构造柱图元的下侧边线，此时，构造柱下侧边线与 A′参照平面对齐。继续点击要对齐的 1′参照平面，作为对齐的参照线，然后选择要对齐的构造柱图元的左侧边线，此时构造柱左侧边线与 1′参照平面对齐。如图 3-99 所示。

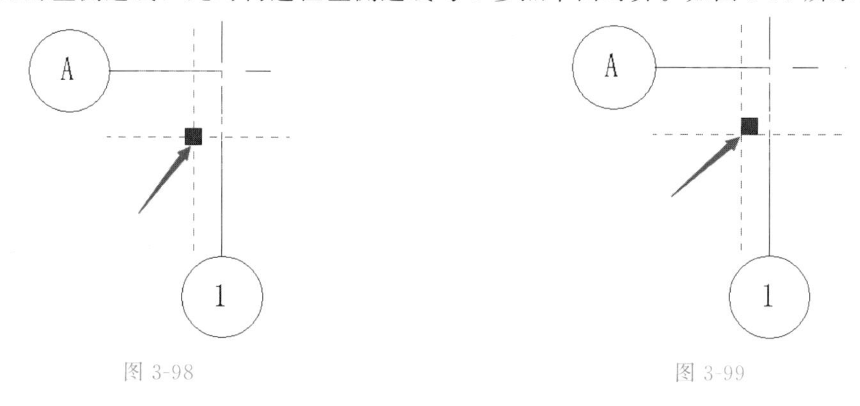

图 3-98　　　　图 3-99

（6）按照上述操作方法，布置其他位置构造柱，布置完成后利用“对齐”工具进行精确位置的修改。完成后如图 3-100 所示。

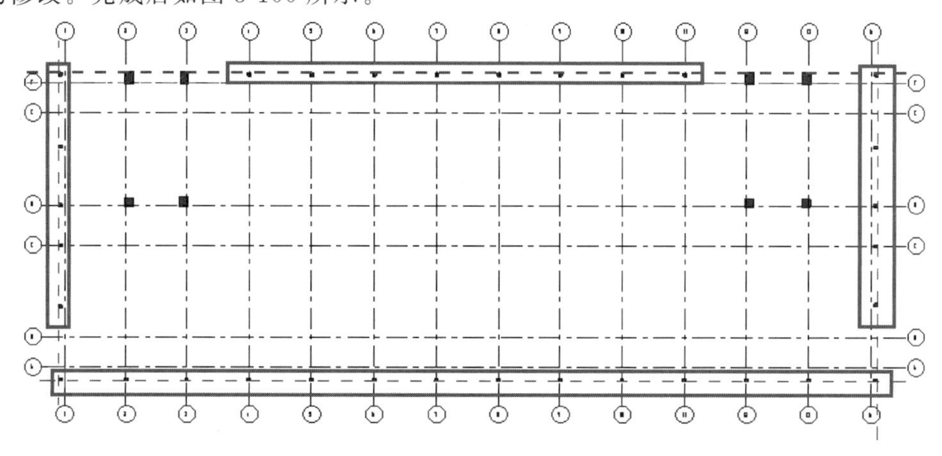

图 3-100

（7）单击“快速访问栏”中三维视图按钮，切换到三维。模型成果如图 3-101 所示。

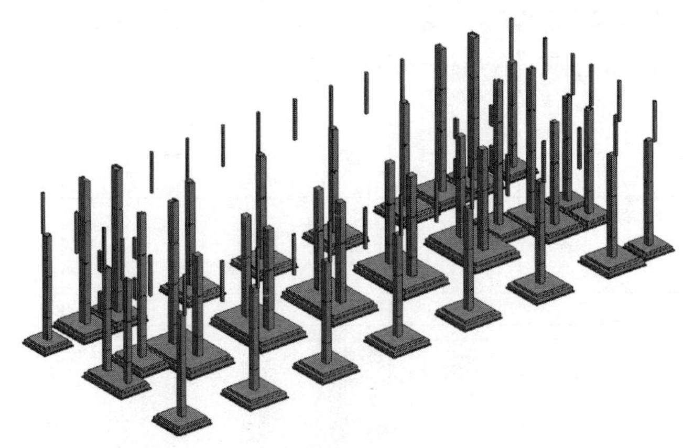

图 3-101

（8）最后对构造柱进行标高修改。单击选择一个构造柱图元，右键“选择全部实例”、“在视图中可见”，选择当前视图中的所有构造柱，在“属性”面板中设置“底部标高”为“屋顶层”，“底部偏移”为“0”，“顶部标高”为“屋顶层”，“顶部偏移”为“1300”，Enter 键确认。Esc 键退出选择状态。操作步骤如图 3-102～图 3-105 所示。

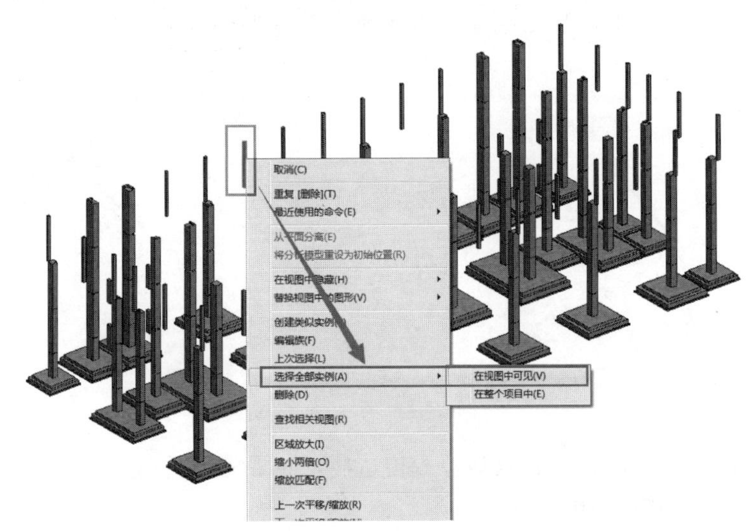

图 3-102

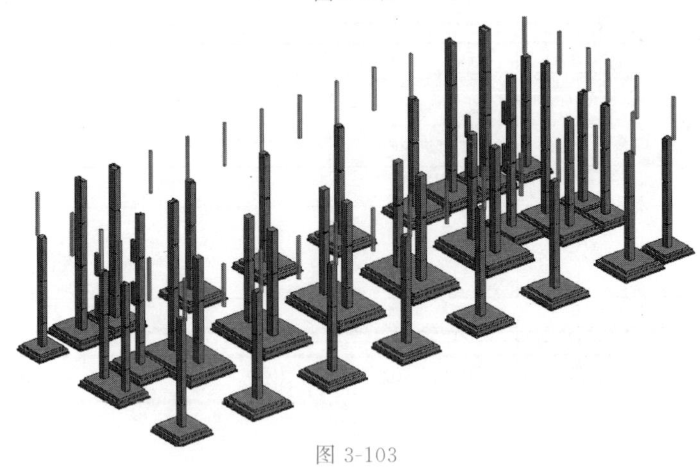

图 3-103

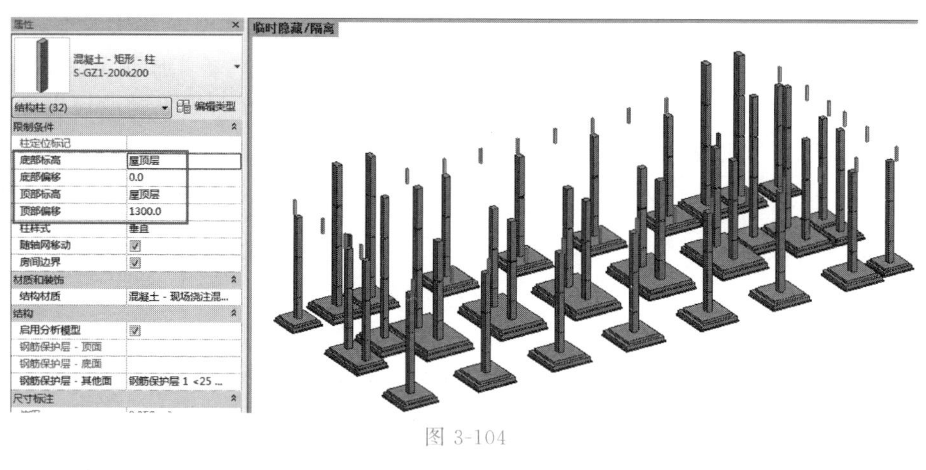

图 3-104

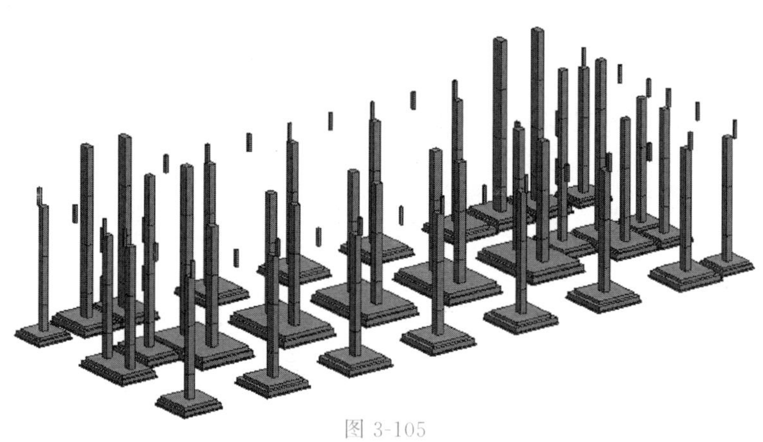

图 3-105

（9）单击“快速访问栏”中保存按钮，保存当前项目成果。

3.8.4 总结拓展

★ 步骤总结

上述 Revit 软件建立构造柱的操作步骤主要分为两步，第一步：建立构造柱构件类型（以“结构”选项卡“结构”面板中的“柱”工具为基础）；第二步：布置构造柱构件（含有参照平面、对齐、选择全部实例、在视图中可见等小步骤）。按照本操作流程读者可以完成专用宿舍楼项目构造柱的创建。

★ 业务扩展

构造柱是砖混结构建筑中重要的混凝土构件。为提高多层建筑砌体结构的抗震性能，规范要求应在房屋的砌体内适宜部位设置钢筋混凝土柱并与圈梁连接，共同加强建筑物的稳定性。

在多层砌体房屋墙体的规定部位，按构造配筋，并按先砌墙后浇灌混凝土柱的施工顺序制成的混凝土柱，通常称为混凝土构造柱，简称构造柱（建筑图纸里符号为-GZ）。

构造柱主要作用是抗击剪力、抗震等横向荷载的。构造柱通常设置在楼梯间的休息平台处、纵横墙交接处、墙的转角处，墙长达到五米的中间部位要设构造柱。

近年来为提高砌体结构的承载能力或稳定性而又不增大截面尺寸，墙中的构造柱已不仅仅设置在房屋墙体转角、边缘部位，也按需要设置在墙体的中间部位；圈梁必须设置成封闭状。

从施工角度讲，构造柱要与圈梁地梁、基础梁整体浇筑。与砖墙体要在结构工程有水平拉接筋连接。如果构造柱在建筑物、构筑物中间位置，要与分布筋连接。

本节详细讲解了构造柱的绘制方式，按照规范要求并结合本专用宿舍楼项目可知：女儿墙位置应设置构造柱，构造柱间距不宜大于4m，且构造柱应伸至女儿墙顶并与现浇钢筋混凝土压顶整体浇筑在一起。构造柱高度为500～1300mm，施工顺序为先砌墙后浇柱。

在实际项目中，当砌体不能同时砌筑的时候，在交接处一般要预留马牙搓，以保持砌体的整体性与稳定性，常用在构造柱与墙体的连接中，为构造柱上凸出的部分。

3.9 新建结构梁

3.9.1 任务说明

打开Revit软件，根据提供的专用宿舍楼图纸，完成专用宿舍楼结构梁的创建。

3.9.2 任务分析

★ 业务层面分析

建立结构梁模型前，先根据专用宿舍楼图纸查阅结构梁构件的尺寸、定位、属性等信息，保证结构梁模型布置的正确性。根据“结施-05”中“一层梁配筋图”、“结施-06”中“二层梁配筋图”、“结施-07”中“屋顶层梁配筋图”、“结施-10”中“楼梯顶层梁，板配筋图”，可知结构梁构件的平面定位信息以及结构梁的构件类型信息；根据“结施-01”中“混凝土强度等级”表格，可知结构梁的混凝土强度等级为C30。

★ 软件层面分析

(1) 学习使用“梁”命令创建结构梁。

(2) 学习使用“对齐”命令修改结构梁位置。

3.9.3 任务实施

【说明】Revit软件中提供了梁、支撑、梁系统和桁架四种创建结构梁的方式。其中梁和支撑生成梁图元方式与墙类似；梁系统则在指定区域内按指定的距离阵列生成梁；而桁架则通过放置“桁架”族，设置族类型属性中的上弦杆、下弦杆、腹杆等梁族类型，生成复杂形式的桁架图元。下面以《BIM算量一图一练》中的专用宿舍楼项目为例，讲解创建项目结构梁的操作步骤。

(1) 首先建立结构梁构件类型。根据“结施-05”中“一层梁配筋图”先建立首层结构梁构件类型。在“项目浏览器”中展开“楼层平面”视图类别，双击“首层”视图名称，进入“首层”楼层平面视图。单击“结构”选项卡“结构”面板中的“梁”工具，点击“属性”面板中的“编辑类型”，打开“类型属性”窗口，在“族（F）”后面的下拉小三角中选择“混凝土-矩形梁”，此时“类型（T）”后面显示为“200×400mm”。如图3-106所示。

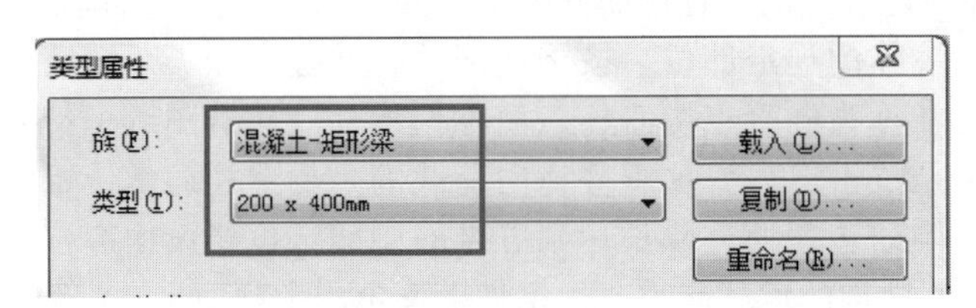

图3-106

(2) 继续上述操作，点击“复制”按钮，弹出“名称”窗口，输入“S-DL1-300×600”，点击“确定”关闭窗口，在“b”位置输入“300”，“h”位置输入“600”。点击“确定”按钮，退出“类型属性”窗口。点击“属性”面板中的“结构材质”右侧按钮，选择材质为“混凝土-现场浇注混凝土-C30”。如图3-107所示。

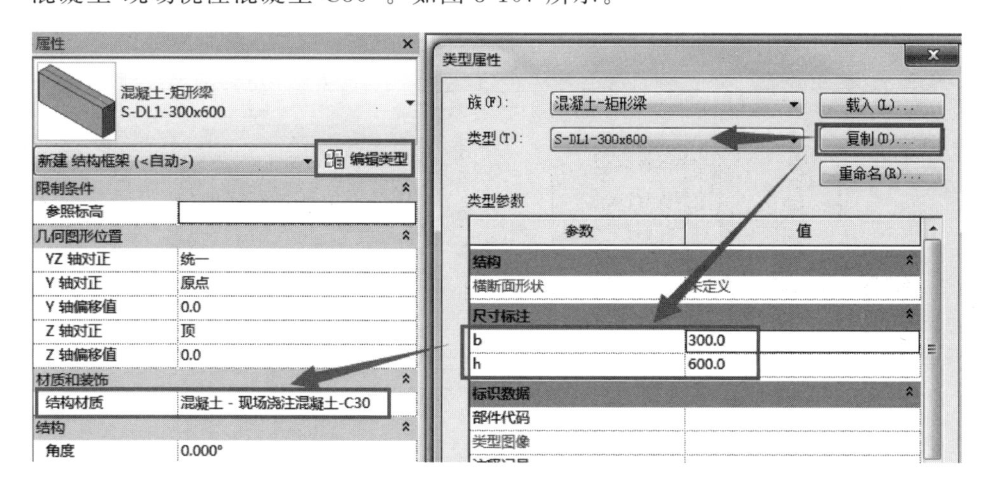

图3-107

(3)按照上述操作方式创建其他结构梁构件类型。为了避免遗漏，可以先建立水平梁，再建立竖向梁。全部输入完成后，“类型属性”窗口中的构件类型如图3-108、图3-109所示。

图3-108

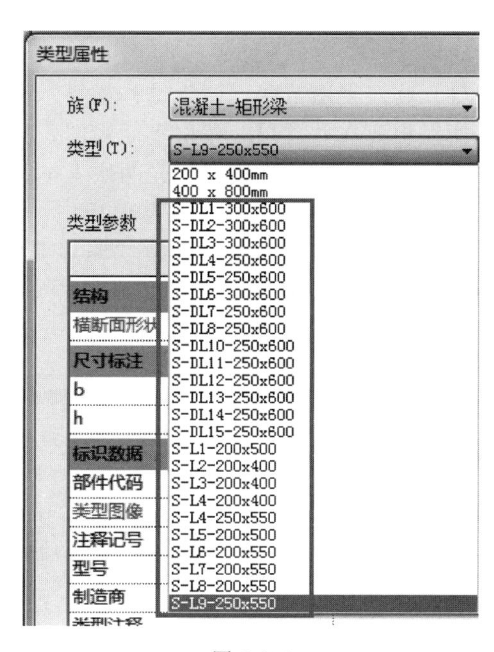

图3-109

(4)构件定义完成后，开始布置构件。根据“结施-05”中“一层梁配筋图”布置首层结构梁。在“属性”面板中找到S-DL1-300×600，Revit自动切换至“修改｜放置梁”上下文选项，单击“绘制”面板中的“直线”工具，选项栏“放置平面”选择“标高：首层”。如图3-110所示。

(5)鼠标移动到1轴与F轴交点位置处，左键点击作为结构梁的起点，向右移动鼠标指针，鼠标捕捉到2轴与F轴交点位置处点击左键，作为结构梁的终点。弹出如下“警告”窗口，点击右上角叉号关闭即可。如图3-111所示。

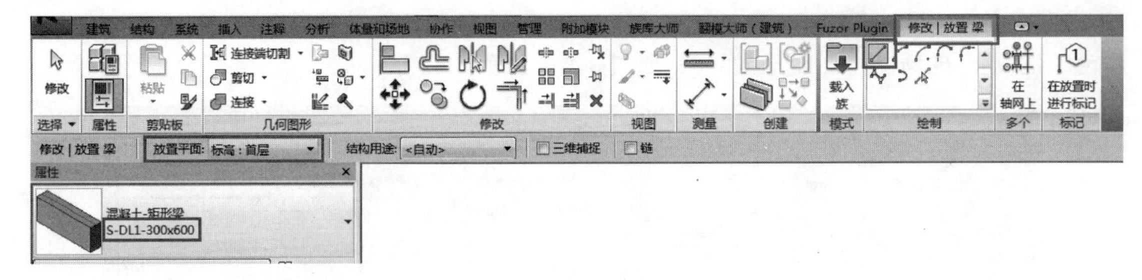

图 3-110

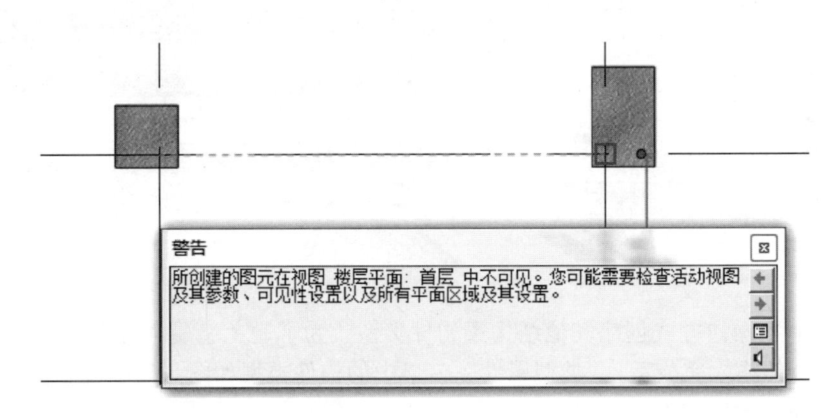

图 3-111

（6）修改视图范围，便于结构梁显示。由于绘制完毕的梁顶部与首层标高±0.000m一致，所以想要在“首层”楼层平面视图看到绘制出来的结构梁图元，需要对当前“首层”楼层平面视图进行可见性设置。先两次 Esc 键退出绘制结构梁命令，当前显示为“楼层平面”的“属性”面板，点击“属性”面板中“视图范围”右侧的“编辑”按钮，打开“视图范围”窗口，在“底（B）”后面“偏移量（F）”处输入“-100”，在“标高（L）”后面“偏移量（S）”处输入“-100”，点击“确定”按钮，关闭窗口。刚才绘制的结构梁 S-DL1-300×600 显示在绘图区域。如图 3-112、图 3-113 所示。

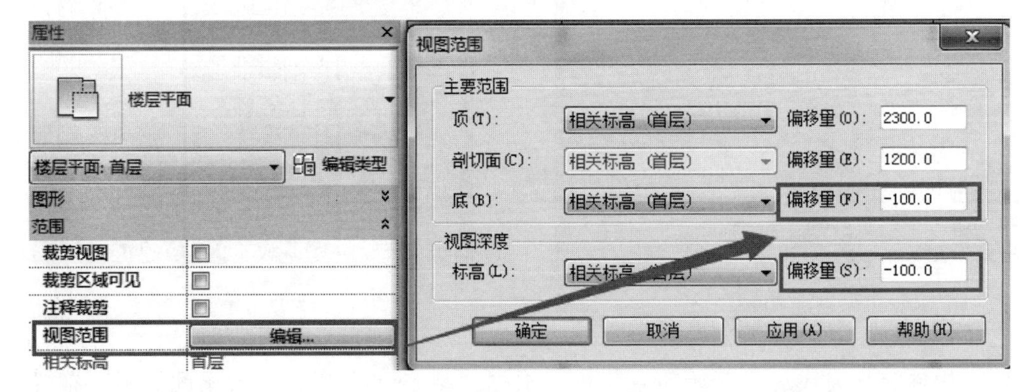

图 3-112

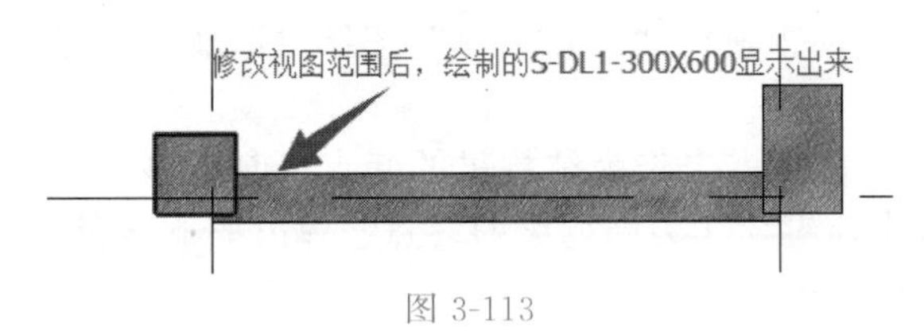

图 3-113

（7）对刚刚布置的 S-DL1-300×600 图元进行位置精确修改。单击“修改”选项卡“修改”面板中的“对齐”工具，鼠标指针变成带有对齐图标的样式，左键点击要对齐的柱子的下边线，以此作为对齐的参照线，然后选择要对齐的实体 S-DL1-300×600 图元的下边线，此时 S-DL1-300×600 的结构梁边线下侧与左右两侧柱下边线完全对齐。如图 3-114 所示。

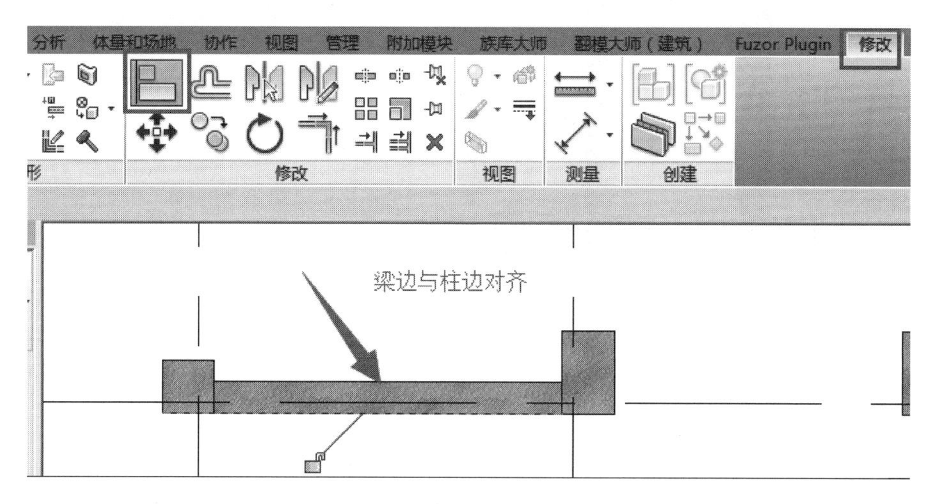

图 3-114

（8）两次 Esc 键退出对齐操作命令，梁图元位置已经修改正确，现在对梁图元进行标高的修改，以满足“结施-05”中“一层梁配筋图”下标注要求（首层梁标高为－0.050m）。选择绘制的结构梁 S-DL1-300×600 图元，在“属性”面板中设置“参照标高”为“首层”，“起点标高偏移”为“－50”，“终点标高偏移”为“－50”，Enter 键确认。如图 3-115 所示。

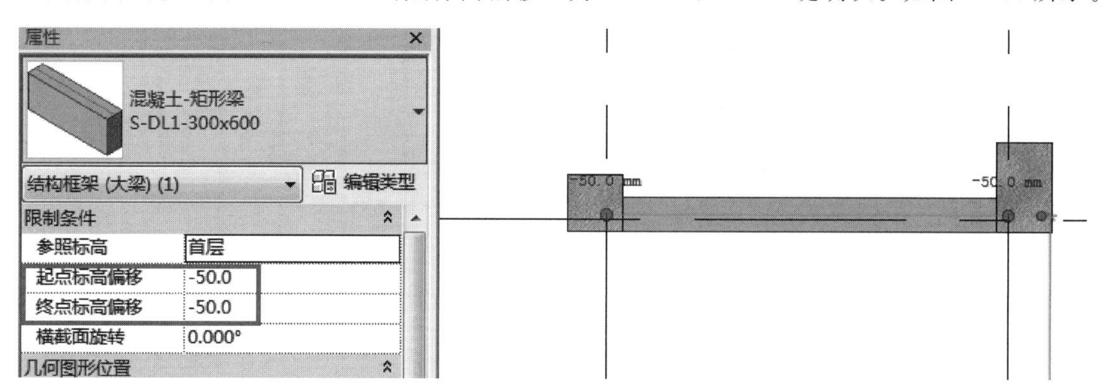

图 3-115

（9）绘制好的梁图元可以二三维同时查看，单击“快速访问栏”中三维视图按钮，切换到三维视图，点击“视图”选项卡“窗口”面板中的“平铺”工具，“首层”楼层平面视图与三维模型视图同时平铺显示在绘图区域。模型显示如图 3-116、图 3-117 所示。

（10）参照上面的操作方法，依次选择 S-DL2-300×600、S-DL3-300×600、S-L1-200×500、S-L2-200×400、S-L3-200×400、S-L4-200×400、S-DL4-250×600、S-DL5-250×600、S-L5-200×500、S-DL6-300×600、S-DL7-250×600、S-DL8-250×600、S-L6-200×550、S-DL10-250×600、S-DL11-250×600、S-L7-200×550、S-L8-200×550、S-DL12-250×600、S-DL13-250×600、S-L4-250×550、S-DL14-250×600、S-L9-250×550、S-DL15-250×600 结构梁进行布置，布置完成后根据“结施-05”中“一

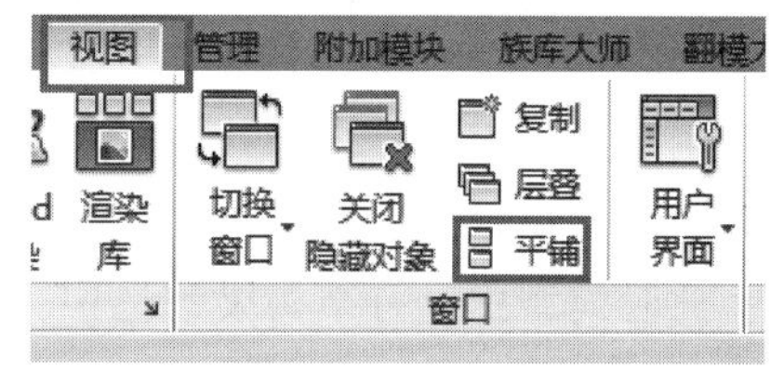

图 3-116

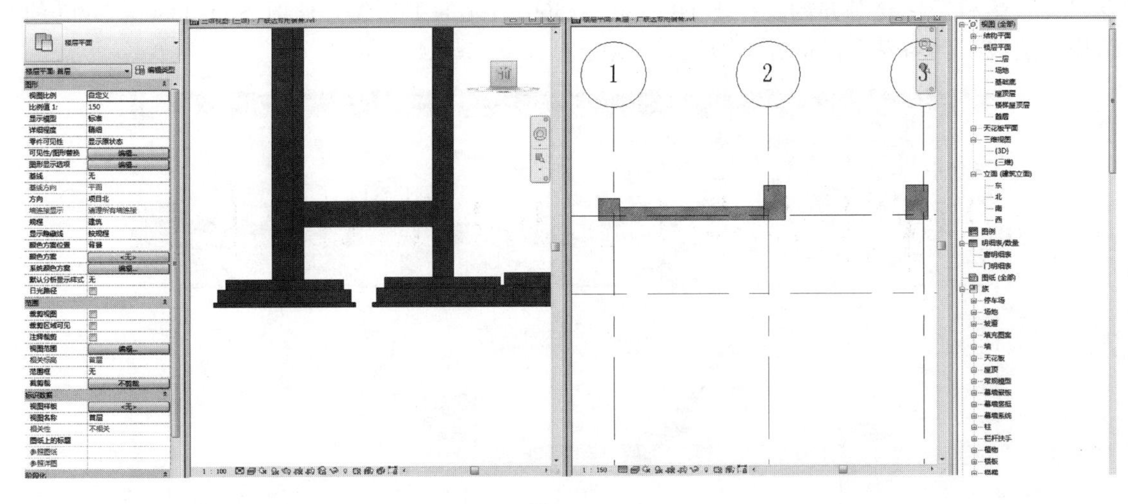

图 3-117

层梁配筋图”结构梁平面定位信息，使用“对齐”工具对结构梁位置进行精确修改。完成后如图 3-118 所示。

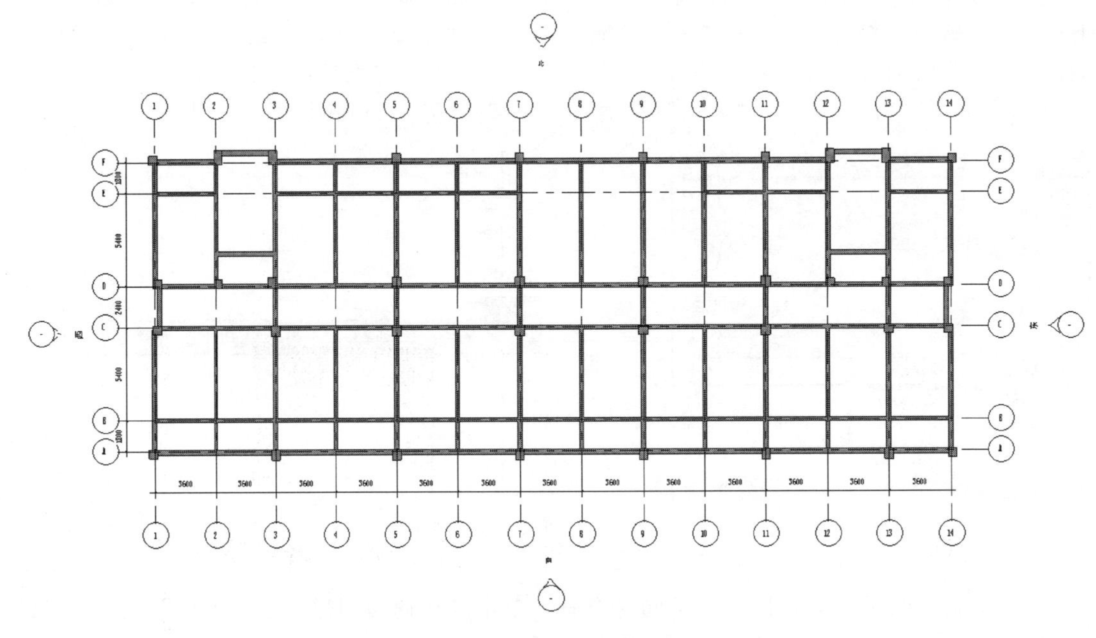

图 3-118

（11）对刚绘制的首层其他结构梁图元进行标高修改。为了提高效率，可以进行统一进行标高修改。移动鼠标滚轮缩放绘图区域模型，当前模型全部显示在绘图区域后，按住鼠标左键自左上角向右下角，全部框选绘图区域构件。如图 3-119 所示。

（12）框选完毕之后，Revit 自动切换至“修改 | 选择多个”上下文选项，单击“选择”面板中的“过滤器”工具，弹出“过滤器”窗口，只勾选“结构框架（其他）、结构框架（大梁）、结构框架（托梁）”类别，其他构件类别取消勾选，点击“确定”按钮，关闭窗口。此时模型中只有结构梁被选中，移动鼠标滚轮缩放绘图区域模型。模型显示如图 3-120 所示。

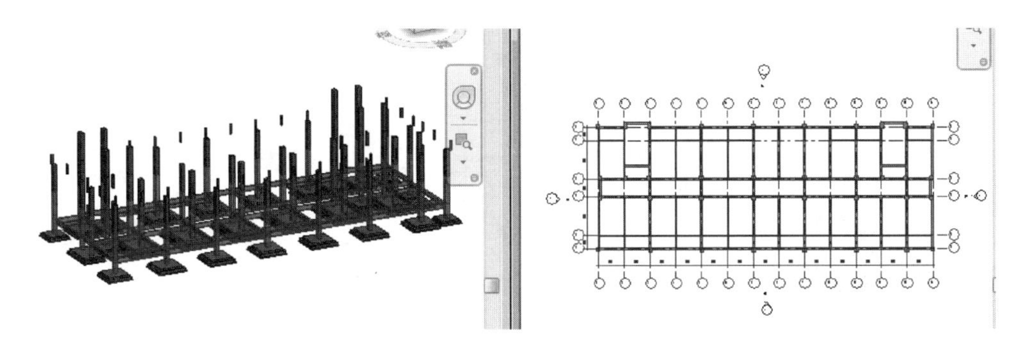

图 3-119

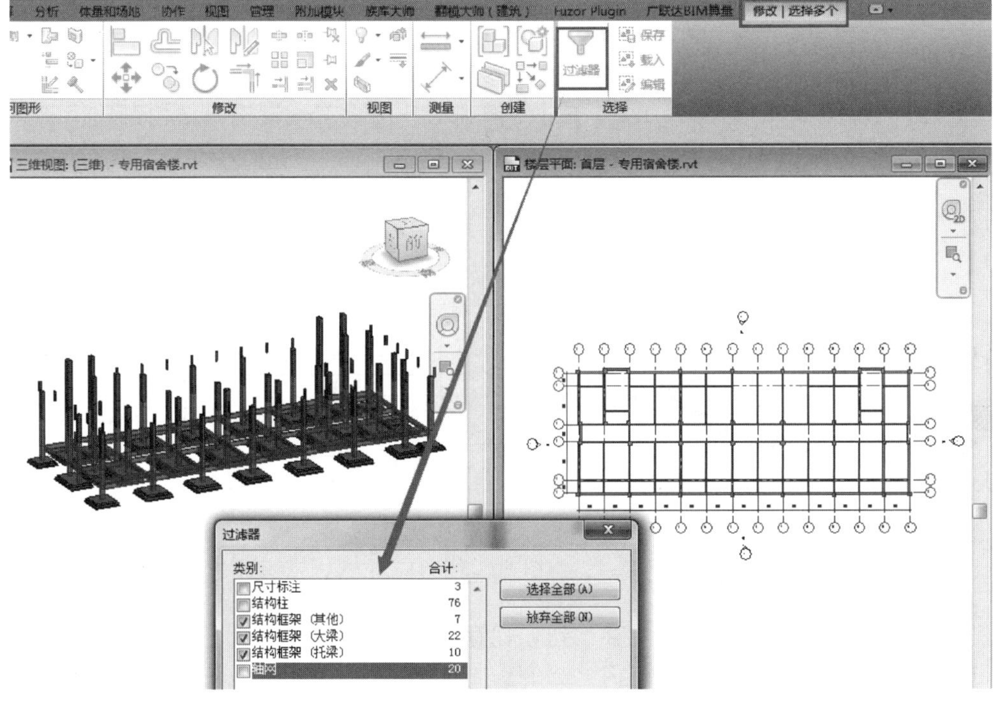

图 3-120

（13）此时按住 Shift 键的同时，左键点击绘制的 S-DL1-300×600 结构梁图元，S- DL1-300×600 梁图元被取消选中（因为前面已经对 S-DL1-300×600 进行了标高修改，此处需要将其剔除）。模型显示如图 3-121、图 3-122 所示。

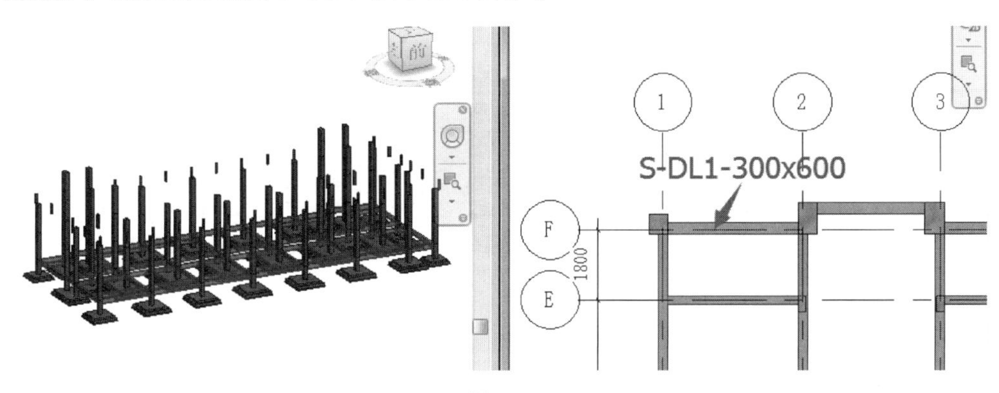

图 3-121

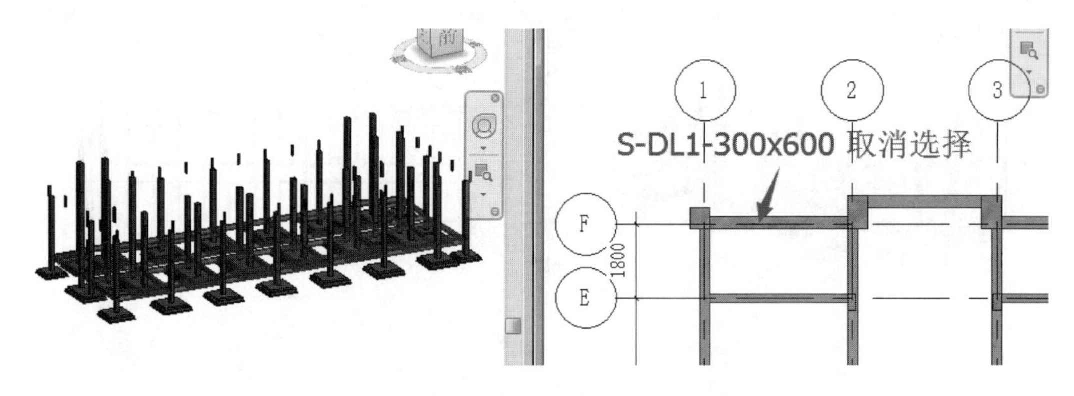

图 3-122

（14）在结构梁的“属性”面板中设置“参照标高”为“首层”，“起点标高偏移”为“－50”，“终点标高偏移”为“－50”，Enter 键确认。两次 Esc 键退出结构梁选择状态，修改完成后的结构梁如图 3-123 所示。

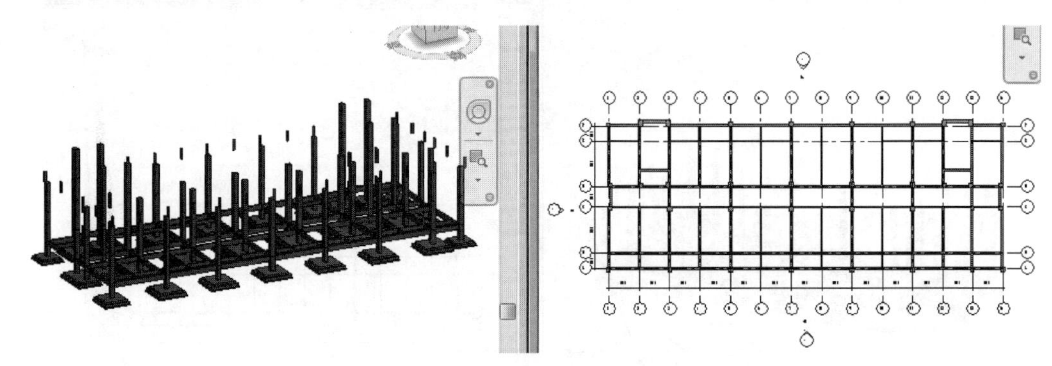

图 3-123

（15）单击“快速访问栏”中保存按钮，保存当前项目成果。

（16）“首层”楼层平面视图结构梁绘制完成后，开始绘制“二层”楼层平面视图结构梁、“屋顶层”楼层平面视图结构梁、“楼梯屋顶层”楼层平面视图结构梁。

参照建立首层梁的方法，依次建立二层、屋顶层、楼梯屋顶层结构梁模型（包含建立当前层的结构梁构件类型、布置结构梁、修改结构梁位置、修改结构梁标高等操作），完成后的全楼结构梁模型如图 3-124 所示。

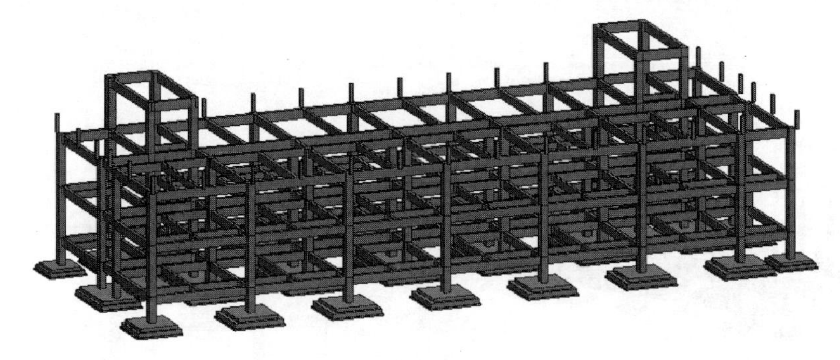

图 3-124

（17）单击“快速访问栏”中保存按钮，保存当前项目成果。

3.9.4 总结拓展

★ 步骤总结

上述 Revit 软件建立结构梁的操作步骤主要分为五步，第一步：建立结构梁构件类型；第二步：布置“首层”楼层平面视图结构梁（含有修改位置、修改标高、过滤器等步骤）；第三步：布置“二层”楼层平面视图结构梁；第四步：布置“屋顶层”楼层平面视图结构梁；第五步：布置“楼梯屋顶层”楼层平面视图结构梁。按照本操作流程读者可以完成专用宿舍楼项目结构梁的创建。

★ 业务扩展

由支座支承，承受的外力以横向力和剪力为主、以弯曲为主要变形的构件称为梁。实际项目中梁的分类非常丰富，具体如下。

(1) 按功能分为结构梁，如基础地梁、框架梁等；与柱、承重墙等竖向构件共同构成空间结构体系，构造梁，如圈梁、过梁、连系梁等，起到抗裂、抗震、稳定等构造性作用。

(2) 按结构工程属性分为框架梁、剪力墙支承的框架梁、内框架梁、梁、砌体墙梁、砌体过梁、剪力墙连梁、剪力墙暗梁、剪力墙边框梁。

(3) 按施工工艺分为现浇梁、预制梁等。

(4) 按材料分，工程中常用的有型钢梁、钢筋混凝土梁、木梁、钢包梁等。

(5) 按截面形式分为矩形截面梁、T 形截面梁、十字形截面梁、工字形截面梁、匚形截面梁、口形截面梁、不规则截面梁。

(6) 按受力状态分为静定梁和超静定梁。静定梁是指几何不变、无多余约束的梁。超静定梁是指几何不变、有多余约束的梁。

(7) 按位于房屋的不同部位分为屋面梁、楼面梁、地下框架梁、基础梁。

在实际项目图纸中都是以不同字母简写来表示不同类型的梁构件。为了帮助读者正确识图，对项目中常用梁进行简单介绍。

(1) 地梁 (DL)　地梁也叫基础梁、地基梁，简单地说就是基础上的梁。一般用于框架结构和框-剪结构中，框架柱落在地梁或地梁的交叉处。其主要作用是支撑上部结构，并将上部结构的荷载转递到地基上。

(2) 框架梁 (KL)　框架梁是指两端与框架柱相连的梁，或者两端与剪力墙相连但跨高比不小于 5 的梁。框架梁可以分为屋面框架梁 (WKL)（框架结构屋面最高处的框架梁）、楼层框架梁 (KL)（各楼面的框架梁）、地下框架梁 (DKL)。设置在基础顶面以上且低于建筑标高正负零（室内地面）以下并以框架柱为支座，不受地基反力作用，或者地基反力仅仅是地下梁及其覆土的自重产生，不是由上部荷载的作用所产生的地下梁。

(3) 圈梁 (QL)　圈梁是沿建筑物外墙四周及部分内横墙设置的连续封闭的梁，其目的是为了增强建筑的整体刚度及墙身的稳定性。在房屋的基础上部的连续的钢筋混凝土梁叫基础圈梁，也叫地圈梁；在墙体上部，紧挨楼板的钢筋混凝土梁叫上圈梁。在砌体结构中，圈梁有钢筋砖圈梁和钢筋混凝土圈梁两种。

(4) 连梁 (LL)　连梁在剪力墙结构和框架-剪力墙结构中连接墙肢与墙肢。连梁是指两端与剪力墙相连且跨高比小于 5 的梁，一般具有跨度小、截面大，与连梁相连的墙体刚度很大等特点。一般在风荷载和地震荷载的作用下，连梁的内力往往很大。

(5) 暗梁 (AL)　完全隐藏在板类构件或者混凝土墙类构件中，钢筋设置方式与单梁和框架梁类构件非常近似。暗梁总是配合板或者墙类构件共同工作。板中的暗梁可以提高板的抗弯能力，因而仍然具备梁的通用受力特征。混凝土墙中的暗梁作用比较复杂，已不属于简单的受弯构件。它一方面强化墙体与顶板的节点构造，另一方面为横向受力的墙体提供边缘约束。强化墙体与顶板的刚性连接。

(6) 边框梁 (BKL) 框架梁伸入剪力墙区域则变为边框梁。

(7) 框支梁 (KZL) 因为建筑功能要求，下部大空间、上部部分竖向构件不能直接连续贯通落地，而通过水平转换结构与下部竖向构件连接。当布置的转换梁支撑上部的剪力墙的时候，转换梁叫框支梁，支撑框支梁的柱子就叫做框支柱。

(8) 悬挑梁 (XL) 不是两端都有支撑的，一端埋在或者浇筑在支撑物上，另一端伸出挑出支撑物的梁。悬挑梁一般为钢筋混凝土材质。

(9) 井式梁 (JSL) 井式梁就是不分主次、高度相当的梁；同位相交，呈井字型。一般用在楼板是正方形或者长宽比小于1.5的矩形楼板，大厅较多见。梁间距3m左右，由同一平面内相互正交或斜交的梁所组成的结构构件；又称交叉梁或格形梁。

(10) 次梁 在主梁的上部，主要起传递荷载的作用。

(11) 拉梁 是指独立基础，在基础之间设置的梁。

(12) 过梁 (GL) 当墙体上开设门窗洞口时，为了支撑洞口上部砌体所传来的各种荷载，并将这些荷载传给窗间墙，常在门窗洞口上设置横梁，该横梁称为过梁。

(13) 悬臂梁 梁的一端为不产生轴向、垂直位移和转动的固定支座，另一端为自由端(可以产生平行于轴向和垂直于轴向的力)。

(14) 平台梁 指通常在楼梯段与平台相连处设置的梁，以支承上下楼梯和平台板传来的荷载。

(15) 冠梁 (GL) 设置在基坑周边支护（围护）结构（多为桩和墙）顶部的钢筋混凝土连续梁，其作用之一是把所有的桩基连到一起（如钻孔灌注桩，旋挖桩等），防止基坑（竖井）顶部边缘产生坍塌；其次是通过牛腿承担钢支撑（或钢筋混凝土支撑）的水平挤靠力和竖向剪力。

本节详细讲解了结构梁的绘制方式，本专用宿舍楼项目中含有DL、L、KL、WKL等结构梁类型，在使用Revit软件建立模型时，可以统一使用“结构”选项卡“结构”面板中的“梁”工具，构件类型命名中加以区分即可。

查阅本专用宿舍楼项目“结施-05”中“一层梁配筋图”、“结施-06”中“二层梁配筋图”、“结施-07”中“屋顶层梁配筋图”、“结施-10”中“楼梯顶层梁，板配筋图”可知结构梁构件含有集中标注和原位标注的钢筋信息，在本书中对于钢筋建模暂不考虑。一般情况下，不会使用Revit软件建立钢筋模型，主要原因是建模相对复杂，并且对电脑配置要求很高。推荐读者使用广联达钢筋算量软件进行钢筋模型搭建，建模相对快捷并且钢筋工程量可进行实时统计。

3.10 新建梯梁

3.10.1 任务说明

打开Revit软件，根据提供的专用宿舍楼图纸，完成专用宿舍楼梯梁的创建。

3.10.2 任务分析

★ 业务层面分析

建立梯梁模型前，先根据专用宿舍楼图纸查阅梯梁构件的尺寸、定位、属性等信息，保证梯梁模型布置的正确性。根据“结施-11”中“楼梯二层平面详图”以及“结施-11”中“楼梯顶层平面详图”可知梯梁名称为 TL1，尺寸为 200×400；梯梁平面布置位置，备注中已说明：楼梯梁顶标高均同楼梯平台板标高（图中标注的平台板高度为 1.8m 与 5.4m）。本图中所注标高均为建筑标高 H，结构标高 $=H-0.050$，也就是梯梁标高为 1.750m 与 5.350m，与相应层梯柱顶标高一致（梯柱从框架梁顶生根到休息平台板顶，即标高为 −0.050～1.750m、3.550～5.350m）。

★ 软件层面分析

学习使用“梁”命令创建梯梁。

3.10.3 任务实施

【说明】Revit 软件中没有专门绘制梯梁构件的命令，一般情况下使用“结构”选项卡“结构”面板中的“梁”工具创建梯梁构件类型，在命名中包含“梯梁或 TL”字眼即可。下面以《BIM 算量一图一练》中的专用宿舍楼项目为例，讲解创建项目梯梁的操作步骤。

（1）首先建立梯梁构件类型。双击“项目浏览器”中“首层”进入“首层”楼层平面视图，按照建立结构梁构件类型的方式建立 TL1 的构件类型，如图 3-125、图 3-126 所示。

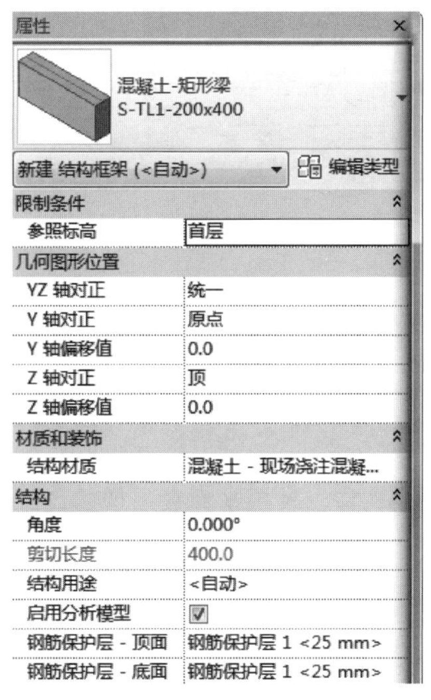

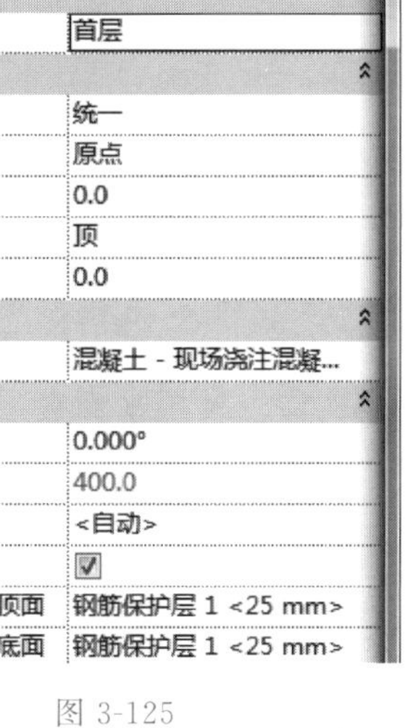

图 3-125

图 3-126

（2）构件定义完成后，开始布置构件。根据“结施-11”中“楼梯二层平面详图”布置首层梯梁。按照布置结构梁的流程与操作方法进行首层 TL1 的布置，注意修改梯梁的标高以及梯梁的平面精确定位。局部梯梁完成后如图 3-127 所示。

（3）“首层”楼层平面视图梯梁绘制完成后，开始绘制“二层”楼层平面视图梯梁。使用“复制到剪贴板”、“与选定的标高对齐”等工具，将布置好的首层梯梁复制到二层，全部完成后梯梁如图 3-128 所示。

（4）单击“快速访问栏”中保存按钮，保存当前项目成果。

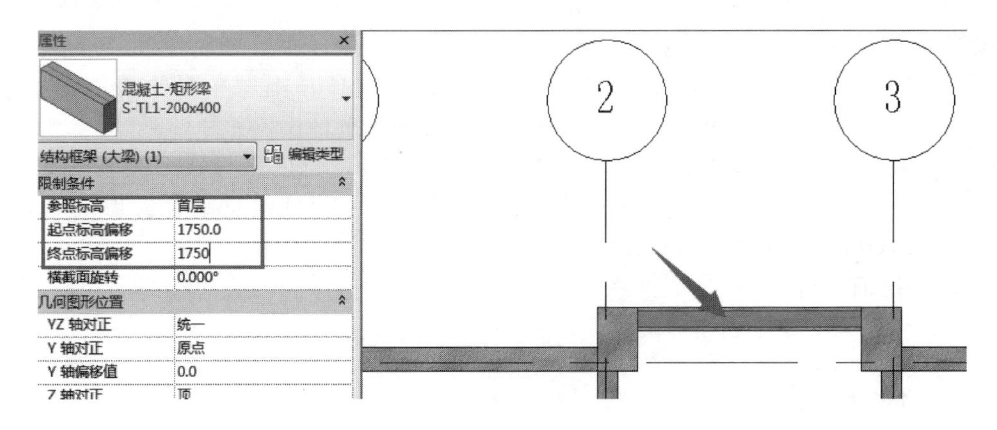

图 3-127

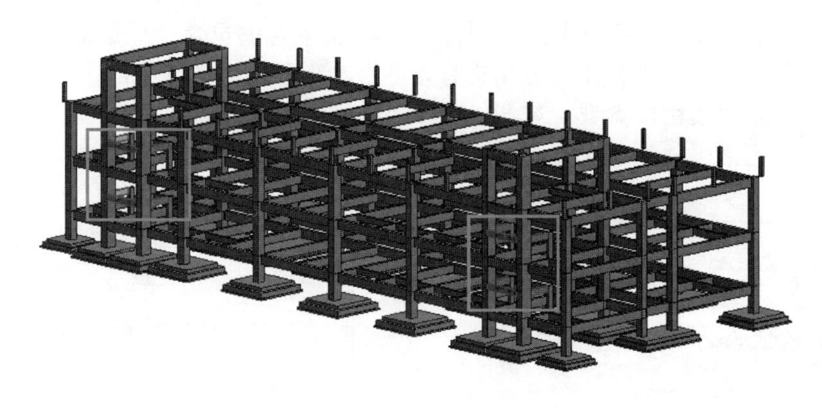

图 3-128

3.10.4 总结拓展

★ 步骤总结

上述 Revit 软件建立梯梁的操作步骤主要分为三步，第一步：建立梯梁构件类型；第二步：布置“首层”楼层平面视图梯梁；第三步：布置“二层”楼层平面视图梯梁。按照本操作流程读者可以完成专用宿舍楼项目梯梁的创建。

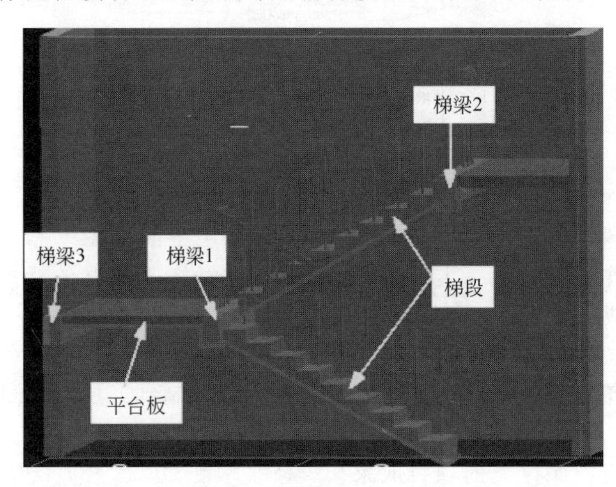

图 3-129

★ 业务扩展

梯梁，简单来说就是楼梯的横梁，具体是指在梯子的上部结构中沿梯子轴横向设置并支承于主要承重构件上的梁。梯梁用于承载楼梯板和楼梯踏步传下来的荷载，然后把载荷传递到柱，最后传递到基础。判断梯梁属于连梁还是框架梁需要看梯梁的跨高比，如果跨高比小于等于 5 则是连梁，否则是框架梁。如图 3-129 所示。

本节详细讲解了梯梁的绘制方式，本专用宿舍楼项目中首层和二层的楼梯平台板位置都含有梯梁，首层、二层、屋顶层结构板位置为普通梁及框架梁。

3.11 新建结构板

3.11.1 任务说明

打开 Revit 软件，根据提供的专用宿舍楼图纸，完成专用宿舍楼结构板的创建。

3.11.2 任务分析

★ 业务层面分析

建立结构板模型前，先根据专用宿舍楼图纸查阅结构板构件的尺寸、定位、属性等信息，保证结构板模型布置的正确性。根据“结施-08”中“二层板配筋图”、“结施-09”中“屋顶层板配筋图”、“结施-10”中“楼梯屋顶层，梁板配筋图”可知结构板构件的平面定位信息、结构板的厚度及标高信息。根据“结施-01”中“混凝土强度等级”表格可知结构板的混凝土强度等级为 C30。

★ 软件层面分析

(1) 学习使用“楼板：结构”命令创建结构板。

(2) 学习使用“修改/延伸为角（TR）”命令修剪楼板轮廓。

3.11.3 任务实施

【说明】Revit 中提供了三种楼板：面楼板、结构楼板和楼板。其中面楼板用于将概念体量模型的楼层面转换为楼板模型图元，该方式只能用于从体量创建楼板模型时；结构楼板是为方便在楼板中布置钢筋、进行受力分析等结构专业应用而设计；楼板和结构楼板布置方式类似。下面以《BIM 算量一图一练》中的专用宿舍楼项目为例，讲解创建项目结构板的操作步骤。

(1) 首先建立结构板构件类型。在“项目浏览器”中展开“楼层平面”视图类别，双击“二层”视图名称，进入“二层”楼层平面视图。单击“结构”选项卡“结构”面板中的“楼板”下拉下的“楼板：结构”工具，点击“属性”面板中的“编辑类型”，打开“类型属性”窗口，点击“复制”按钮，弹出“名称”窗口，输入“S-楼板-100”，点击“确定”按钮关闭窗口。点击“结构”右侧“编辑”按钮，进入“编辑部件”窗口，修改“结构【1】”“厚度”为“100”，点击“结构【1】”“材质”“按类别”进入“材质浏览器”窗口，选择“混凝土-现场浇注混凝土-C30”，点击“确定”关闭窗口，再次点击“确定”按钮退出“类型属性”窗口，属性信息修改完毕，过程如图 3-130～图 3-134 所示。

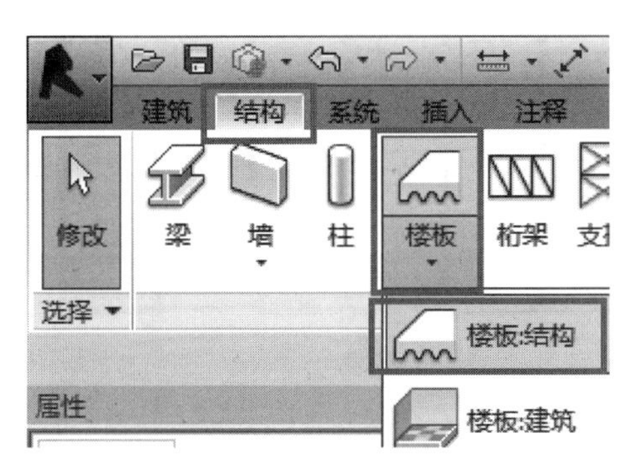

图 3-130

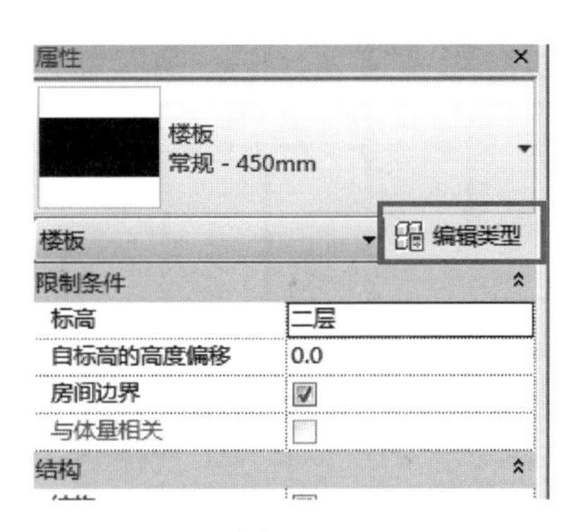

图 3-131

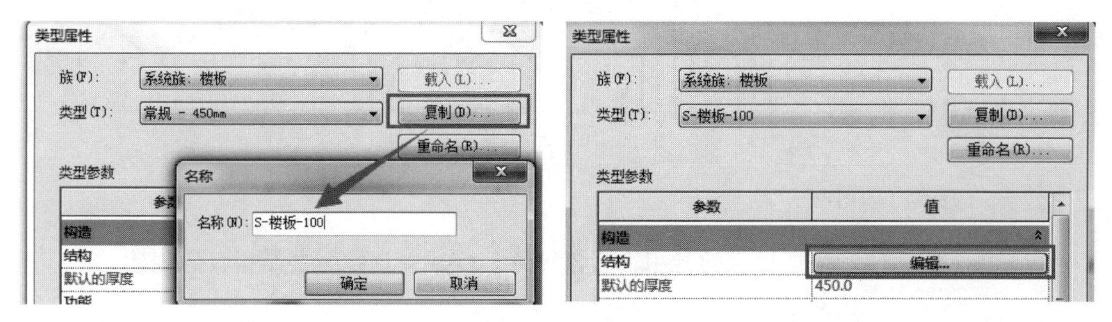

图 3-132　　　　图 3-133

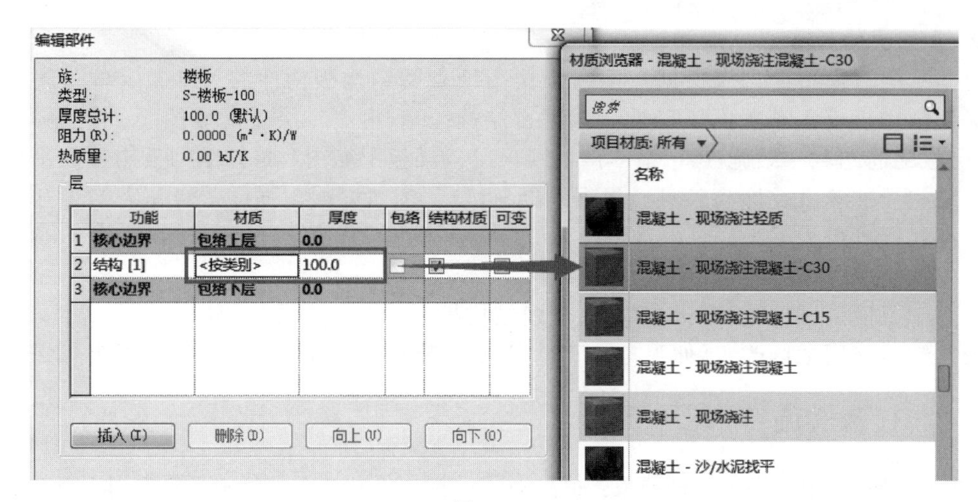

图 3-134

(2) 构件定义完成后，开始布置构件。根据“结施-08”中“二层板配筋图”布置二层结构板。在“属性”面板设置“标高”为“二层”，“自标高的高度偏移量”为“-50”，Enter 键确认。“绘制”面板中选择“拾取线”方式，选项栏中“偏移量”设置为“0”，沿专用宿舍楼外侧梁中心线依次拾取，(垂直梁和水平梁直接拾取一根，出现弯折需多次拾取) 生成楼板边界轮廓。如图 3-135 所示。

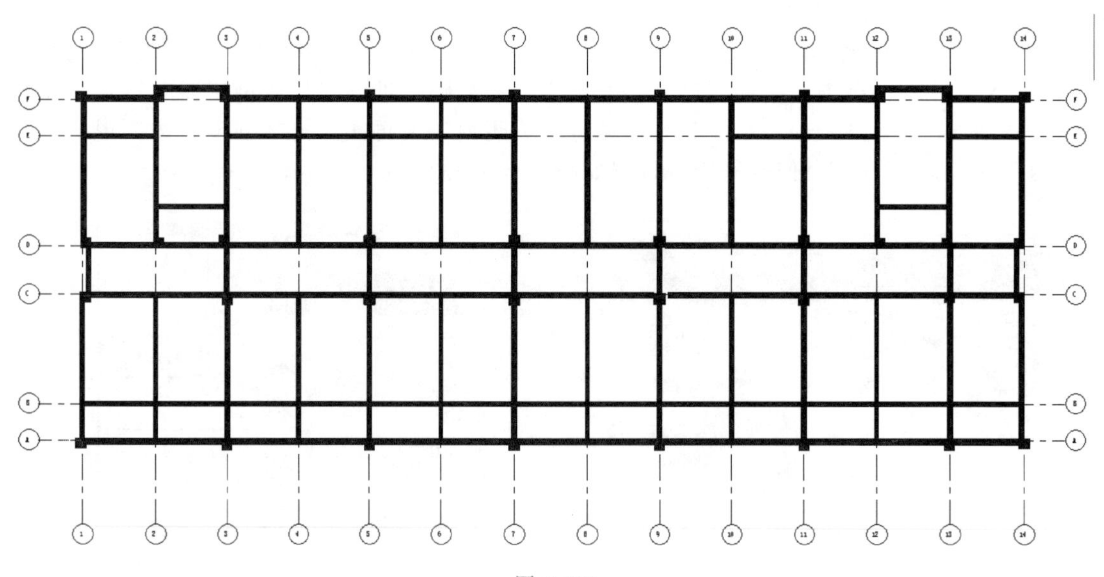

图 3-135

（3）借用“修改/延伸为角（TR）”工具来进行修改编辑。如图 3-136 所示位置楼板线连接的方法为：点击“修改｜创建楼板边界”上下文选项“修改”面板中的“修改/延伸为角（TR）”工具，点击 *F* 轴的紫色楼板线，然后点击 2 轴的紫色楼板线，此时两条紫色线条相连。再次点击 2 轴的紫色楼板线，然后点击 F 轴上侧 2～3 轴间的紫色楼板线，此时两条紫色线条相连。

（4）同样的方法，使用“修改/延伸为角（TR）”工具对其他位置楼板线进行编辑。如图 3-137 所示。

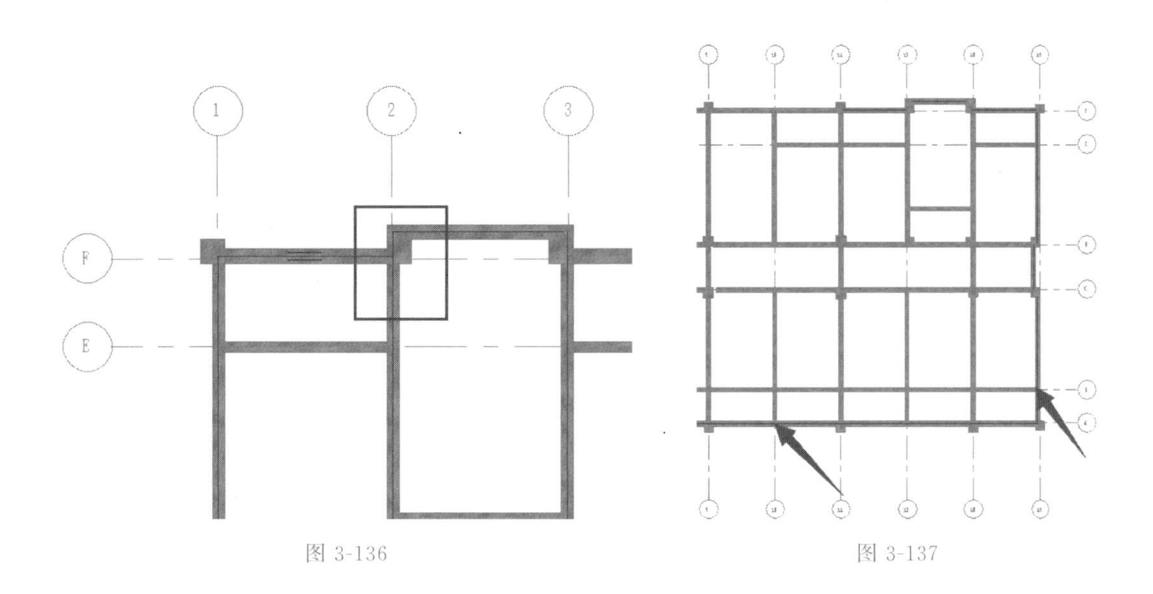

图 3-136　　　　图 3-137

（5）点击“绘制”面板中“拾取线”工具，选项栏中“偏移量”设置为“0”。依次拾取 C 轴、D 轴、2 轴、3 轴、12 轴、13 轴、C 轴、D 轴位置梁中心线。继续使用“修改/延伸为角（TR）”工具进行修剪编辑。最后保持紫色楼板线首尾相连，并删除多余线条。如图 3-138、图 3-139 所示。

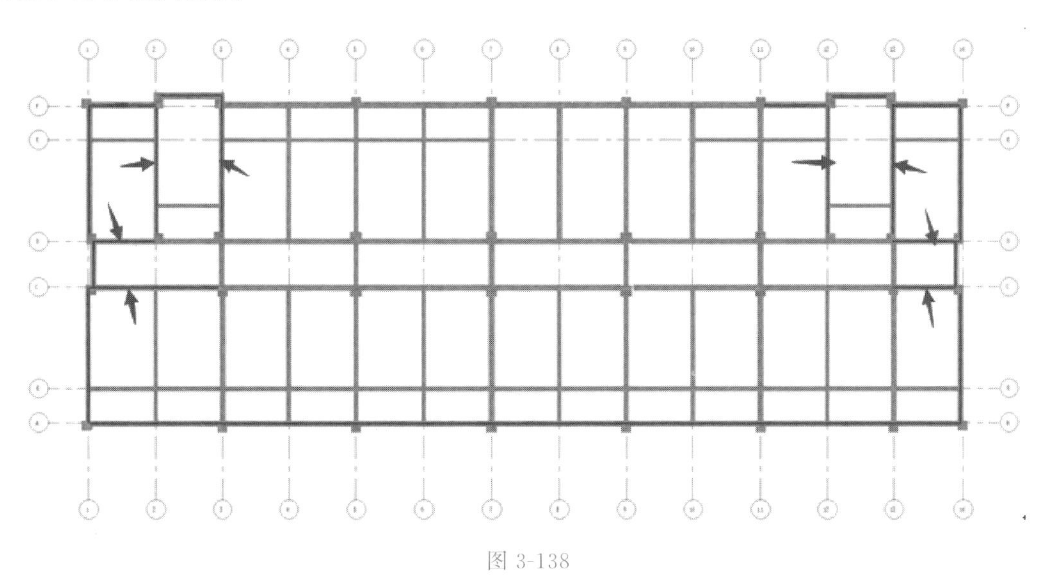

图 3-138

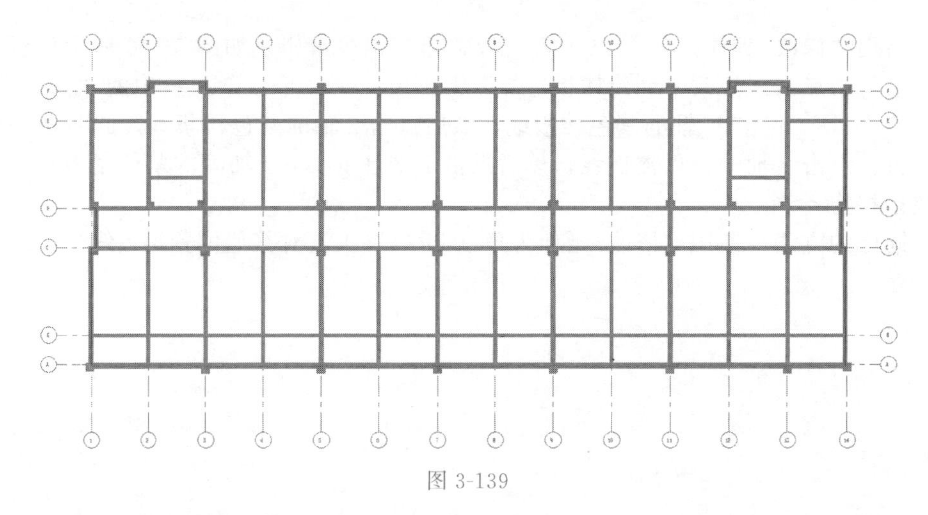

图 3-139

(6) 项目中两个楼梯位置结构板暂不需要绘制，需要单独剔除，且 7～9 轴与 D～F 轴围成的封闭区域位置板标高为 $H-0.100$m（即顶标高为 3.450m），也需要在原有封闭区域将其剔除。继续使用“绘制”面板中“拾取线”工具，选项栏中“偏移量”设置为“0”。依次拾取 2 轴、3 轴、12 轴、13 轴、7 轴、9 轴梁中心线，以及 D 轴上侧的楼梯梁中心线。如图 3-140 所示。

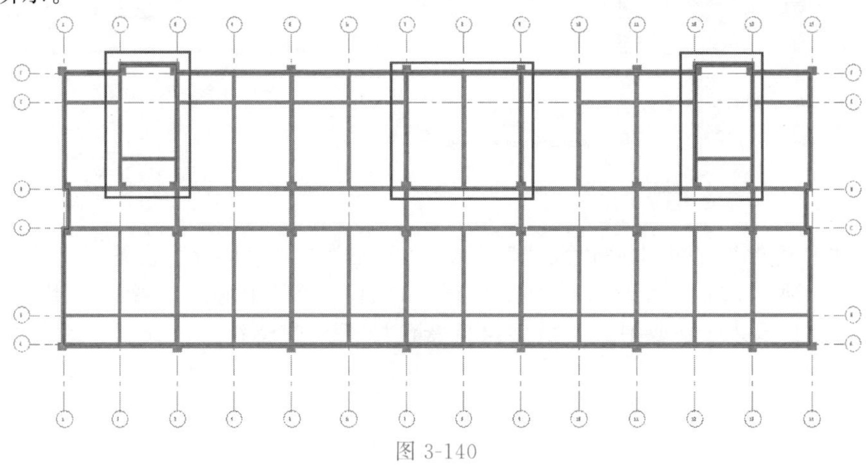

图 3-140

(7) 继续使用“修改/延伸为角（TR）”工具进行修剪编辑。最后保持紫色楼板线首尾相连，并删除多余线条。如图 3-141 所示。

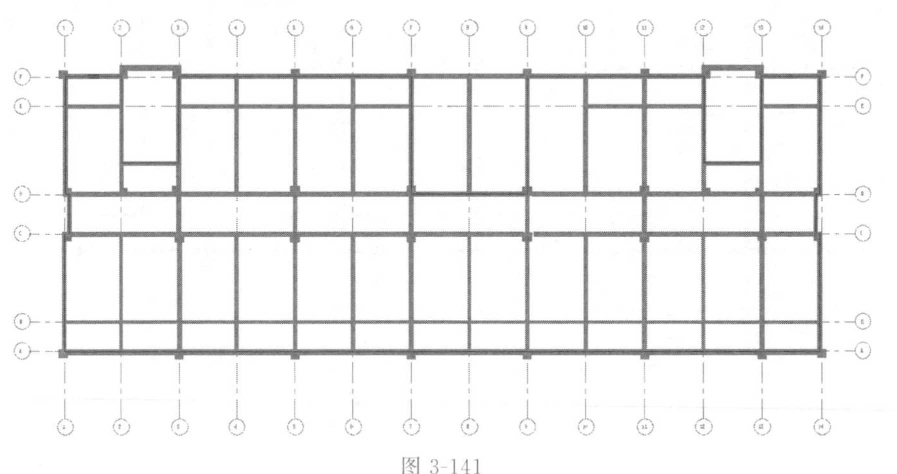

图 3-141

（8）修剪完成后单击“模式”面板中的“绿色对勾”工具，若弹出“Autodesk Revit 2016”窗口，则点击“显示”按钮，找到绘图区域高亮橘色显示位置。找到后点击“退出绘制模式”按钮，关闭窗口。鼠标移动到高亮橘色显示位置，可以继续使用“修改/延伸为角（TR）”工具或其他工具将此位置的线首尾闭合。如图 3-142、图 3-143 所示。

图 3-142

（9）全部修改完毕后，再次点击“模式”面板中的“绿色对勾”工具，弹出“Revit”窗口，点击“否”，关闭即可。Esc 键退出绘制模式。此时绘制的整块结构楼板以蓝色选中状态显示。Esc 键退出板选择状态，如图 3-144、图 3-145 所示。

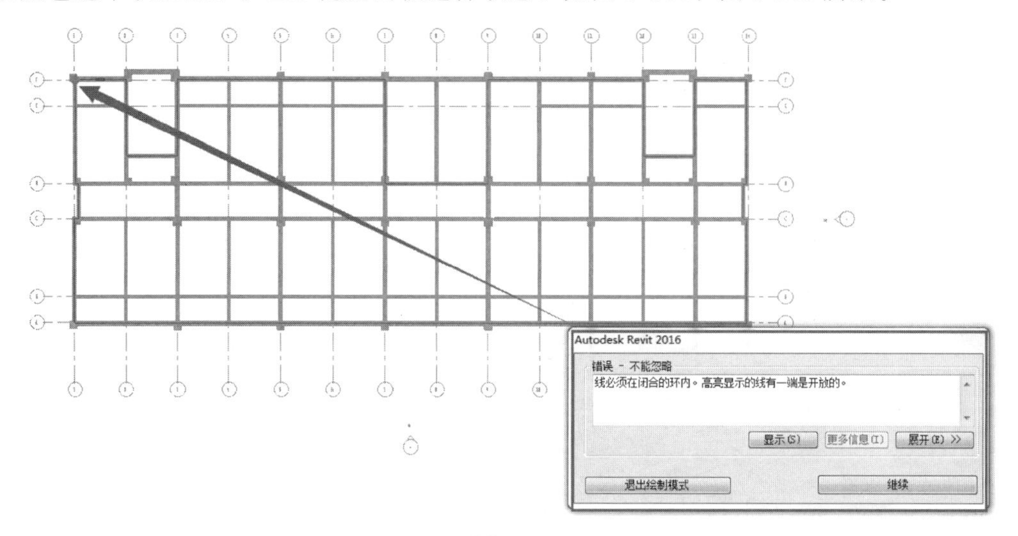

图 3-143

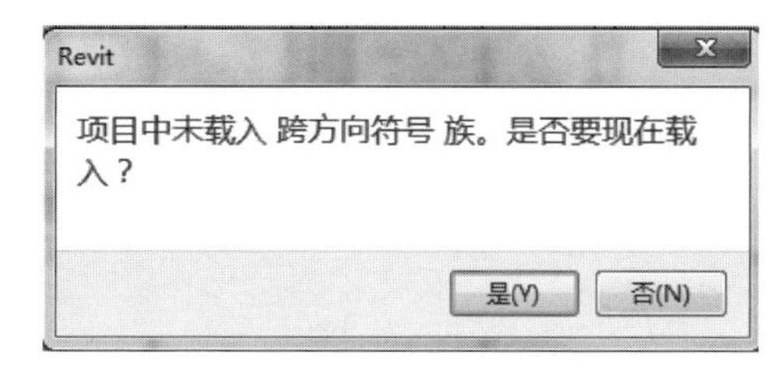

图 3-144

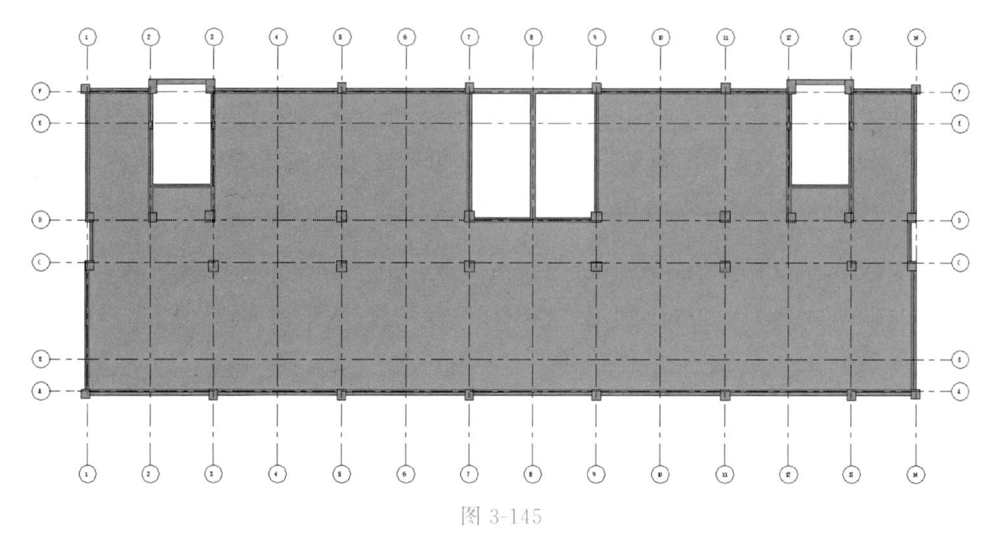

图 3-145

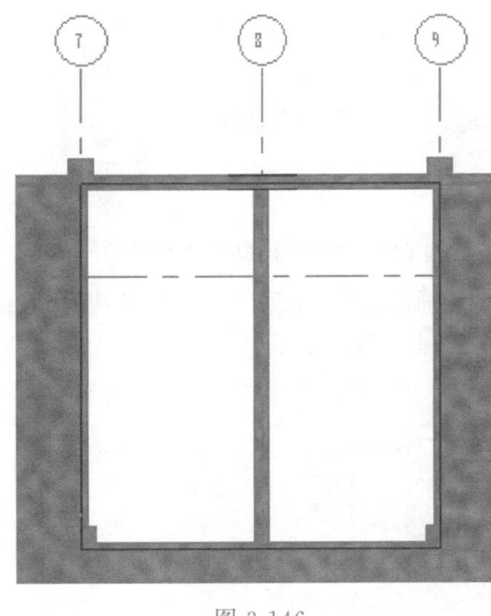

图 3-146

（10）二层整块结构板绘制完成后，下面讲解下7～9轴与D～F轴围成的封闭区域位置结构板。单击“结构”选项卡“结构”面板中的“楼板”下拉下的“楼板：结构”工具，在“属性”面板中找到S-楼板-100，在“属性”面板设置“标高”为“二层”，“自标高的高度偏移量”为“－150”，Enter键确认。“绘制”面板中选择“拾取线”方式，选项栏中“偏移量”设置为“0”。拾取7轴、9轴、D轴、F轴梁中心线生成楼板边界轮廓，继续使用“修改/延伸为角（TR）”功能对其进行修剪编辑形成封闭区域。如图 3-146 所示。

（11）单击“模式”面板中的“绿色对勾”工具，完成7轴、9轴、D轴、F轴封闭区域内结构降板的处理。如图 3-147 所示。

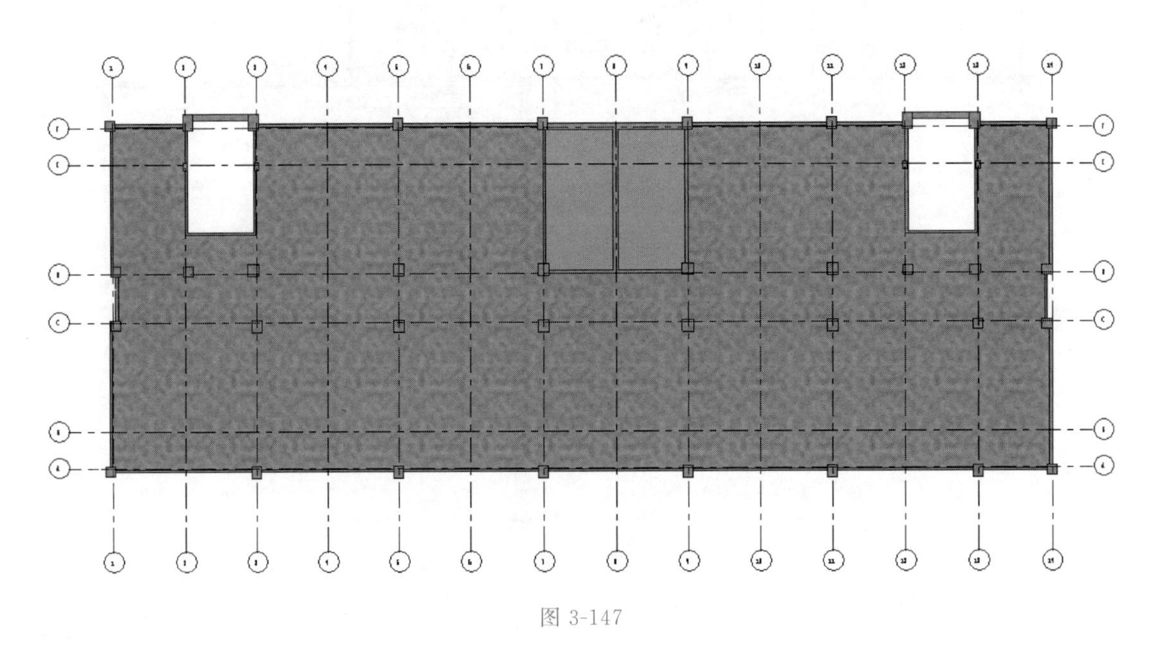
图 3-147

（12）“二层”楼层平面视图结构板绘制完成后，开始绘制“屋顶层”楼层平面视图结构板。根据“结施-09”中“屋顶层板配筋图”可知屋顶层结构板板厚为 100mm，标高为7.20m。两个楼梯位置不需要绘制结构板。利用“拾取线”及“修改/延伸为角（TR）”工具进行屋顶层结构板建模，建立好的结构板如图 3-148 所示。

（13）“屋顶层”楼层平面视图结构板绘制完成后，开始绘制“楼梯屋顶层”楼层平面视图结构板。根据“结施-10”中“楼梯顶层梁，板配筋图”可知屋顶层两个楼梯位置结构板板厚为 100mm，标高为 10.80m。利用“拾取线”及“修改/延伸为角（TR）”工具进行楼梯屋顶层结构板建模，建立好的结构板如图 3-149 所示。

（14）单击“快速访问栏”中三维视图按钮，切换到三维，查看模型成果如图 3-150 所示。

（15）单击“快速访问栏”中保存按钮，保存当前项目成果。

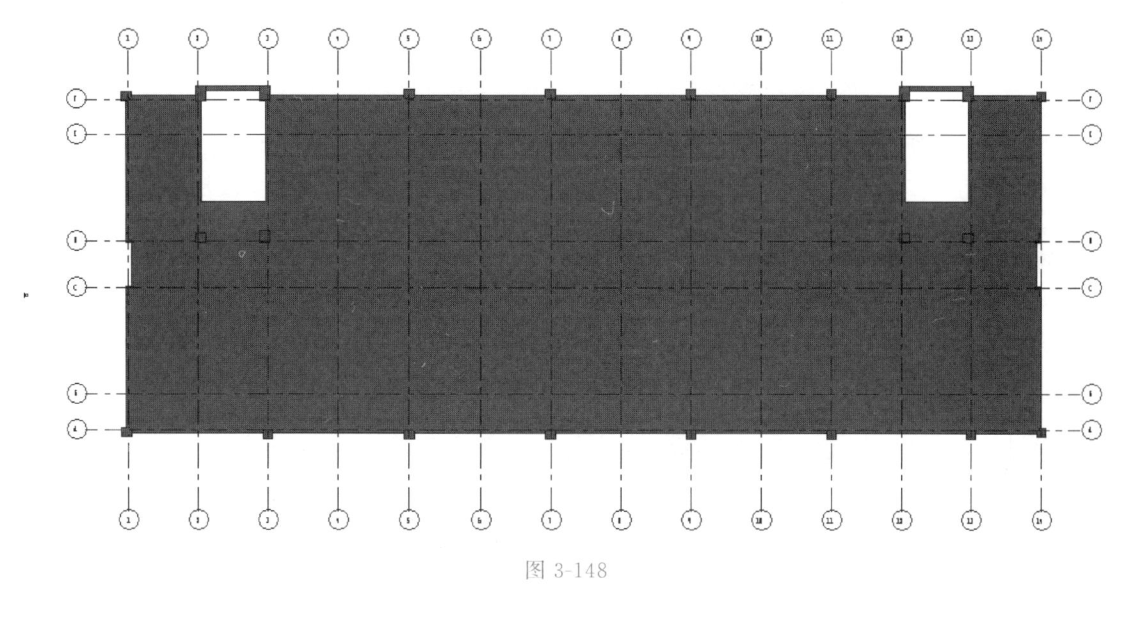

图 3-148

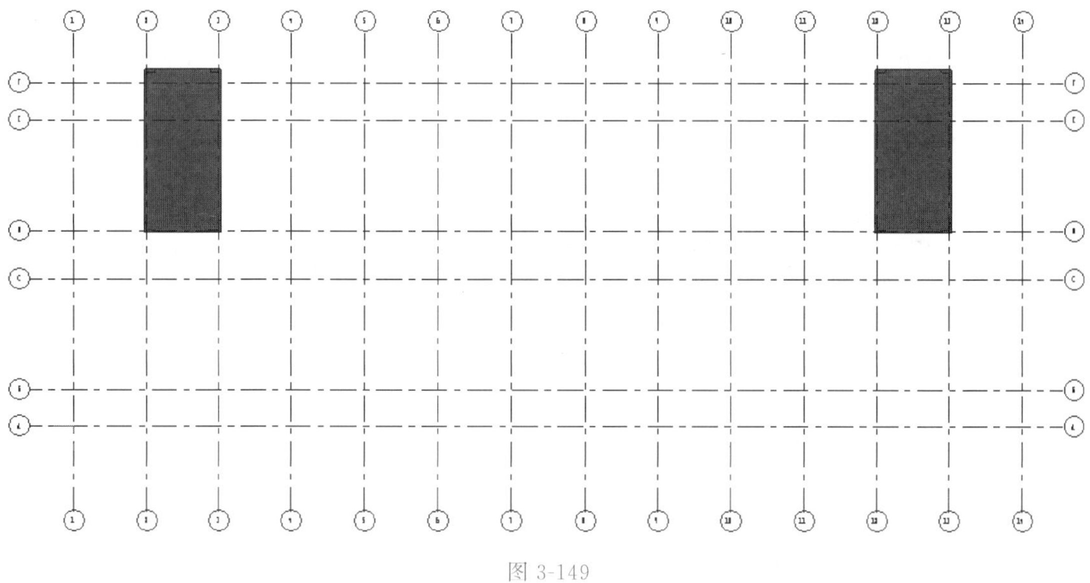

图 3-149

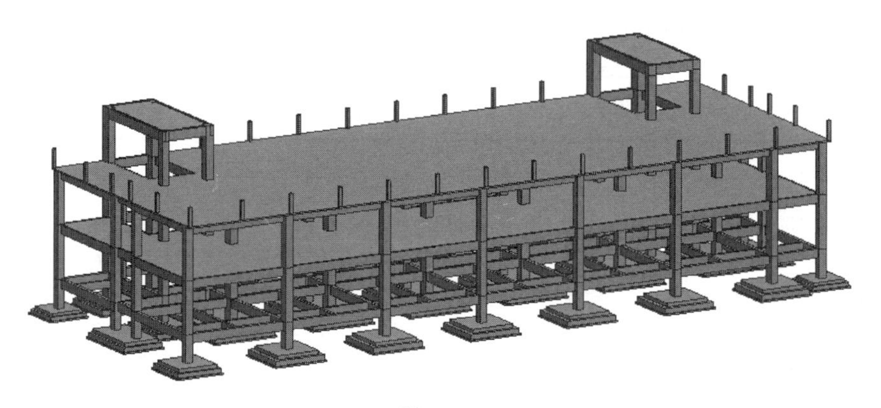

图 3-150

3.11.4 总结拓展

★ 步骤总结

上述 Revit 软件建立结构板的操作步骤主要分为四步，第一步：建立结构板构件类型；第二步：布置“二层”楼层平面视图结构板；第三步：布置“屋顶层”楼层平面视图结构板；第四步：布置“楼梯屋顶层”楼层平面视图结构板。按照本操作流程读者可以完成专用宿舍楼项目结构板的创建。

★ 业务扩展

楼板的基本组成可划分为结构层、面层和顶棚三个部分。楼板是分隔建筑竖向空间的水平承重构件。在实际项目中楼板的作用如下。

(1) 承受水平方向的竖直荷载。

(2) 在高度方向将建筑物分隔为若干层。

(3) 墙、柱水平方向的支撑及联系杆件，保持墙柱的稳定性，并能承受水平方向传来的荷载（如风载、地震载），并把这些荷载传给墙、柱，再由墙、柱传给基础。

(4) 起到保温、隔热作用，即围护功能。

(5) 起到隔声作用，以保持上下层互不干扰。

(6) 起到防火、防水、防潮等功能。

楼板按其使用的材料可分为木楼板、砖拱楼板、钢筋混凝土楼板和钢衬板承重的楼板等几种形式。其中砖楼板的施工繁琐，抗震性能较差，楼板层过高，目前已很少采用；木楼板自重轻、构造简单、保温性能好，但耐久和耐火性差，一般也较少采用；钢筋混凝土楼板具有强度高，刚性好，耐久、防火、防水性能好，又便于工业化生产等优点，是现在广为使用的楼板类型。

钢筋混凝土楼板作为项目中最常用的楼板类型，按照施工方法可分为现浇和预制两种。

(1) 现浇钢筋混凝土楼板的整体性、耐久性、抗震性好，刚度大，能适应各种形状的建筑平面，设备留洞或设置预埋件都较方便，但模板消耗量大，施工周期长。按照构造不同又可分为如下四种现浇楼板。

① 钢筋混凝土现浇楼板　当承重墙的间距不大时，如住宅的厨房间、厕所间，钢筋混凝土楼板可直接搁置在墙上，不设梁和柱，板的跨度一般为 2～3m，板厚度为 70～80mm。

② 钢筋混凝土肋型楼板　也称梁板式楼板，是现浇式楼板中最常见的一种形式。它由主板、次梁和主梁组成。主梁可以由柱和墙来支撑。所有的板、肋、主梁和柱都是在支模以后，整体现浇而成。其一般跨度为 1.7～2.5m，厚度为 60～80mm。

③ 无梁楼板　其为等厚的平板直接支撑在带有柱帽的柱上，不设主梁和次梁。它的构造有利于采光和通风，便于安装管道和布置电线，在同样的净空条件下，可减小建筑物的高度；其缺点是刚度小，不利于承受大的集中荷载。

④ 板式楼板　是将楼板现浇成一块平板（不设置梁），并直接支承在墙上的楼板。它是最简单的一种形式，适用于平面尺寸较小的房间（如混合结构住宅中的厨房和卫生间）以及公共建筑的走廊。板式楼板按周边支承情况及板平面的长短边边长的比值，分为单向板、双向板、悬挑板等。

(2) 预制钢筋混凝土楼板　采用此类楼板是将楼板分为梁、板若干构件，在预制厂或施工现场预先制作好，然后进行安装。它的优点是可以节省模板，改善制作时的劳动条件，加快施工进度；但整体性较差，并需要一定的起重安装设备。随着建筑工业化提高，特别是大量采用预应力混凝土工艺，预制钢筋混凝土楼板的应用将越来越广泛。按照构造不同又可分为如下三种预制楼板。

① 实心平板　实心平板制作简单，节约模板，适用于跨度较小的部位，如走廊板、平台板等。

② 槽形板　它是一种梁板结合的构件，由面板和纵肋构成。作用在槽形板上的荷载，由面板传给纵肋，再由纵肋传到板两端的墙或梁上。为了增加槽形板的刚度，需在两纵肋之间增加横肋，在板的两端以端肋封闭。

③ 空心板　空心板上下表面平整，隔音和隔热效果好，大量应用于民用建筑的楼盖和屋盖中，按其孔的形状有方孔、椭圆孔和圆孔等。

本节详细讲解了结构板的绘制方式。在 Revit 软件建立结构板时，如果考虑土建算量和钢筋算量的规则，需要按照建筑构件围成的封闭房间逐块进行结构板创建，如“建施-03”中房间有宿舍、阳台、走道、卫生间、盥洗室，这些封闭区域需要单独绘制结构板。本项目暂不考虑算量问题，所以上述关于结构板建模操作的讲解中，进行了整块结构板的建模（只考虑了剔除不同标高的板）。

在 Revit 软件中，楼板可以单独绘制，无需以墙、梁围成的封闭区域为边界，所以使用 Revit 软件的楼板工具，可以创建任意形式的楼板，只需要在楼层平面视图中绘制楼板的轮廓边缘草图，即可以生成指定外形的楼板模型。

3.12　新建楼梯

3.12.1　任务说明

打开 Revit 软件，根据提供的专用宿舍楼图纸，完成专用宿舍楼楼梯的创建。

3.12.2　任务分析

★ 业务层面分析

建立楼梯模型前，先根据专用宿舍楼图纸查阅楼梯构件的尺寸、定位、属性等信息，保证楼梯模型布置的正确性。根据图纸“结施-11”、“建施-03”、“建施-04”、“建施-07”、“建施-08”可知楼梯构件的平面定位信息以及楼梯的构件类型信息；根据图纸“结施-01”中“混凝土强度等级”表格可知楼梯的混凝土强度等级为 C30。

★ 软件层面分析

（1）学习使用“楼梯（按草图）”命令创建楼梯。

（2）学习使用“参照平面”命令定位楼梯平面位置。

（3）学习使用“多层顶部标高”命令创建多层楼梯。

3.12.3　任务实施

【说明】在 Revit 软件中，楼梯部位由楼梯板和扶手两部分构成，与其他构件类似，在使用楼梯前应定义好楼梯类型属性中各种楼梯参数。Revit 中分为“楼梯（按构件）”、“楼梯（按草图）”两种。下面以《BIM 算量一图一练》中的专用宿舍楼项目为例，讲解使用“楼梯（按草图）”创建项目楼梯的操作步骤。

（1）本项目首层和二层各有两部楼梯，其中 2～3 轴与 D～F 轴围成的区域有一部楼梯，12～13 轴与 D～F 轴围成的区域有一部楼梯。首先添加 2～3 轴与 D～F 轴部位的室内楼梯。建立楼梯需要分解为以下几步：进行楼梯定位→建立楼梯构件→布置楼梯→修剪完善楼梯。

首先图纸“结施-11”中“楼梯首层平面详图”进行楼梯定位。在“项目浏览器”中展开“楼层平面”视图类别，双击“首层”视图名称，进入“首层”楼层平面视图。单击“建筑”选项卡“工作平面”面板中的“参照平面”工具，绘制方式选择“拾取线”，选项栏中“偏移量”设置为“100”，如图 3-151 所示。缩放区域，鼠标放在 2 号轴线位置，右侧显示绿色的参照线后，左键点击 2 号轴线，参照平面绘制完毕，Esc 键两次退出操作命令。点选刚才绘制的参照平面，在“属性”面板“名称”位置输入“1”，Enter 键确认修改。如图 3-152 所示。

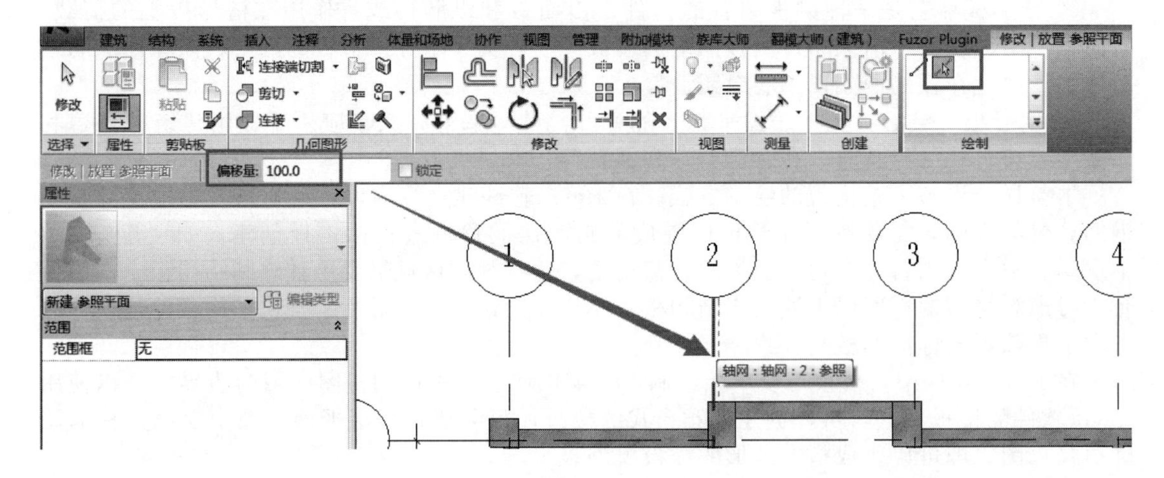

图 3-151

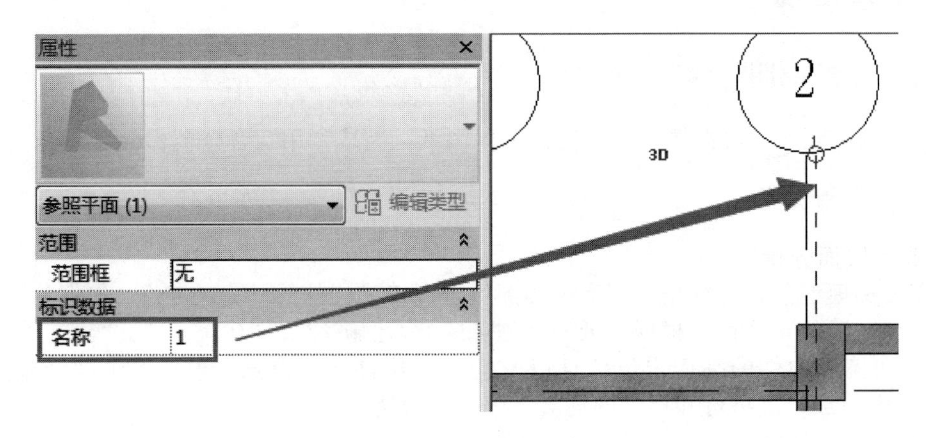

图 3-152

(2) 再次使用“参照平面”工具，绘制方式选择“拾取线”，选项栏中“偏移量”设置为 1650。缩放区域，鼠标放在 1 参照平面上，右侧显示绿色的参照线后，左键点击 1 参照平面，生成的新的参照平面命名为“2”。如图 3-153 所示。

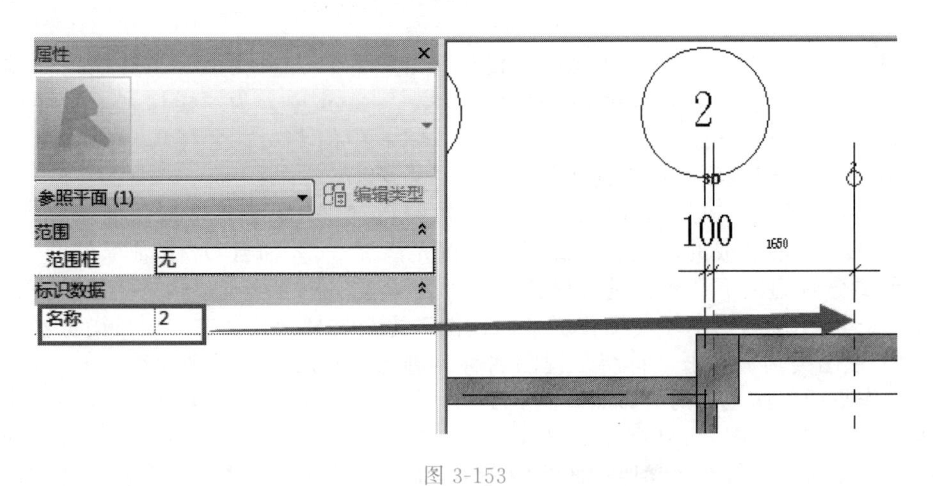

图 3-153

（3）按照上述操作，建立其他的楼梯定位参照平面，命名以此类推。完成后使用“注释”选项卡“尺寸标注”面板中的“对齐”工具，进行尺寸标注后与“结施-11”中“楼梯首层平面详图”一致。如图 3-154 所示。

（4）根据“建施-07”、“建施-08”、“结施-01”建立楼梯构件。单击“建筑”选项卡“楼梯坡道”面板中的“楼梯”下拉下的“楼梯（按草图）”工具，点击“属性”面板中的“编辑类型”，打开“类型属性”窗口，选择“类型（T）”为“整体式楼梯”，点击“复制”按钮，弹出“名称”窗口，输入“宿舍楼-室内楼梯”，点击“确定”按钮关闭窗口。如图 3-155、图 3-156 所示。

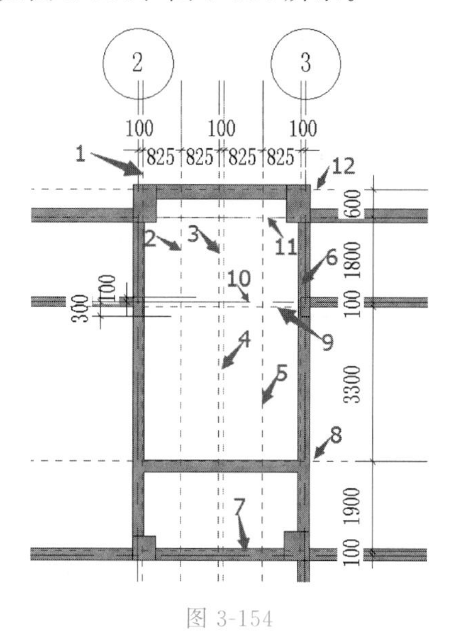

图 3-154

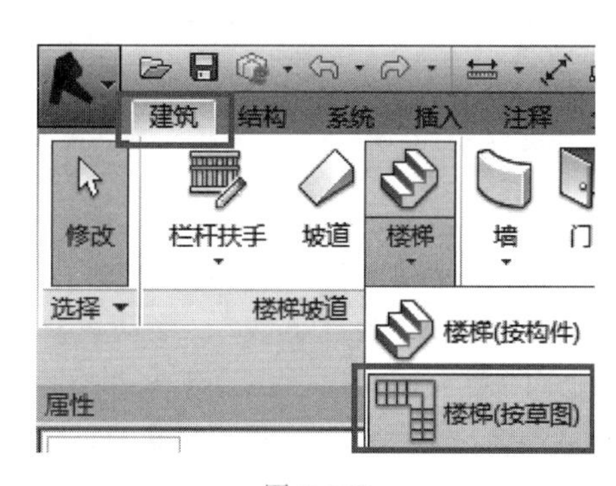

图 3-155

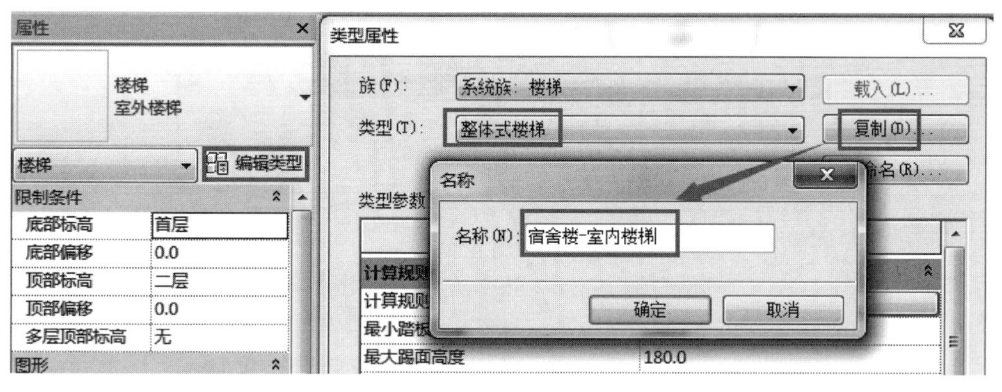

图 3-156

（5）修改“最小踏步深度”为“300”（该参数决定楼梯所需要的最短梯段长度）；修改“最大踢面高度”为“150”（该参数决定楼梯所需要的最少踏步数）；修改“功能”为“外部”，修改“整体式材质”为“混凝土-现场浇筑混凝土-C30”，点击“确定”按钮，退出“类型属性”窗口。如图 3-157 所示。

（6）修改楼梯参数类型，修改“属性”面板中“底部高度”为“首层”，“顶部标高”为“二层”，修改“宽度”为“1650”。根据前面类型参数中已经设置的“最大踢面高度”和楼梯的“底部标高”和“顶部标高”数值，可自动计算出所需的踏面数为 24。Enter 键确认，启用这些设置。如图 3-158 所示。

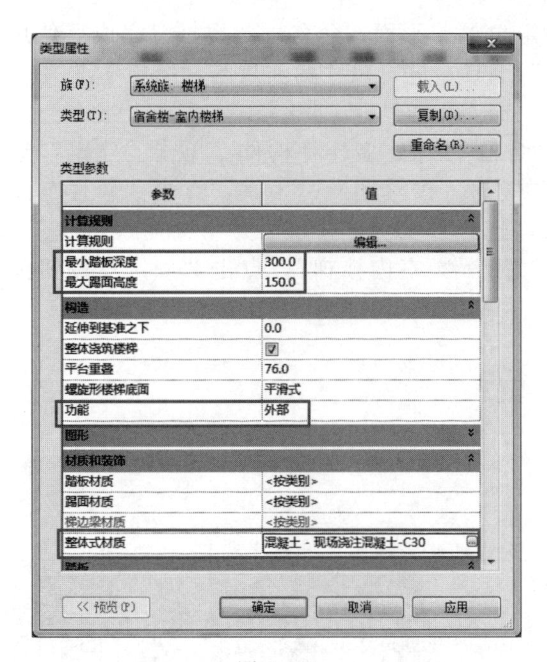

图 3-157

楼梯	编辑类型
限制条件	
底部标高	首层
底部偏移	0.0
顶部标高	二层
顶部偏移	0.0
多层顶部标高	无
图形	
文字(向上)	向上
文字(向下)	向下
向上标签	☑
向上箭头	☑
向下标签	☑
向下箭头	☑
在所有视图中显示向上...	☐
结构	
钢筋保护层	钢筋保护层 1 <25 ...
尺寸标注	
宽度	1650.0
所需踢面数	24
实际踢面数	-1
实际踢面高度	150.0
实际踏板深度	300.0

图 3-158

（7）进行楼梯布置。选择“修改｜创建楼梯草图”上下文选项“绘制”面板中的“梯段”下的绘制方式为“直线”。移动鼠标至 8 与 5 参照平面交点位置点击，作为梯段起点，沿垂直方向向上移动鼠标，点击 9 与 5 参照平面交点位置，点击完成第一个梯段；向左移动鼠标指针到 2 与 9 参照平面交点位置点击，作为第二梯段的起点，沿垂直方向向下移动鼠标指针，点击 8 与 2 参照平面交点位置，点击完成第二个梯段。点击“工具”面板中的“栏杆扶手”，弹出“栏杆扶手”窗口，在扶手类型列表中选择“1100mm”，单击“确定”按钮退出窗口，此时的梯段如图 3-159 所示。

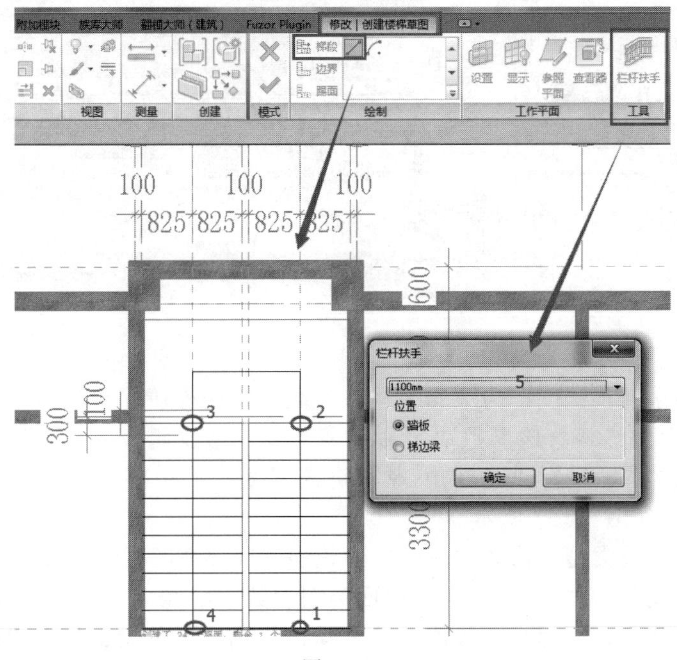

图 3-159

（8）修剪完善楼梯。选择休息平台楼梯边界线，修改边界线使其延伸至F轴位置柱边，至12参照平面向下100mm位置（后期绘制完毕的首层墙线条位置）。首先单击“建筑”选项卡“工作平面”面板中的“参照平面”工具，绘制方式选择“拾取线”，选项栏中“偏移量”设置为“100”，缩放区域，鼠标放在12参照平面位置，下侧显示绿色的参照线后，左键点击12参照平面，将生成的新的参照平面命名为13。如图3-160所示。

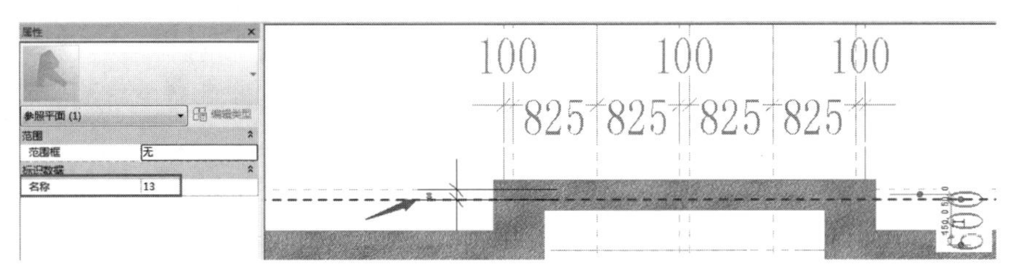

图 3-160

（9）选择“绘制”面板中的“边界”下的绘制方式为“直线”，沿着F轴位置设置柱边，13参照平面进行绘制，绘制完成后使用“修改”面板中的“修剪/延伸为角”工具修剪边界线，使其首尾相连。如图3-161、图3-162所示。

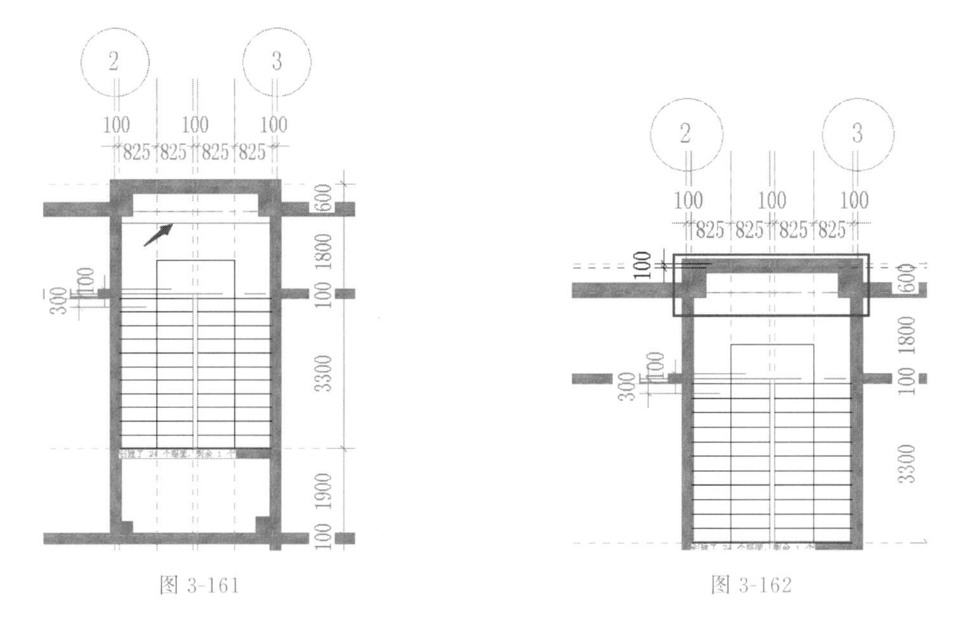

图 3-161　　图 3-162

（10）单击“模式”面板中的“绿色对勾”工具，完成楼梯模型。弹出“警告”窗口，点击右上角叉号关闭即可。如图3-163所示。

图 3-163

（11）单击“快速访问栏”中三维视图按钮，切换到三维，查看模型成果，如图3-164所示。

（12）从“建施-08”可知，楼梯外围有墙围绕，所以选择刚刚绘制完成的楼梯外围栏杆扶手，点击删除。如图3-165所示。

图 3-164

图 3-165

（13）根据“建施-07”、“建施-08”信息可知，首层楼梯和二层楼梯完全相同。可以直接将首层楼梯反映到二层上。选择刚绘制的楼梯，修改“属性”面板中“多层顶部标高”为“屋顶层”，如图 3-166 所示。

（14）单击“快速访问栏”中三维视图按钮，切换到三维，查看模型成果，如图 3-167 所示。

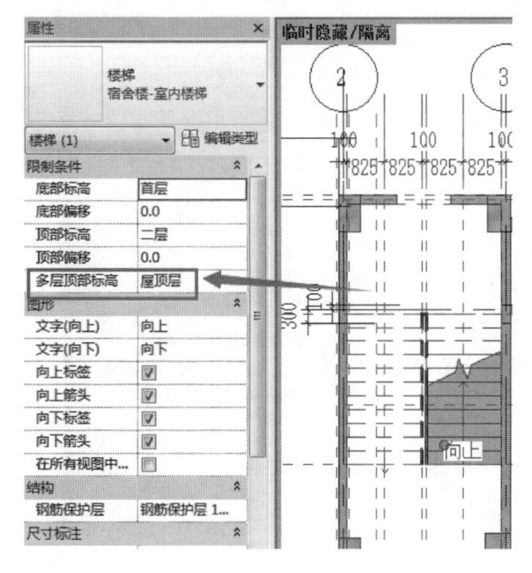

图 3-166

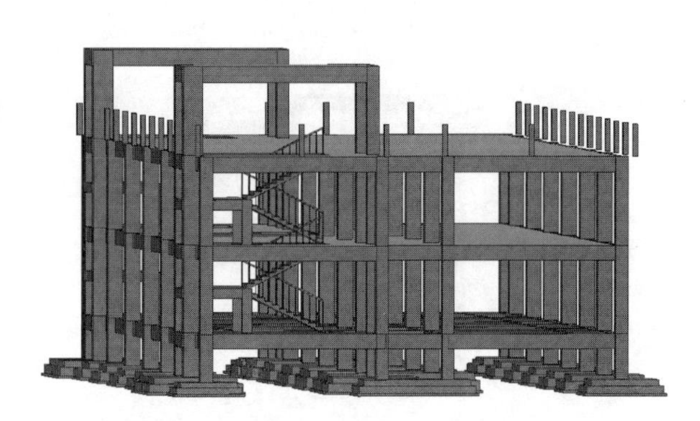

图 3-167

（15）按照上述操作步骤，在 12～13 轴与 D～F 轴围成的区域建立楼梯。为了提高建模效率，可以将 2～3 轴与 D～F 轴封闭区域建立的楼梯复制到 12～13 轴与 D～F 轴之间，直接完成楼梯的创建。使用的工具为“修改”选项卡“修改”面板中的“复制”工具，创建完毕如下图 3-168、图 3-169 所示。

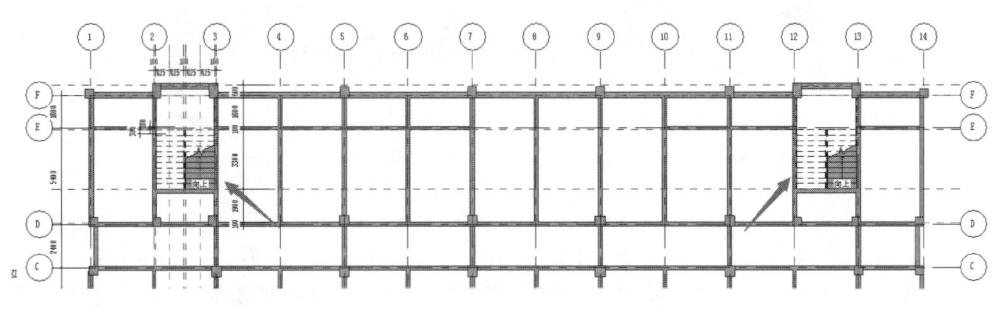

图 3-168

图 3-169

（16）单击“快速访问栏”中保存按钮，保存当前项目成果。

3.12.4 总结拓展

★ 步骤总结

上述 Revit 软件建立楼梯的操作步骤主要分为四步，第一步：利用参照平面进行楼梯定位；第二步：建立楼梯构件类型；第三步：布置“首层”楼层平面视图楼梯；第四步：布置“二层”楼层平面视图楼梯。按照本操作流程读者可以完成专用宿舍楼项目楼梯的创建。

★ 业务扩展

楼梯是建筑物中作为楼层间垂直交通用的构件，用于楼层之间和高差较大时的交通联系。在设有电梯、自动梯作为主要垂直交通手段的多层和高层建筑中也要设置楼梯，以保证火灾时作为逃生通道使用。楼梯由连续梯级的梯段（又称梯跑）、平台（休息平台）和围护构件等组成。

楼梯按梯段可分为单跑楼梯、双跑楼梯和多跑楼梯。梯段的平面形状有直线、折线和曲线的。其中单跑楼梯最为简单，适合于层高较低的建筑；双跑楼梯最为常见，有双跑直上、双跑曲折、双跑对折（平行）等形式，适用于一般民用建筑和工业建筑；三跑楼梯有三折式、丁字式、分合式等，多用于公共建筑；剪刀楼梯系由一对方向相反的双跑平行梯组成，或由一对互相重叠而又不连通的单跑直上梯构成，剖面呈交叉的剪刀形，能同时通过较多的人流并节省空间；螺旋转梯是以扇形踏步支承在中立柱上，虽行走欠舒适，但节省空间，适用于人流较少，使用不频繁的场所；圆形、半圆形、弧形楼梯，由曲梁或曲板支承，踏步略呈扇形，具有花式多样、造型活泼、富于装饰性的特点，适用于公共建筑。

楼梯还可以分为普通楼梯和特种楼梯两大类。如表 3-2 所示。

表 3-2

楼梯分类	子分类	具体定义及用途
普通楼梯	钢筋混凝土楼梯	在结构刚度、耐火、造价、施工以及造型等方面都有较多的优点，应用最为普遍。钢筋混凝土楼梯的施工方法分为整体现场浇注、预制装配、部分现场浇注和部分预制装配三种
	钢楼梯	主要用于厂房和仓库等。在公共建筑中，多用作消防疏散楼梯。钢楼梯的承重构件可用型钢制作，各构件节点一般用螺栓连接锚接或焊接
	木楼梯	因不能防火，其应用范围受到限制。木楼梯有暗步式和明步式两种
特种楼梯	安全梯	又称疏散楼梯，供住宅、公共建筑和多层厂房紧急疏散人流用
	消防梯	通常为钢楼梯，专供消防人员使用，其位置和数量根据建筑物的性质、层数和防火要求确定
	自动梯	由跨越楼层间的钢桁架和装有踏步的齿轮、滑轮、导轨、活动联杆等构成，用电力运转。自动梯较电梯具有客运率高和能够连续不断地通过人流的特点，适用于百货公司大楼、车站、地下铁道等公共场所以及高层建筑中局部人流较为集中的楼层

本节详细讲解了楼梯的绘制方式，本专用宿舍楼项目中的楼梯为钢筋混凝土双跑楼梯。

练 习 题

一、选择题

1. 在绘制梁时，在图元属性中将“Z方向对正”设置为“底”时，则梁在立面上的高度（ ）

A. 以梁底标高确定　　B. 以梁顶标高确定

C. 以梁中心截面标高确定　　D. 以参照楼层确定

2. 可见性的默认快捷键是（ ）

A. ZZ　　B. VV　　C. ZA　　D. ZV

3. 不属于“修剪/延伸”命令中的选项的是（ ）

A. 修剪或延伸为角　　B. 修剪或延伸为线

C. 修剪或延伸一个图元　　D. 修剪或延伸多个图元

4. 关于临时隐藏或隔离图元错误的是（ ）

A.“隔离”命令可在视图中显示所选图元并隐藏所有其他图元

B.“隐藏”命令可在视图中隐藏所选图元

C. 对于查看或编辑大量图元，临时隐藏或隔离图元或图元类别没有任何用处

5. 当视图显示控制栏中“灯泡”图标亮起时，视图中将显示（ ）

A. 所有使用“眼镜”图标（临时隐藏/隔离）的图元

B. 所有使用鼠标右键菜单“在视图中隐藏”的图元

C.“眼镜”图标和鼠标右键“在视图中隐藏”中隐藏的图元

D. 所有注释图元

6. Revit Architecture 显示模式有几种，没有的是（ ）

A. 线框　　B. 隐藏线　　C. 着色　　D. 带渲染着色

7. 链接建筑模型，设置定位方式中，自动放置的选项不包括（ ）

A. 中心到中心　　B. 原点到原点　　C. 按共享坐标　　D. 按默认坐标

答案：ABBCC DD

二、判断题

1. 内建族的创建需要对应的族样板。（ ）

2. LOD400 要求达到加工制造的程度。（ ）

3. 链接建筑模型，设置定位方式中，自动放置的选项可以是中心到中心。（ ）

答案：×√√

三、填空题

1. Revit 各专业协作模式建模方式有哪两种？__________

2. Revit 项目文件格式是__________

3. Naviswork 项目文件格式是__________

4. Revit 图元包含哪两类属性？__________

5. 在 Revit 中，梁的族类别是__________

6. 创建族的形状有哪几种建模方法？至少说 3 个。__________

7. Revit 有哪三类族？__________

答案：工作集、相互链接；rvt；nwd；类型属性、实例属性；结构框架；拉伸、放样、旋转；系统族、内建族、可载入族

四、操作应用题

1. 创建下图中的榫卯结构，将该模型以“榫卯结构”保存。具体尺寸如下图所示。

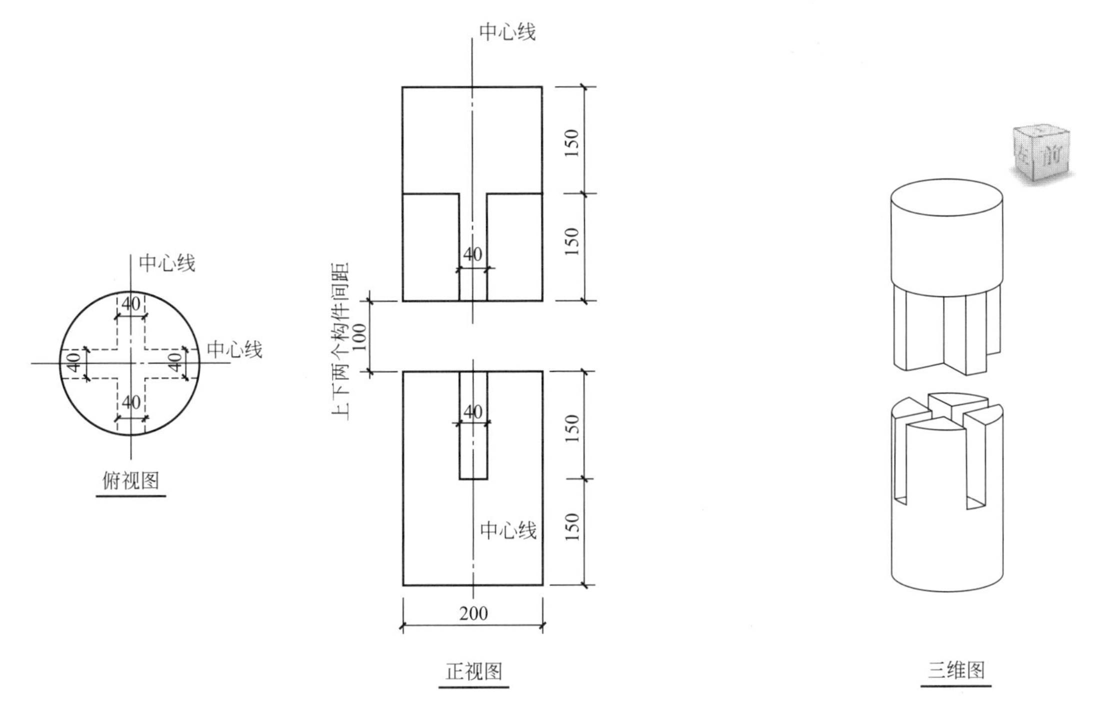

2. 根据下图给定的投影尺寸，创建形体体量模型，基础底标高为－2.1m，设置该模型材质为混凝土。将该模型以“杯形基础”为文件名保存。

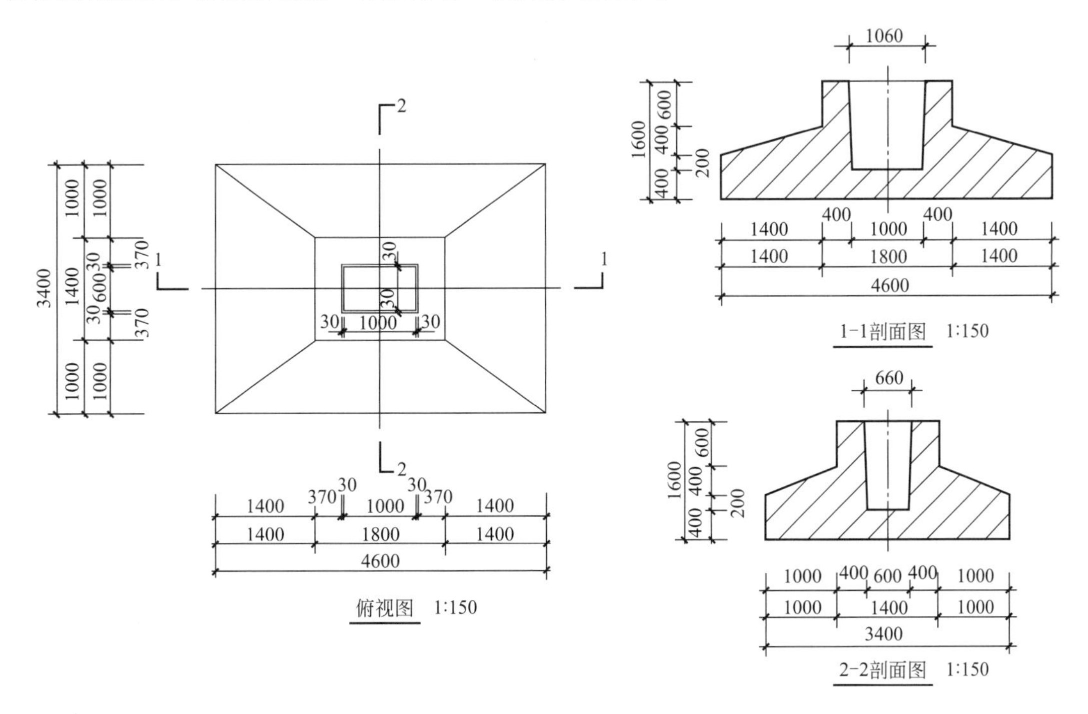

4 筑模型搭

4.1 建筑图纸解读

《BIM 算量一图一练》中的专用宿舍楼建施图纸从“建施-01”到“建施-11”共计 11 张建筑图纸。在建筑建模过程中需重点关注以下图纸信息。

（1）“建施-01”中关注建筑楼层信息表。

（2）“建施-02”中了解室内装修做法表。

（3）“建施-03”中关注一层内外墙的平面定位、墙厚、标高信息；关注门、窗、台阶、坡道、散水、空调板、楼梯平面定位信息。

（4）“建施-04”中关注二层内外墙的平面定位、墙厚、标高信息；关注门、窗、空调板、楼梯平面定位信息。

（5）“建施-05”中关注屋顶层女儿墙平面定位信息；楼梯屋顶层墙平面定位信息，楼梯屋顶层门上板平面定位信息。

（6）“建施-06”中关注专用宿舍楼标高体系，各立面图的构件数量及构件定位关系。

（7）“建施-07”中关注坡道立面图、楼梯剖面图以及所展示的空调板及护栏信息、屋面及外墙做法。

（8）“建施-08”中关注各层楼梯平面定位信息。

（9）“建施-09”中关注门窗表及门窗详图信息。

（10）“建施-10”中关注室外台阶、室外散水信息、空调板及护栏信息。

（11）“建施-11”中关注楼梯栏杆详图、坡道断面图。

4.2 Revit 软件建筑工具解读

在 Revit 软件中专门设置有“建筑”选项卡，含有“构建”、“楼梯坡道”等面板，并有墙、门、窗、屋顶、栏杆扶手、坡道、楼梯等多种建模工具。在本专用宿舍楼项目建模操作中可以使用以下工具进行建筑模型搭建。

（1）可使用“墙：建筑”、“对齐”、“复制到剪贴板”、“粘贴”等命令创建全楼墙、女儿墙。

（2）可使用“结构梁”、“选择全部实例”等命令创建全楼圈梁。

（3）可使用“门”、“幕墙”、“嵌板门”、“复制到剪贴板”、“粘贴”等命令创建全楼门。

（4）可使用“窗”、“复制到剪贴板”、“粘贴”等命令创建全楼窗；使用“栏杆扶手”等命令创建窗护栏。

（5）可使用“编辑轮廓”、“参照平面”、“拆分图元”、“修剪/延伸为角”等命令创建全楼洞口。

（6）可使用“结构梁”、“复制到剪贴板”、“粘贴”等命令创建全楼过梁。

（7）可使用“楼板：建筑”等命令创建室外台阶。

（8）可使用“轮廓族”命令创建散水轮廓；使用“墙：饰条”“修改转角”、“连接几何图形”等命令创建及修剪散水。

（9）可使用“楼板：建筑”、“坡度箭头”、“栏杆扶手”、“栏杆扶手-放置在主体上”等命令创建坡道及栏杆。

（10）可使用“楼板：建筑”等命令创建空调板；使用“栏杆扶手”等命令创建室外空调护栏。

（11）可使用“编辑部件”命令创建地面、楼面、顶棚、外墙面；使用“墙：饰条”命令创建踢脚板、内墙面。

4.3 建筑模型创建流程

本专用宿舍楼项目“建施-01”项目概况中已明确指出项目结构类型为框架结构。根据本专用宿舍楼项目类型及提供的图纸信息，结合 Revit 软件的建模工具，归纳出本项目建筑部分创建的流程为：建立墙（内外墙、女儿墙）→建立门、窗、洞口、过梁→建立其他零星构件（台阶、散水、坡道、空调板及护栏）→建立室内装修及外墙面装修。

下面将按照构件类型分为多个小节依据此建筑建模流程进行专用宿舍楼整体建筑模型的搭建，并在讲解过程中结合 Revit 软件操作技巧以便快速提高建模效率。

4.4 新建建筑墙

4.4.1 任务说明

打开 Revit 软件，根据提供的专用宿舍楼图纸，完成专用宿舍楼项目内外墙的创建。

4.4.2 任务分析

★ 业务层面分析

建立内外墙模型前，先根据专用宿舍楼图纸查阅内外墙构件的尺寸、定位、属性等信息，保证内外墙模型布置的正确性。根据“建施-03”中“一层平面图”、“建施-04”中“二层平面图”、“建施-05”中“屋顶层平面图”可知内外墙构件的平面定位信息以及内外墙的构件类型信息。图纸提示如下：±0.000 以上墙体均为 200 厚加气混凝土砌块，其中南北面的外墙部分为 300 厚（除宿舍卫生间、楼梯间、门厅所在的外墙外，其他均为 300 厚），宿舍卫生间隔墙为 100 厚加气混凝土砌块。屋顶层墙体均为 200 厚加气混凝土砌块（CAD 测量）。

★ 软件层面分析

（1）学习使用“墙：建筑”命令创建内外墙。

（2）学习使用“对齐”命令修改内外墙位置。

（3）学习使用“不允许连接”命令断开墙体关联性。

（4）学习使用“过滤器”、“复制到剪贴板”、“粘贴”、“与选定的标高对齐”等命令快速创建全楼内外墙。

4.4.3 任务实施

【说明】Revit 软件中提供了墙工具，用于绘制和生成墙体对象。在 Revit 软件创建墙体时，需要先定义好墙体的类型，包括墙厚、材质、功能等，再指定墙体需要到达的标高等高度参数，按照平面视图中指定的位置绘制生成三维墙体。Revit 软件提供了基本墙、幕墙、叠墙三种族，使用基本墙可以创建项目的外墙、内墙以及分隔墙等墙体。下面以《BIM 算量一图一练》中的专用宿舍楼项目为例，讲解创建项目内外墙的操作步骤。

（1）首先建立墙构件类型。在“项目浏览器”中展开“楼层平面”视图类别，双击“首层”视图名称，进入“首层”楼层平面视图。单击“建筑”选项卡“构建”面板中的“墙”下拉下的“墙：建筑”工具，点击“属性”面板中的“编辑类型”，打开“类型属性”窗口，在“族（F）”后面的下拉小三角中选择“系统族：基本墙”，此时“类型（T）”列表中显示“基本墙”族中包含的族类型。在“类型（T）”列表中设置当前类型为“常规-200mm”。点击“复制”按钮，弹出“名称”窗口，输入“A-建筑墙-外-200”（注意：墙前面的“A”为 Architecture 的首字母，即建筑），点击“确定”关闭窗口。如图 4-1、图 4-2 所示。

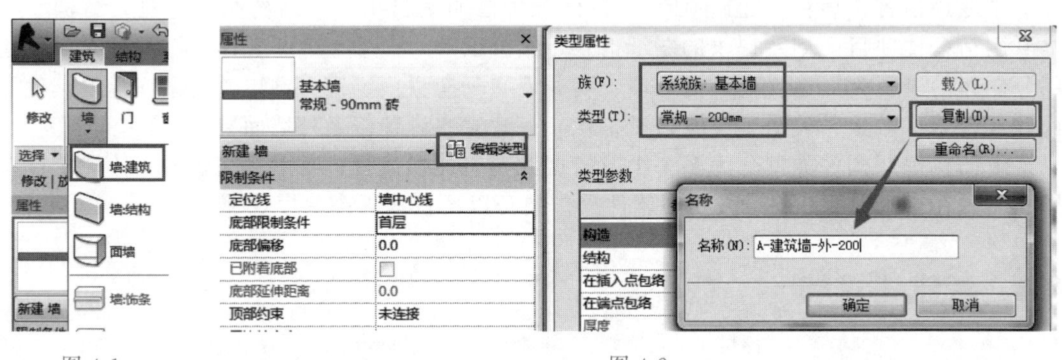

图 4-1　　　　图 4-2

（2）点击“结构”右侧“编辑”按钮，进入“编辑部件”窗口，修改“结构【1】”“厚度”为“200”，点击“结构【1】”“材质”进入“材质浏览器”窗口，在上面搜索栏中输入“砌块”进行搜索，搜索到“砖石建筑-混凝土砌块”，右键点击“复制”生成新的材质类型，继续右键“重命名”为“加气混凝土砌块”，点击“确定”按钮，退出“材质浏览器”窗口，再次点击“确定”按钮，退出“编辑部件”窗口。继续修改“功能”为“外部”，再次点击“确定”按钮，退出“类型属性”窗口，属性信息修改完毕。如图 4-3、图 4-4 所示。

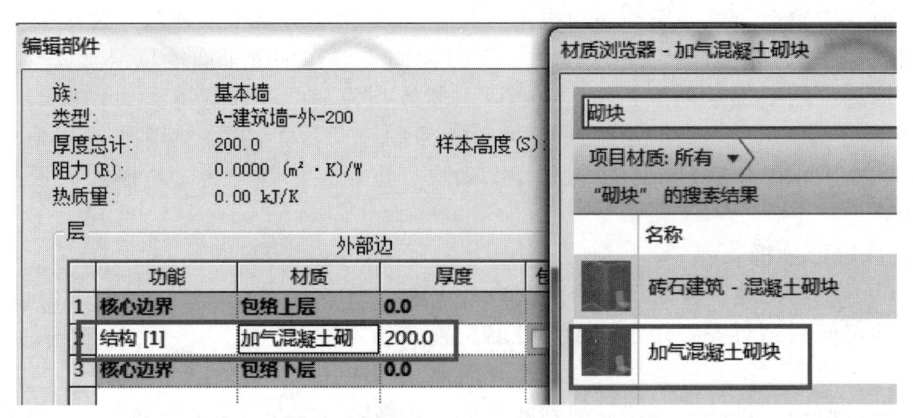

图 4-3

图 4-4

（3）同样的操作，建立“A-建筑墙-外-300”，注意修改“结构【1】”“厚度”为“300”；建立“A-建筑墙-内-200”，注意修改“结构【1】”“厚度”为“200”，并修改“功能”为“内部”；继续建立“A-建筑墙-内-100”，注意修改“结构【1】”“厚度”为“100”，并修改“功能”为“内部”。全部建立完成后点击“确定”按钮，退出“类型属性”窗口。如图 4-5 所示。

（4）构件定义完成后，开始布置构件。根据“建施-03”中“一层平面图”布置首层墙构件，先进行外墙的布置。在“属性”面板中找到 A-建筑墙-外-200，Revit 软件自动切换至“修改｜放置墙”上下文选项，单击“绘制”面板中的“直线”，选项栏中设置“高度”为“二层”，勾选“链”（勾选链可以连续绘制墙），设置“偏移量”为“0”。“属性”面板中设置“底部限制条件”为“首层”，“底部偏移”为“0”，“顶部约束”为“直到标高：二层”，“顶部偏移”为“0”。如图 4-6、图 4-7 所示。

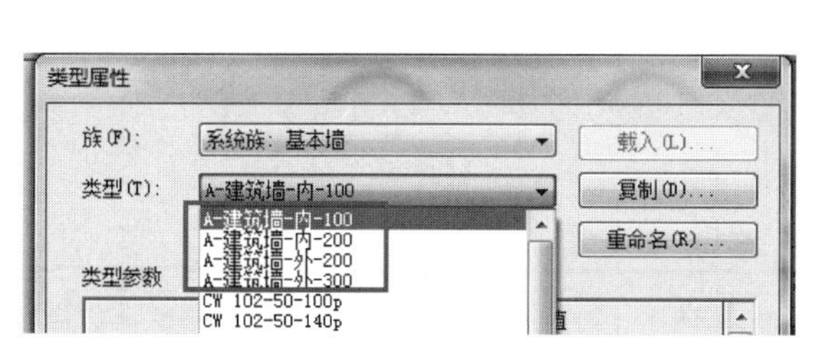

图 4-5

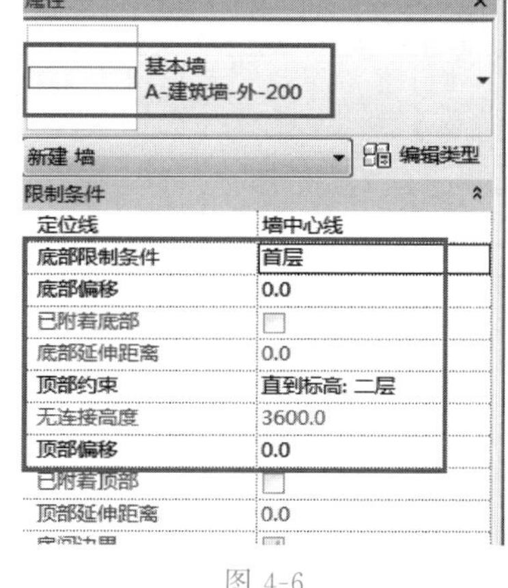

图 4-6

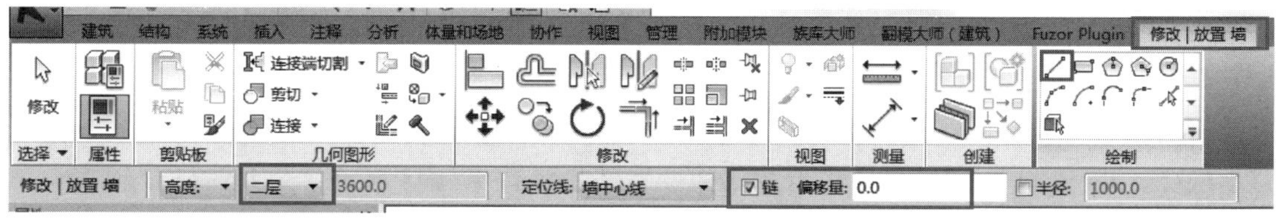

图 4-7

（5）为了绘图方便，先暂时将首层除“轴网、结构柱”外的其他构件隐藏。框选首层所有构件，自动切换至“修改｜选择多个”上下文选项，点击“选择”面板中“过滤器”工具；打开“过滤器”窗口，取消“轴网、结构柱”类别的勾选。如图 4-8 所示。

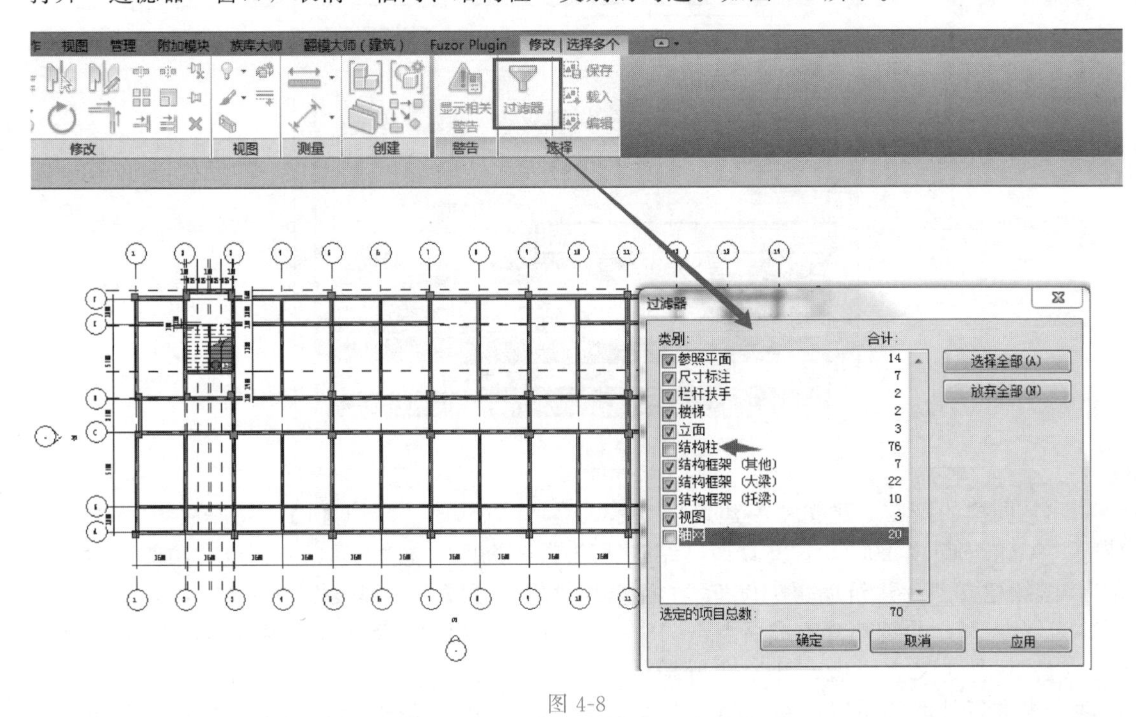

图 4-8

（6）点击“确定”按钮，退出“过滤器”窗口。点击“视图控制栏”中“临时隐藏/隔离”中的“隐藏图元”工具，此时绘图区域只剩下轴网和结构柱图元。如图 4-9、图 4-10 所示。

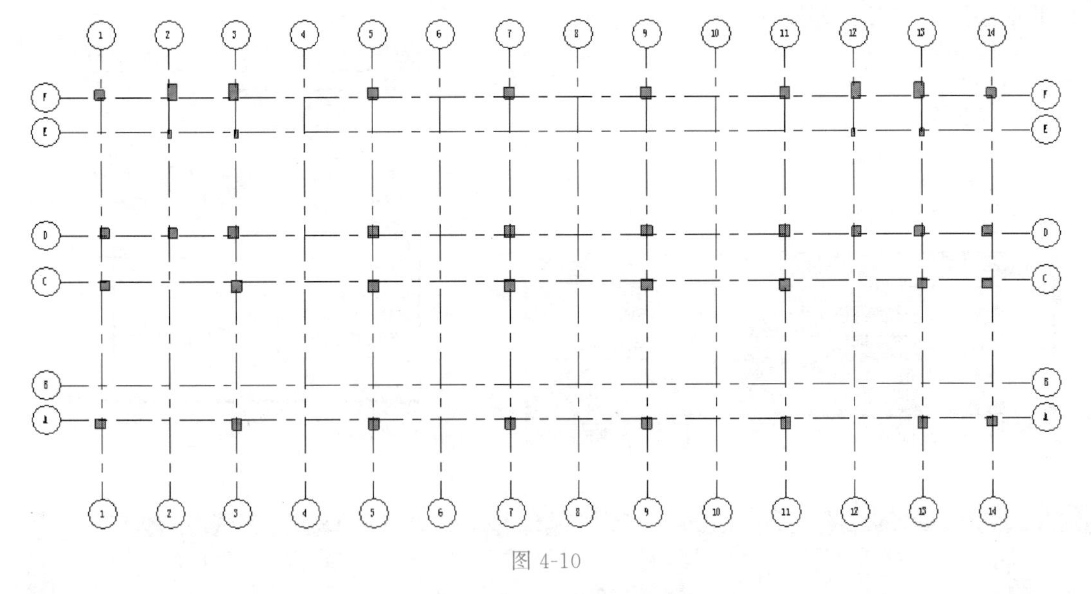

图 4-10

（7）适当放大视图，鼠标移动到 1 轴与 A 轴交点位置；单击作为墙绘制的起点，向上移动鼠标，Revit 软件将在起点和当前鼠标位置间显示预览示意图，点击 1 轴与 C 轴交点位置，作为第一段墙的终点。如图 4-11 所示。

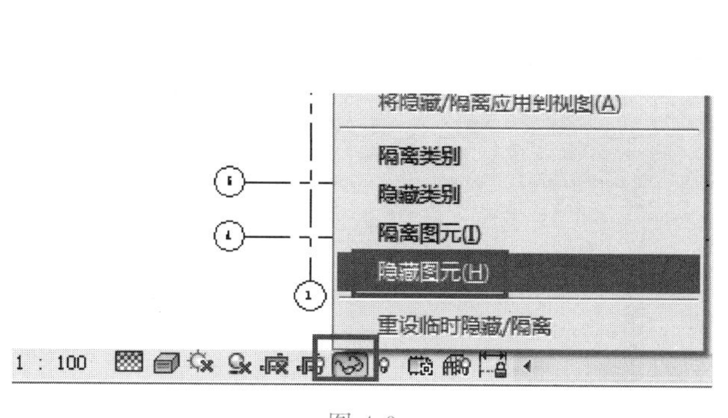

图 4-9

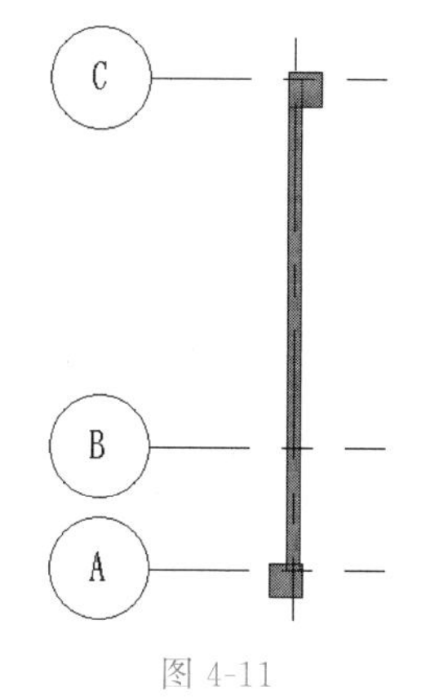

图 4-11

(8) 按照“建施-03”中墙体平面定位进行首层其他外墙绘制，注意南北面的外墙部分为 300 厚（除宿舍卫生间、楼梯间、门厅所在的外墙外，其他均为 300 厚）。在绘制过程中需严格按照图纸标明的墙体厚度，时时切换墙体类型以便进行外墙的正确绘制。整个外墙绘制完成之后如图 4-12 所示。

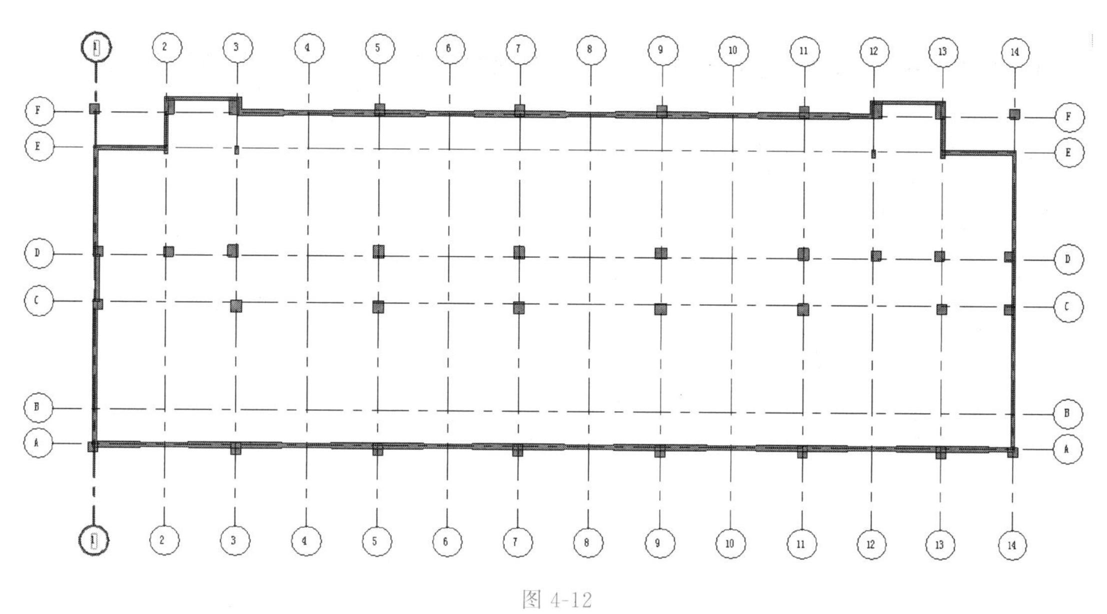

图 4-12

(9) 对绘制好的外墙进行位置精确修改。点击“修改”选项卡“修改”面板中的“对齐”工具，依据“建施-03”中墙体精确位置对刚刚绘制的墙体进行位置修改。例如，先对齐下 C ～D 轴与 1 轴位置的墙体，使 C ～D 轴与 1 轴位置的墙右侧边线与柱子右侧边线对齐。点击“对齐”按钮，点击柱子右侧边线，点击 C ～D 轴与 1 轴位置的墙右侧边线，完成对齐操作后如图 4-13 所示。

(10) 对齐完成后发现与此处上下联通的墙也进行了位置移动（这是因为墙体与墙体相连）。如果想单独对齐 C～D 轴与 1 轴位置的墙，需要先断开墙体前后连接关系。“Ctrl＋Z”撤销刚才的对齐操作。然后选择 C～D 轴与 1 轴位置的墙，适当放大视图，可以看到被选择的 C～D 轴与 1 轴位置的墙起点和端点位置都有两个蓝色圆点。点击上面的蓝色圆点，右键，点击“不允许连接”，同样点击下面的蓝色圆点；右键，点击“不允许连接”。这样 C～D 轴与 1 轴位置的墙就与上下联通的墙取消了关联关系。再次点击“对齐”按钮，点击柱子

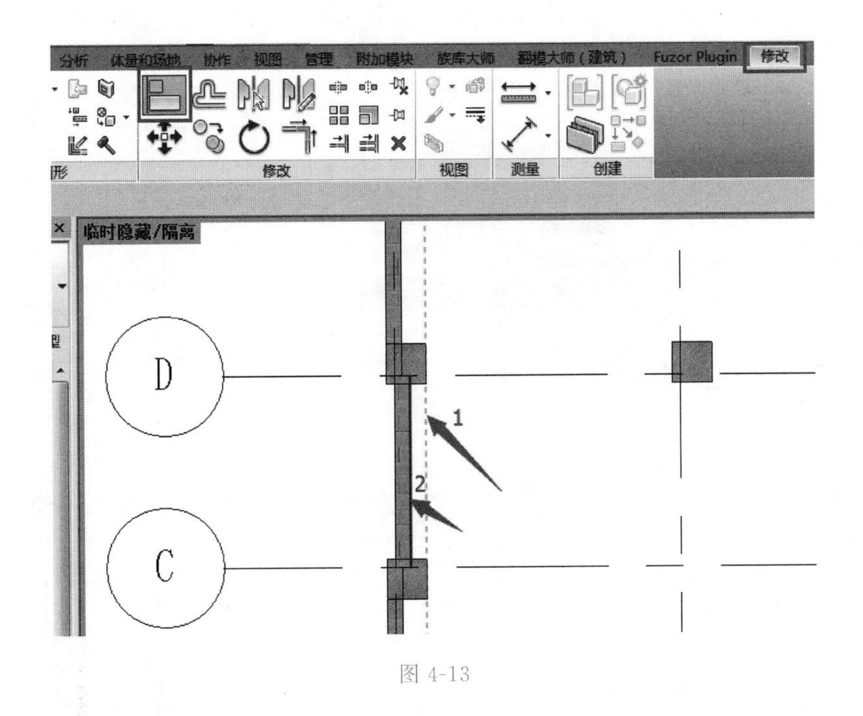

图 4-13

右侧边线，点击 C～D 轴与 1 轴位置的墙右侧边线，就单独对 C～D 轴与 1 轴位置的墙进行了位置偏移。过程及结果如图 4-14、图 4-15 所示。

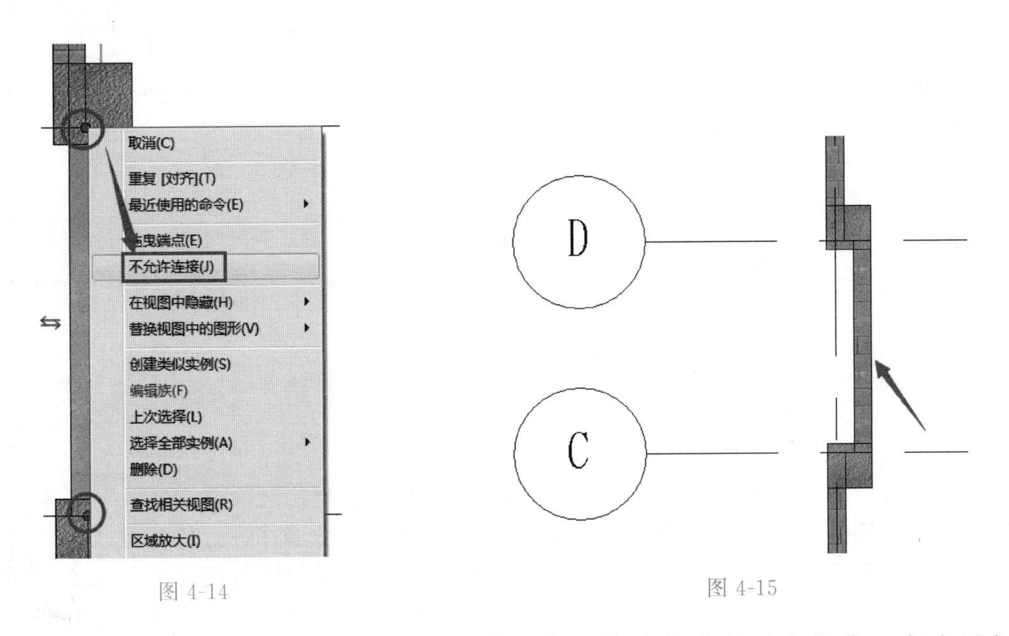

图 4-14　　　　图 4-15

(11) 按照上面的操作方法，对其他需要修改位置的墙体进行对齐操作。完成后如图 4-16 所示。

(12) 按照上面的操作方法，绘制首层内部墙体。选择的墙体类型为“A-建筑墙-内-200”以及“A-建筑墙-内-100”。绘制完毕后，依据“建施-03”中墙体精确位置对绘制的墙体进行位置修改。完成后的首层全部墙体如图 4-17 所示。

(13) 单击“快速访问栏”中三维视图按钮，切换到三维，查看模型成果，如图 4-18 所示。

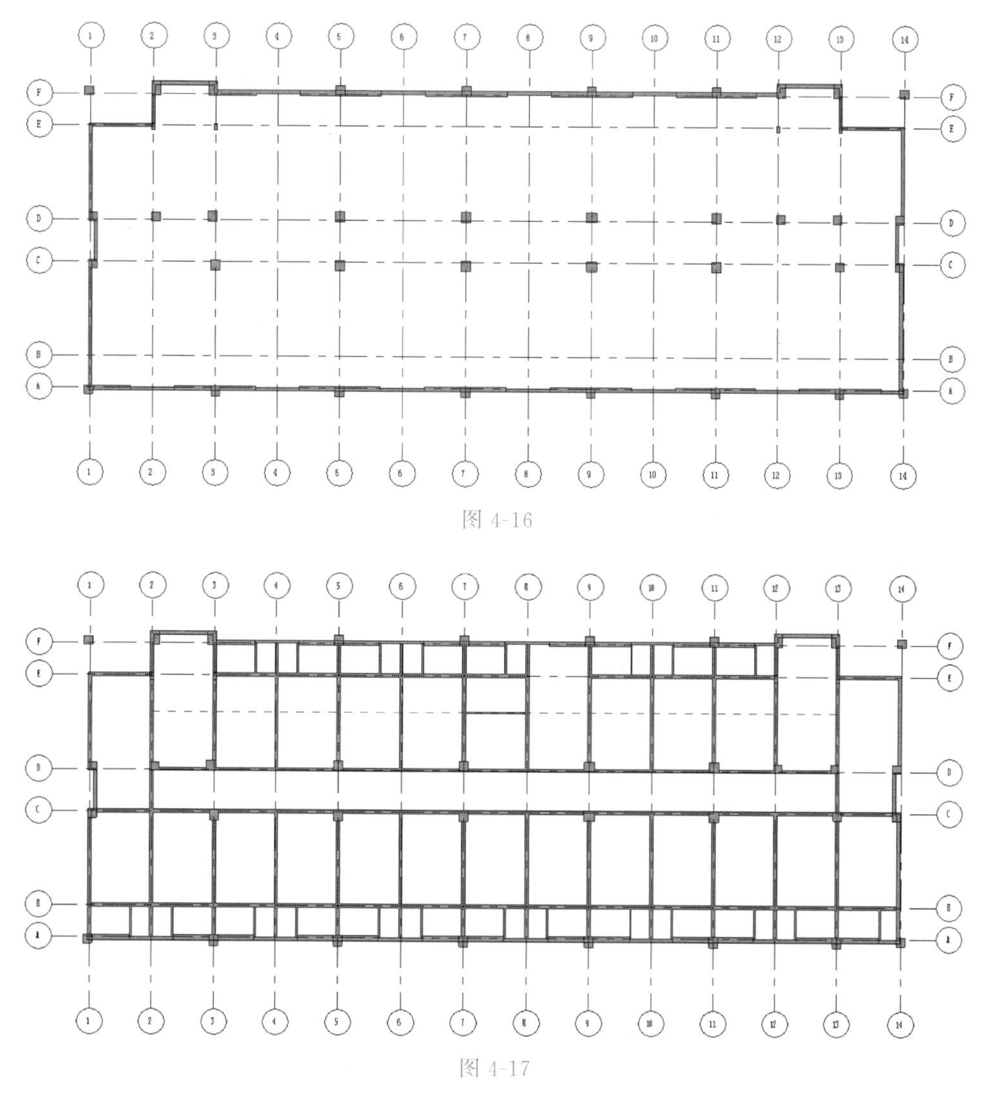

图 4-16

图 4-17

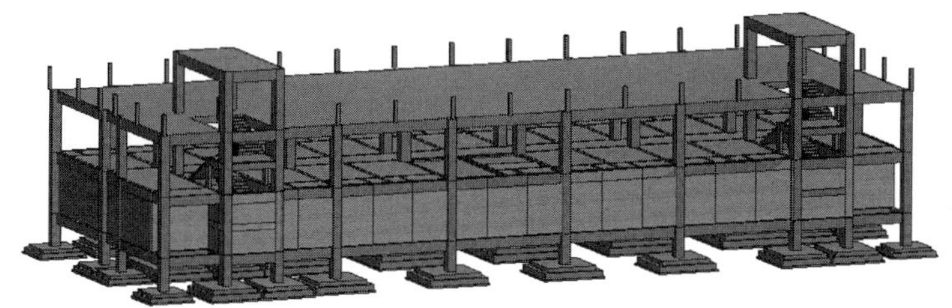

图 4-18

（14）单击“快速访问栏”中保存按钮，保存当前项目成果。

（15）“首层”楼层平面视图墙绘制完成后，开始绘制“二层”楼层平面视图墙。根据“建施-04”中“二层平面图”布置二层墙构件。查阅“建施-03”、“建施-04”可以看到首层和二层墙体基本相同，只有1～2轴与E～F轴围成的区域和13～14轴与E～F轴围成的区域不同。为了提高绘图效率，可以利用Revit软件整层复制构件的方法快速建立二层墙体，然后再将个别位置进行修改。适当缩放窗口，按住鼠标左键自左上角向右下角全部框选绘图区域构件。如图4-19所示。

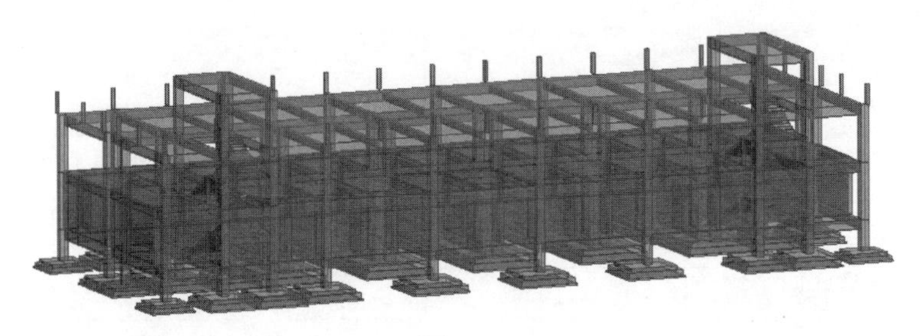

图 4-19

（16）框选完毕之后，Revit 软件自动切换至“修改｜选择多个”上下文选项，单击“选择”面板中的“过滤器”工具，弹出“过滤器”窗口，只勾选“墙”类别，其他构件类别取消勾选，点击“确定”按钮，关闭窗口。如图 4-20 所示。

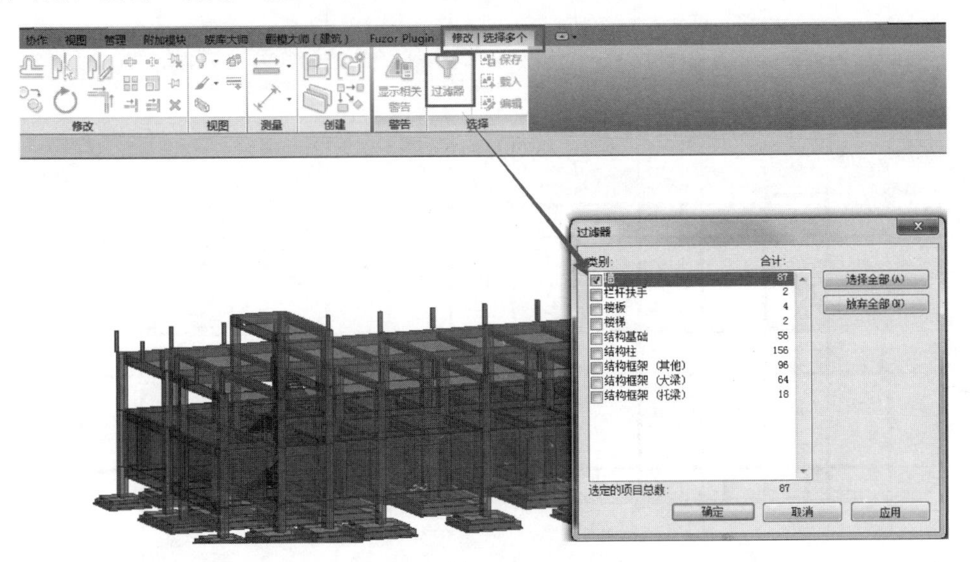

图 4-20

（17）模型中只有墙被选中，Revit 软件自动切换至“修改｜墙”上下文选项，单击“剪贴板”面板中的“复制到剪贴板”工具，然后单击“粘贴”下的“与选定的标高对齐”工具，弹出“选择标高”窗口，选择“二层”，点击“确定”按钮，关闭窗口。如图 4-21 所示。

（18）弹出“Autodesk Revit 2016”窗口，点击“取消连接图元”，关闭窗口。如图 4-22 所示。

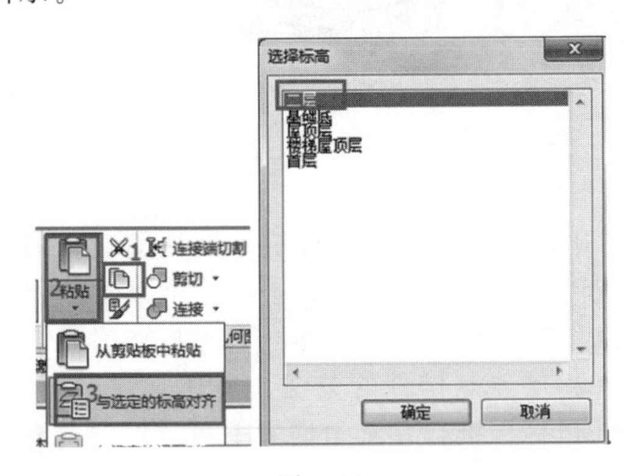

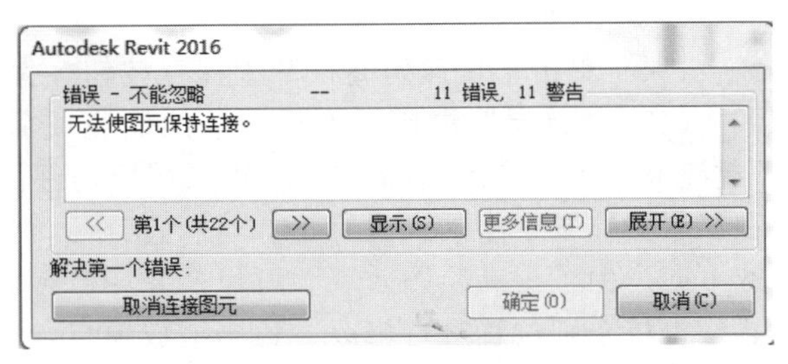

图 4-21

图 4-22

（19）首层的墙体全部被复制到二层，此时可以看到复制到二层的墙体还处于选中状态。查看“属性”面板中“底部限制条件”、“底部偏移”、“顶部约束”、“顶部偏移”全部正确，Esc 键退出选择状态。如图 4-23 所示。

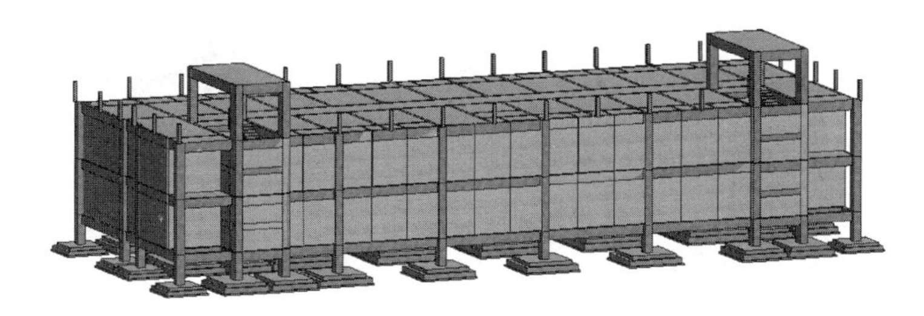

图 4-23

（20）双击“项目浏览器”，激活“二层”楼层平面视图；先将除“结构柱、墙、轴网”外的其他构件隐藏。如图 4-24 所示。

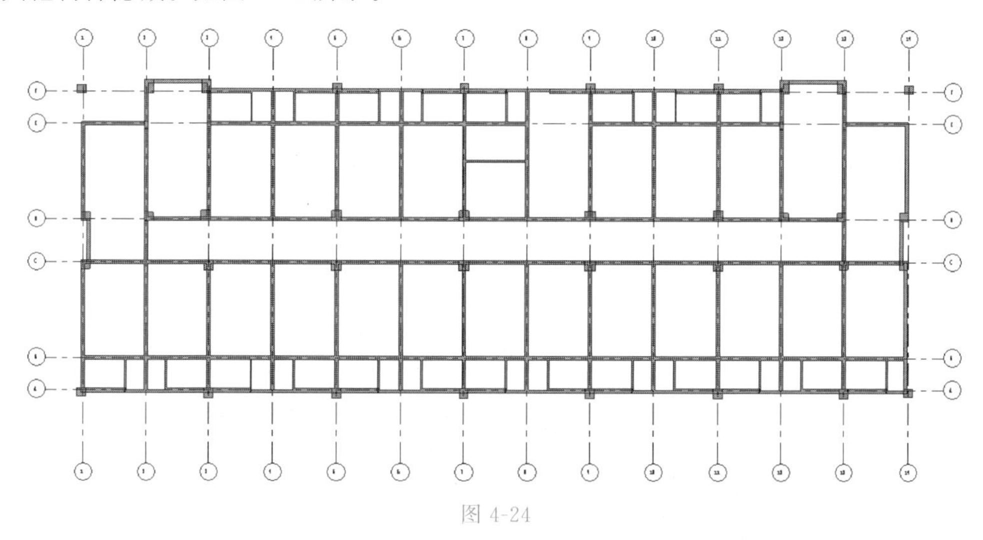

图 4-24

（21）参照“建施-04”中“二层平面图”墙体精确位置补充修改 1～2 轴与 E～F 轴围成的区域和 13～14 轴与 E～F 轴围成的区域墙体，并对绘制的墙体进行位置修改。完成后如图 4-25 所示。

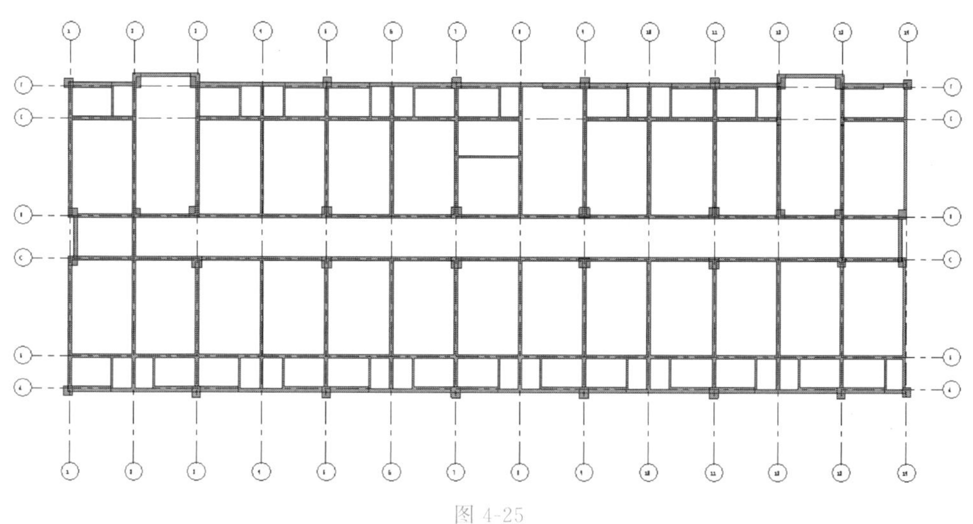

图 4-25

（22）单击“快速访问栏”中三维视图按钮，切换到三维视图，查看模型成果。如图4-26所示。

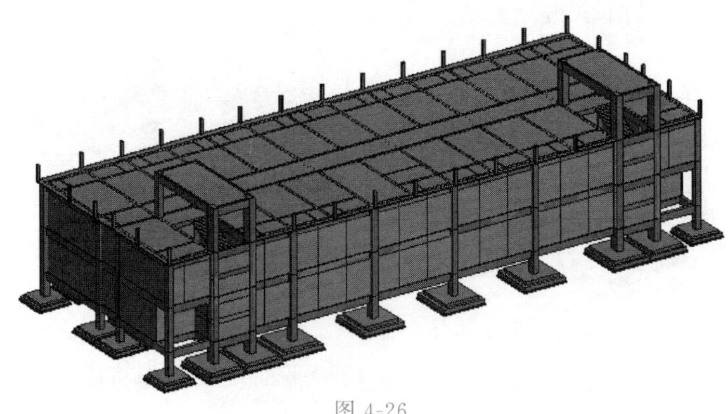

图 4-26

（23）单击“快速访问栏”中保存按钮，保存当前项目成果。

（24）“二层”楼层平面视图墙绘制完成后，开始绘制“楼梯屋顶层”楼层平面视图墙。

参照建立首层墙的方法，根据“建施-05”中“屋顶层平面图”布置屋顶层墙构件，使用“A-建筑墙-外-200”墙体类型，“属性”面板中设置“底部限制条件”为“屋顶层”，“底部偏移”为“0”，“顶部约束”为“直到标高：楼梯屋顶层”，“顶部偏移”为“0”。建立屋顶层墙模型。完成后的全楼墙模型如图4-27所示。

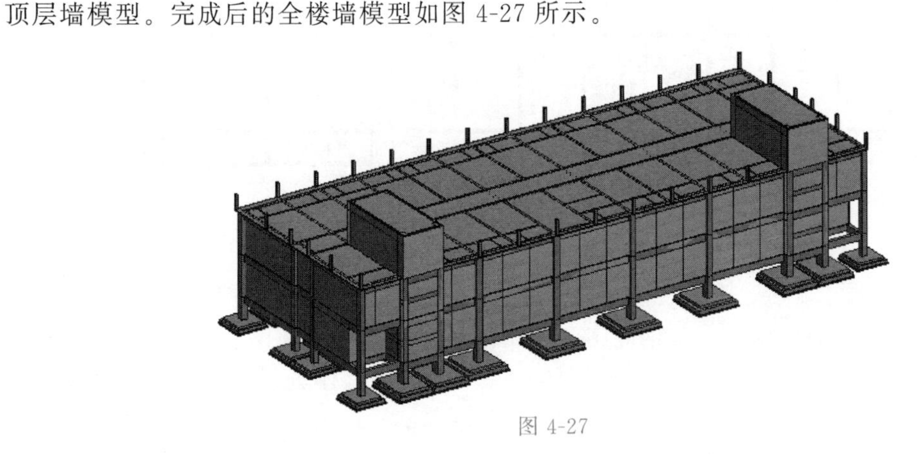

图 4-27

（25）单击“快速访问栏”中保存按钮，保存当前项目成果。

4.4.4 总结拓展

★ 步骤总结

上述Revit软件建立内外墙的操作步骤主要分为四步，第一步：建立内外墙构件类型；第二步：布置“首层”楼层平面视图内外墙（含有对齐操作、不允许连接等小步骤）；第三步：布置“二层”楼层平面视图内外墙（含有过滤器、复制到剪贴板、粘贴、与选定的标高对齐等小步骤）；第四步：布置“屋顶层”楼层平面视图墙。按照本操作流程读者可以完成专用宿舍楼项目建筑墙的创建。

★ 业务扩展

墙体是建筑物的重要组成部分，它的作用是承重、围护或分隔空间。建筑墙体有多种分类方法，下面将按照墙体所处位置、受力情况、使用材料、施工方式的不同进行分类。

(1) 墙体根据在房屋所处位置的不同，有内墙和外墙之分。

① 外墙：凡位于建筑物外界的墙称为外墙。外墙是房屋的外围护结构，起到挡风、阻雨、保温、隔热、围护等作用。

② 内墙：凡位于建筑物内部的墙称为内墙，内墙主要用于分隔房间。

③ 山墙：凡建筑物短轴方向布置的墙称为横隔墙，横向外墙称为山墙。

④ 纵墙：沿建筑物长轴方向布置的墙称为纵墙，纵墙有内纵墙和外纵墙之分。

⑤ 窗间墙：窗与窗或门与门之间的墙称为窗间墙。

⑥ 下墙：窗洞下部的墙称为窗下墙。

(2) 墙体根据结构受力情况不同，有承重墙和非承重墙之分。

① 承重墙：凡直接承受上部屋顶、楼板所传来的荷载的墙称为承重墙。

② 非承重墙：凡不承受上部荷载的墙称为非承重墙。非承重墙包括隔墙、填充墙和幕墙。

③ 隔墙：凡分隔内部空间其重量由楼板或梁承受的墙称为隔墙。

④ 填充墙：框架结构中填充在柱子之间的墙称为框架填充墙。

⑤ 幕墙：悬挂于外部骨架或楼板间的轻质外墙称为幕墙。

(3) 墙体按所用材料不同，可分为砖墙、石墙、土墙及混凝土墙等。

① 砖是我国传统的墙体材料，但目前有些地区已经受到了限制。

② 石墙在产石地区具有很好的经济价值。

③ 土墙便于取材，为造价低廉的地方材料。

④ 混凝土墙可现浇、预制，在多、高层建筑中应用较多。

(4) 墙体根据构造和施工方式的不同，有叠砌式墙、版筑墙和装配式墙之分。

① 叠砌式墙包括实砌砖墙，空斗墙和砌块墙等；砌块墙系指利用各种原料制成的不同形式、不同规格的中、小型砌块，借手工或小型机具砌筑而成。

② 版筑式墙则是施工时，直接在墙体部位竖立模板，然后在模板内夯筑或浇筑材料捣实而成的墙体，如夯实墙、灰沙土筑墙以及滑膜、大模板等混凝土墙体等。

③ 装配式墙是在预制厂生产墙体构件，运到施工现场进行机械安装的墙体，包括板材墙、多种组合墙和幕墙等。

本节详细讲解了内外墙的绘制方式。在 Revit 软件中墙属于系统族，Revit 软件提供了三种类型的墙族：基本墙、层叠墙和幕墙。所有墙类型都是通过这三种系统族建立不同样式和参数定义而成。在实际项目中，需要仔细推敲建筑细节，关注墙体的构造做法。

4.5 新建女儿墙

4.5.1 任务说明

打开 Revit 软件，根据提供的专用宿舍楼图纸，完成专用宿舍楼女儿墙的创建。

4.5.2 任务分析

★ 业务层面分析

建立女儿墙模型前，先根据专用宿舍楼图纸查阅女儿墙构件的尺寸、定位、属性等信息，保证女儿墙模型布置的正确性。根据“结施-04”中大样图可知 QL1 尺寸为 200×200，则女儿墙墙厚为 200mm；根据“结施-04”中大样图可知屋顶层女儿墙底部高度为 7.200m，顶部高度为 8.700m，减去 QL1 的高度 200mm，也就是女儿墙顶部高度为 8.500m；根据

“建施-06”中“14-1立面图和1-14立面图”、“建施-10”中⑤大样图可知楼梯屋顶层女儿墙底标高为10.800m，顶标高为11.500m（11.500～11.700m为圈梁标高）；根据“建施-05”中“屋顶层平面图”可知女儿墙的平面布置位置。

★ 软件层面分析

（1）学习使用“墙：建筑”命令创建女儿墙。

（2）学习使用“对齐”命令修改女儿墙位置。

4.5.3 任务实施

【说明】Revit软件中没有专门绘制女儿墙构件的命令，一般情况下使用“建筑”选项卡“构建”面板中的“墙”下拉下的“墙：建筑”工具创建女儿墙构件类型，在命名中包含“女儿墙”字眼即可。下面以《BIM算量一图一练》中的专用宿舍楼项目为例，讲解创建女儿墙项目的操作步骤。

（1）建立女儿墙模型之前，先建立女儿墙平面定位关系。在“项目浏览器”中展开“楼层平面”视图类别，双击“屋顶层”视图名称，进入“屋顶层”楼层平面视图。先利用“过滤器”功能将除“轴网、参照平面”之外的其他构件隐藏。然后利用“隐藏图元”功能将除了“A′、1′、F′、F′-1、14′”之外的其他参照平面隐藏（未隐藏的参照平面在建立屋顶层构造柱定位时已经建立，由于构造柱和女儿墙平面位置一致，所以女儿墙可以借用这些参照平面进行平面定位）。如图4-28所示。

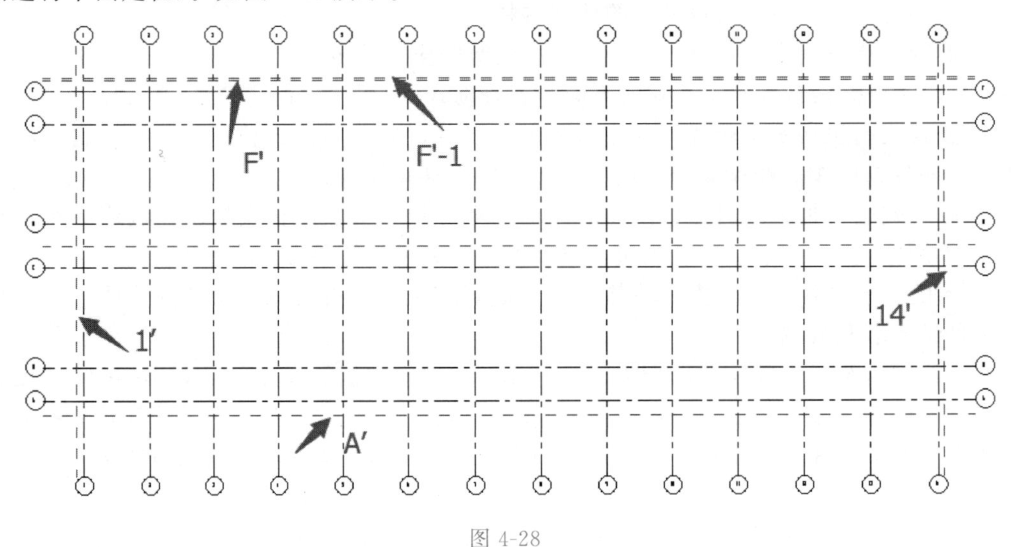

图4-28

（2）平面定位建立完成后，可以建立女儿墙构件类型。单击“建筑”选项卡“构建”面板中的“墙”下拉下的“墙：建筑”工具，点击“属性”面板中的“编辑类型”，打开“类型属性”窗口，在“族（F）”后面的下拉小三角中选择“系统族：基本墙”，此时“类型（T）”列表中显示“基本墙”族中包含的族类型。在“类型（T）”列表中设置当前类型为“A-建筑墙-外-200”。点击“复制”按钮，弹出“名称”窗口，输入“A-女儿墙-200”，点击“确定”按钮关闭窗口。再次点击“确定”按钮，关闭“类型属性”窗口。如图4-29所示。

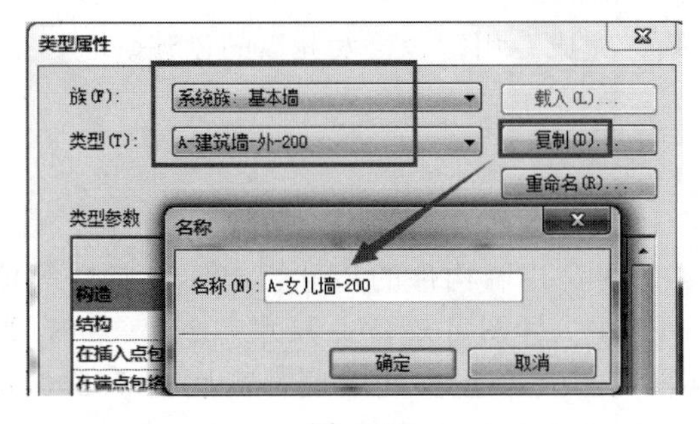

图4-29

(3) 构件定义完成后，开始布置构件。单击“绘制”面板中的“直线”工具，选项栏中设置“高度”为“屋顶层”，勾选“链”（可以连续绘制墙），设置“偏移量”为“0”，如图 4-30 所示。“属性”面板中设置“底部限制条件”为“屋顶层”，“底部偏移”为“0”，“顶部约束”为“直到标高：屋顶层”，“顶部偏移”为“1300”。如图 4-31 所示。

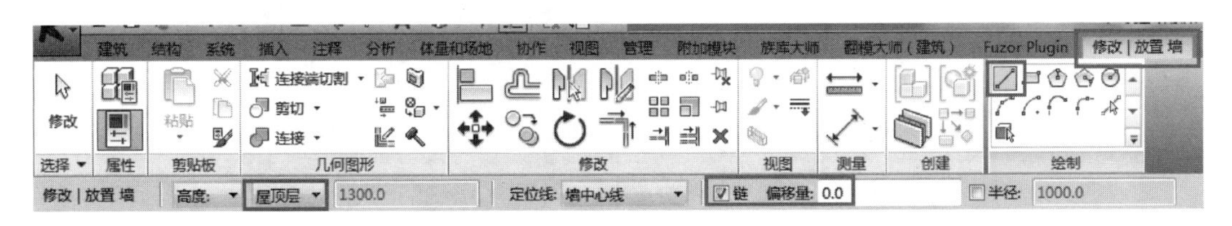

图 4-30

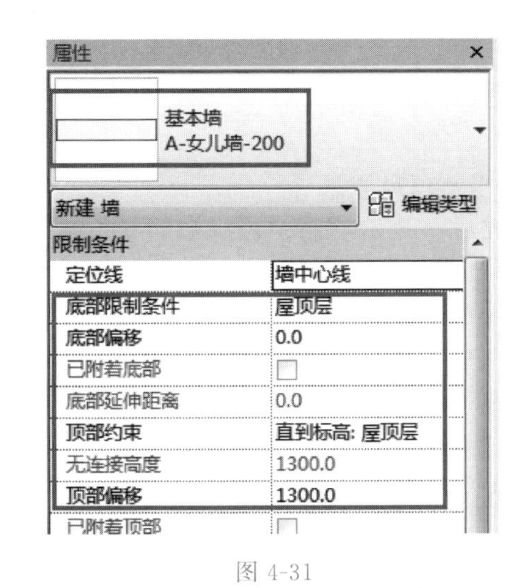

图 4-31

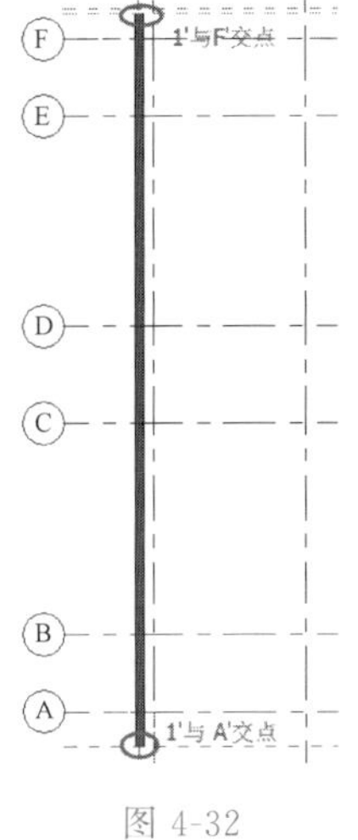

图 4-32

(4) 适当放大区域，移动鼠标指针到参照平面 1′与 A′交点位置，单击作为女儿墙绘制的起点，移动鼠标指针到参照平面 1′与 F′交点位置，单击作为女儿墙绘制的终点。完成后按 Esc 键两次退出女儿墙绘制模式。如图 4-32 所示。

(5) 按照“建施-05”中“屋顶层平面图”进行其他女儿墙绘制，绘制完毕后可以使用“修改”选项卡“修改”面板中的“对齐”工具进行精确位置的修改。完成后如图 4-33 所示。

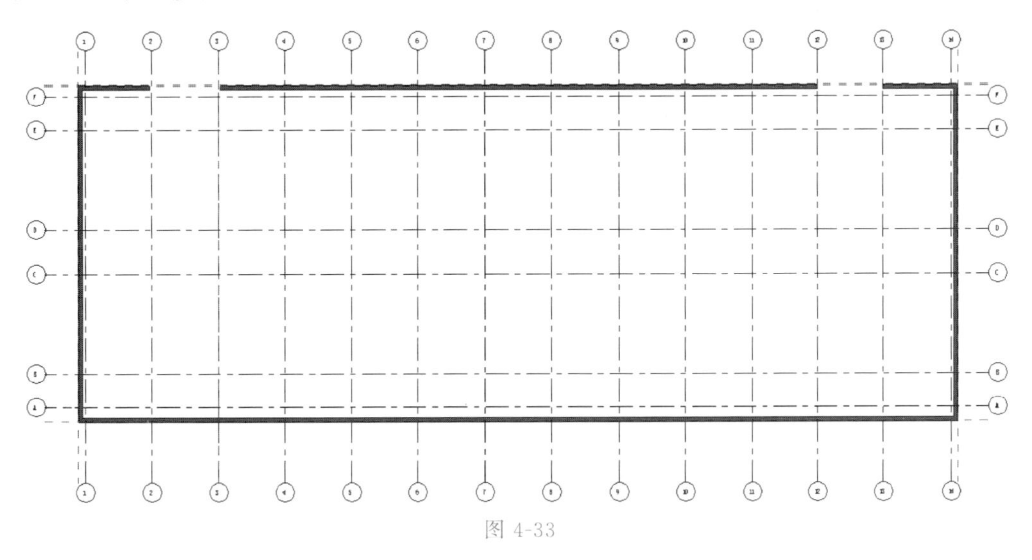

图 4-33

（6）单击“快速访问栏”中三维视图按钮，切换到三维，查看模型成果，如图 4-34 所示。

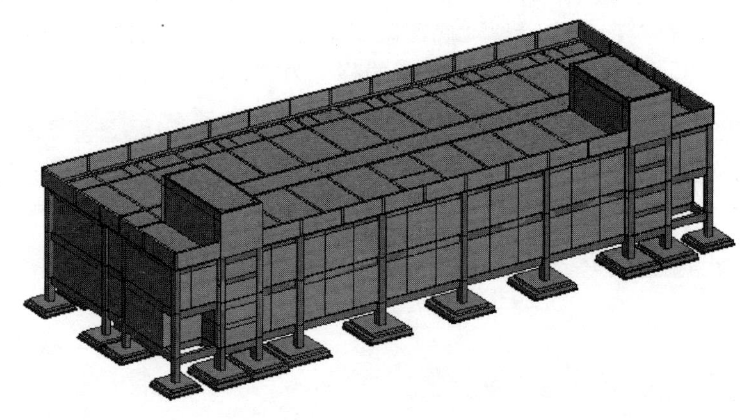

图 4-34

（7）单击“快速访问栏”中保存按钮，保存当前项目成果。

（8）“屋顶层”楼层平面视图女儿墙绘制完成后，开始绘制“楼梯屋顶层”楼层平面视图女儿墙。

参照建立屋顶层女儿墙的方法，根据“建施-06”中“14-1 立面图和 1-14 立面图”、“建施-10”中⑤大样图中标高信息；根据“建施-05”中“屋顶层平面图”楼梯屋顶层女儿墙位置信息，使用“A-女儿墙-200”墙体类型，“属性”面板中设置“底部限制条件”为“楼梯屋顶层”，“底部偏移”为“0”，“顶部约束”为“直到标高：楼梯屋顶层”，“顶部偏移”为“700”。绘制完成后切换到三维模型视图查看，如图 4-35 所示。

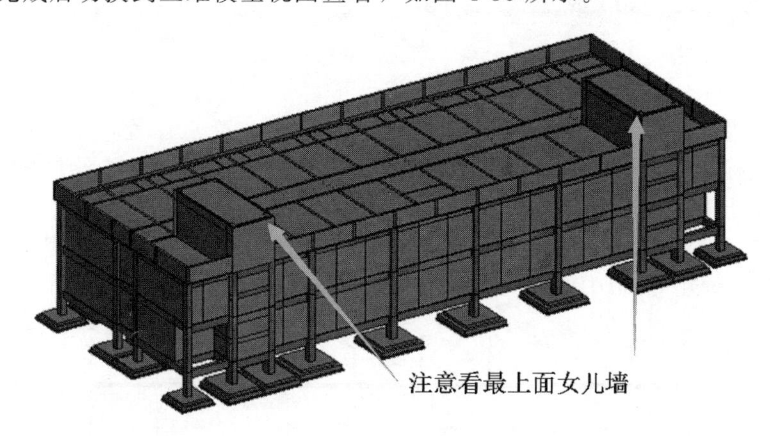

图 4-35

（9）单击“快速访问栏”中保存按钮，保存当前项目成果。

4.5.4 总结拓展

★ 步骤总结

上述 Revit 软件建立女儿墙的操作步骤主要分为四大步，第一步：建立女儿墙平面定位关系；第二步：建立女儿墙构件类型；第三步：布置“屋顶层”楼层平面视图女儿墙；第四步：布置“楼梯屋顶层”楼层平面视图女儿墙。按照本操作流程读者可以完成专用宿舍楼项目女儿墙的创建。

★ 业务扩展

女儿墙（又名：孙女墙）是建筑物屋顶四周围的矮墙，主要作用除维护安全外，亦会在底处施作防水压砖收头，以避免防水层渗水或是屋顶雨水漫流。根据国家建筑规范规定，上人屋面女儿墙高度一般不得低于 1. 1m，最高不得大于 1.5m。

对于上人屋面女儿墙的除保护人员的安全外，对建筑立面也起装饰作用；对于不上人屋面女儿墙，除具有立面装饰作用外，还具有固定油毡或固定防水卷材的作用。

根据国家建筑规范规定，上人屋面女儿墙高度一般不得低于 1.1m，最高不得大于 1.5m。女儿墙的标高，有混凝土压顶时，按楼板顶面算至压顶底面为准；无混凝土压顶时，按楼板顶面算至女儿墙顶面为准。

本节详细讲解了女儿墙的绘制方式，在实际复杂的项目中，女儿墙除了维护安全、防水等功能，对美化建筑外观也具有良好作用。

4.6 新建圈梁

4.6.1 任务说明

打开 Revit 软件，根据专用宿舍楼图纸，完成专用宿舍楼圈梁的创建。

4.6.2 任务分析

★ 业务层面分析

建立圈梁模型前，先根据专用宿舍楼图纸查阅圈梁构件的尺寸、定位、属性等信息，保证圈梁模型布置的正确性。圈梁位于女儿墙顶部，平面位置与女儿墙一致。根据“结施-04”中大样图可知 QL1 尺寸为 200×200，女儿墙底部高度为 7.200m，顶部高度为 8.700m，QL1 的高度 200mm，也就是屋顶层 QL1 的标高为 8.500～8.700m；根据“建施-06”中“14-1 立面图和 1-14 立面图”、“建施-10”中⑤大样图可知楼梯屋顶层 QL1 的标高为 11.500～11.700m；根据“结施-01”中“混凝土强度等级”表格可知，圈梁的混凝土强度等级为 C25。

★ 软件层面分析

（1）学习使用“梁”命令创建圈梁。

（2）学习使用“选择全部实例-在视图中可见”多选圈梁。

4.6.3 任务实施

【说明】Revit 软件中没有专门绘制圈梁构件的命令，一般情况下使用“结构”选项卡“结构”面板中的“梁”工具创建圈梁构件类型，在命名中包含“圈梁或 QL”字眼即可。下面以《BIM 算量一图一练》中的专用宿舍楼项目为例，讲解创建项目圈梁的操作步骤。

（1）首先建立圈梁构件类型，双击“项目浏览器”中“屋顶层”进入“屋顶层”楼层平面视图，单击“结构”选项卡“结构”面板中的“梁”工具，点击“属性”面板中的“编辑类型”，打开“类型属性”窗口，在“族（F）”后面的下拉小三角中选择“混凝土-矩形梁”，单击“复制”按钮，弹出“名称”窗口，输入“S-QL-200×200”，点击“确定”关闭窗口，在“b”位置输入“200”，“h”位置输入“200”，点击“确定”按钮，退出“类型属性”窗口。点击“属性”面板中的“结构材质”右侧按钮，选择材质为“混凝土-现场浇注混凝土-C25”。如图 4-36、图 4-37 所示。

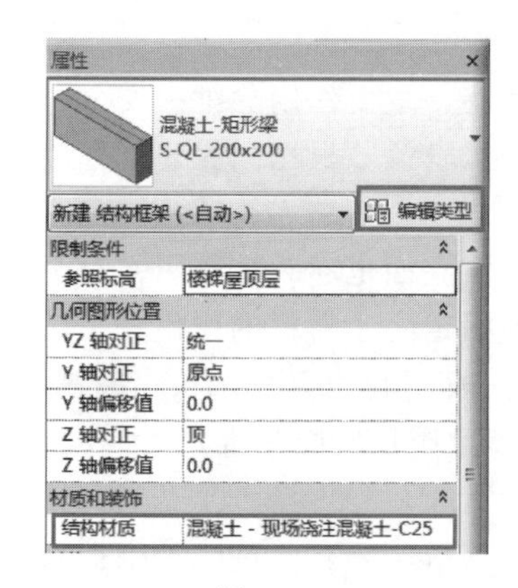

图 4-36

图 4-37

（2）构件定义完成后，开始布置构件。根据“建施-05”中“屋顶层平面图”布置屋顶层圈梁。适当放大区域，移动鼠标指针到参照平面 1′与 A′交点位置，单击作为圈梁绘制的起点，移动鼠标指针到参照平面 1′与 F′交点位置，单击作为圈梁绘制的终点。完成后按 Esc 键两次退出圈梁绘制模式。单击“快速访问栏”中三维视图按钮，切换到三维，查看模型成果，如图 4-38 所示。

图 4-38

（3）继续切换到“屋顶层”楼层平面视图，沿着女儿墙位置进行圈梁绘制，绘制完成后，依据“建施-05”中“屋顶层平面图”的墙线位置修改圈梁与女儿墙位置一致。可以使用“修改”选项卡“修改”面板中的“对齐”工具进行精确位置的修改。完成后切换到三维，查看模型成果如图 4-39 所示。

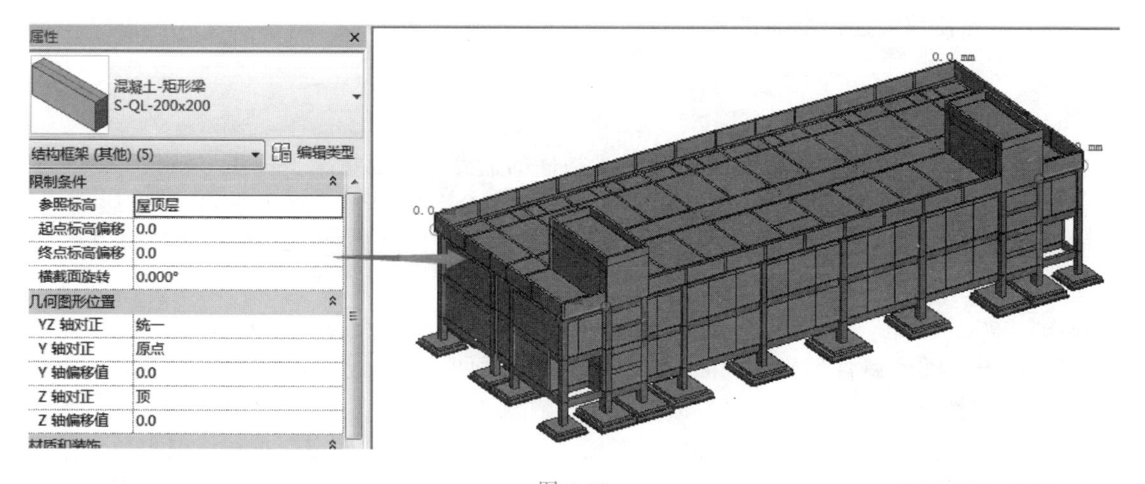

图 4-39

（4）对圈梁标高进行修改。选择其中一根圈梁，鼠标右键点击“选择全部实例”下“在视图中可见”，此时选中了刚刚绘制的所有圈梁，在“属性”面板中修改“参照标高”为“屋顶层”，“起点标高偏移”为“1500”，“终点标高偏移”为“1500”，Enter 键确认，完成标高修改操作。如图 4-40～图 4-42 所示。

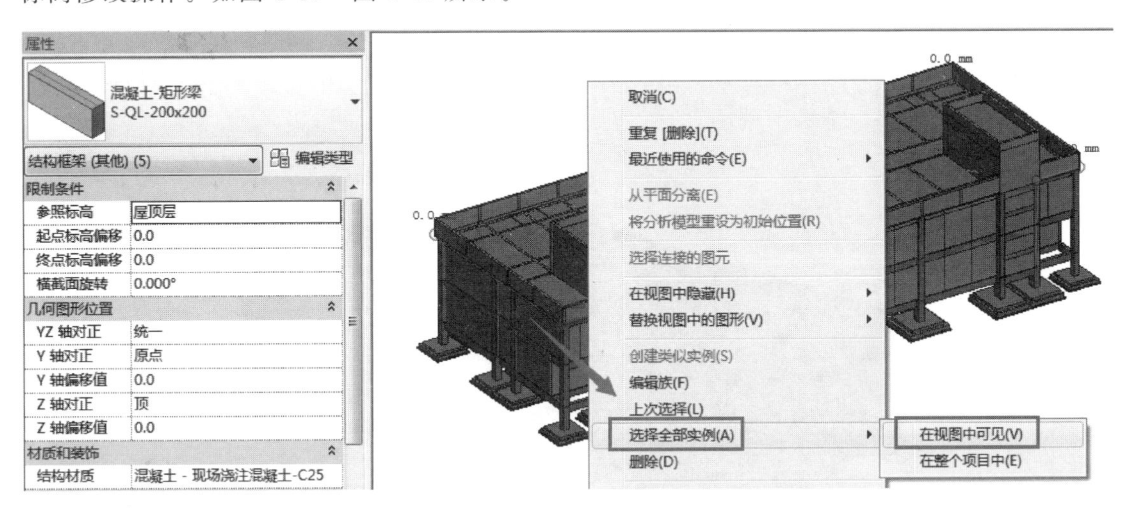

图 4-40

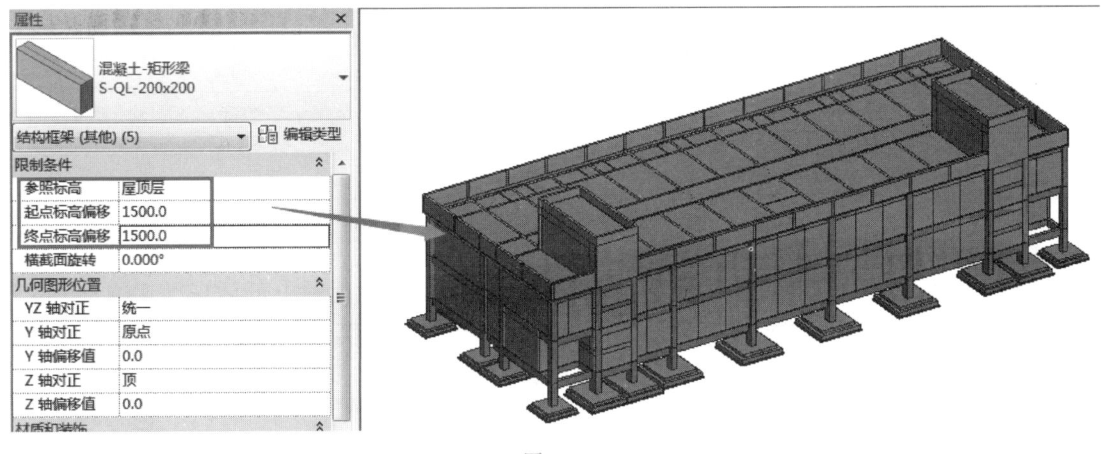

图 4-41

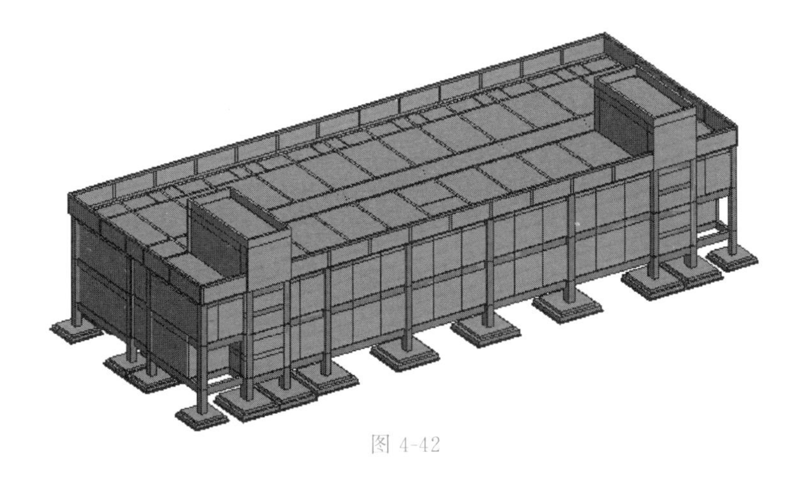

图 4-42

（5）单击快速访问栏保存按钮，保存当前项目文件。

（6）“屋顶层”楼层平面视图圈梁绘制完成后，开始绘制“楼梯屋顶层”楼层平面视图圈梁。参照建立屋顶层圈梁的方法，根据“建施-06”中“14-1立面图和1-14立面图”、“建施-10”中⑤大样图中标高信息，“建施-05”中“屋顶层平面图”楼梯屋顶层女儿墙位置信息，使用“S-QL-200×200”圈梁类型进行绘制，绘制完成后修改“属性”面板中“参照标高”为“楼梯屋顶层”，“起点标高偏移”为“900”，“终点标高偏移”为“900”，Enter键确认。完成后切换到三维模型视图查看，如图4-43所示。

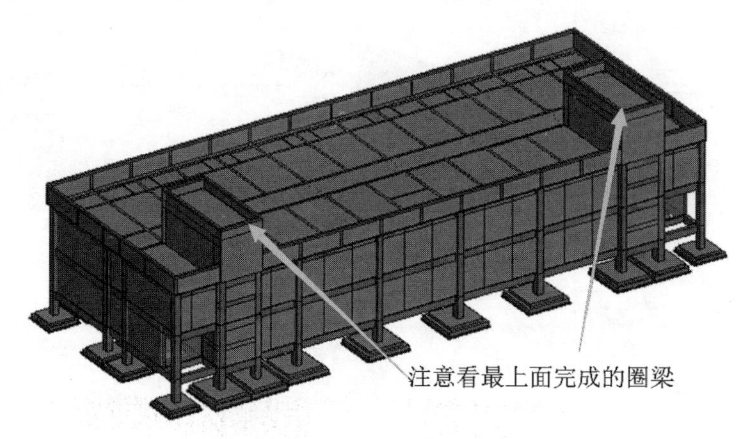

图4-43

（7）单击“快速访问栏”中保存按钮，保存当前项目成果。

4.6.4 总结拓展

★ 步骤总结

上述Revit软件建立圈梁的操作步骤主要分为三步，第一步：建立圈梁构件类型；第二步：布置“屋顶层”楼层平面视图圈梁（含有选择全部实例-在视图中可见等小步骤）；第三步：布置“楼梯屋顶层”楼层平面视图圈梁。按照本操作流程读者可以完成专用宿舍楼项目圈梁的创建。

★ 业务扩展

圈梁是在房屋的檐口、窗顶、楼层、吊车梁顶或基础顶面标高处，沿砌体墙水平方向设置封闭状的按构造配筋的混凝土梁式构件。圈梁必须是连续围合的，所以圈梁也叫做环梁；且圈梁根据布置位置不同，称呼不同：在基础上部的连续的钢筋混凝土梁称为基础圈梁，也称地圈梁（DQL）；在墙体上部紧挨楼板的钢筋混凝土梁通常称为上圈梁。

圈梁的作用是配合楼板和构造柱，增加房屋的整体刚度和稳定性，减轻地基不均匀沉降对房屋的破坏，抵抗地震力的影响，具体如下。

（1）圈梁主要作用是提高房屋空间刚度、增加建筑物的整体性，提高砖石砌体的抗剪、抗拉强度（类似水桶外边的抱箍）。

（2）非抗震设防区，圈梁的主要作用是加强砌体结构房屋的整体刚度，防止由于地基的不均匀沉降或较大振动荷载等对房屋的不利影响。

（3）在地震区，圈梁的主要作用有增强纵、横墙的连接，提高房屋整体性；作为楼盖的边缘构件，提高楼盖的水平刚度，减小墙的自由长度，提高墙体的稳定性；限制墙体斜裂缝的开展和延伸，提高墙体的抗剪强度；减轻地震时地基不均匀沉降对房屋的影响。

本节详细讲解了圈梁的绘制方式。在砌体结构房屋中，沿水平方向需设置封闭的钢筋混凝土圈梁，高度不小于120mm，宽度与墙厚相同。当圈梁被门窗洞口截断时，应在洞口上部增设相同截面的附加圈梁，其配筋和混凝土强度等级均不变。在电力工程中，电缆井、箱式基础上，也会设置圈梁，目的是为了增强电缆井的稳固性和整体性。

4.7 新建门

4.7.1 任务说明

打开 Revit 软件，根据提供的专用宿舍楼图纸，完成专用宿舍楼门的创建。

4.7.2 任务分析

★ 业务层面分析

建立门模型前，先根据专用宿舍楼图纸查阅门构件的尺寸、定位、属性等信息，保证门模型布置的正确性。根据“建施-03”中“一层平面图”、“建施-04”中“二层平面图”、“建施-05”中“屋顶层平面图”可知门构件的平面定位信息；根据“建施-09”中“门窗表及门窗详图”可知门构件的尺寸及样式信息。

★ 软件层面分析

（1）学习使用“门”命令创建门。

（2）学习使用“建筑：墙下拉下的幕墙”命令创建幕墙。

（3）学习使用“全部标记”命令标记门构件。

4.7.3 任务实施

【说明】门、窗是建筑设计中最常用的构件。Revit 软件提供了门、窗工具，用于在项目中添加门、窗图元。门、窗必须放置于墙、屋顶等主体图元上，这种依赖于主体图元而存在的构件称为“基于主体的构件”。同时，门、窗这些构件都可以通过创建自定义门、窗族的方式进行自定义。下面以《BIM 算量一图一练》专用宿舍楼项目为例，讲解创建项目全楼门的操作步骤。

（1）首先建立普通门（M-1、M-2、M-3）构件类型。在“项目浏览器”中展开“楼层平面”视图类别，双击“首层”视图名称，进入“首层”楼层平面视图。单击“建筑”选项卡“构建”面板中的“门”工具，点击“属性”面板中的“编辑类型”，打开“类型属性”窗口，点击“载入”按钮，弹出“打开”窗口，找到提供的“专用宿舍楼-配套资料\03-族\门族”文件夹，点击“M-1”，点击“打开”命令，载入“M-1”族到专用宿舍楼项目中。“类型属性”窗口中“族（F）”和“类型（T）”对应刷新。点击“复制”按钮，弹出“名称”窗口，输入“M-1”，点击“确定”按钮关闭窗口。根据“建施-09”中“门窗表及门窗详图”的信息，分别在“高度”位置输入“2700”，“宽度”位置输入“1000”。点击“确定”按钮，退出“类型属性”窗口，完成“M-1”的创建。如图4-44～图4-47所示。

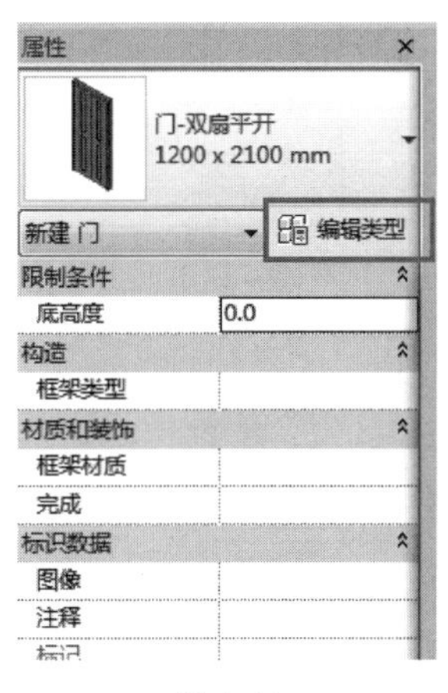

图4-44

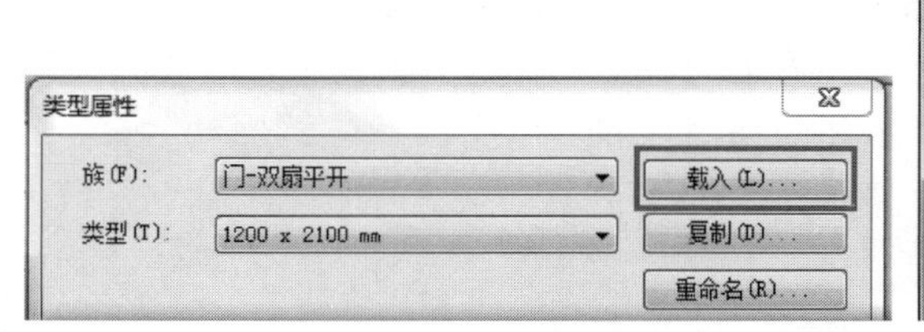

图 4-45

图 4-46

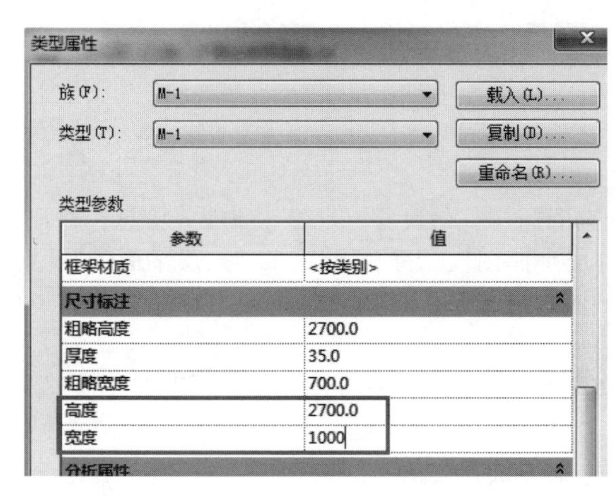

图 4-47

(2) 同样的方法，载入“M-2”族，复制生成“M-2”构件，分别在“高度”位置输入“2700”，“宽度”位置输入“1500”；载入“M-3”族，复制生成“M-3”构件，分别在“高度”位置输入“2100”，“宽度”位置输入“800”。M-1、M-2、M-3 定义完成后如图 4-48 所示。

(3) 构件定义完成后，在开始布置门构件前先将视图平面及绘图区域模型调整合适尺寸，以便利于门构件布置及查看。在“项目浏览器”中展开“楼层平面”视图类别，双击“首层”视图名称，进入“首层”楼层平面视图。单击“快速访问栏”中三维视图按钮，切换到三维，鼠标放在 ViewCube 上，右键选择“定向到视图”→“楼层平面”→“楼层平面：首层”。如图 4-49、图 4-50 所示。

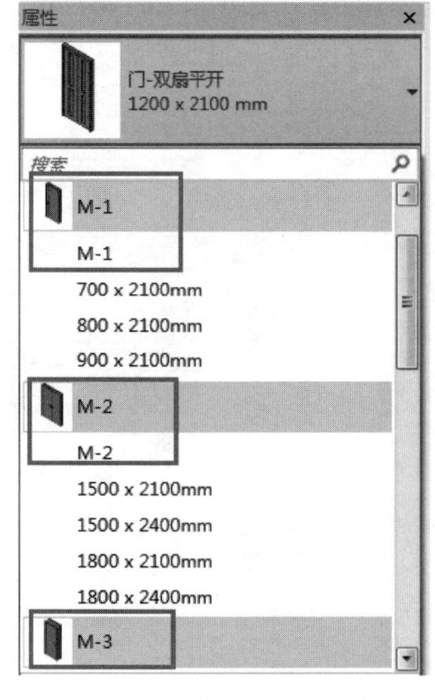

图 4-48

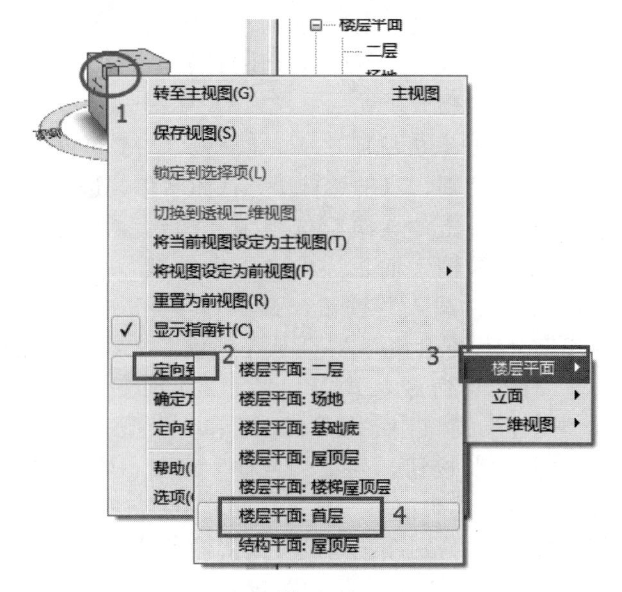

图 4-49

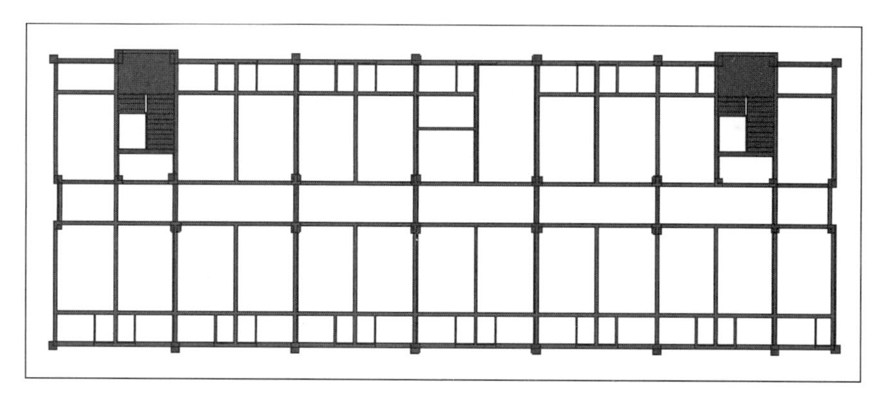

图 4-50

（4）同时使用 Shift 键和鼠标滚轮，将模型进行三维旋转展示。点击 View Cube“前视图”，将模型切换到前视图，点击模型外围的剖面框，点击中间出现的蓝色剖面拉伸按钮，鼠标向上提拉模型，使首层墙体全部显示。如图 4-51～图 4-53 所示。

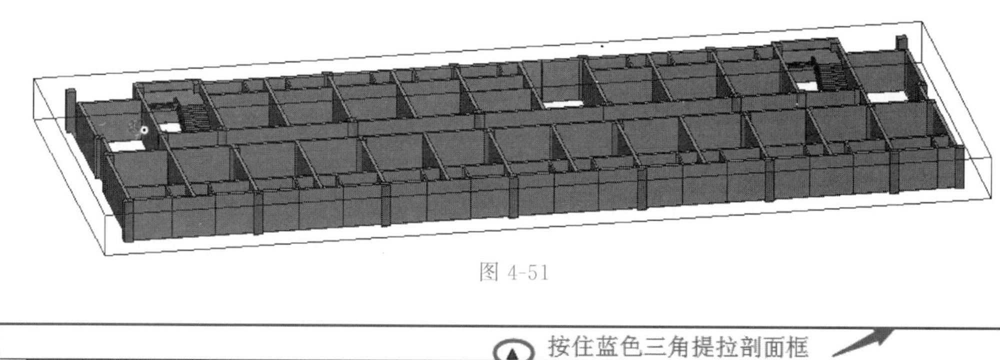

图 4-51

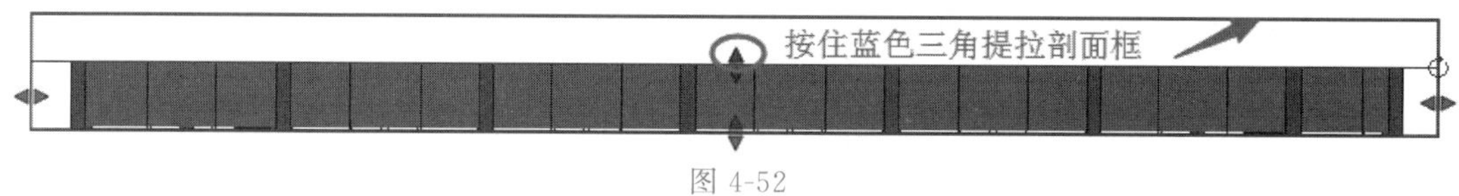

图 4-52

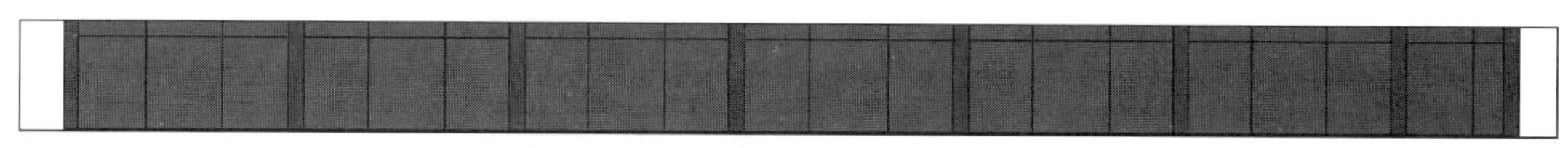

图 4-53

（5）单击“视图”选项卡“窗口”面板中的“平铺”工具，将“首层”楼层平面视图与三维模型视图同时显示在绘图区域。如图 4-54 所示。

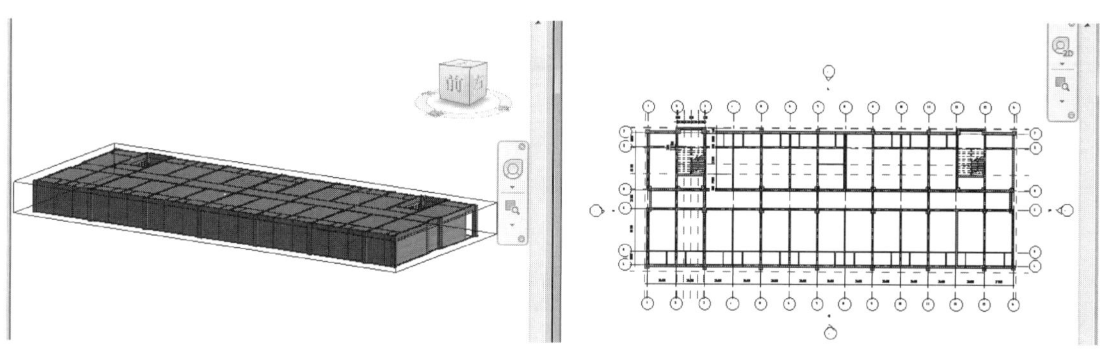

图 4-54

（6）为了清晰展示布置在墙上的门构件，先将部分模型构件隐藏。鼠标点击“首层”楼层平面视图，激活视图，全选构件，利用“过滤器”工具以及“视图控制栏”下的“隐藏图元”工具，将除了“轴网、结构柱、墙”之外的其他构件隐藏。使用同样的方法，鼠标点击三维模型视图，激活视图，全选构件，利用“过滤器”工具以及“视图控制栏”下的“隐藏图元”工具将除了“结构柱、墙”之外的其他构件隐藏。完成后如图4-55所示。

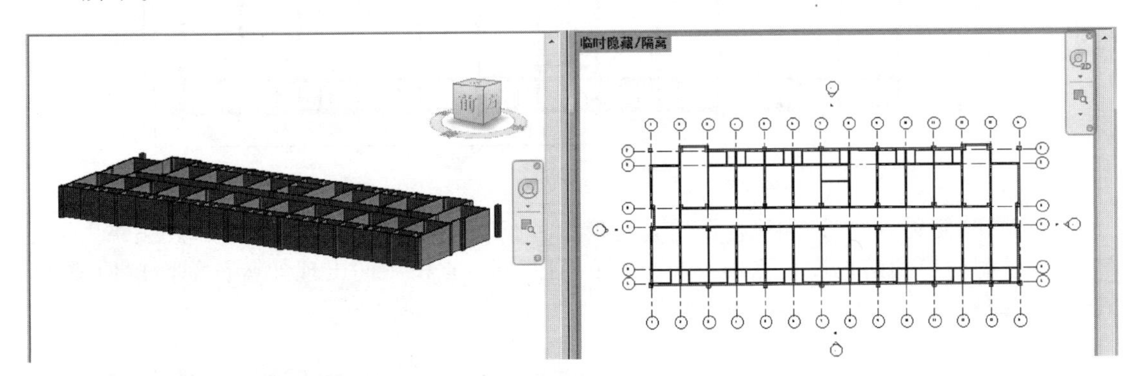

图 4-55

（7）上述工作准备好后，开始布置构件。根据“建施-03”中“一层平面图”布置首层门。在“属性”面板中找到M-1，Revit软件自动切换至“修改｜放置门”上下文选项，激活“标记”面板中“在放置时进行标记”工具，“属性”面板中“底高度”设置为“0”。适当放大视图，移动鼠标定位在3～4轴与D轴线墙位置，沿墙方向显示门预览，并在门两侧与3～4轴线间显示临时尺寸标注，指示门边与轴线的距离。鼠标指针在靠近墙中心线上侧、下侧移动，可以看到门开启方向的内外不同显示。如图4-56所示。

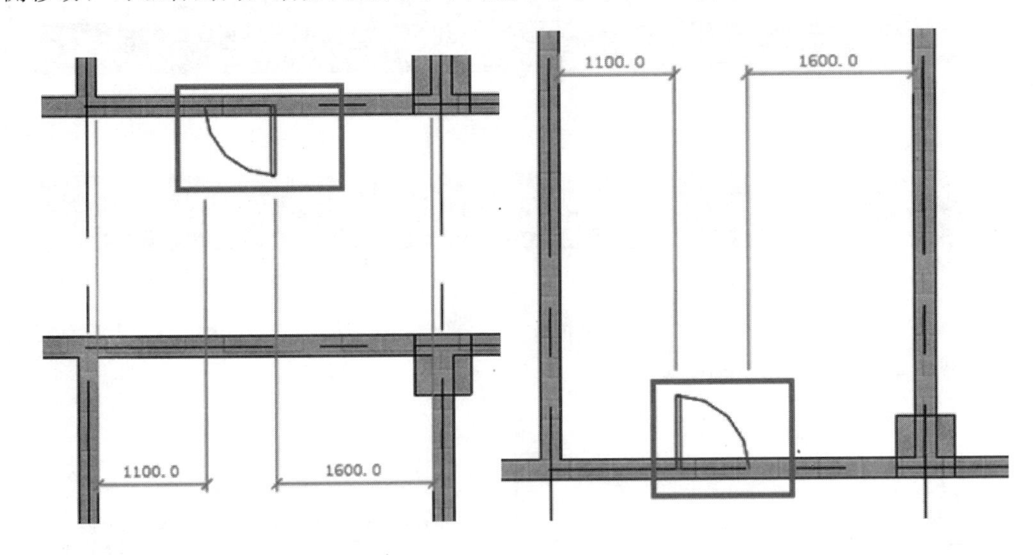

图 4-56

（8）鼠标指针放在墙上，按键盘空格键可以反转门安装方向。如图4-57所示。

（9）根据图纸示意，M-1向宿舍房间内开启，开启时从右侧向左侧开启。鼠标指针放在墙上，当左侧临时尺寸标注线距离3轴线为“1300”时放置M-1图元。完成后如图4-58所示。

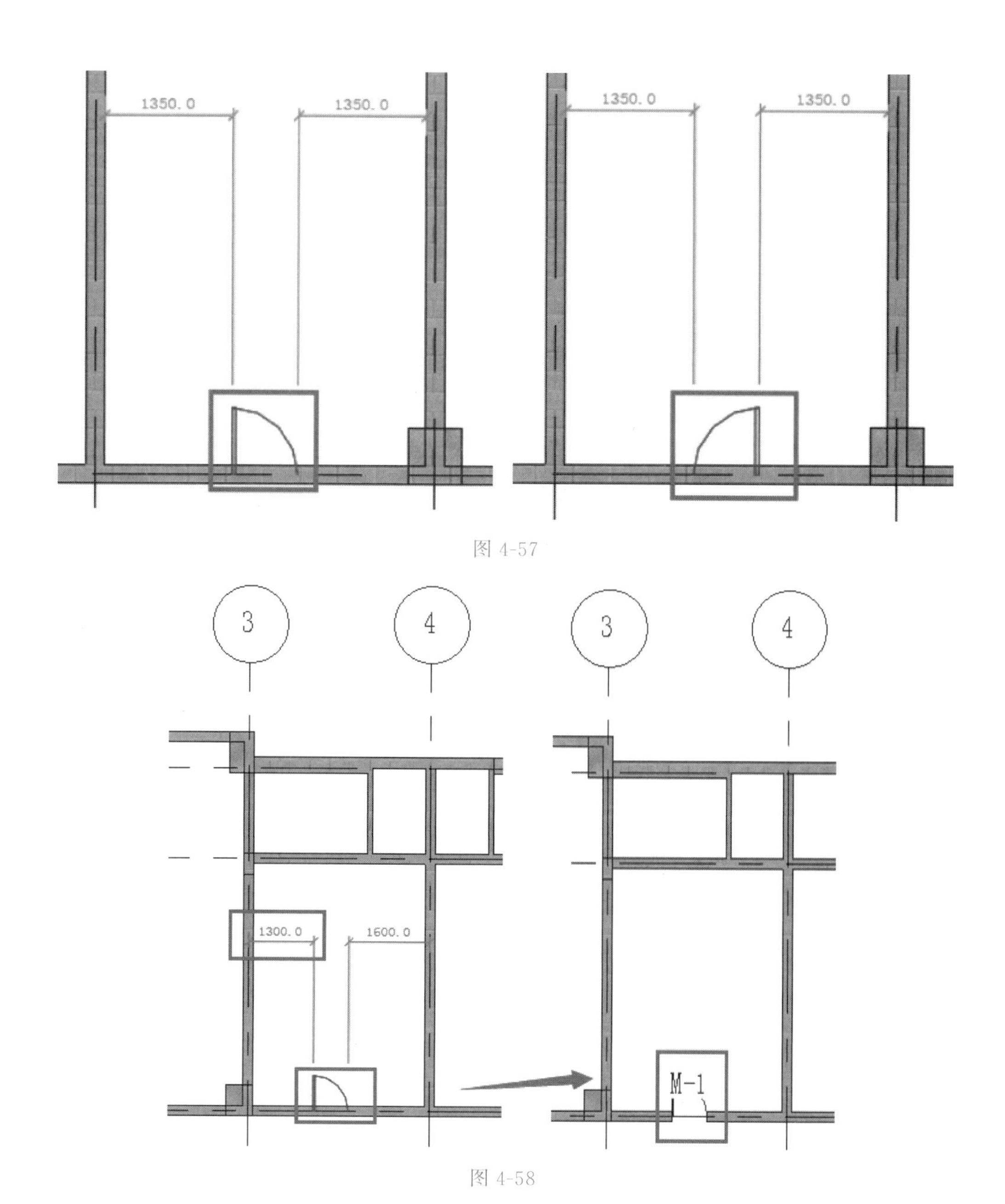

图 4-57

图 4-58

(10)按照上述操作方法，将首层的 M-1 图元全部布置。布置完成后部分区域如图 4-59 所示。

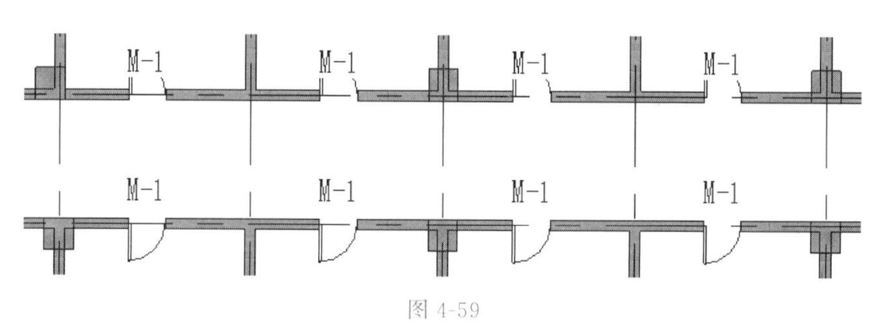

图 4-59

（11）使用同样的方法，在“属性”面板中找到M-2，激活“标记”面板中“在放置时进行标记”工具，“属性”面板中“底高度”设置为“0”。根据“建施-03”中“一层平面图”布置M-2。布置完成后如图4-60所示。

（12）同样的方法，在“属性”面板中找到M-3，激活“标记”面板中“在放置时进行标记”工具，“属性”面板中“底高度”设置为“0”。根据“建施-03”中“一层平面图”布置M-3，布置完成后如图4-61所示。

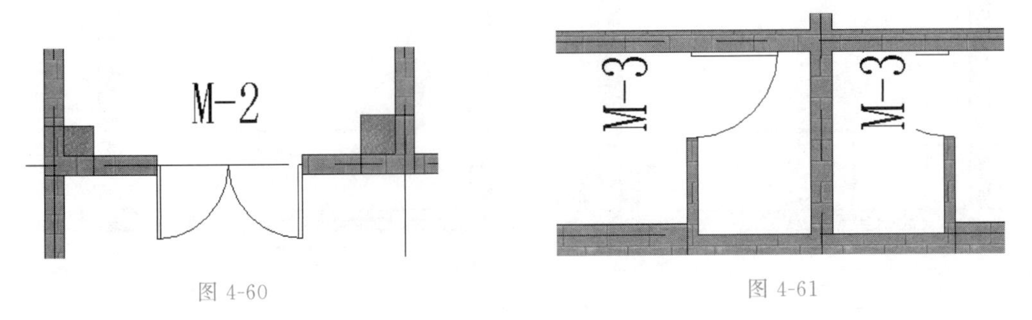

图4-60　　图4-61

（13）M-1、M-2、M-3构件布置完成后，开始建立M-4、M-5构件类型。首先使用幕墙及单扇门建立M-4构件。单击“建筑”选项卡“构建”面板中的“墙”下拉下的“墙：建筑”工具，在“属性”面板构件类型下拉三角处找到“幕墙”，点击“属性”面板中的“编辑类型”，打开“类型属性”窗口，点击“复制”按钮，弹出“名称”窗口，输入“M-4-幕墙”，点击“确定”关闭窗口。将“自动嵌入”勾选，点击“确定”按钮，退出“类型属性”窗口。根据“建施-09”中“门窗表及门窗详图”的信息，在“M-4-幕墙”的“属性”面板中设置“底部限制条件”为“首层”，“底部偏移”为“0”，“顶部约束”为“直到标高：首层”，“顶部偏移”为“2700”。如图4-62所示。

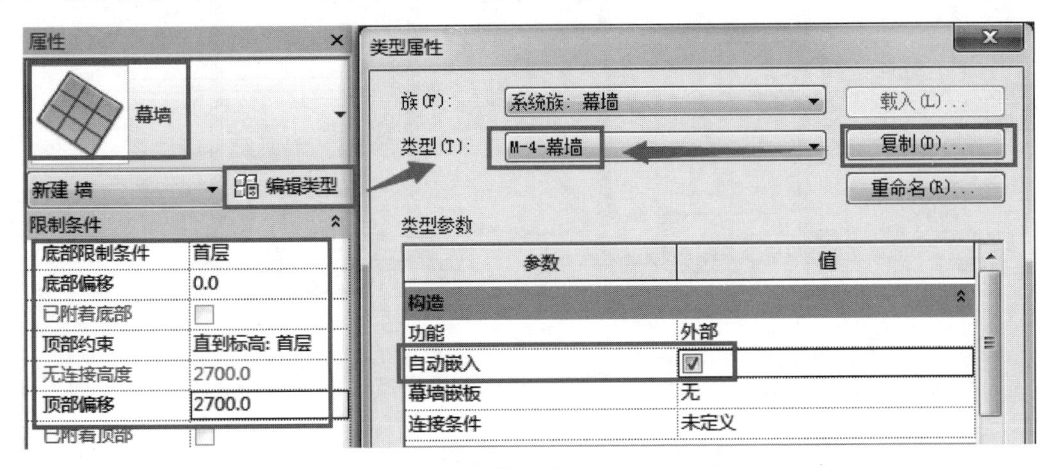

图4-62

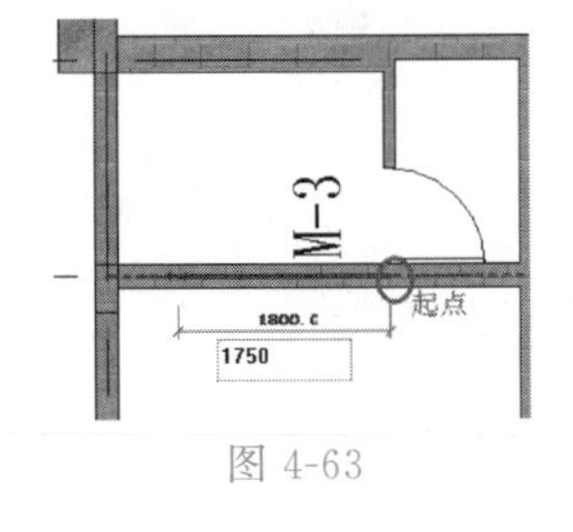

图4-63

（14）适当放大视图，在3～4轴与E轴位置布置M-4。鼠标放在布置M-3墙体的下侧点击作为起点，鼠标向左侧移动，输入数值1750。鼠标点击空白处，确认绘制完毕。如图4-63、图4-64所示。

（15）切换到三维模型视图，利用Shift键+鼠标滚轮进行查看，切换到后视图，隐藏外墙图元，便于对M-4-幕墙进行编辑操作。如图4-65、图4-66所示。

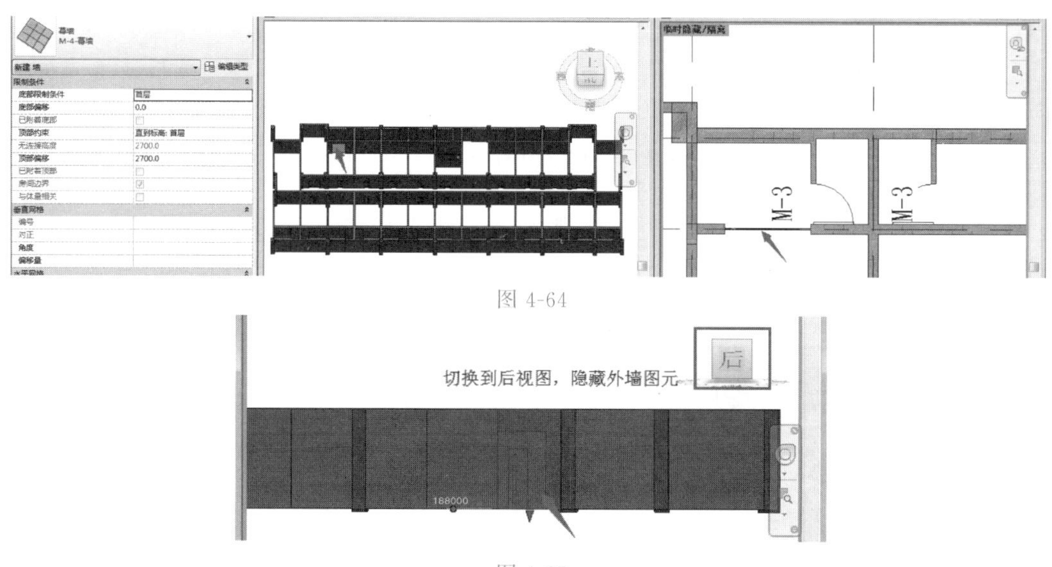

图 4-64

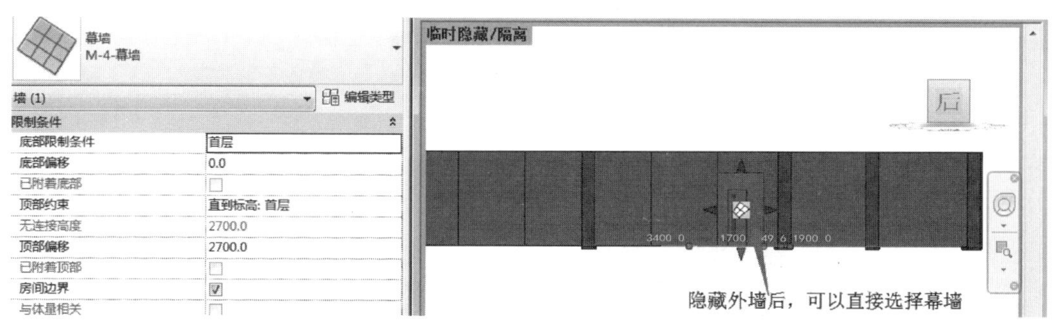

图 4-65

图 4-66

（16）单击“建筑”选项卡“构建”面板中的“幕墙网格”工具，根据“建施-09”中 M-4 网格线尺寸进行幕墙网格布置。鼠标移动到刚放置的“M-4-幕墙”位置，出现竖向临时尺寸标注线后，点击放置生成水平网格，出现横向临时尺寸标注线后，点击放置生成竖向网格。

（17）选择竖向网格，在出现横向临时尺寸标注线后，点击右侧临时尺寸标注值，输入“950”。选择横向网格，在出现竖向临时尺寸标注线后，点击上侧临时尺寸标注值，输入“600”。如图 4-67、图 4-68 所示。

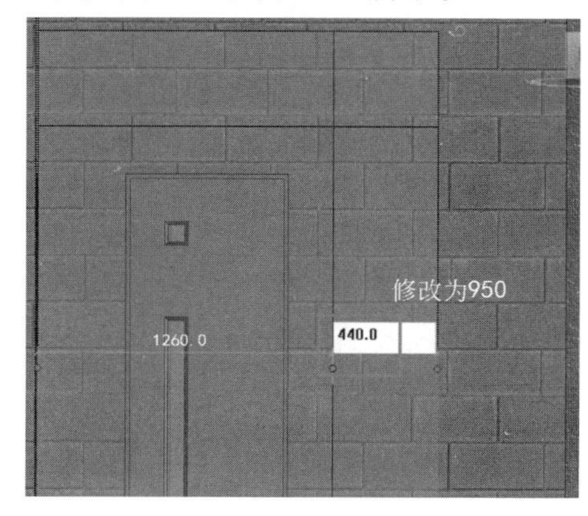

图 4-67

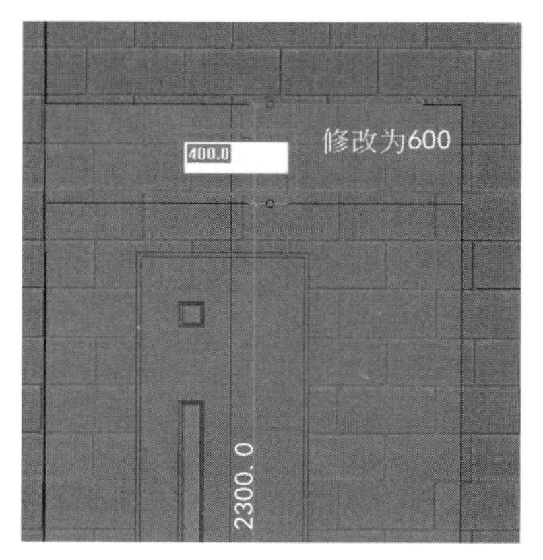

图 4-68

（18）幕墙网格线定位完成后，M-4-幕墙被分为 4 块嵌板，鼠标放在左侧下方嵌板位置，按 Tab 键，当切换到左侧下方嵌板处于被选中状态时，单击鼠标，“属性”面板显示“系统嵌板-玻璃”类型，点击“属性”面板中的“编辑类型”，打开“类型属性”窗口，点击“载入”按钮，弹出“打开”窗口，找到提供的“专用宿舍楼-配套资料\03-族\门族”文件夹，点击“M-4”，点击“打开”命令，载入“M-4”族到专用宿舍楼项目中。“类型属性”窗口中“族（F）”和“类型（T）”对应刷新。在“类型（T）”下选择“50 系列有横档”，点击“复制”按钮，弹出“名称”窗口，输入“M-4-门”，点击“确定”按钮关闭窗口。点击“确定”按钮，退出“类型属性”窗口。此时左侧下方嵌板位置生成门。如图 4-69～图 4-72 所示。

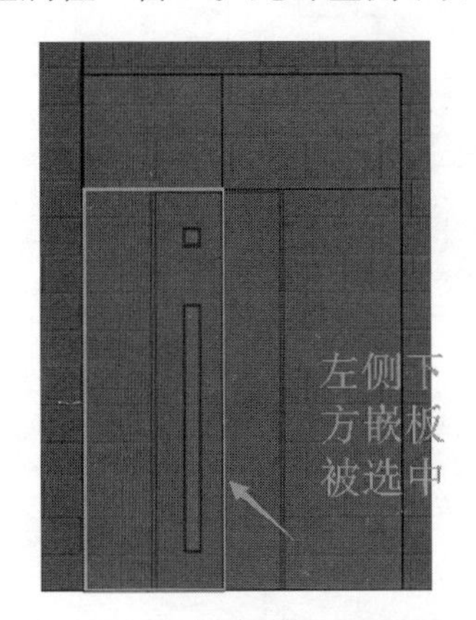

图 4-69

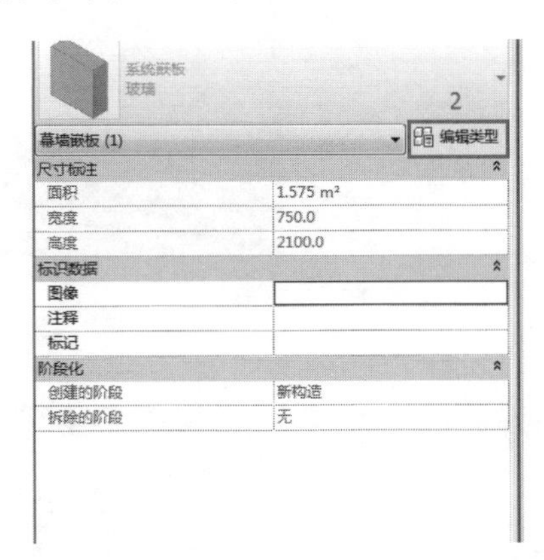

图 4-70

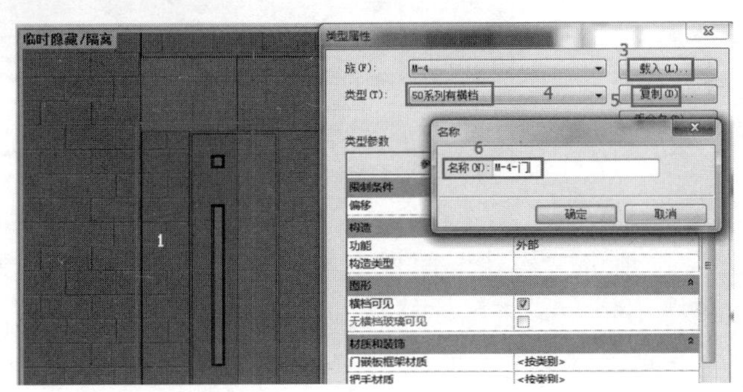

图 4-71

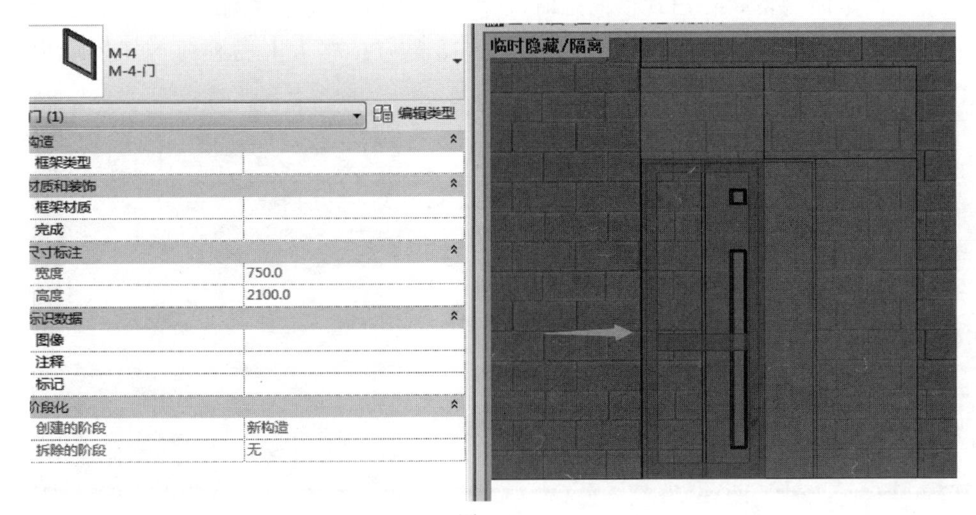

图 4-72

（19）激活“首层”楼层平面视图，此时并未显示门 M-4 标记，调出门标记的方式为：单击“注释”选项卡“标记”面板中的“全部标记”工具，弹出“标记所有未标记的对象”窗口，移动滚动条，点击“门标记”类别，点击“确定”关闭窗口。可以看到“首层”楼层平面视图显示了 M-4-门的标记。点选“M-4-门”并按住鼠标左键向下移动到合适位置。完成后如图 4-73～图 4-77 所示。

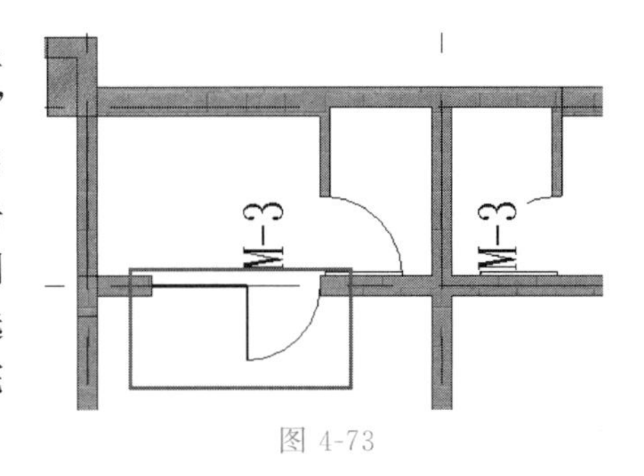

图 4-73

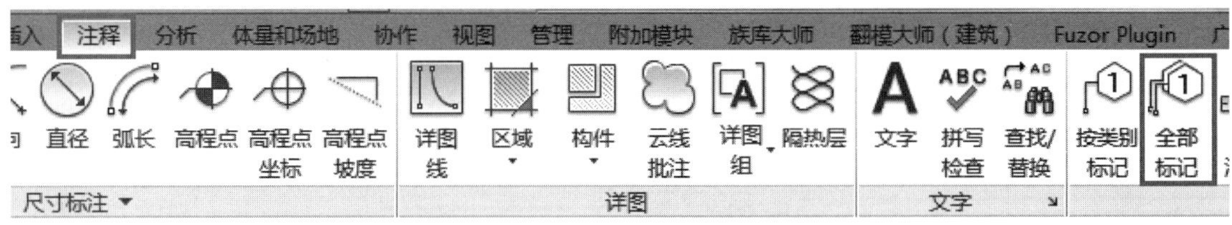

图 4-74

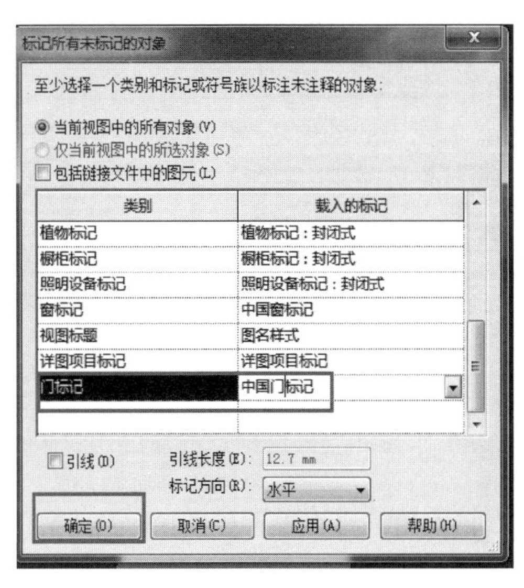

图 4-75

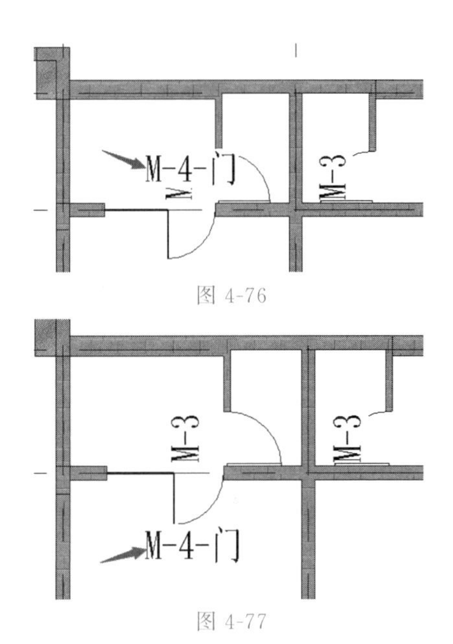

图 4-76

图 4-77

（20）依据“建施-03”中“一层平面图”，修改“M-4-门”的开门方向和安装方向。激活“首层”楼层平面视图，点击 M-4-门，出现翻转开门方向和安装方向的两组双向箭头，分别点击这两组双向箭头，修改完成后如图 4-78、图 4-79 所示。

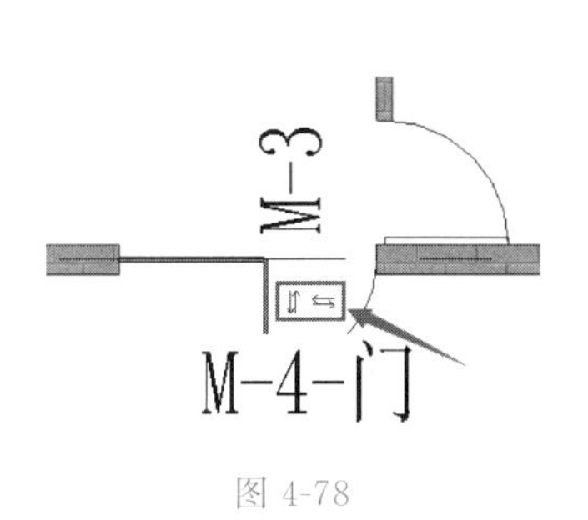

图 4-78

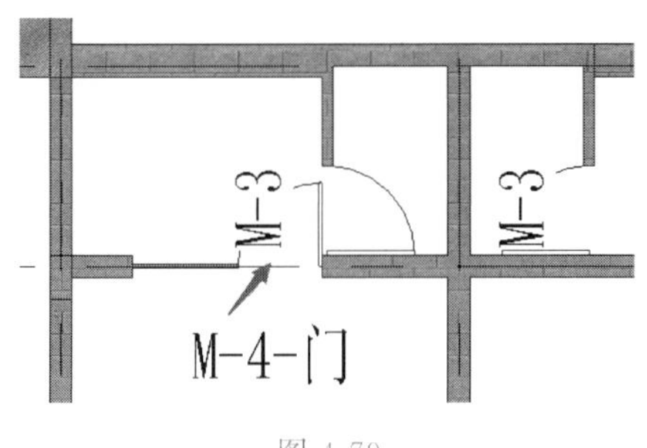

图 4-79

（21）同样的方法，将其他位置的M-4进行布置。M-4主要包含两部分，第一部分为M-4-幕墙，第二部分为M-4-门，按照上述的操作方式布置完成即可。

（22）参照前面布置M-4构件的方式布置M-5构件。单击“建筑”选项卡“构建”面板中的“墙”下拉下的“墙：建筑”工具，在“属性”面板构件类型下拉三角处找到“M-4-幕墙”，点击“属性”面板中的“编辑类型”，打开“类型属性”窗口，点击“复制”按钮，弹出“名称”窗口，输入“M-5-幕墙”，点击“确定”按钮关闭窗口。将“自动嵌入”勾选，点击“确定”按钮，退出“类型属性”窗口。根据“建施-09”中“门窗表及门窗详图”的信息，在“M-5-幕墙”的“属性”面板中设置“底部限制条件”为“首层”，“底部偏移”为“0”，“顶部约束”为“直到标高：首层”，“顶部偏移”为“2700”。如图4-80所示。

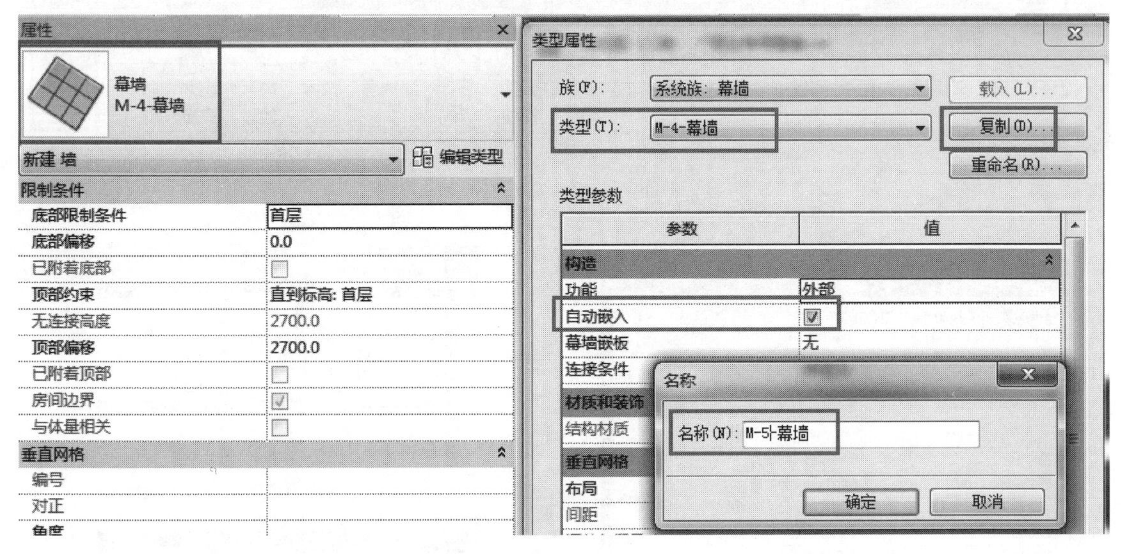

图4-80

（23）适当放大视图，在1～2轴与E轴位置布置M-5。鼠标放在1轴墙体的右侧边线点击作为起点，鼠标向右侧移动，点击2轴墙体左侧边线作为终点。鼠标点击空白处确认绘制完毕。如图4-81所示。

（24）切换到三维模型视图，利用Shift键＋鼠标滚轮进行查看；切换到后视图，便于对M-5幕墙进行编辑操作。如图4-82所示。

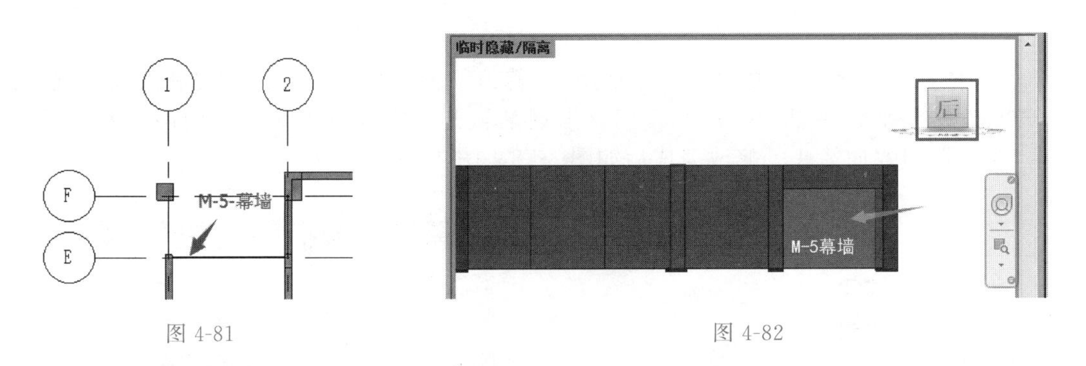

图4-81

图4-82

（25）点击“建筑”选项卡“构建”面板中的“幕墙网格”工具，根据“建施-09”中M-5网格线尺寸进行幕墙网格布置，鼠标移动到刚放置的“M-5-幕墙”位置，出现竖向临时尺寸标注线后点击放置生成水平网格，出现横向临时尺寸标注线后点击放置生成竖向网格，在M-5-幕墙上绘制三条竖向网格，一条水平网格。绘制完成后，分别点击网格线，修改临时尺寸标注数值，使水平网格距离 M-5-幕墙顶部为 600mm，使竖向网格距离 M-5-幕墙左右两边分别为 900mm、800mm、800mm、900mm。如图 4-83 所示。

(26) 对网格线造型进行修改。选择竖向中心位置网格线，自动切换至“修改 | 幕墙网格”上下文选项，点击“幕墙网格”面板中的“添加/删除线段”工具，点击竖向中心位置网格线下边线段，完成对网格的修改。如图 4-84、图 4-85 所示。

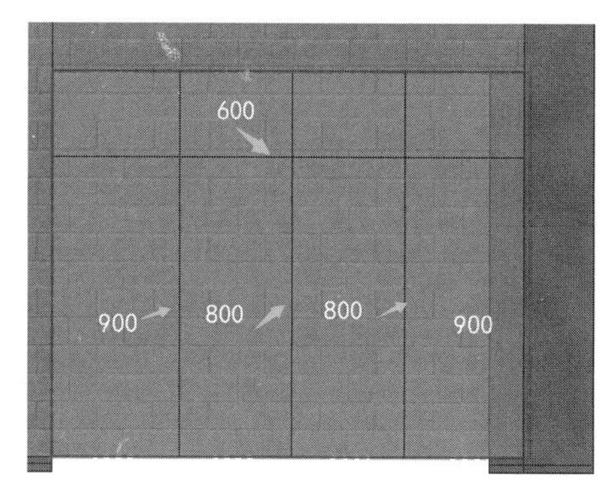

图 4-83

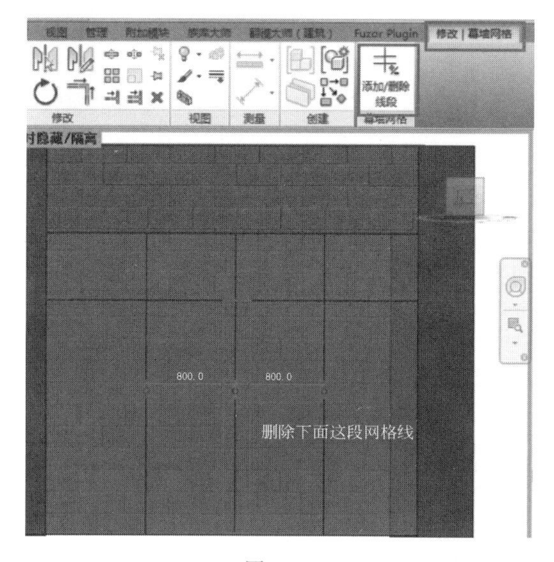

图 4-84

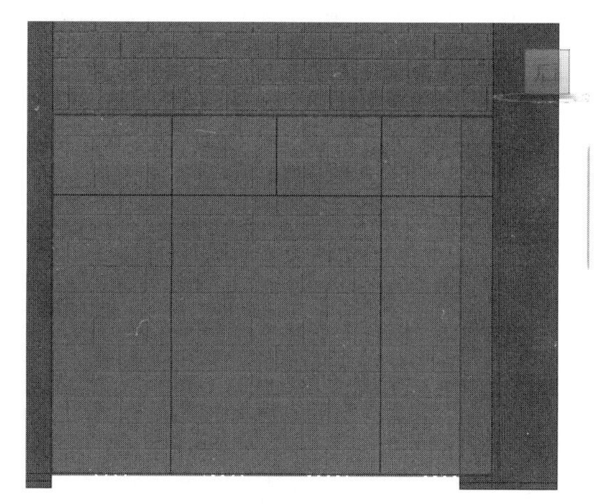

图 4-85

(27) 幕墙网格线修改完成后，M-5-幕墙被分为 7 块嵌板，鼠标放在中间最大的嵌板位置，按 Tab 键，当切换到中间最大的嵌板处于被选中状态时，单击鼠标，“属性”面板显示“幕墙双开玻璃门 1800/2100”类型，点击“属性”面板中的“编辑类型”，打开“类型属性”窗口，点击“复制”按钮，弹出“名称”窗口，输入“M-5-门”，点击“确定”关闭窗口。点击“确定”按钮，退出“类型属性”窗口。此时在中间最大的嵌板位置生成门。如图 4-86、图 4-87 所示。

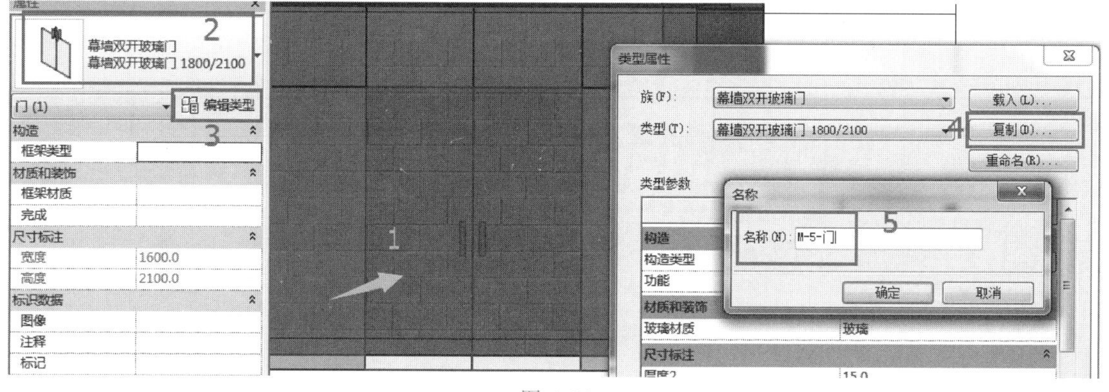

图 4-86

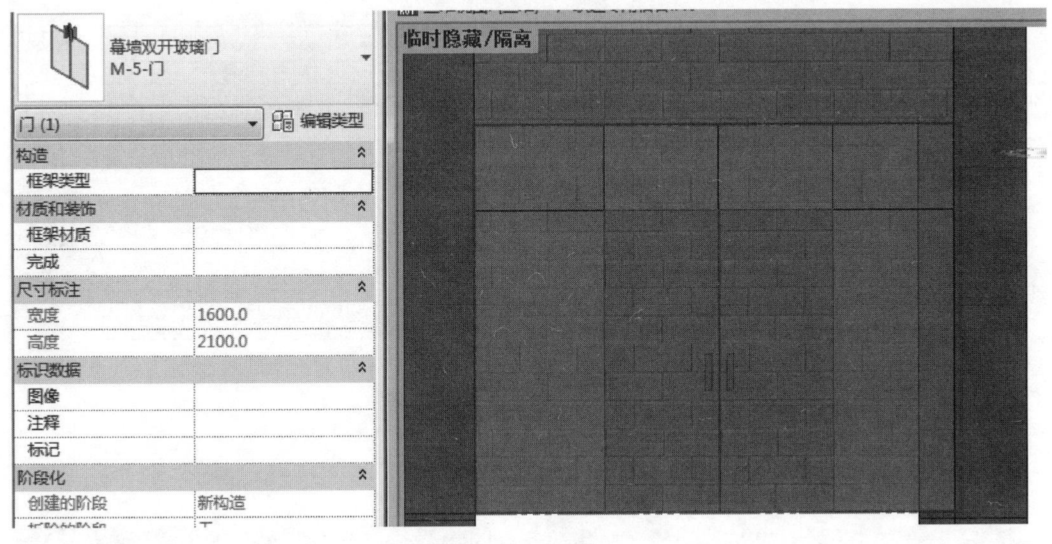

图 4-87

（28）激活“首层”楼层平面视图，对 M-5-门进行标记。单击“注释”选项卡“标记”面板中的“全部标记”工具，弹出“标记所有未标记的对象”窗口，移动滚动条，点击“门标记”类别，点击“确定”关闭窗口。此时可以看到“首层”楼层平面视图中显示了“M-5-门”的标记。如图 4-88 所示。

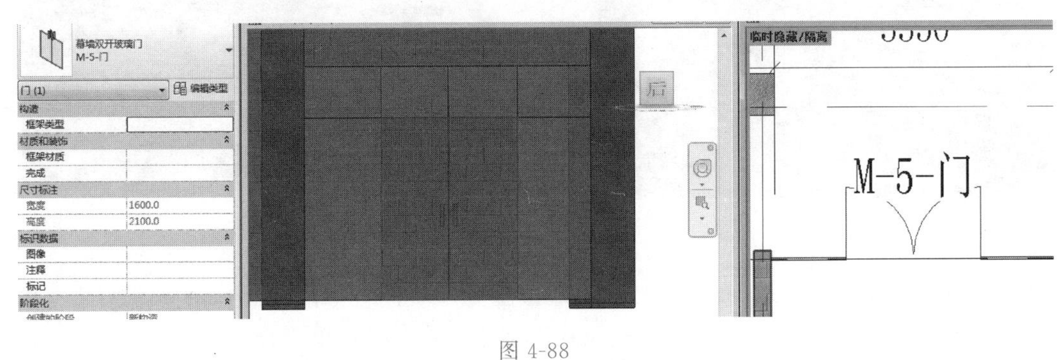

图 4-88

（29）同样的方法，将其他位置的 M-5 进行布置。M-5 主要包含两部分，第一部分为 M-5-幕墙，第二部分为 M-5-门，按照上面的操作方式进行布置。完成后如图 4-89 所示。

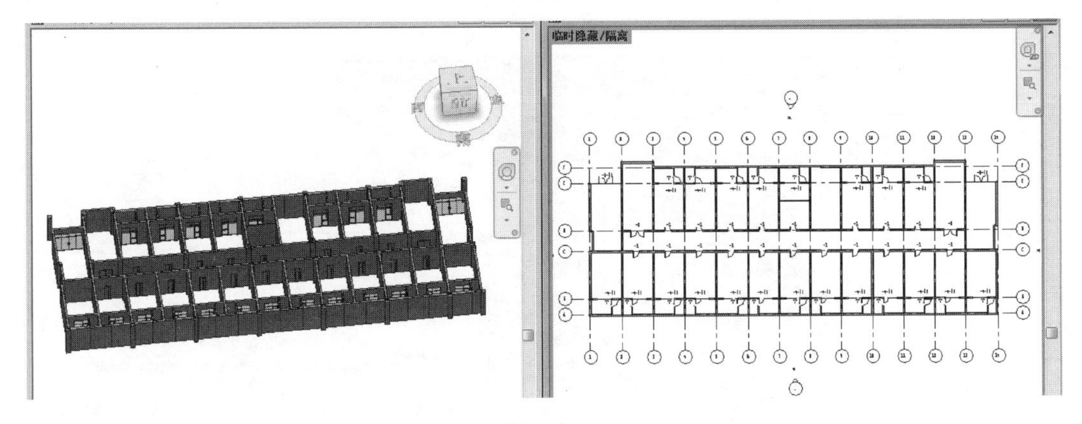

图 4-89

（30）继续建立FHM乙构件与FHM乙-1构件。FHM乙为单扇防火门，FHM乙-1为双扇防火门。首先建立FHM乙与FHM乙-1构件类型。单击“建筑”选项卡“构建”面板中的“门”工具，在“属性”面板中找到M-3，点击“编辑类型”，打开“类型属性”窗口，点击“复制”按钮，弹出“名称”窗口，输入“FHM乙”，点击“确定”按钮关闭窗口。根据“建施-09”中“门窗表及门窗详图”的信息，分别在“高度”位置输入“2100”，“宽度”位置输入“1000”。点击“确定”按钮，退出“类型属性”窗口，完成“FHM乙”的创建。如图4-90所示。

图4-90

（31）在“属性”面板中找到M-2，点击“编辑类型”，打开“类型属性”窗口，点击“复制”按钮，弹出“名称”窗口，输入“FHM乙-1”，点击“确定”按钮关闭窗口。根据“建施-09”中“门窗表及门窗详图”的信息，分别在“高度”位置输入“2100”，“宽度”位置输入“1500”。点击“确定”按钮，退出“类型属性”窗口。完成“FHM乙-1”的创建。如图4-91所示。

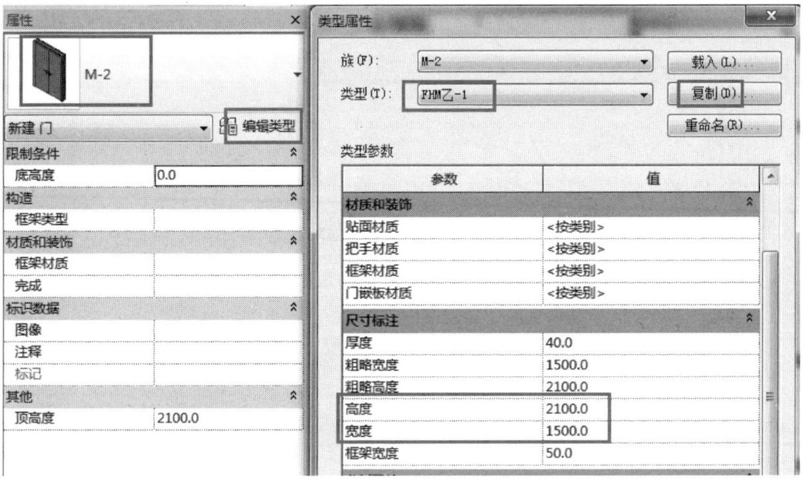

图4-91

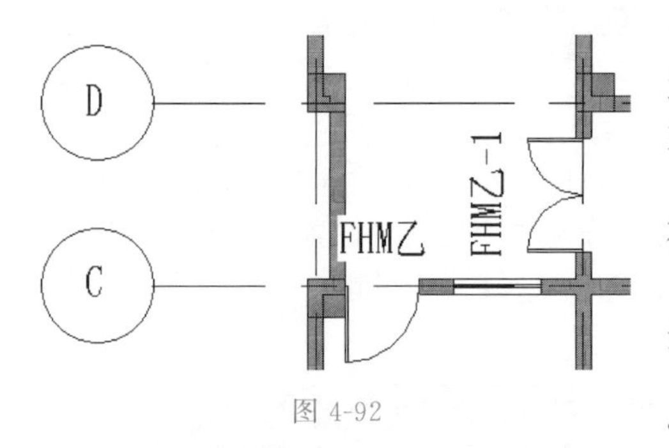

图 4-92

（32）根据“建施-03”中“一层平面图”布置FHM乙构件与FHM乙-1构件，布置完成后如图4-92所示。

（33）单击“快速访问栏”中保存按钮，保存当前项目成果。

（34）“首层”楼层平面视图门绘制完成后，开始绘制“二层”楼层平面视图门。

（35）激活“二层”楼层平面视图，根据“建施-04”中“二层平面图”布置二层门构件。对于二层的门构件可以按照首层布置门的方式进行二层门的布置。也可以使用“过滤器”工具将首层的“幕墙嵌板、幕墙网格、门、门标记”构件全部选中然后使用“复制到剪贴板、粘贴、与选定的标高对齐”，选择“二层”，快速进行二层门的布置；读者可自行选择布置方案，布置完成后如图4-93所示。

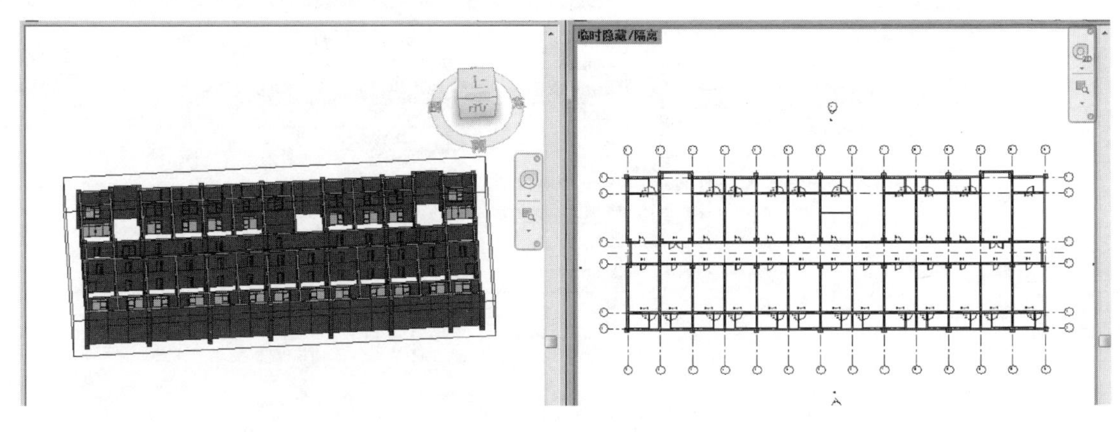

图 4-93

（36）单击“快速访问栏”中保存按钮，保存当前项目成果。

（37）“二层”楼层平面视图中门绘制完成后，开始绘制“屋顶层”楼层平面视图门。

（38）激活“屋顶层”楼层平面视图，根据“建施-05”中“屋顶层平面图”布置屋顶层门构件。隐藏屋顶层其他无关构件，只显示“墙、结构柱、轴网”构件。参照上述建立门的方法，绘制两个M-2图元，屋顶层门构件布置完成后如图4-94所示。

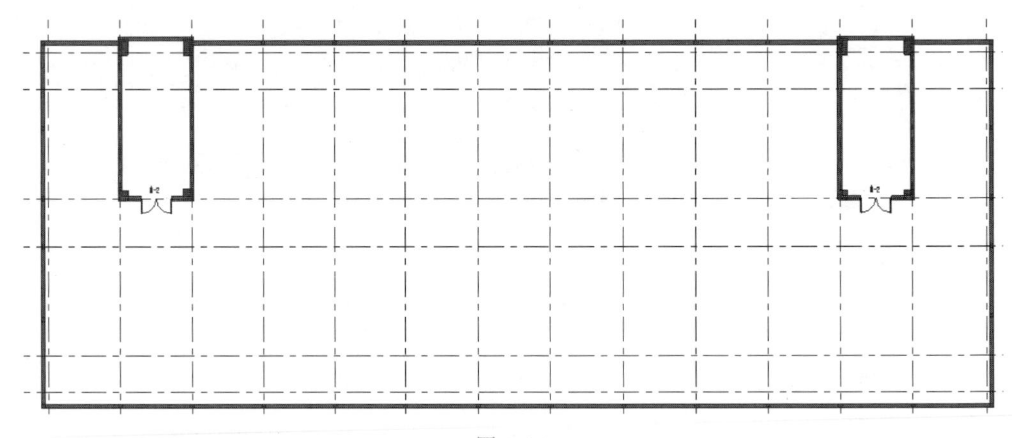
图 4-94

（39）切换到三维模型视图，按住 Shift 键＋鼠标滚轮旋转模型，如图 4-95 所示。

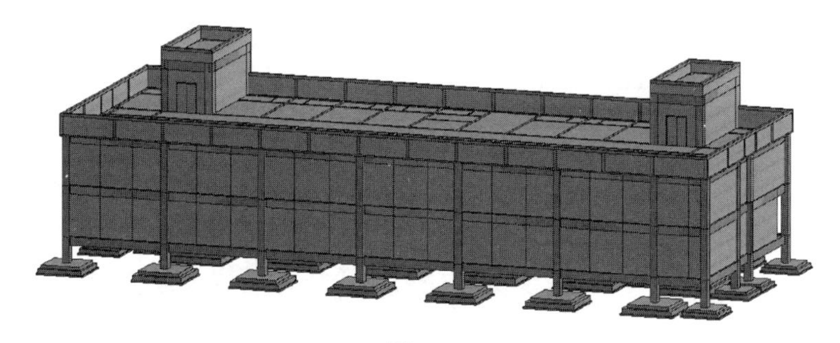

图 4-95

（40）单击“快速访问栏”中保存按钮，保存当前项目成果。

（41）根据“建施-06”中“14-1 立面图和 1-14 立面图”可知，屋顶层的两个门上有门板，门板顶标高为 10.25m、厚度为 100mm（CAD 测量）。下面对屋顶层门板进行绘制。激活“屋顶层”楼层平面视图，单击“建筑”选项卡“构建”面板中的“楼板”下拉下的“楼板：建筑”工具，点击“属性”面板中的“编辑类型”，打开“类型属性”窗口，点击“复制”按钮，弹出“名称”窗口，输入“屋顶层门上板-100”，点击“确定”按钮关闭窗口。其他信息不做修改，点击“确定”按钮退出“类型属性”窗口。在“属性”面板设置“标高”为“屋顶层”，“自标高的高度偏移量”为“3050”，Enter 键确认。依据“建施-05”中“屋顶层平面图”首先利用参照平面进行屋顶层门上板的位置定位，然后再进行板的绘制。绘制完成后如图 4-96、图 4-97 所示。

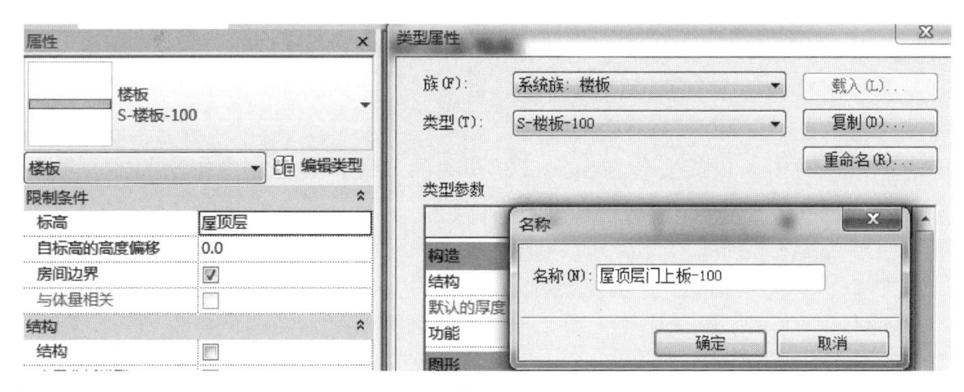

图 4-96

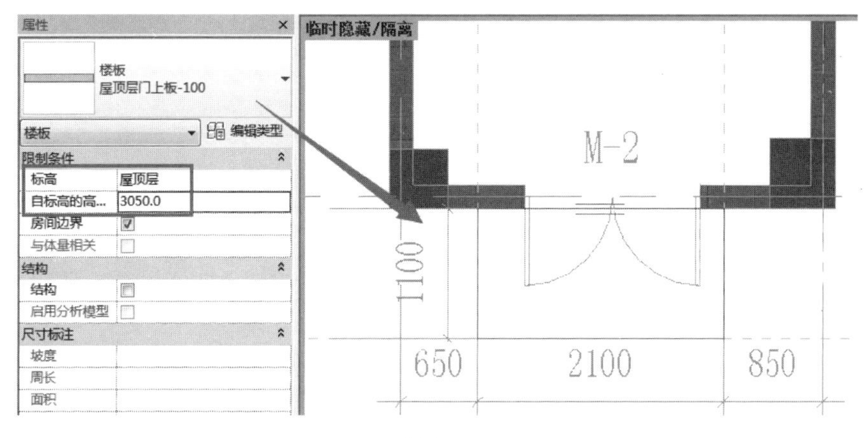

图 4-97

(42) 单击“快速访问栏”中三维视图按钮，切换到三维视图，如图 4-98 所示。

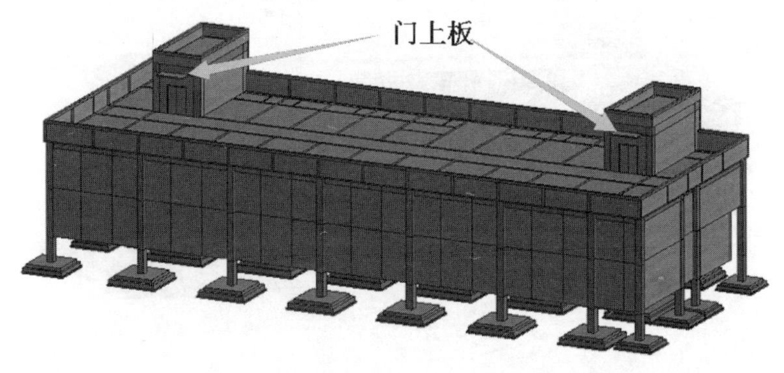

图 4-98

(43) 单击“快速访问栏”中保存按钮，保存当前项目成果。

4.7.4 总结拓展

★ 步骤总结

上述 Revit 软件建立门的操作步骤主要分为九步，第一步：建立普通门（M-1、M-2、M-3）构件类型；第二步：布置“首层”楼层平面视图普通门（M-1、M-2、M-3）构件；第三步：建立 M-4、M-5 构件类型；第四步：布置“首层”楼层平面视图 M-4、M-5 构件；第五步：建立 FHM 乙与 FHM 乙-1 构件类型；第六步：布置“首层”楼层平面视图 FHM 乙与 FHM 乙-1 构件；第七步：布置“二层”楼层平面视图门构件；第八步：布置“屋顶层”楼层平面视图门构件；第九步：布置“屋顶层”楼层平面视图门上板构件。按照本操作流程读者可以完成专用宿舍楼项目全楼门的创建。

★ 业务扩展

门是指建筑物的出入口或安装在出入口能开关的装置，是分割有限空间的一种实体，它的作用是可以连接和关闭两个或多个空间的出入口。

建筑中门的类型有卷帘门、密闭门、平开门、弹簧门、折叠门、推拉门、旋转门等。门的高度一般为 1.8m 或 2.1m，房屋建筑学和房屋设计规范规定民用建筑中门高度不小于 2.1m。供人通行的门，高度一般不低于 2m，再高也不宜超过 2.4m，否则有空洞感。门扇制作也需特别加强，如造型、通风、采光需要时，可在门上加腰窗，其高度从 0.4m 起，但也不宜过高。

本节详细讲解了门的绘制方式，在 Revit 软件中可以添加任意形式的门构件，门构件属于可载入族，在添加门构件前，必须在项目中载入所需的门族，才能在项目中使用。

4.8 新建窗(含窗护栏)

4.8.1 任务说明

打开 Revit 软件，根据提供的专用宿舍楼图纸，完成专用宿舍楼窗的创建。

4.8.2 任务分析

★ 业务层面分析

建立窗模型前，先根据专用宿舍楼图纸查阅窗构件的尺寸、定位、属性等信息，保证窗模型布置的正确性。根据“建施-03”中“一层平面图”、“建施-04”中“二层平面图”、“建施-05”中“屋顶层平面图”可知窗构件的平面定位信息。根据“建施-09”中“门窗表及门窗详图”可知窗构件的尺寸及样式信息。

★ 软件层面分析

(1) 学习使用“窗”命令创建窗。

(2) 学习使用“全部标记”命令标记窗构件。

(3) 学习使用“栏杆扶手”命令创建窗护栏。

4.8.3 任务实施

【说明】插入窗的方法与上一节插入门的方法类似，稍有不同的是在插入窗时需要考虑窗台高度。通常窗户距地高度在门窗表、设计说明、立面或者剖面中进行标注。下面以《BIM 算量一图一练》中的专用宿舍楼项目为例，讲解创建项目全楼窗的操作步骤。

(1) 在“项目浏览器”中展开“楼层平面”视图类别，双击“首层”视图名称，进入“首层”楼层平面视图。为了绘图方便，利用“过滤器”工具以及“视图控制栏”下的“隐藏图元”工具，将除“结构柱、墙、轴网”之外的其他构件隐藏。完成后如图 4-99 所示。

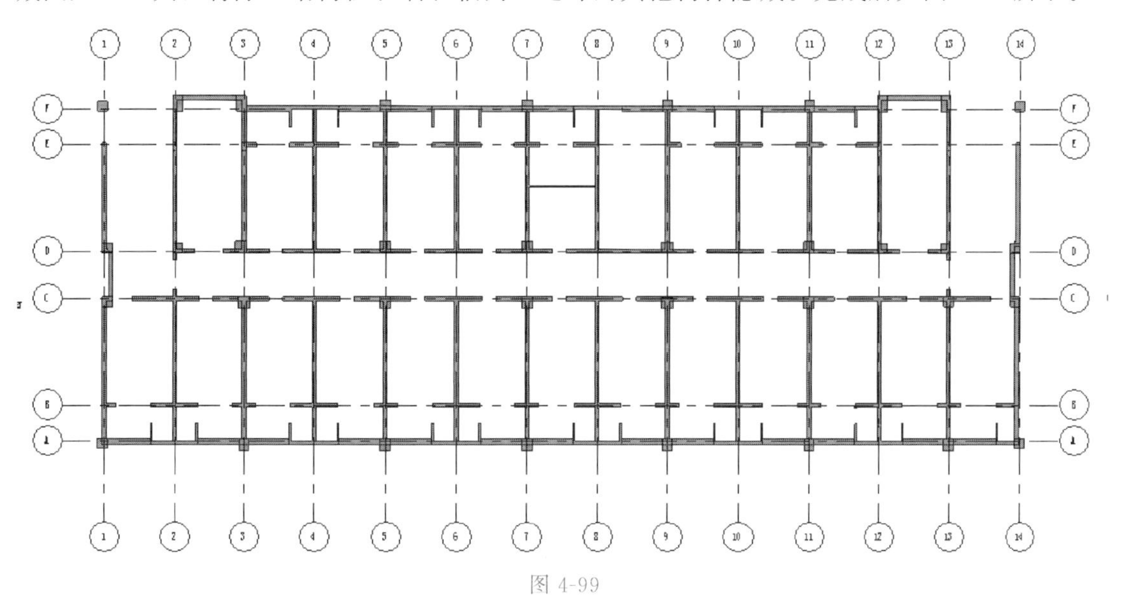

图 4-99

(2) 建立窗构件类型。单击“建筑”选项卡“构建”面板中的“窗”工具，点击“属性”面板中的“编辑类型”，打开“类型属性”窗口，点击“载入”按钮，弹出“打开”窗口，找到提供的“专用宿舍楼-配套资料\03-族\窗族”文件夹，点击“C-1”，点击“打开”命令，载入“C-1”族到专用宿舍楼项目中，“类型属性”窗口中“族（F）”和“类型（T）”对应刷新。点击“复制”按钮，弹出“名称”窗口，输入“C-1”，点击“确定”按钮关闭窗口。根据“建施-09”中“门窗表及门窗详图”的信息，分别在“高度”位置输入“1350”，“宽度”位置输入“1200”，“默认窗台高度”位置输入“0”（根据“建施-06”中“14-1 立面图和 1-14 立面图”测量可知）。点击“确定”按钮，退出“类型属性”窗口。完成“C-1”的创建。

用同样的方法载入“C-2”族，复制生成“C-2”构件，分别在“高度”位置输入“2850”，“宽度”位置输入“1750”，“默认窗台高度”位置输入“100”（根据“建施-06”中“14-1 立面图和 1-14 立面图”测量可知）；载入“C-3”族，复制生成“C-3”构件，分别在

"高度"位置输入"1750"，"宽度"位置输入"600"，"默认窗台高度"位置输入"1200"；载入"C-4"族，复制生成"C-4"构件，分别在"高度"位置输入"2550"，"宽度"位置输入"2200"，"默认窗台高度"位置输入"400"（根据"建施-06"中"14-1立面图和1-14立面图"测量可知）；载入"FHC"族，复制生成"FHC"构件，分别在"高度"位置输入"1800"，"宽度"位置输入"1200"，"默认窗台高度"位置输入"600"（根据"建施-06"中"14-1立面图和1-14立面图"测量可知）。C-1、C-2、C-3、C-4、FHC定义完成后如图4-100所示。

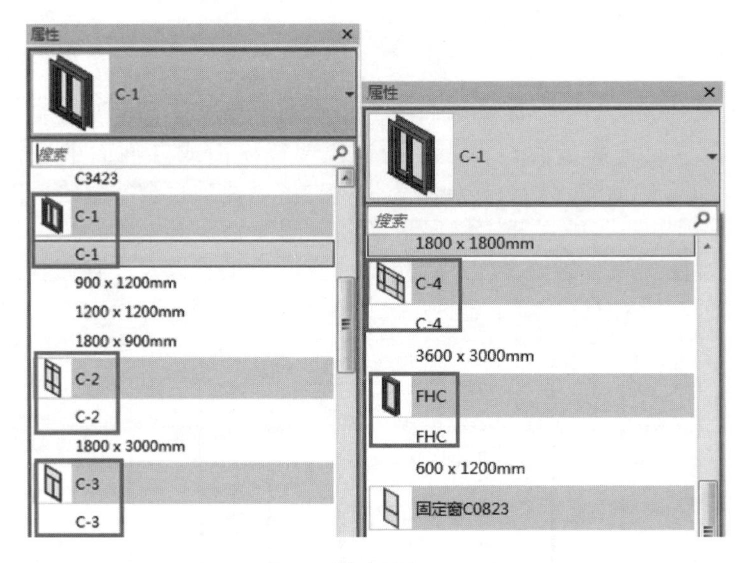

图 4-100

（3）构件定义完成后，开始布置构件。根据"建施-03"中"一层平面图"布置首层窗构件。在"属性"面板中找到C-1，Revit软件自动切换至"修改｜放置窗"上下文选项，确认激活"标记"面板中"在放置时进行标记"选项，其他参数采用默认值。确认"属性"面板中的"底高度"值为"0"，如图4-101、图4-102所示。适当放大视图，移动鼠标至F轴上侧600位置与2～3轴线间位置，在墙上点击放置窗C-1。按两次Esc键退出放置窗模式。

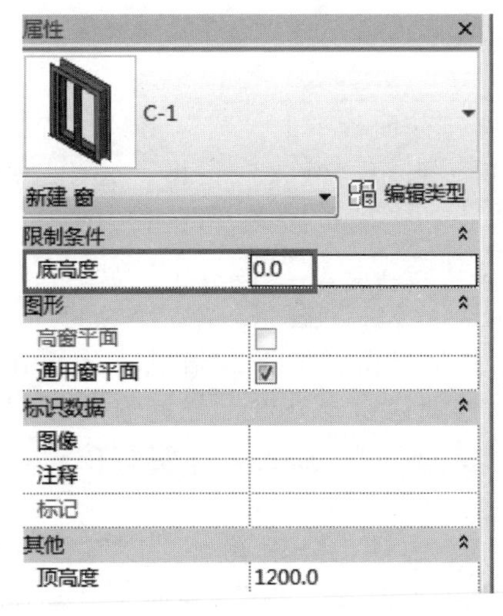

图 4-101

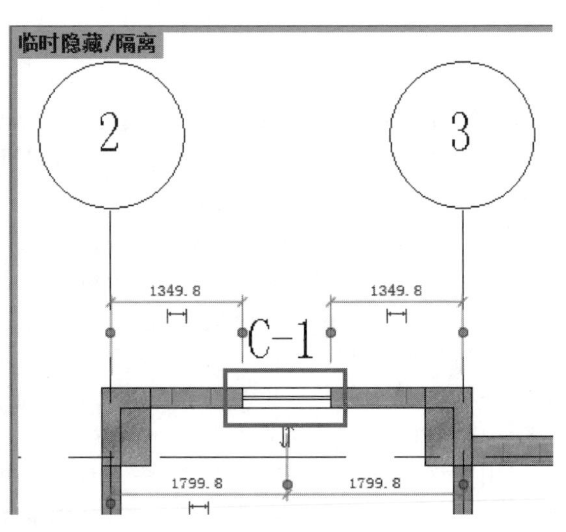

图 4-102

（4）单击刚放置的C-1窗，依据“建施-03”中“一层平面图”C-1窗的尺寸定位信息修改临时尺寸标注数值，完成C-1窗的位置修改。修改完成后如图4-103所示。

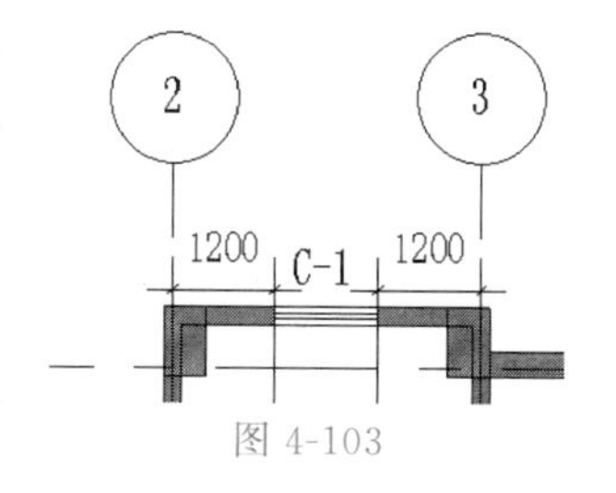

图4-103

（5）按照上述操作方法，将首层的C-1窗全部布置完成。

（6）同样的方法布置C-2窗。在“属性”面板中找到C-2，确认激活“标记”面板中“在放置时进行标记”选项，其他参数采用默认值。确认“属性”面板中的“底高度”值为“100”。适当放大视图，移动鼠标至F轴墙体与3～4轴线间位置，在墙上点击放置窗C-2。按两次Esc键退出放置窗模式。然后依据“建施-03”中“一层平面图”C-2窗的尺寸定位信息修改临时尺寸标注数值，完成C-2窗的位置修改。修改完成后如图4-104所示。

（7）按照上述操作方法，将首层的C-2窗全部布置。

（8）同样的方法布置C-3窗。在“属性”面板中找到C-3，确认激活“标记”面板中“在放置时进行标记”选项，其他参数采用默认值。确认“属性”面板中的“底高度”值为“1200”。适当放大视图，移动鼠标至*F*轴墙体与3～4轴线间位置，在墙上点击放置窗C-3。按两次Esc键退出放置窗模式。依据“建施-03”中“一层平面图”C-3窗的尺寸定位信息修改临时尺寸标注数值，完成C-3窗的位置修改。修改完成后如图4-105所示。

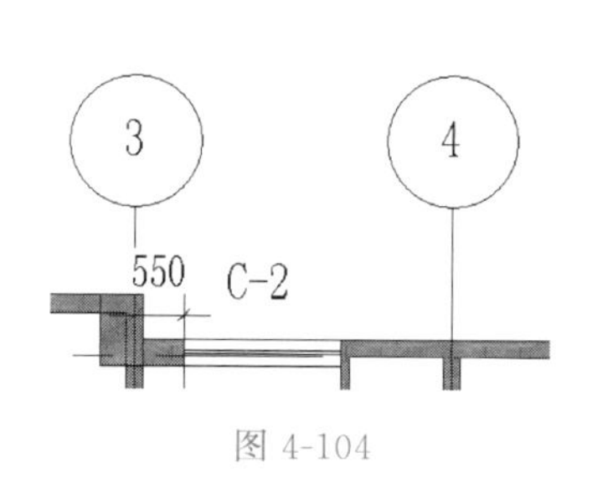

图4-104

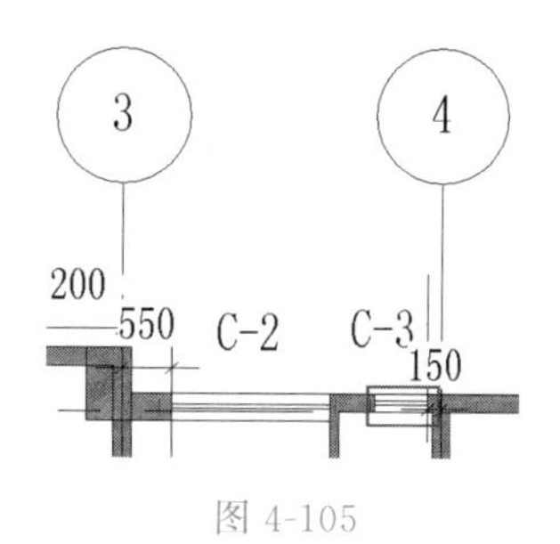

图4-105

（9）按照上述操作方法，将首层的C-3窗全部布置。

（10）同样的方法布置C-4窗。在“属性”面板中找到C-4，确认激活“标记”面板中“在放置时进行标记”选项，其他参数采用默认值。确认“属性”面板中的“底高度”值为“400”。适当放大视图，移动鼠标至1轴右侧250位置与C～D轴线间位置，在墙上点击放置窗C-4。按两次Esc键退出放置窗模式。依据“建施-03”中“一层平面图”C-4窗的尺寸定位信息修改临时尺寸标注数值，完成C-4窗的位置修改。修改完成后如图4-106所示。

（11）按照上述操作方法，将首层的C-4窗全部布置。

（12）同样的方法布置FHC窗。在“属性”面板中找到FHC窗，确认激活“标记”面板中“在放置时进行标记”选项，其他参数采用默认值。确认“属性”面板中的“底高度”值为“600”。适当放大视图，移动鼠标至C轴墙体与1～2轴线间位置，在墙上点击放置FHC窗。按两次Esc键退出放置窗模式。然后依据“建施-03”中“一层平面图”FHC窗的尺寸定位信息修改临时尺寸标注数值，完成FHC窗的位置修改。修改完成后如图4-107所示。

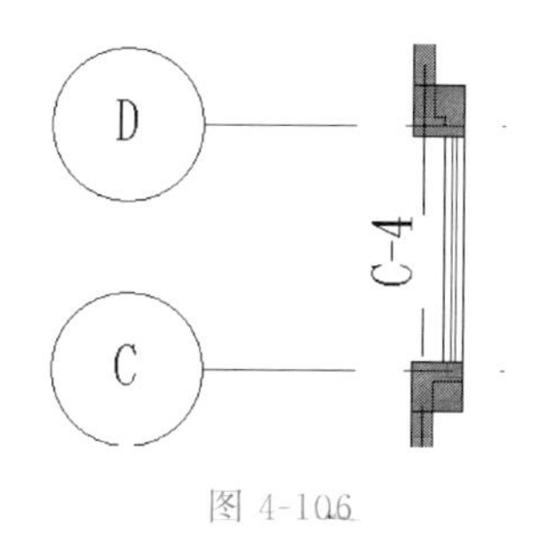

图4-106

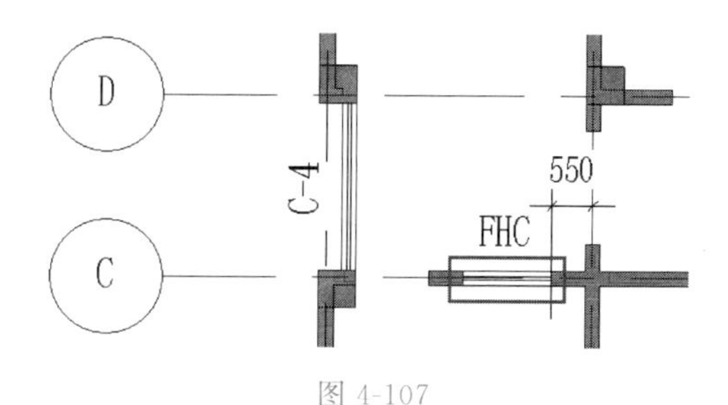

图4-107

(13）按照上述操作方法，将首层的 FHC 窗全部布置。

(14）单击“快速访问栏”中保存按钮，保存当前项目成果。

(15）“首层”楼层平面视图窗绘制完成后，开始绘制“二层”楼层平面视图窗。

(16）激活“二层”楼层平面视图 ，根据“建施-04”中“二层平面图”布置二层窗构件。对于二层的窗构件可以按照首层布置窗的方式进行二层窗的布置；也可以使用“过滤器”工具将首层的“窗、窗标记”构件全部选中然后使用“复制到剪贴板、粘贴、与选定的标高对齐”，选择“二层”，快速进行二层窗的布置。读者可自行选择布置方案。

(17）“二层”楼层平面视图窗绘制完成后，开始绘制“屋顶层”楼层平面视图窗。

(18）激活“屋顶层”楼层平面视图，根据“建施-05”中“屋顶层平面图”以及“建施-06”中“14-1 立面图”和“1-14 立面图”布置屋顶层窗构件。

(19）窗构件全部布置完成后分别切换到三维模型视图的后视图、前视图、左/右视图与“建施-06”中“14-1 立面图和 1-14 立面图”进行对比查看，以保证窗构件布置的正确性与完整性。如图 4-108～图 4-110 所示。

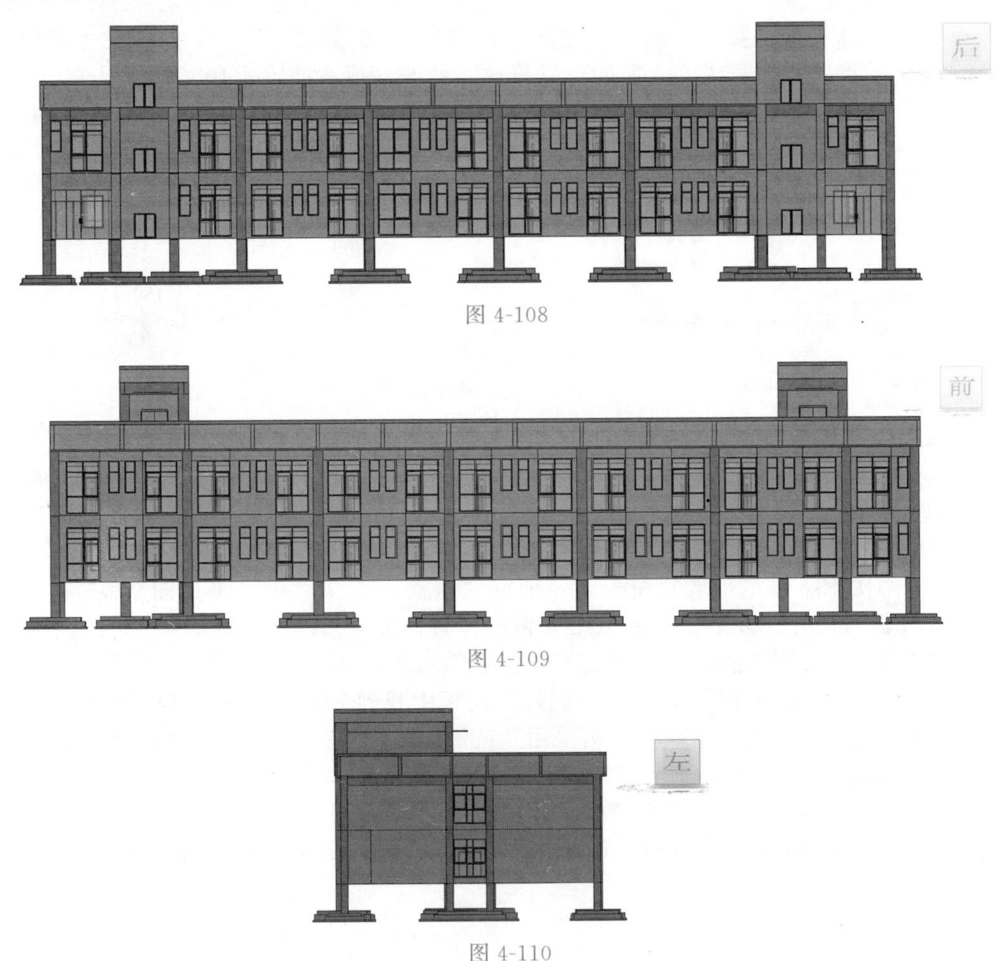

图 4-108

图 4-109

图 4-110

(20）单击“快速访问栏”中保存按钮，保存当前项目成果。

(21）窗构件布置完成后，查阅“建施-06”中“14-1 立面图和 1-14 立面图”可知首层和二层 C2 窗位置有窗外的护栏，窗护栏高度为 1050mm（CAD 测量可知），窗护栏长度与 C2 窗长度一致。根据规范要求，外窗窗台距楼面、地面的高度低于 0.90m 时，应有防护设施，窗台的净高度或防护栏杆的高度均应从可踏面起算，保证满足净高 0.90m。窗外有阳台或平台时可不受此限制。由于已绘制的外窗 C4 窗构件距地高度为 400mm，所以也应该添加窗护栏。利用 Revit 软件默认的“栏杆扶手”命令可在 C2 窗、C4 窗周边进行窗护栏绘制。

（22）切换到“首层”楼层平面视图，先利用“过滤器”工具以及“视图控制栏”下的“隐藏图元”工具将除了“墙、门、窗、门标记、窗标记、轴网、幕墙嵌板、幕墙网格”之外的其他构件隐藏。如图 4-111 所示。

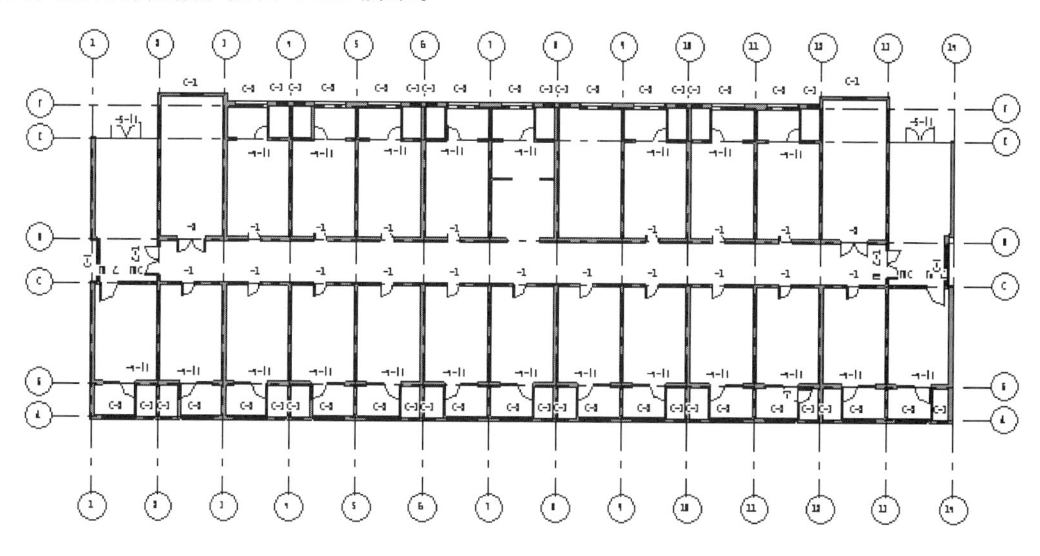

图 4-111

（23）首先先建立 C2 窗护栏构件类型，单击“建筑”选项卡“楼梯坡道”面板中的“栏杆扶手”下的“绘制路径”工具，点击“属性”面板中的“编辑类型”，打开“类型属性”窗口，以类型“栏杆-金属立杆”为基础，点击“复制”按钮，弹出“名称”窗口，输入“C2 窗护栏”，点击“确定”按钮关闭窗口。再次点击“确定”按钮退出“类型属性”窗口。在“属性”面板设置“底部标高”为“首层”，“底部偏移”为“100”（C2 窗底高度为 100），Enter 键确认应用。“绘制”面板中选择“直线”绘制方式，其他设置默认不变，在 *F* 轴与 3～4 轴线间 C2 窗窗框位置绘制窗护栏轮廓。点击“模式”选项卡下绿色对勾，完成窗护栏的建立。完成后“首层”楼层平面视图与三维模型视图可同时查看，如图 4-112～图 4-114 所示。

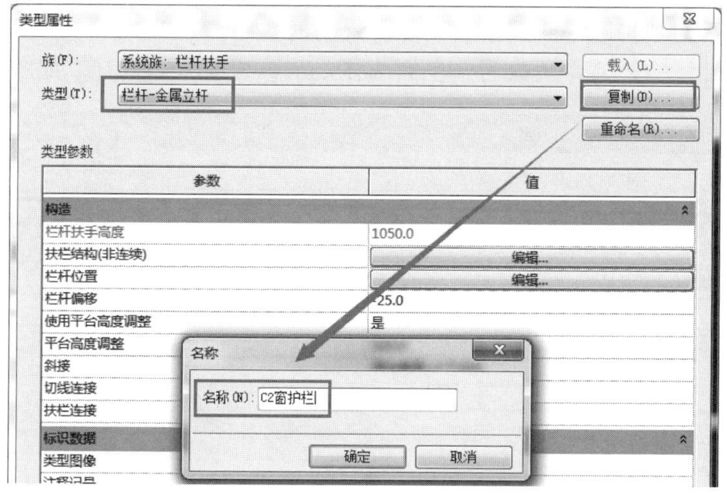

图 4-112

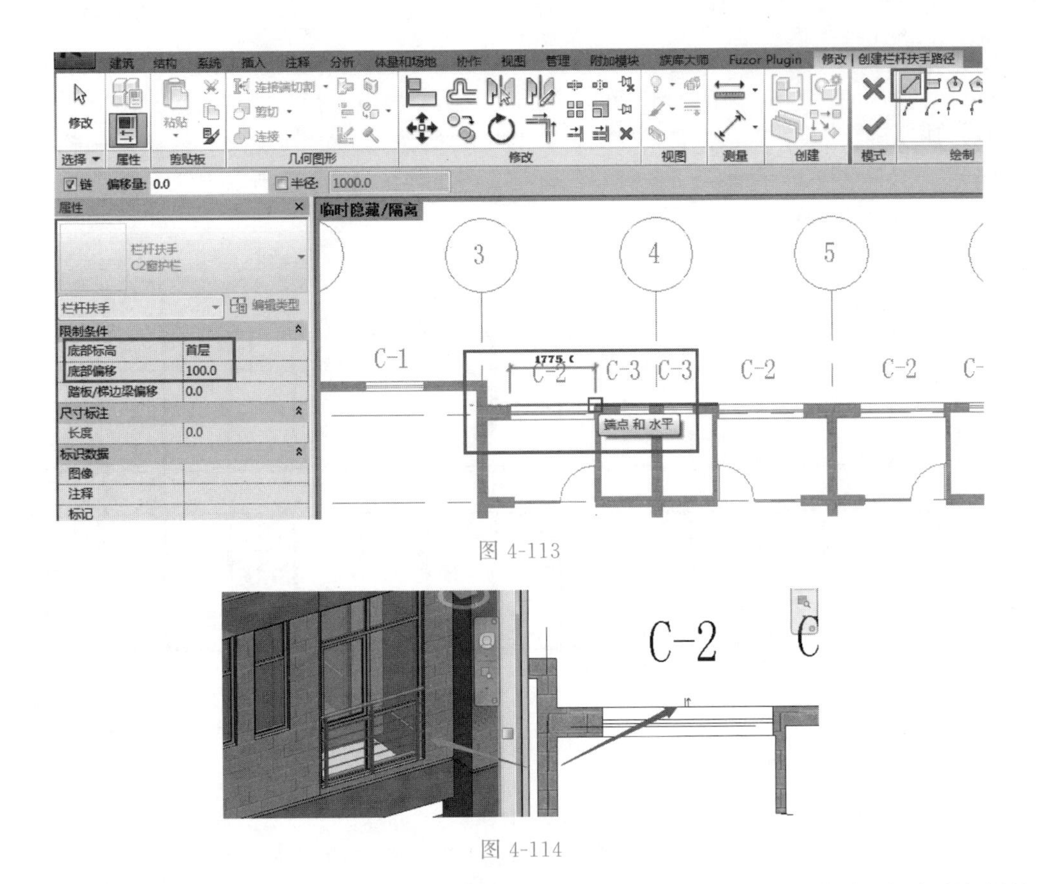

图 4-113

图 4-114

（24）根据“建施-06”中“14-1 立面图和 1-14 立面图”C2 窗护栏轮廓对刚刚绘制的 C2 窗护栏进行简单修改。选择刚绘制的 C2 窗护栏，点击“属性”面板中的“编辑类型”，打开“类型属性”窗口，点击“扶栏结构（非连续）”右侧“编辑”按钮，打开“编辑扶手（非连续）”窗口，删除不需要的扶手，并对扶手轮廓材质进行修改，完成后点击“确定”按钮退出“编辑扶手（非连续）”窗口，如图 4-115、图 4-116 所示。【注意】Revit 软件的“栏杆扶手”由“扶手”和“栏杆”两部分组成，在定义“扶栏结构（非连续）”的“编辑扶手（非连续）”窗口中，可以指定各扶手结构的名称、距离“基准”的高度、采用的轮廓族类型和各扶手的材质。单击“插入”按钮可以添加新的扶手结构，可以使用“向上”、“向下”按钮修改扶手的结构顺序，扶手的高度由最高的扶手高度决定。“偏移”参数指扶手轮廓外侧距离栏杆外侧的距离，负数为向左侧偏移，正数为向右侧偏移。如图 4-117 所示。

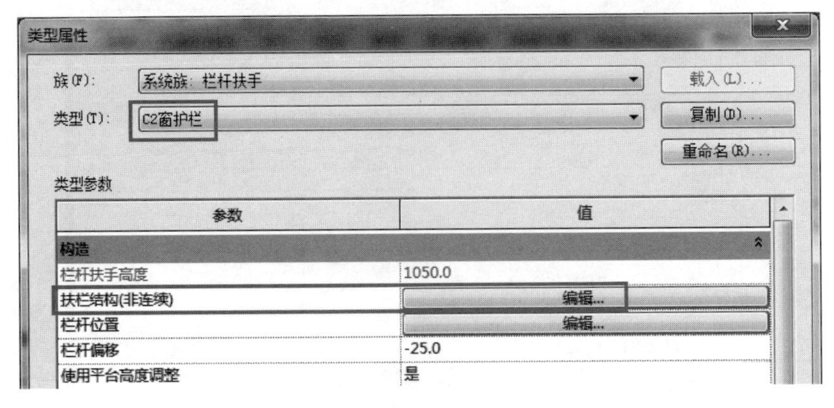

图 4-115

	名称	高度	偏移	轮廓	材质
1	顶部扶手	1050.0	-25.0	公制_圆形扶手：50mm	不锈钢
2	中间扶手	875.0	-16.0	公制_圆形扶手：50mm	不锈钢
3	底部扶手	125.0	-16.0	公制_圆形扶手：50mm	不锈钢

图 4-116

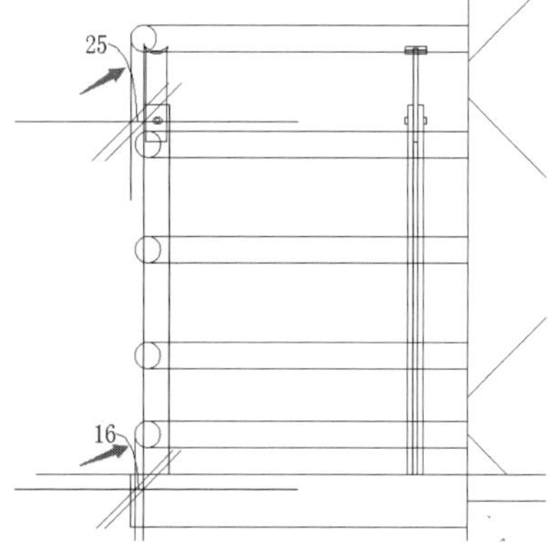

图 4-117

（25）修改好扶手后，修改栏杆。在“编辑类型”窗口点击“栏杆位置”右侧“编辑”按钮，打开“编辑栏杆位置”窗口，可以看到在“主样式”模块下目前只有第二行可以编辑，选择第二行，点击右侧“复制”按钮，复制出多行栏杆信息并进行修改，完成后点击“确定”按钮退出“编辑栏杆位置”窗口。【注意】在 Revit 软件定义“栏杆位置”的“编辑栏杆位置”窗口中，可以指定各栏杆结构的名称、采用的轮廓族类型、底部标高、顶部标高以及相对于前一栏杆的距离。单击“复制”按钮可以添加新的栏杆结构，可以使用“向上”、“向下”按钮修改栏杆的结构顺序。“栏杆”样式在高度方向的起点设置为“主体”，即从栏杆的主体或实例属性中定义的标高及底部偏移位置开始；高度方向的终点设置为“顶部扶手”，即是从名称为“顶部扶手”的扶手结构处结束。“顶部扶手、底部扶手、中间扶手”为上一步骤中在“编辑扶手（非连续）”窗口中设置的扶手名称。如图 4-118、图 4-119 所示。

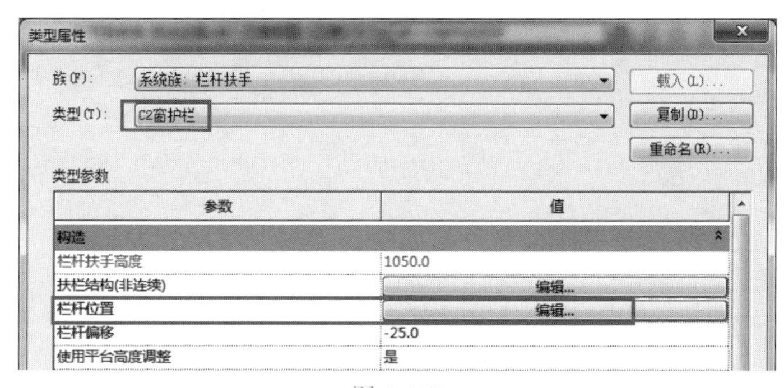

参数	值
构造	
栏杆扶手高度	1050.0
扶栏结构(非连续)	编辑...
栏杆位置	编辑...
栏杆偏移	-25.0
使用平台高度调整	是

图 4-118

	名称	栏杆族	底部	底部偏移	顶部	顶部偏移	相对前一栏杆的距离	偏移
1	填充图案起点	N/A	N/A	N/A	N/A	N/A	N/A	N/A
2	栏杆	扁钢立杆-双根：不锈钢扁钢	主体	0.0	顶部扶手	0.0	170.0	0.0
3	栏杆	扁钢立杆-双根：不锈钢扁钢	底部扶手	0.0	中间扶手	0.0	150.0	0.0
4	栏杆	扁钢立杆-双根：不锈钢扁钢	底部扶手	0.0	中间扶手	0.0	140.0	0.0
5	栏杆	扁钢立杆-双根：不锈钢扁钢	底部扶手	0.0	中间扶手	0.0	140.0	0.0
6	栏杆	扁钢立杆-双根：不锈钢扁钢	底部扶手	0.0	中间扶手	0.0	140.0	0.0
7	栏杆	扁钢立杆-双根：不锈钢扁钢	主体	0.0	顶部扶手	0.0	150.0	0.0
8	栏杆	扁钢立杆-双根：不锈钢扁钢	底部扶手	0.0	中间扶手	0.0	140.0	0.0
9	栏杆	扁钢立杆-双根：不锈钢扁钢	底部扶手	0.0	中间扶手	0.0	140.0	0.0
10	栏杆	扁钢立杆-双根：不锈钢扁钢	底部扶手	0.0	中间扶手	0.0	140.0	0.0
11	栏杆	扁钢立杆-双根：不锈钢扁钢	底部扶手	0.0	中间扶手	0.0	150.0	0.0
12	栏杆	扁钢立杆-双根：不锈钢扁钢	主体	0.0	顶部扶手	0.0	170.0	0.0
13	填充图案终点	N/A	N/A	N/A	N/A	N/A	170.0	N/A

图 4-119

（26）最后退出“编辑类型”窗口后，查看C2窗护栏，如图4-120所示。可以看到修改后的C2窗护栏与“建施-06”中“14-1立面图和1-14立面图”C2窗护栏轮廓基本一致。

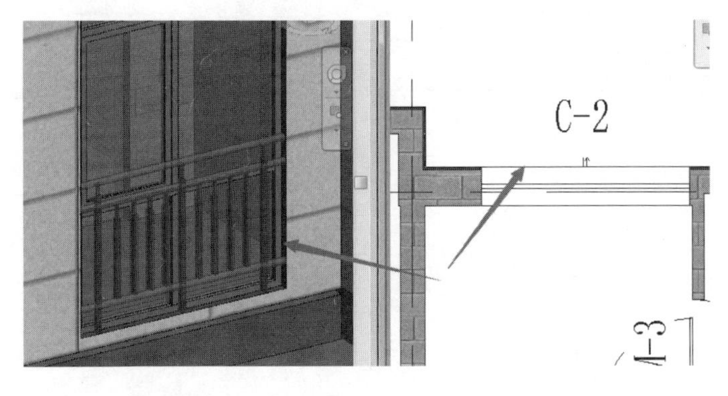

图 4-120

（27）F轴与3～4轴线间C2窗护栏修改完成后，可以利用“复制”命令将首层其他C2窗位置进行C2窗护栏布置，首层C2窗护栏布置完成后如图4-121所示。

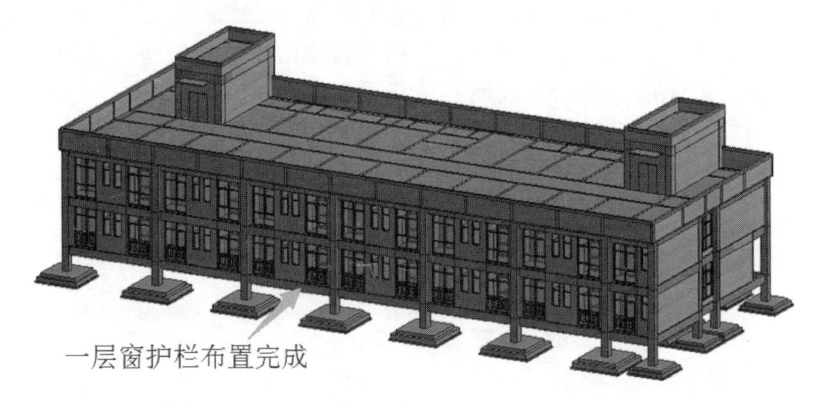

图 4-121

（28）“首层”楼层平面视图C2窗护栏绘制完成后，开始绘制“二层”楼层平面视图C2窗护栏。为了绘图方便可以选择首层绘制的一处C2窗护栏，通过“右键-选择全部实例-在视图中可见”选择首层绘制的所有C2窗护栏构件，然后使用“复制到剪贴板、粘贴、与选定的标高对齐”，选择“二层”，快速创建二层C2窗护栏构件。绘制完成后如图4-122所示。

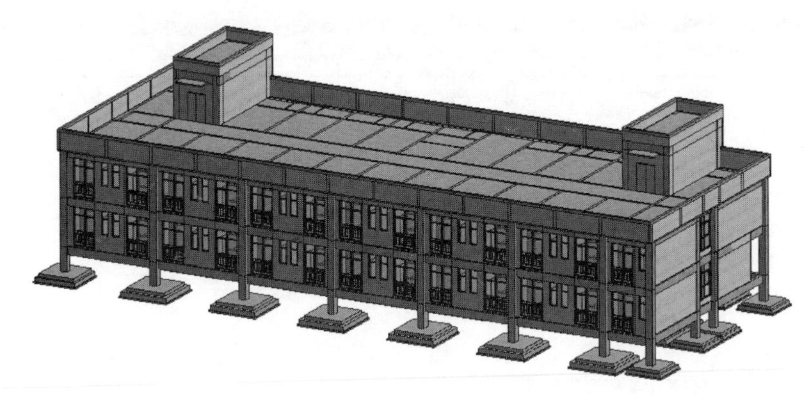

图 4-122

（29）C2 窗护栏建立完毕后，进行 C4 窗护栏的搭建，切换到“首层”楼层平面视图，首先利用“类型属性”窗口，以类型“C2 窗护栏”为基础，复制生成“C4 窗护栏”，在“属性”面板设置“底部标高”为“首层”，“底部偏移”为“400”（C4 窗底高度为 400），Enter 键确认应用。“绘制”面板中选择“直线”绘制方式，其他设置默认不变，在 1 轴左侧与 C～D 轴线间 C4 窗窗框位置绘制窗护栏轮廓，点击“模式”选项卡下绿色对勾，完成 C4 窗护栏的建立。完成后切换到三维模型视图查看。如图 4-123 所示。

图 4-123

（30）继续在首层 14 轴右侧与 C～D 轴线间 C4 窗窗框位置绘制窗护栏。“首层”楼层平面视图中 C4 窗护栏绘制完成后，开始绘制“二层”楼层平面视图 C4 窗护栏。可以选择一个 C4 窗护栏后，按住 Ctrl 键将首层 C4 窗护栏全部选择，然后使用“复制到剪贴板、粘贴、与选定的标高对齐”，选择“二层”，快速创建二层 C4 窗护栏构件。绘制完成后如图 4-124 所示。

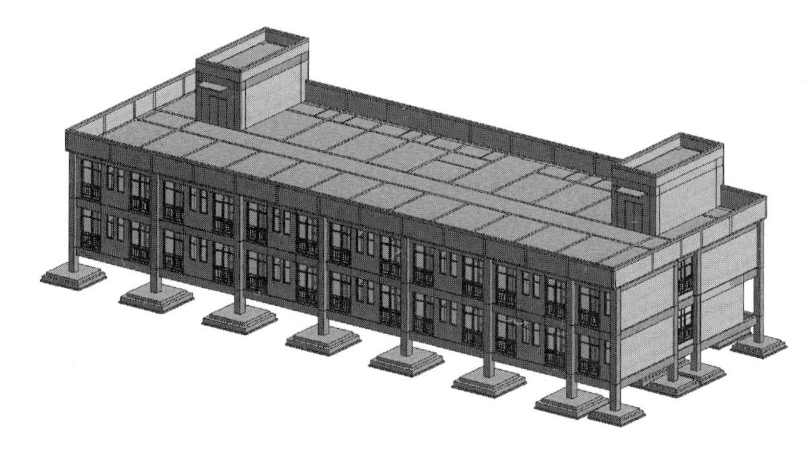

图 4-124

（31）单击“快速访问栏”中保存按钮，保存当前项目成果。

4.8.4 总结拓展

★ 步骤总结

上述 Revit 软件建立窗及护栏的操作步骤主要分为八步，第一步：建立窗构件类型；第二步：布置“首层”楼层平面视图窗；第三步：布置“二层”楼层平面视图窗；第四步：布置“屋顶层”楼层平面视图窗；第五步：建立 C2 窗护栏构件类型；第六步：布置“首层”楼层平面视图 C2 窗护栏；第七步：布置“二层”楼层平面视图 C2 窗护栏；第八步：建立 C4 窗护栏构件类型并创建首层和二层 C4 窗护栏。按照本操作流程读者可以完成专用宿舍楼项目全楼窗及窗护栏的创建。

★ 业务扩展

随着人们对生活空间质量的日益关注，门窗也承担了更重要的作用与功能。从技术角度分析，门窗承担了水密性、气密性、抗风压、机械力学强度、隔热、隔音、防盗、遮阳、耐候性、操作手感等一系列重要的功能；同时门窗代表了与地域相关的人文景观，是建筑师手中的设计元素，也是房主展示其个性的一种符号。门窗是人与环境交流的通道，并营造了私密的生活空间。实际项目中窗复杂多变，下面将从材质、用途、开启方式三种维度对窗进行分类并分析。

（1）窗按材质可分为铝合金窗、木窗、铝木窗、断桥隔热窗、钢窗、塑钢窗、彩钢窗、PVC 塑料窗等。

① 铝合金窗是目前使用最为广泛的门窗材料，其优点非常明显：质轻、坚固、不易变形、金属质感、易于加工，可使用喷涂或电泳进行表面处理，可以任意色彩搭配建筑外形及居室内部空间，是建筑门窗选择最多的材料。

② 木窗是人类最早使用的窗体材料，具有自然、和谐、温馨、坚实的特点，需用优质木材以及优良工艺制造，因此价格较高，多用于别墅等高档空间处理。劣质木窗则易于变形，影响使用毫无可取之处。

③ 铝木窗由铝合金同木窗组合而成，取二者的优点。通常木窗在里，体现自然、温馨、高档；铝合金包在外面防水更好，喷涂颜色与建筑相搭配。铝木窗需要优质木材，工艺也较为繁复，价格较高，如不符合质量标准长时间使用则会产生裂缝，严重的还会产生变形影响使用。

④ 断桥隔热窗是铝合金窗的升级版，其原理是通过 PVC 隔热条将铝合金窗体型材分隔，以降低铝合金型材的导热系数，从而提高窗体的保温隔热性能，达到节能效果。

⑤ 钢窗是工业革命后的产物，我国 20 世纪 80 年代前的老公房多用这种窗，易锈、价廉、不密封，现已基本淘汰。

⑥ 塑钢窗是由塑料和钢组合为窗体型材的窗，塑料（PVC）型材内部衬钢，既达到保温效果，又增加强度，成本也较低；缺点是易老化变色，更有不良商家降低衬钢标准，甚至不衬钢，难以检验。

⑦ 彩钢窗是由彩色钢板轧制的型材，可以理解为钢窗的升级版，也已基本淡出市场。

⑧ PVC 塑料窗是一种强度更高的塑料窗，不需要钢衬，属新型窗材。

（2）窗按用途可分为阳台窗、墙体窗、屋顶窗、落地窗、纱窗等。

① 阳台窗　简称无框窗，其最大的特点是窗扇没有竖直框架，所有窗扇能够移动打开，保证了最大限度的通风采光，使得阳台既保留了通透舒适的空间感，又能有效地挡风遮雨，是景观休闲阳台的最佳选择。无框阳台窗又分为平窗、转角窗和平移窗，平窗适用于直线型阳台、转角窗适用于弧线型阳台。平窗采用垂直滚轮，转角窗采用平面滚轮，垂直滚轮相对于平面滚轮滑动更流畅；除非弧形必要，尽量采用垂直滚轮结构的无框窗；平移窗则多用于阳台下窗处理。

② 炫框阳台窗　也称多轨推拉窗，其特点性能是兼于无框窗和墙体窗之间，炫框纤细，空间感觉通透明亮，三轨、四轨的打开面积分别为 66%、75%，在增强防水密封性的前提下最大限度地保证阳台的通风、采光，特别适用于居室中的工作阳台（北阳台）。

③ 墙体窗　也称建筑门窗，在建筑施工过程中同时安装，作为建筑墙体的一部分，对防水、密封要求高，普遍应用于卧室、居室、厨房、卫生间等室内墙体。近年来对节能要求的提高，使得越来越多的客户选择中空玻璃、断桥隔热窗。

④ 屋顶窗　上海称“老虎窗”。斜屋顶的天窗用于屋顶的采光、通风，因为开在屋顶上，对密封处理具有更高的要求，需要专业的密封处理。

⑤ 落地窗　大面积的墙体窗或阳光房维护结构窗，可能有多种窗型组合而成，通常对

组合窗体具有更高强度、抗风压要求，丰富了建筑的立面造型。

⑥ 纱窗　通常用以防蚊。

(3) 窗按开启方式可分为推拉窗、平开窗、内开内倒窗、折叠窗、提拉窗、固定窗等。

① 推拉窗　推拉窗是最普通也是使用最广泛的一种窗型，优点是开启简便，持久耐用且价格适中，但密封性不如平开窗。

② 平开窗　其优点是密封性好，缺点是内开占用空间，外开有限制（国家规定 10 层以上不得使用）而且窗扇和配件成本都较高，窗扇也不能做得大。

③ 内开内倒窗　是平开（内开）窗的升级版，通过铰链的位置变换，既能内开又能内倒（内翻），这种铰链及五金配件最早由德国人发明。

④ 折叠窗　相邻两扇窗扇的竖挡间安装铰链，使窗扇联动打开，折叠窗开启方便，打开面积大，结构复杂、成本高。

⑤ 提拉窗　适用于宽度较小，需要开启但不能内外开的洞口，多用于厕所窗。

⑥ 固定窗　不能移、不能开，通常根据需要与其他窗型组合，或用于窗的下固定部分。

本节详细讲解了窗的绘制方式，在 Revit 软件中可以添加任意形式的窗构件。窗构件属于可载入族，在添加窗构件前，必须在项目中载入所需的窗族，才能在项目中使用。

4.9　新建洞口

4.9.1　任务说明

打开 Revit 软件，根据提供的专用宿舍楼图纸，完成专用宿舍楼洞口的创建。

4.9.2　任务分析

★ 业务层面分析

建立洞口模型前，先根据专用宿舍楼图纸查阅洞口构件的尺寸、定位、属性等信息，保证洞口模型布置的正确性。根据“建施-03”中“一层平面图”、“建施-04”中“二层平面图”可知洞口构件的平面定位信息；根据“建施-09”中“门窗表及门窗详图”可知洞口构件的尺寸及洞高信息。

★ 软件层面分析

(1) 学习使用“定向到视图”命令定位到任意视图。

(2) 学习使用“编辑轮廓”命令在墙体上开洞。

4.9.3　任务实施

【说明】Revit 软件提供了洞口工具，不仅可以在楼板、天花板、墙等图元构件上创建洞口，还能在一定高度范围内创建竖井，用于创建如电梯井、管道井等垂直洞口。除了上述洞口工具外，Revit 软件还可对需要开洞的构件进行轮廓编辑，形成洞口。需注意在编辑轮廓时，轮廓线必须首尾相连，不得交叉、开放或重合，轮廓线可以在闭合的环内嵌套。下面以《BIM 算量一图一练》中的专用宿舍楼项目为例，讲解利用编辑轮廓的方式创建项目墙体洞口的操作步骤。

(1) 前面两节讲解了门、窗的定义及布置方式，查阅“建施-09”中“门窗表及门窗详图”可知，还有 JD1、JD2 两类洞口未布置。JD1、JD2 两类洞口可以利用编辑墙体的方式进行洞口创建，所以无需定义洞口构件。首先需要找到开洞的墙体，在“项目浏览器”中展开“楼层平面”视图类别，双击“首层”视图名称，进入“首层”楼层平面视图。单击“快速访问栏”中三维视图按钮，切换到三维，鼠标放在 ViewCube 上，右键选择“定向到视图”→“楼层平面”→“楼层平面：首层”；利用“过滤器”工具以及“视图控制栏”下的“隐藏图元”工具将除了“剖面框、结构柱、墙”之外的其他构件隐藏。完成后如图 4-125 所示。

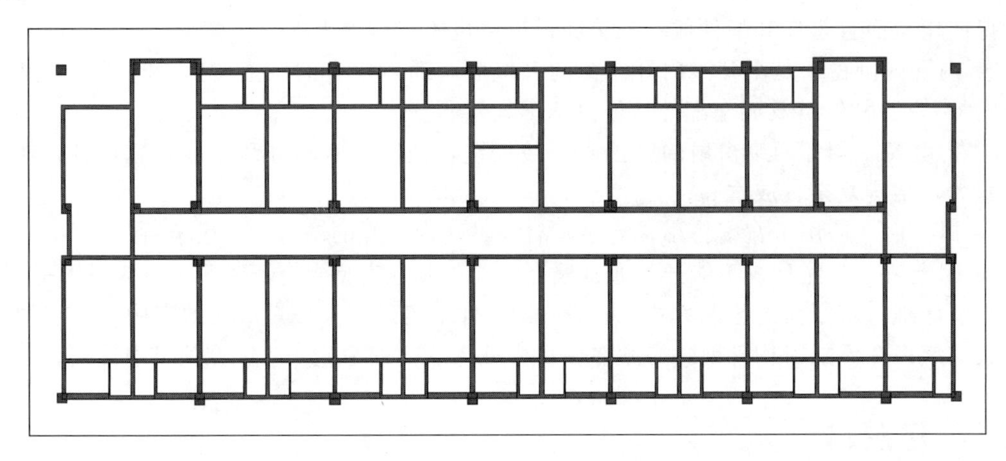

图 4-125

(2) 点击模型外围的剖面框，点击中间出现的蓝色剖面拉伸按钮，鼠标向上提拉模型，只显示俯视状态下的上半部分墙体，按住 Shift 键＋鼠标滚轮将模型进行三维旋转，然后切换到前视图。如图 4-126、图 4-127 所示。

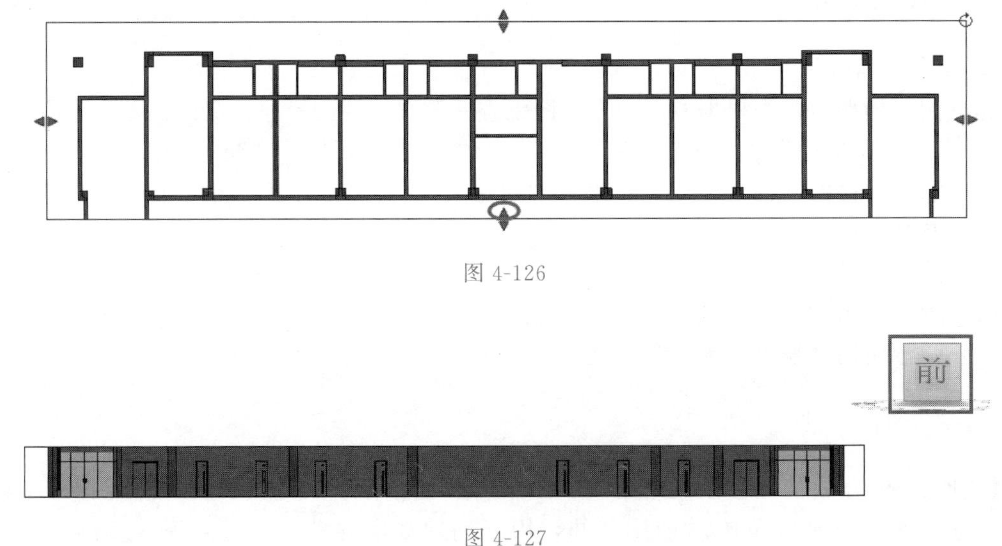

图 4-126

图 4-127

(3) 选择前视图正前方墙体，切换到“修改｜墙”上下文选项，点击“模式”面板中的“编辑轮廓”工具，激活“修改｜墙>编辑轮廓”上下文选项。点击“绘制”面板中的“拾取线”工具，根据“建施-03”中“一层平面图”中 JD1 距离左右两侧尺寸输入相应偏移量数值。根据“建施-09”中“门窗表及门窗详图”JD1 洞口高度为 2700mm，定位上面墙线。利用“修改”面板中“拆分图元”，断开下面墙线，再利用“修改”面板中“修剪/延伸为角”修剪墙线，形成封闭区域。点击“模式”面板中绿色对勾完成墙轮廓编辑操作，在墙上生成JD1。按Esc键两次退出修改墙模式。按住Shift键+鼠标滚轮将模型进行三维旋转，查看JD1洞口过程如图4-128～图4-134所示。

（4）按照上述操作方式，在首层建立JD2洞口。完成后如图4-135所示。

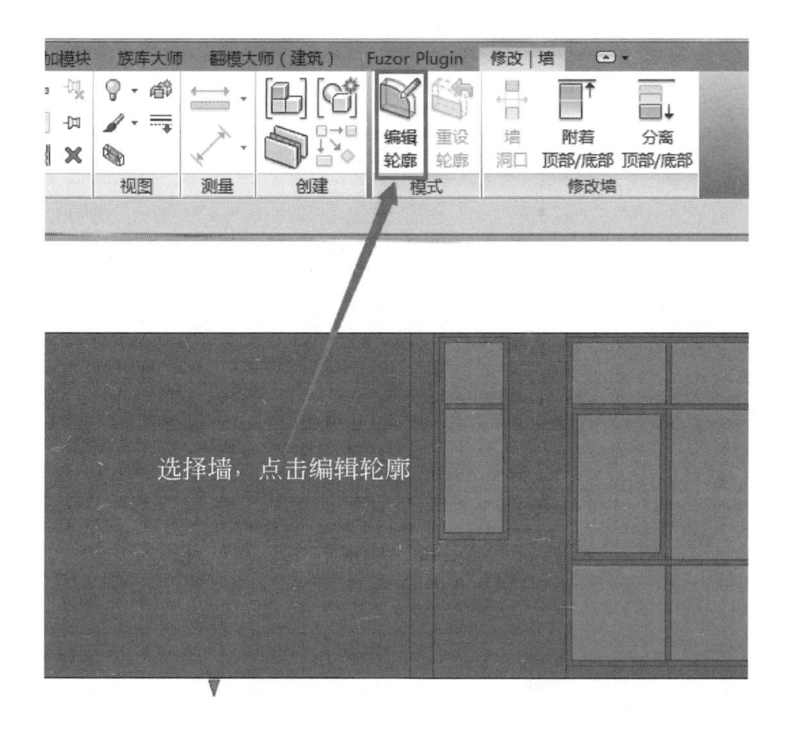

图4-128

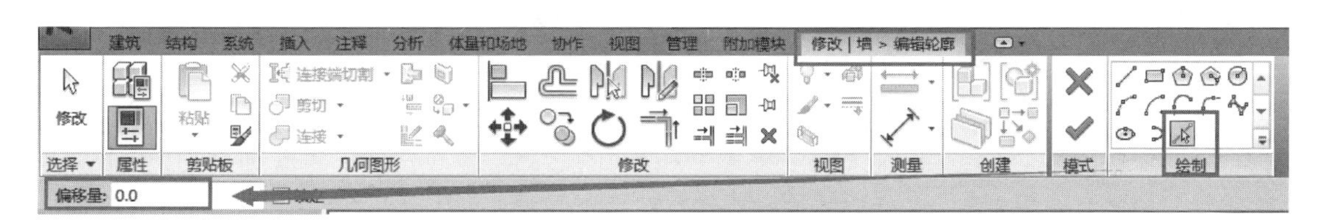

图4-129

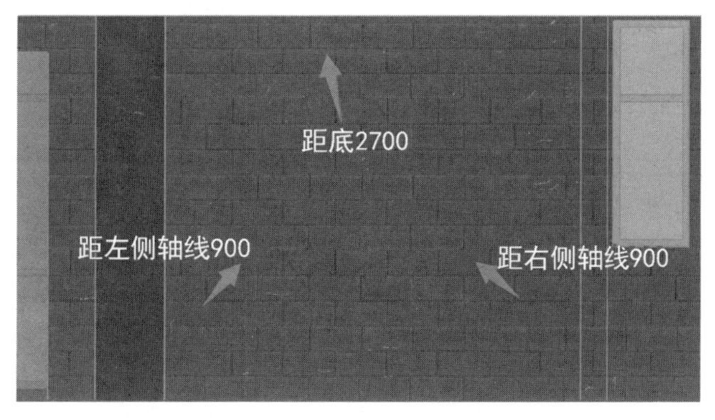

图4-130

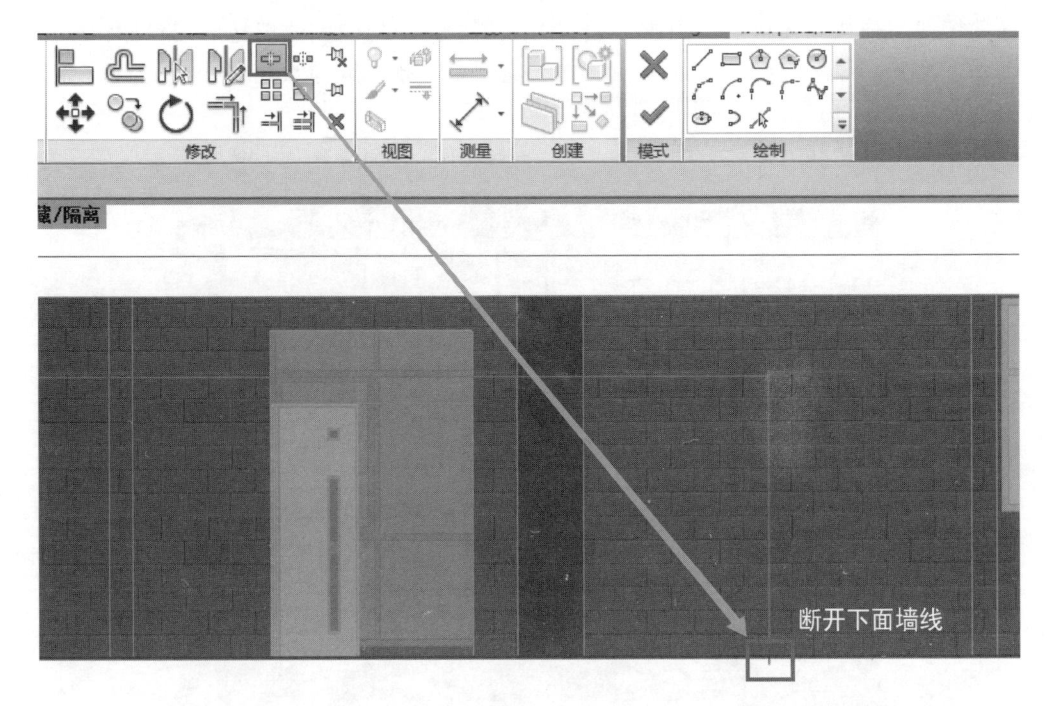

图 4-131

图 4-132

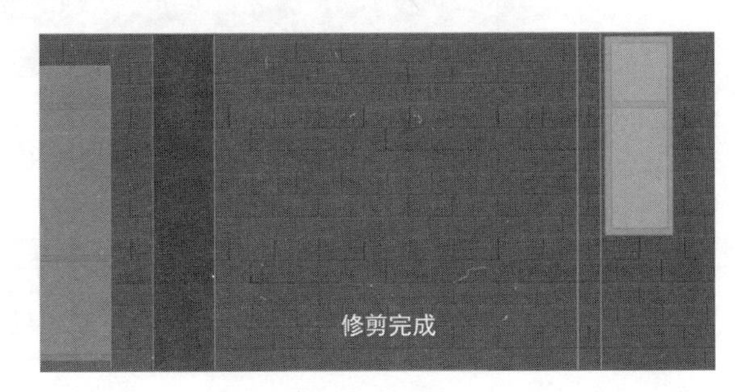

图 4-133

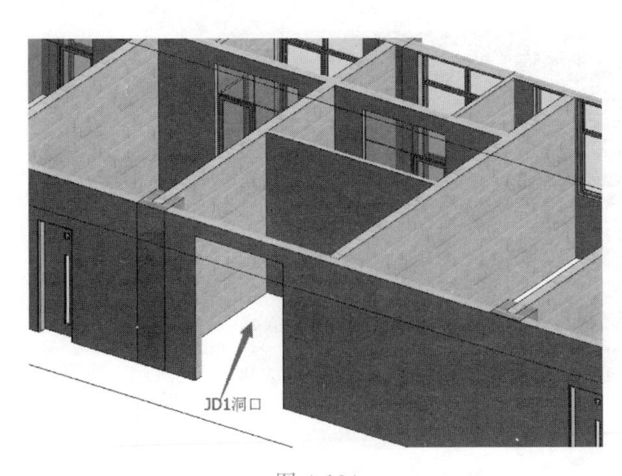

图 4-134

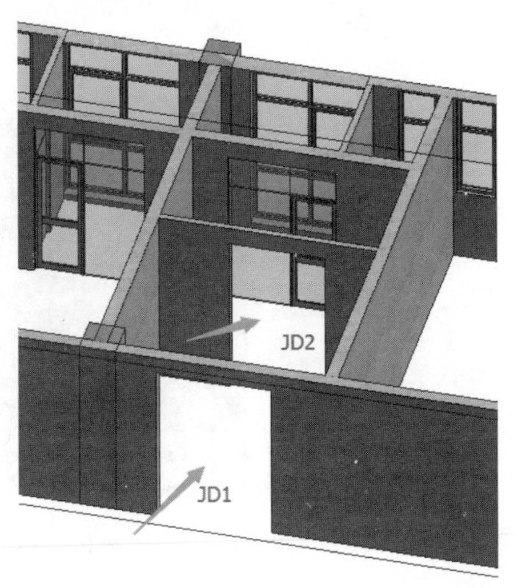

图 4-135

（5）“首层”楼层平面视图洞口绘制完成后，开始绘制“二层”楼层平面视图洞口。按照上述操作方式，单击“快速访问栏”中三维视图按钮，切换到三维；鼠标放在 ViewCube 上，右键选择“定向到视图”→“楼层平面”→“楼层平面：二层”。利用“过滤器”工具以及“视图控制栏”下的“隐藏图元”工具，将除了“剖面框、结构柱、墙”之外的其他构件隐藏。完成后如图 4-136 所示。

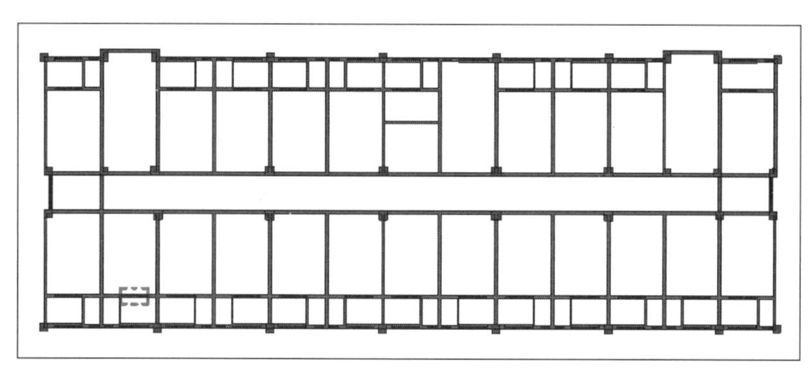

图 4-136

（6）点击模型外围的剖面框，点击中间出现的蓝色剖面拉伸按钮，鼠标向上提拉模型，只显示俯视状态下的上半部分墙体；按住 Shift 键＋鼠标滚轮将模型进行三维旋转，然后切换到前视图。如图 4-137、图 4-138 所示。

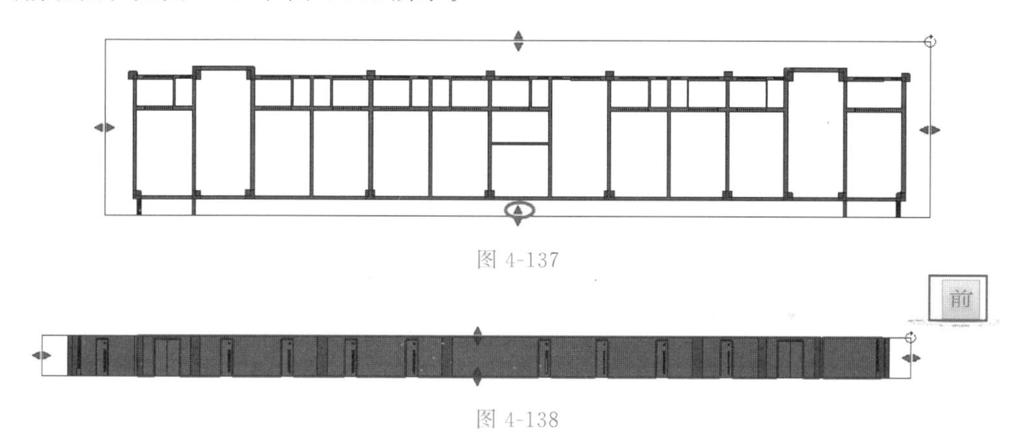

图 4-137

图 4-138

（7）按照首层创建 JD1、JD2 的方式编辑二层墙轮廓，建立二层 JD1、JD2 洞口构件。完成后如图 4-139 所示。

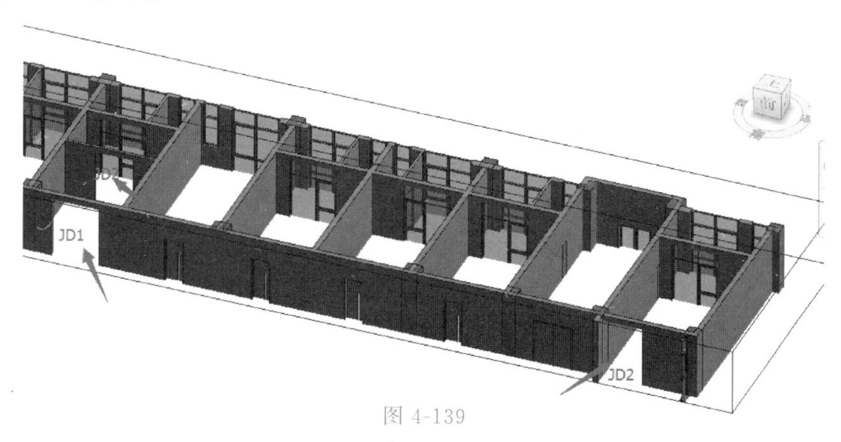

图 4-139

(8) 在三维模型视图下，取消“属性”面板中“剖面框”的勾选，如图 4-140 所示。按住 Shift 键＋鼠标滚轮将模型调整到合适的位置，查看模型如图 4-141 所示。

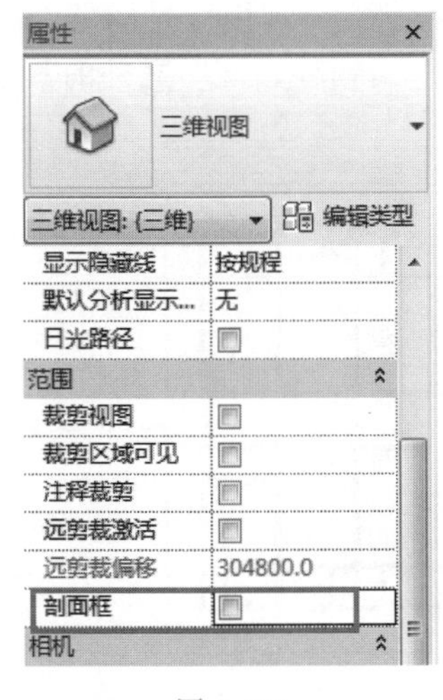

图 4-140

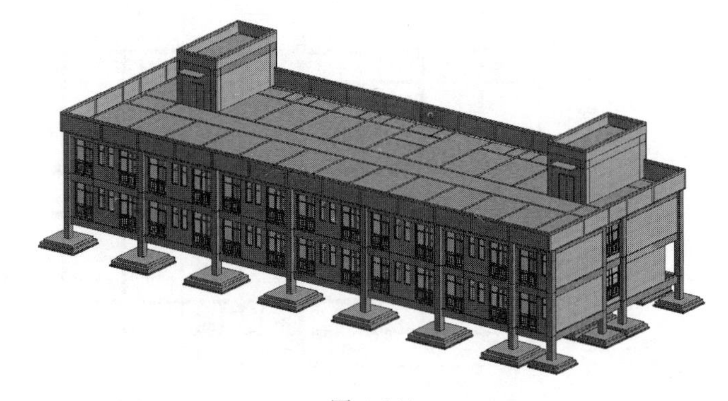

图 4-141

(9) 单击“快速访问栏”中保存按钮，保存当前项目成果。

4.9.4 总结拓展

★ 步骤总结

上述 Revit 软件建立墙体洞口的操作步骤主要分为四步，第一步：找到开洞的墙体；第二步：编辑墙体轮廓线；第三步：完成“首层”楼层平面视图洞口创建；第四步：完成“二层”楼层平面视图洞口创建。按照本操作流程读者可以完成专用宿舍楼项目洞口的创建。

★ 业务扩展

建筑洞口是指预留的洞口，包括窗户、门口、水电预留管道口、天窗等。上述内容详细讲解了墙体开洞的绘制方式，在 Revit 软件中还可以使用洞口工具创建项目所需洞口。

我国对建筑施工图纸中表述的“洞口尺寸”默认均为结构预留洞口的尺寸，不含装饰面层。根据《民用建筑设计通则》(GB 50352—2005) 6.10.1 要求，“门窗加工的尺寸，应按门窗洞口设计尺寸扣除墙面装修材料的厚度，按净尺寸加工。”因此为避免分歧，一般建筑图纸均应标明结构应以结构施工图纸为准，门窗需由专业生产厂家根据现场实测情况和装饰厚度进行二次深化设计后方可施工。

本节详细讲解了墙体开洞的绘制方式，在 Revit 软件中还可以使用洞口工具创建项目所需洞口。

4.10 新建过梁

4.10.1 任务说明

打开 Revit 软件，根据提供的专用宿舍楼图纸，完成专用宿舍楼过梁的创建。

4.10.2 任务分析

★ 业务层面分析

建立过梁模型前，先根据专用宿舍楼图纸查阅过梁构件的尺寸、定位、属性等信息，保证过梁模型布置的正确性。根据“结施-01”中“图 7.6.3 过梁截面图”可知过梁构件的尺寸信息为梁长＝洞宽＋250mm，梁宽同墙宽，梁高为 120mm。即过梁的长度等于过梁下的门窗洞口的长度＋250mm，宽度等于门窗洞口所依附的墙的宽度。根据“建施-07”中“1-1 剖面图”可知门窗洞口上确实有过梁。

★ 软件层面分析

学习使用“梁”命令创建过梁。

4.10.3 任务实施

【说明】Revit 软件中没有专门绘制过梁构件的命令，一般情况下使用“结构”选项卡“结构”面板中的“梁”工具创建过梁构件类型，在命名中包含“过梁或 GL”字眼即可。下面以《BIM 算量一图一练》中的专用宿舍楼项目为例，讲解创建项目过梁的操作步骤。

(1) 首先建立过梁构件类型。双击“项目浏览器”中“首层”进入“首层”楼层平面视图，按照建立结构梁构件类型的方式建立过梁的构件类型，本项目墙体有 300mm，200mm，100mm 厚 3 种类型，所以分别建立“S-GL-墙厚（100）×120 、S-GL-墙厚（200）×120、S-GL-墙厚（300）×120”3 种过梁构件类型。完成后如图 4-142 所示。

图 4-142

(2) 构件定义完成后，开始布置构件。根据“建施-03”中“一层平面图”中门窗洞口位置布置首层过梁。按照布置结构梁的流程与操作方法进行首层过梁的布置。为了布置方便，首先在“首层”楼层平面视图利用“过滤器”工具以及“视图控制栏”下的“隐藏图元”工具将除了“墙、门、门标记、窗、窗标记、幕墙嵌板、幕墙网格、轴网”之外的其他构件隐藏。在三维模型视图利用“过滤器”工具以及“视图控制栏”下的“隐藏图元”工具将除了“墙、门、窗、幕墙嵌板、幕墙网格、结构框架（其他）、结构框架（大梁）、结构框架（托梁）”之外的其他构件隐藏。“首层”楼层平面视图与三维模型视图同时显示，如图 4-143 所示。

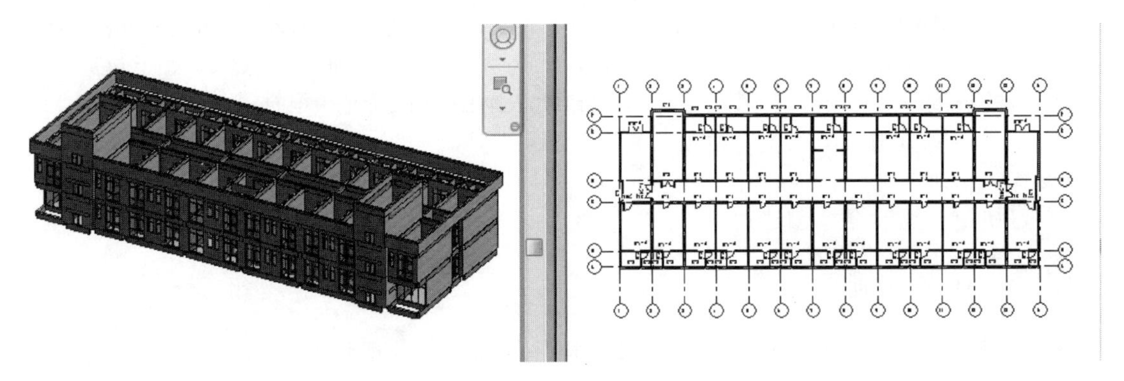

图 4-143

（3）在三维模型视图进行查看可知建筑外墙上的门窗构件顶部标高与结构梁底部标高一致，所以对于外墙上的门窗无需布置过梁构件，只需要在内墙的门窗上布置过梁构件即可。先讲解下在 *D* 轴与 2～3 轴线间 M-2 位置布置过梁的操作步骤。因为“过梁的长度等于过梁下的门窗洞口的长度＋250mm”，为了定位过梁的长度，可以先使用参照平面工具在 M-2 左右两侧确定好过梁的起止端点位置，利用参照平面定位。完成后如图 4-144 所示。

（4）在“属性”面板中找到 S-GL-墙厚（200）×120，Revit 软件自动切换至“修改｜放置梁”上下文选项，单击“绘制”面板中的“直线”工具，选项栏“放置平面”选择“标高：首层”。鼠标移动到 M-2 左侧 125mm 位置左键点击作为过梁的起点，向右移动鼠标指针，鼠标捕捉到 M-2 右侧 125mm 位置处点击左键，作为过梁的终点。弹出构件不可见“警告”窗口，点击右上角叉号关闭即可。修改视图范围，便于过梁显示。先两次 Esc 键退出绘制过梁命令，当前显示为“楼层平面”的“属性”面板，点击“属性”面板中“视图范围”右侧的“编辑”按钮，打开“视图范围”窗口，在“底（B）”后面“偏移量（F）”处输入“-100”，在“标高（L）”后面“偏移量（S）”处输入“-100”，点击“确定”按钮，关闭窗口。绘制的过梁则可显示出来。为了方便查看构件，切换到三维模型视图查看。如图 4-145～图 4-147 所示。

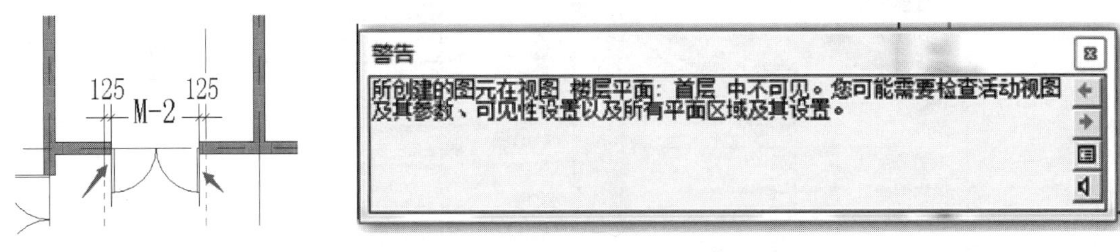

图 4-144　　　　图 4-145

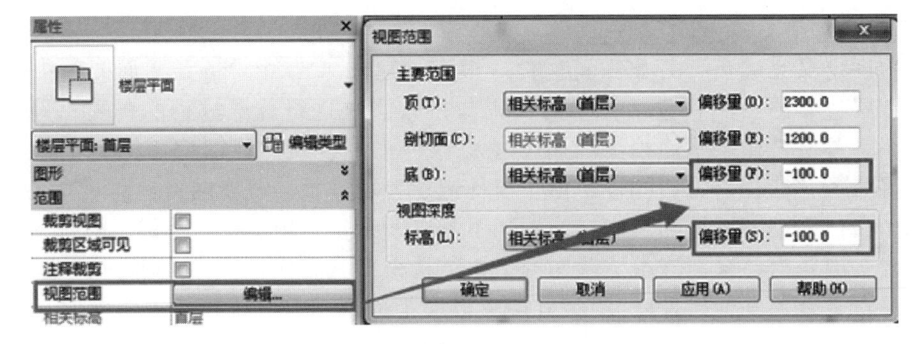

图 4-146

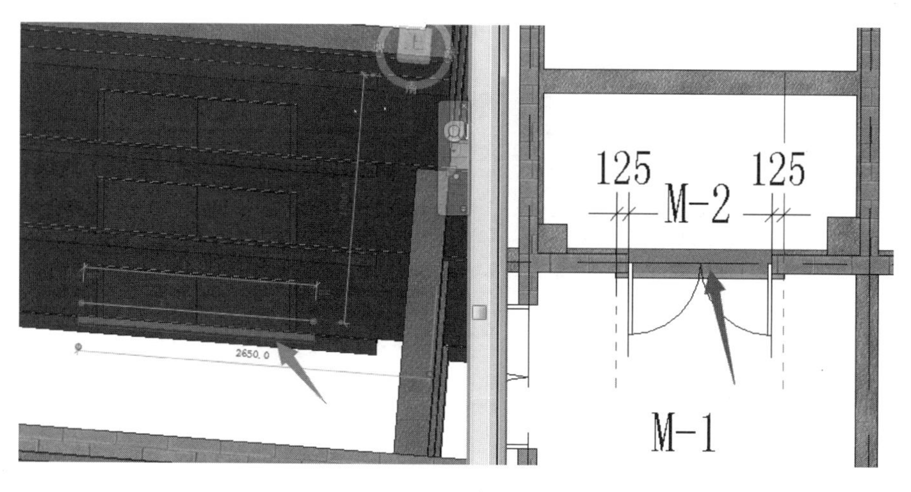

图 4-147

（5）对刚绘制的 S-GL-墙厚（200）×120 图元进行标高修改，以满足过梁在门窗洞口上的需求。查看“建施-09”中“门窗表”可知 M-2 高度为 2700mm，那么需要修改过梁高度为 2820mm（Revit 软件默认设置的梁标高为梁顶部标高，M-2 高度为 2700mm，即过梁的底部标高为 2700mm，加上过梁自身高度 120mm 则过梁顶部标高为 2820mm）。选中刚绘制的 S-GL-墙厚（200）×120 图元，在“属性”面板中设置“参照标高”为“首层”，“起点标高偏移”为“2820”，“终点标高偏移”为“2820”。Enter 键确认。修改后的过梁如图 4-148 所示。

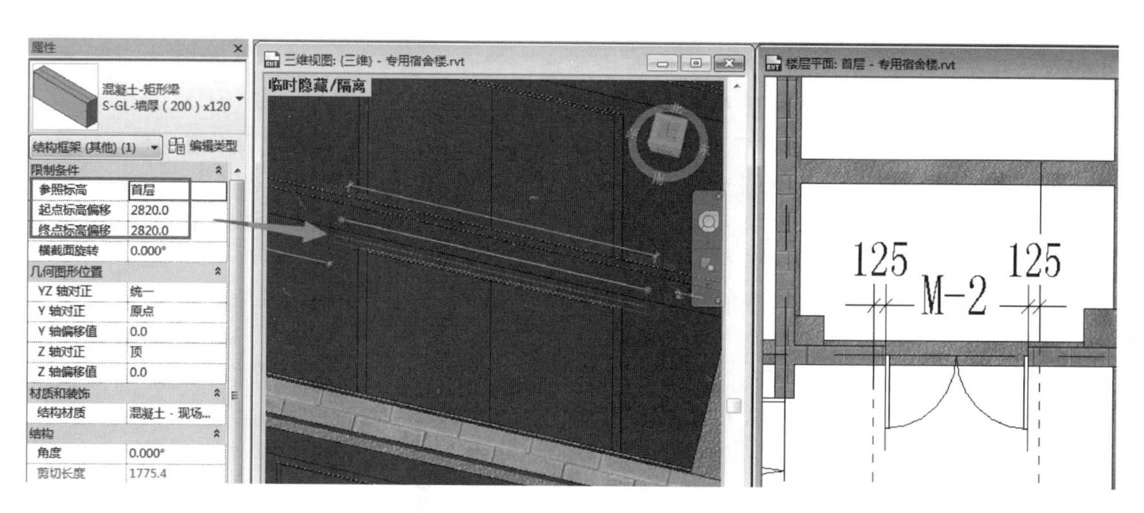

图 4-148

（6）同样的方法，在其他门窗洞口上布置过梁构件并修改过梁标高信息。“首层”楼层平面视图过梁绘制完成后，开始绘制“二层”楼层平面视图过梁。为了绘图方便可以选择首层绘制的一根过梁，通过“右键-选择全部实例-在视图中可见”选择首层绘制的所有过梁构件，然后使用“复制到剪贴板、粘贴、与选定的标高对齐”，选择“二层”，快速创建二层过梁构件。对“屋顶层”楼层平面视图的过梁只有两根，可以按照首层布置过梁的方式手动进行绘制。布置完成后查看楼梯屋顶层处过梁如图 4-149 所示。

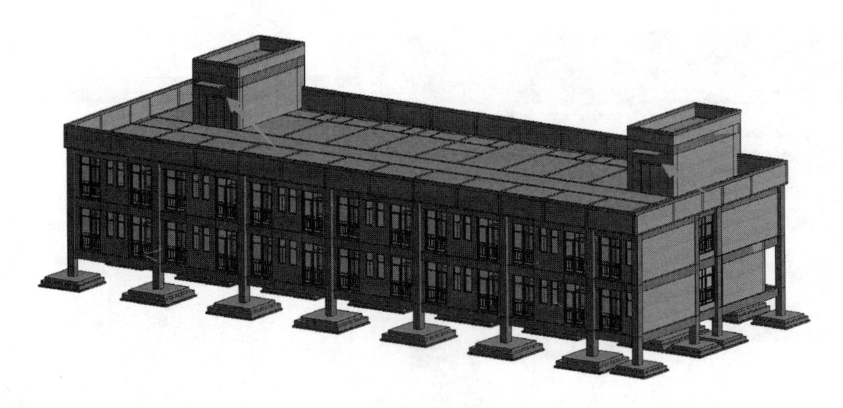

图 4-149

4.10.4 总结拓展

★ 步骤总结

上述 Revit 软件建立过梁的操作步骤主要分为五步，第一步：建立过梁构件类型；第二步：定位过梁长度（含有过滤器、参照平面、注释等小步骤）；第三步：布置“首层”楼层平面视图过梁（含有修改标高等小步骤）；第四步：布置“二层”楼层平面视图过梁；第五步：布置“屋顶层”楼层平面视图过梁。按照本操作流程读者可以完成专用宿舍楼项目过梁的创建。

★ 业务扩展

当墙体上开设门窗洞口且墙体洞口大于 300mm 时，为了支撑洞口上部砌体所传来的各种荷载，并将这些荷载传给门窗等洞口两边的墙，常在门窗洞口上设置横梁，该梁称为过梁。本节详细讲解了过梁的绘制方式。在实际项目中，过梁是必不可少的构件。

框架结构中除框架梁底和门窗上口标高相同时不设置过梁外，一般的框架梁很少有直接通过窗子和门顶正上方的，所以均要设置过梁；具体可以根据孔洞大小在图集中选择相应的过梁。

过梁是砌体结构房屋墙体门窗洞上常用的构件，它用来承受洞口顶面以上砌体的自重及上层楼盖梁板传来的荷载。过梁有以下三种构造方式。

（1）钢筋混凝土过梁：承载能力强，可用于较宽的洞口，一般和墙厚相同，高度要计算确定，两端伸进墙的长度要不小于 240mm（对于标准砖）。

（2）平拱砖过梁：将砖侧砌而成，灰缝上宽下窄，砖向两边倾斜成拱，两端下部深入墙内 20～30mm 中部起拱高度为跨度的 1/50。优点是钢筋、水泥用量少，缺点是施工速度慢，跨度小，有集中荷载或半砖墙不宜使用。

（3）钢筋砖过梁：在洞口顶部配置钢筋，形成加筋砖砌体，钢筋直径 6mm，间距小于 120mm，钢筋伸入两端墙体不小于 240mm。

本节详细讲解了过梁的绘制方式。在实际项目中，过梁是必不可少的构件，需要正确识图并绘制模型。

4.11 新建台阶

4.11.1 任务说明

打开 Revit 软件，根据提供的专用宿舍楼图纸，完成专用宿舍楼台阶的创建。

4.11.2 任务分析

★ 业务层面分析

建立台阶模型前，先根据专用宿舍楼图纸查阅台阶构件的尺寸、定位、属性等信息，保证台阶模型布置的正确性。根据“建施-03”中“一层平面图”可知台阶构件的平面定位信息；根据“建施-10”中“室外台阶”可知台阶为三级，每个踏步为150mm高，300mm宽，混凝土强度等级为C15。

★ 软件层面分析

学习使用“楼板：建筑”命令创建台阶。

4.11.3 任务实施

【说明】在Revit软件中，室外台阶一般建立轮廓族，然后使用“楼板边缘”工具辅助生成台阶。由于本项目首层没有绘制板构件，所以无法使用轮廓族建立室外台阶，可以使用建筑板绘制方式来拼凑组建台阶。下面以《BIM算量一图一练》中的专用宿舍楼项目为例，讲解创建项目台阶的操作步骤。

(1) 首先建立室外台阶构件类型。在“项目浏览器”中展开“楼层平面”视图类别，双击“首层”视图名称，进入“首层”楼层平面视图。为了绘图方便，先利用“过滤器”工具以及“视图控制栏”下的“隐藏图元”工具将除了“结构柱、墙、轴网”之外的其他构件隐藏。完成后如图4-150所示。

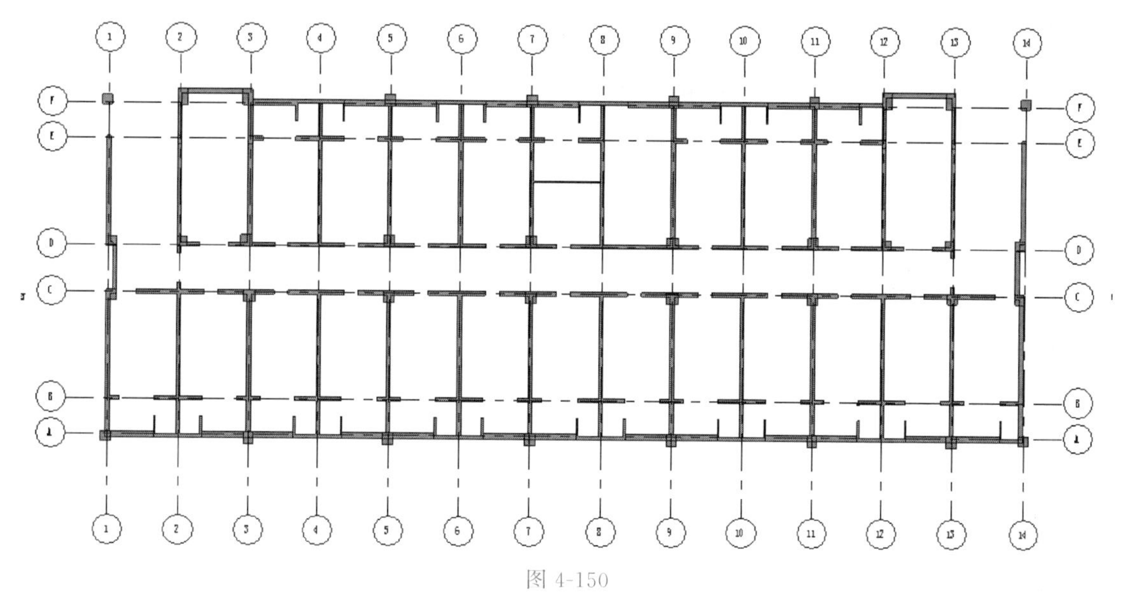

图4-150

(2) 单击“建筑”选项卡“构建”面板中的“楼板”下拉下的“楼板：建筑”工具，点击“属性”面板中的“编辑类型”，打开“类型属性”窗口，点击“复制”按钮，弹出“名称”窗口，输入“室外台阶板-150”，点击“确定”按钮关闭窗口。点击“结构”右侧“编辑”按钮，进入“编辑部件”窗口，修改“结构【1】”“厚度”为“150”，点击“结构【1】”“材质”“按类别”进入“材质浏览器”窗口，选择“混凝土-现场浇注混凝土-C15”，点击“确定”关闭窗口，再次点击“确定”“确定”退出“类型属性”窗口，属性信息修改完毕。如图4-151所示。

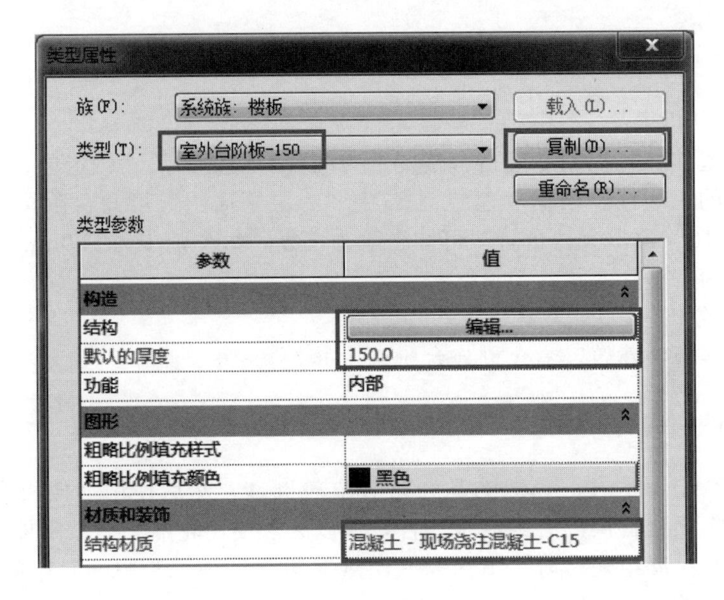

图 4-151

（3）构件定义完成后，开始布置构件。根据“建施-03”中“一层平面图”布置室外台阶板。在“属性”面板设置“标高”为“首层”，“自标高的高度偏移量”为“-300”，Enter键确认。“绘制”面板中选择“直线”方式，在F轴上侧600mm位置与1～2轴线间位置绘制台阶板轮廓，如图4-152所示。

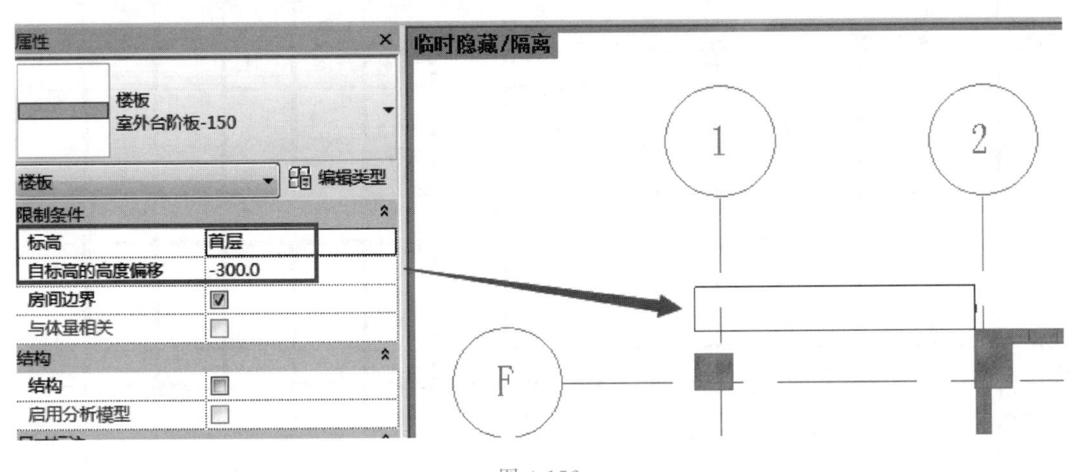

图 4-152

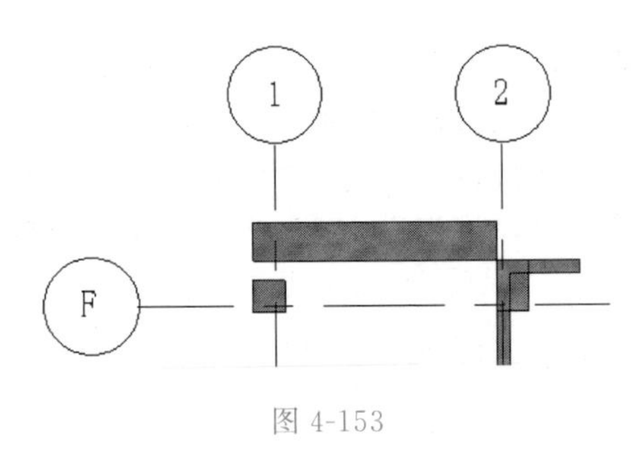

图 4-153

（4）点击“模式”面板下的绿色对勾，完成室外台阶底层板－450～－300标高位置的创建。完成后如图4-153所示。

（5）重复上述操作，绘制－300～－150标高位置的室外台阶板。在“属性”面板设置“标高”为“首层”，“自标高的高度偏移量”为“－150”，Enter键确认。“绘制”面板中选择“直线”方式，在F轴上侧600mm位置与1～2轴线间位置绘制板轮廓。如图4-154所示。

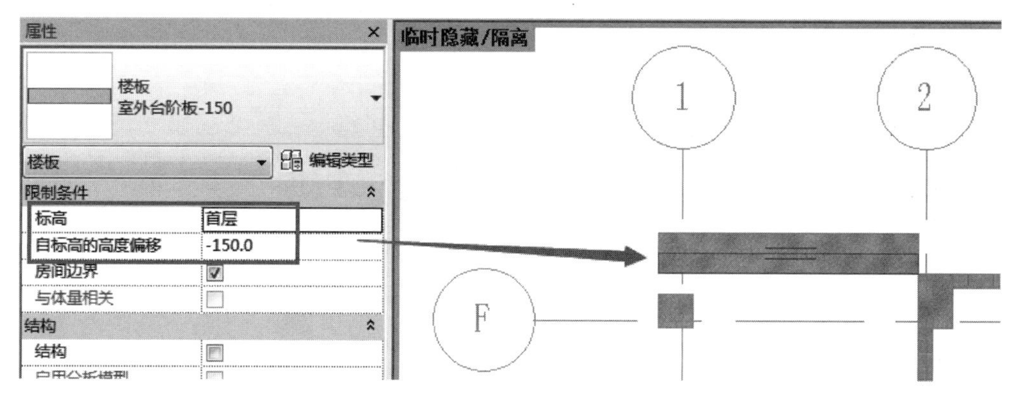

图 4-154

（6）点击“模式”面板下的绿色对勾，完成室外台阶上层板－300～－150 标高位置的创建。完成后如图 4-155 所示。

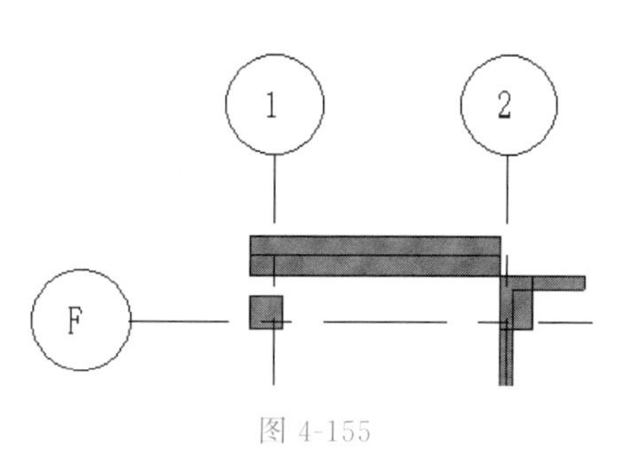

图 4-155

（7）重复上述操作，在 E～F 轴与 13～14 轴位置绘制－450～－300 标高位置的室外台阶板。在“属性”面板设置“标高”为“首层”，“自标高的高度偏移量”为“－300”，Enter 键确认。“绘制”面板中选择“直线”方式，在 E～F 轴与 13～14 轴位置绘制板轮廓。如图 4-156 所示。

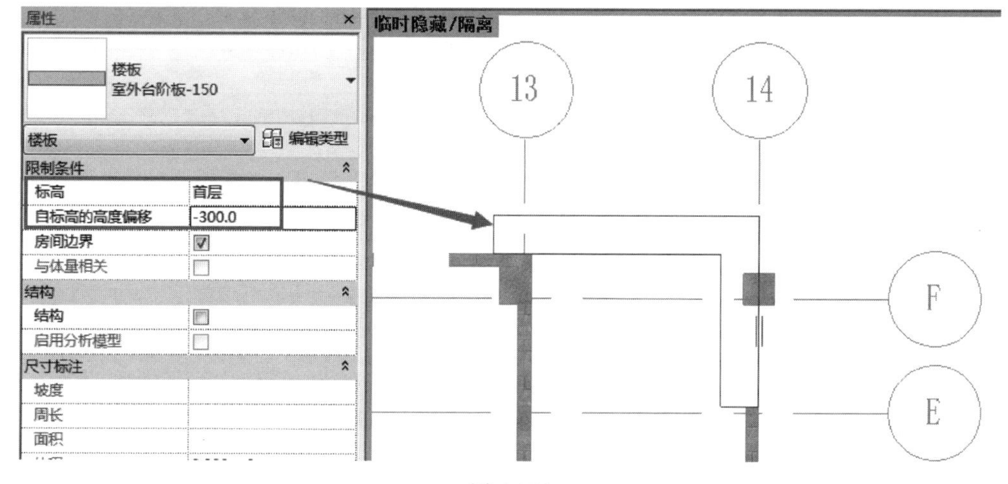

图 4-156

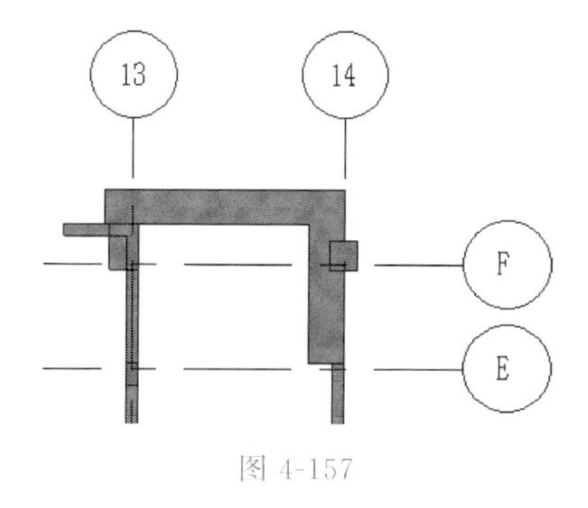

图 4-157

（8）点击“模式”面板下的绿色对勾，完成室外台阶底层板－450～－300 标高位置的创建。完成后如图 4-157 所示。

（9）重复上述操作，在 E～F 轴与 13～14 轴位置绘制－300～－150 标高位置的室外台阶板。在“属性”面板设置“标高”为“首层”，“自标高的高度偏移量”为“－150”，Enter 键确认。“绘制”面板中选择“直线”方式，在 E～F 轴与 13～14 轴位置绘制板轮廓。如图 4-158 所示。

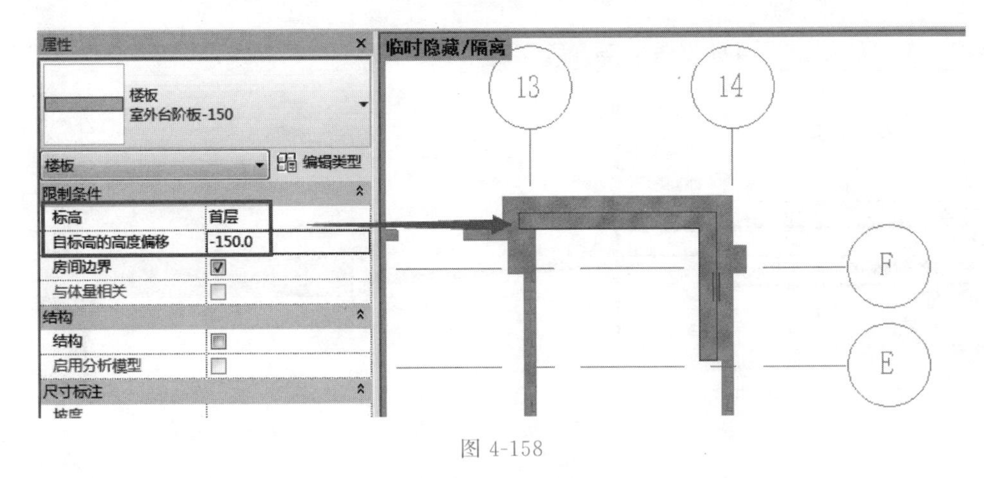

图 4-158

（10）点击“模式”面板下的绿色对勾，完成室外台阶上层板－300～－150 标高位置的创建。完成后如图 4-159 所示。

（11）单击“快速访问栏”中三维视图按钮，切换到三维，Shift 键＋鼠标滚轮将模型旋转到合适位置，查看模型成果。如图 4-160 所示。

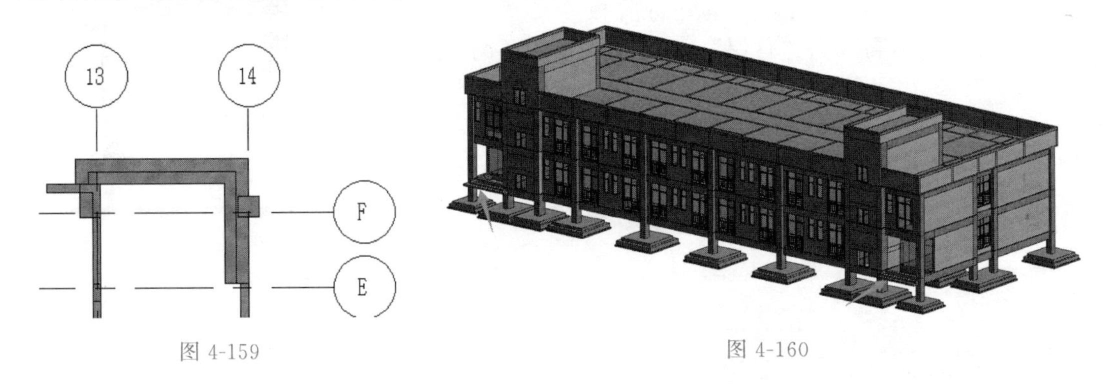

图 4-159　　图 4-160

（12）单击“快速访问栏”中保存按钮，保存当前项目成果。

4.11.4　总结拓展

★ 业务总结

上述 Revit 软件建立台阶的操作步骤主要分为三步，第一步：建立台阶构件类型；第二步：绘制底层台阶板；第三步：绘制顶层台阶板。按照本操作流程读者可以完成专用宿舍楼项目台阶的创建。

★ 业务扩展

台阶一般是指用砖、石、混凝土等筑成的一级一级供人上下的建筑物，多在大门前或坡道上。工程量的计算中一般会涉及台阶的工程量的计算。台阶设置应符合下列规定。

（1）公共建筑室内外台阶踏步宽度不宜小于 0.30m，踏步高度不宜大于 0.15m 且不宜小于 0.10m。室内台阶踏步数不应少于 2 级，当高差不足 2 级时，应按坡道设置。

（2）踏步应防滑；人流密集的场所台阶高度超过 0.70m 并侧面临空时，应有防护设施。

（3）室外台阶由平台和踏步组成，平台面应比门洞口每边宽出 500mm 左右，且比室内地坪低 20～50mm，向外做出约 1%的排水坡度。一般踏步的宽度不小于 300mm，高度不大于 150mm。台阶踏步所形成的坡度应比楼梯平缓，当室内外高差超过 1000mm 时，应在台阶临空一侧设置围护栏杆或栏板。

本节详细讲解了使用建筑板绘制方式来拼凑组建台阶的操作方法。在板存在的情况下，Revit 软件还可以建立轮廓族，使用“楼板边缘”工具辅助生成台阶。

4.12 新建散水

4.12.1 任务说明

打开 Revit 软件，根据提供的专用宿舍楼图纸，完成专用宿舍楼散水的创建。

4.12.2 任务分析

★ 业务层面分析

建立散水模型前，先根据专用宿舍楼图纸查阅散水构件的尺寸、定位、属性等信息，保证散水模型布置的正确性。根据“建施-03”中“一层平面图”可知散水构件的平面定位信息，散水宽度为 900mm；根据“建施-10”中“室外散水”可知散水为 70 厚 C15 混凝土，坡度为 5%，混凝土强度等级为 C15，散水底部 80 厚压实碎石的顶部与“建施-07”中“1-1 剖面图”右侧室外地坪－0.450m 的顶部标高相同，也就是散水的底部标高也为－0.450m。

★ 软件层面分析

（1）学习使用“轮廓族”命令创建散水族。

（2）学习使用“墙饰条”命令载入散水族。

（3）学习使用“墙饰条”命令沿墙布置散水构件。

（4）学习使用“修改转角”、“连接几何图形”命令完善散水构件。

4.12.3 任务实施

【说明】散水指在建筑周围铺的用以防止雨水渗入的保护层，为了保护墙基不受雨水侵蚀，在外墙四周将地面做成向外倾斜的坡面，以便将屋面的雨水排至远处。在 Revit 中散水可以使用轮廓族围绕墙体进行布置，也可以使用板进行绘制，在完成后进行坡度设定。下面以《BIM 算量一图一练》中的专用宿舍楼项目为例，讲解使用轮廓族围绕墙体布置散水的操作步骤。

（1）首先建立散水轮廓族。点击“应用程序菜单”按钮，在列表中选择“新建-族”选项，以“公称轮廓. rft”族样板文件为族样板，进入轮廓族编辑模式。如图 4-161 所示。

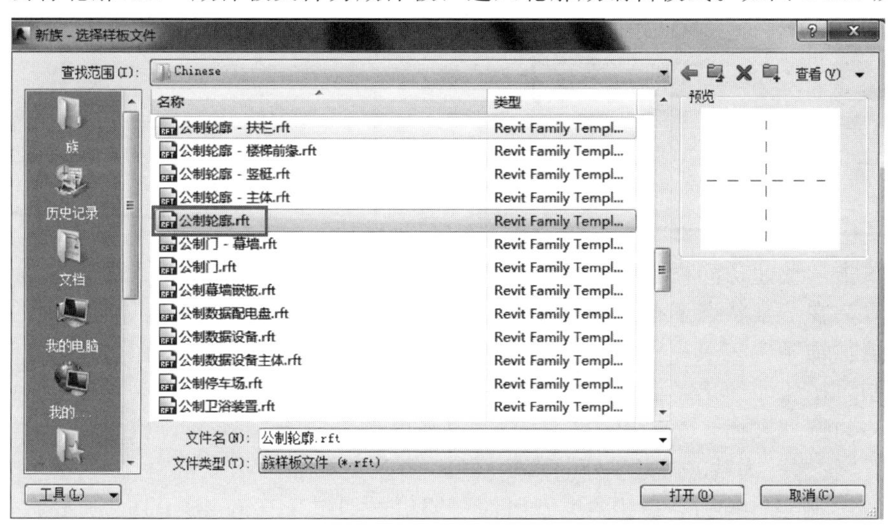

图 4-161

（2）单击“创建”选项卡“详图”面板中的“直线”工具，参照下图所示尺寸绘制首尾相连且封闭的散水截面轮廓。单击保存按钮，将该族命名为“900 宽室外散水轮廓”，文件保存路径为：“Desktop \ 案例工程 \ 专用宿舍楼 \ 族 \ 轮廓族”。单击“族编辑器”面板中的“载入到项目中”按钮，将轮廓族载入到专用宿舍楼项目中。如图 4-162～图 4-164 所示。

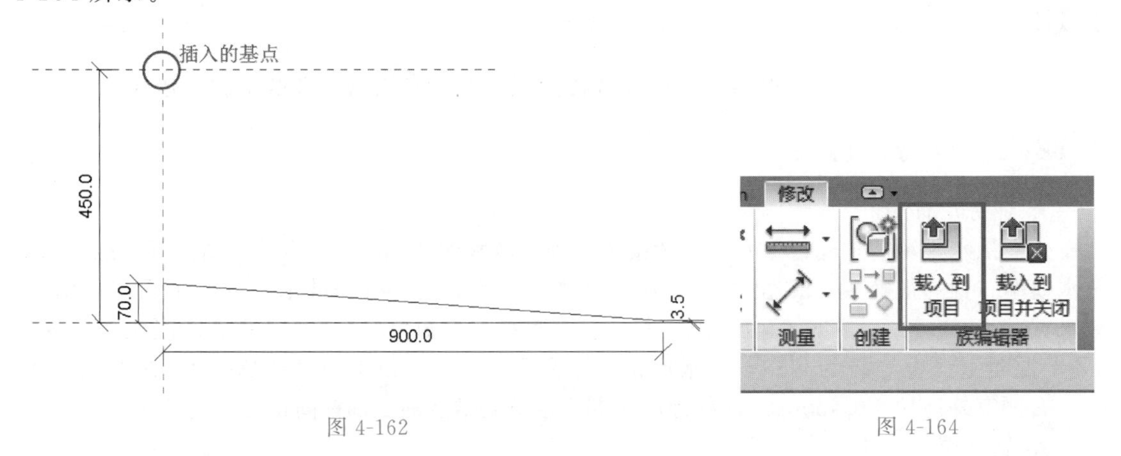

图 4-162　　图 4-164

图 4-163

（3）单击“快速访问栏”中三维视图按钮，切换到三维，Shift 键＋鼠标滚轮旋转到模型合适位置，在三维状态下布置散水构件。单击“建筑”选项卡“构建”面板中的“墙”下拉下的“墙：饰条”工具，点击“属性”面板中的“编辑类型”，打开“类型属性”窗口。点击“复制”按钮，弹出“名称”窗口，输入“900 宽室外散水轮廓”，点击“确定”按钮关闭窗口。勾选“被插入对象剪切”选项（即当墙饰条遇到门窗洞口位置时自动被洞口打断），修改“轮廓”为“900 宽室外散水轮廓”，修改“材质”为“混凝土-现场浇筑混凝土-C15”。单击“确定”按钮，退出“类型属性”窗口。如图 4-165、图 4-166 所示。

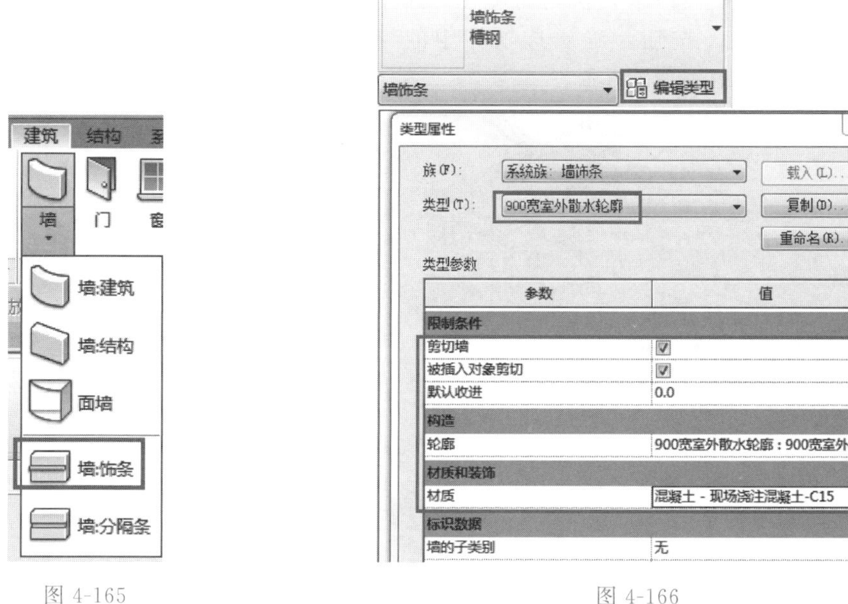

图 4-165　　　　图 4-166

（4）确认“放置”面板中墙饰条的生成方式为“水平”（即沿墙水平方向生成墙饰条）。在三维视图中，分别单击外墙底部边缘，沿所拾取墙底部边缘生成散水。如图 4-167、图 4-168 所示。

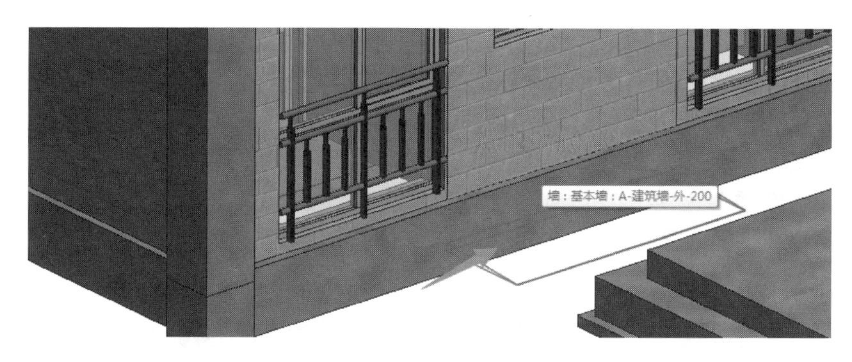

图 4-167

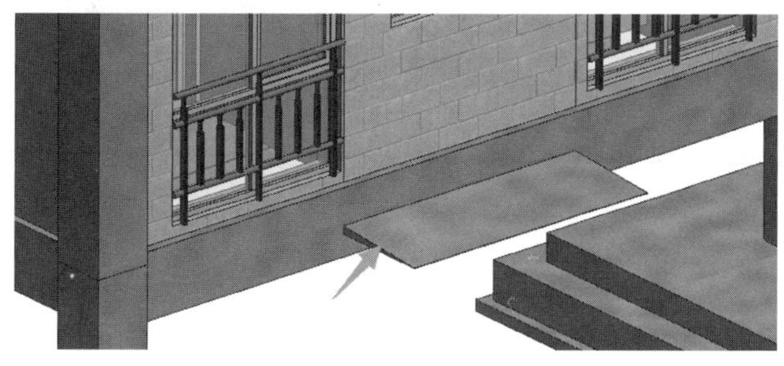

图 4-168

（5）选择刚布置的散水构件，点击散水一端的末端蓝色端点，沿墙进行拖拽，完成后如图 4-169 所示。

(6) 按照上述方式在其他位置进行散水绘制。对于图 4-170 中所示两段散水相交位置进行处理，应选择其中一段散水，自动切换至“修改｜墙饰条”上下文选项，单击“墙饰条”面板中的“修改转角”按钮，确认选项栏中的“转角选项”为“转角”，“角度值”为“90°”。如图 4-171、图 4-172 所示。

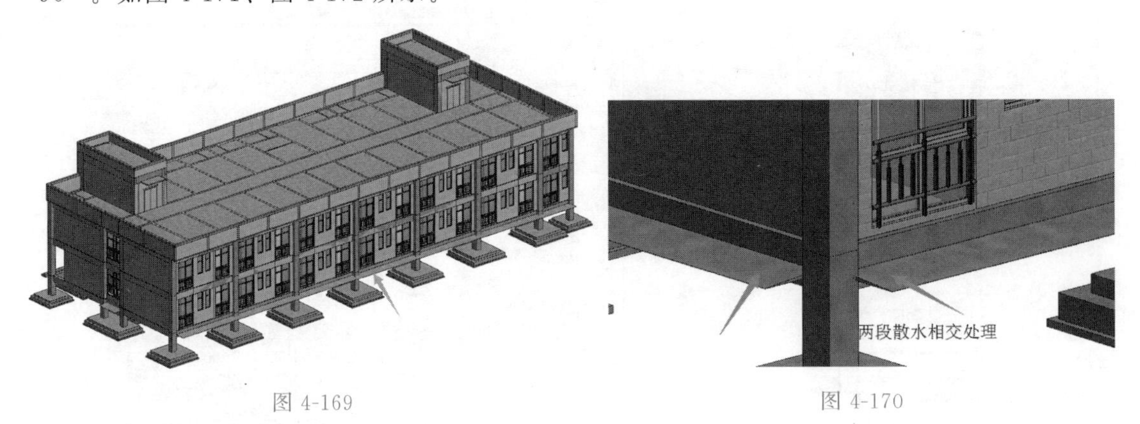

图 4-169　　图 4-170

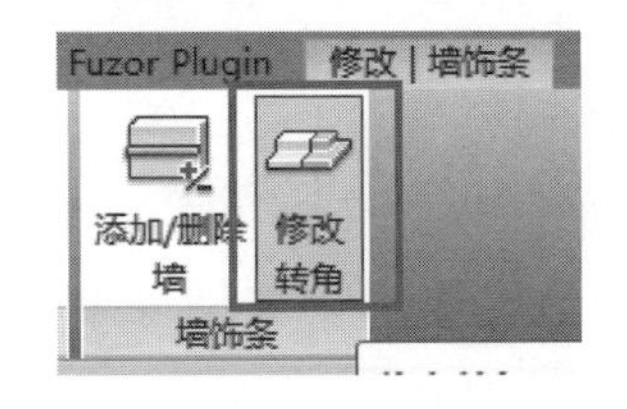

修改｜墙饰条　转角选项：直线剪切　转角　角度：90.000°

图 4-171　　图 4-172

(7) 单击选择散水的末端截面，Revit 软件将修改所选择截面为 90°转角。按 Esc 键两次退出修改转角状态。再次选择另外一侧散水，按住并拖动一端的末端蓝色端点，直到与另外一侧散水相交，退出修改墙饰条状态。如图 4-173 所示。

(8) 单击“修改”选项卡“几何图形”面板中的“连接”下的“连接几何图形”工具，分别单击刚刚相交的两段散水构件，对散水模型进行运算生成完整的散水模型。如图 4-174 所示。

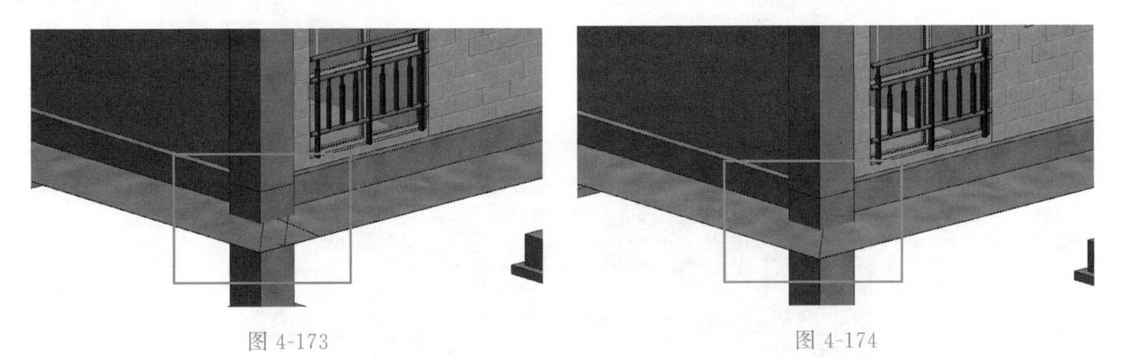

图 4-173　　图 4-174

(9) 按照上述操作步骤将其他位置散水布置完成，散水需要相交位置参见上述“修改转角”和“连接几何图形”工具。整体完成后切换到“首层”楼层平面视图，无法看到散水构件，点击“属性”面板中“视图范围”右侧的“编辑”按钮，打开“视图范围”窗口，在“底(B)”后面“偏移量(F)”处输入“－450”，在“标高(L)”后面“偏移量(S)”处输入“－450”，如图 4-175 所示。点击“确定”按钮，关闭窗口。完成后散水模型如图 4-176 所示。

图 4-175

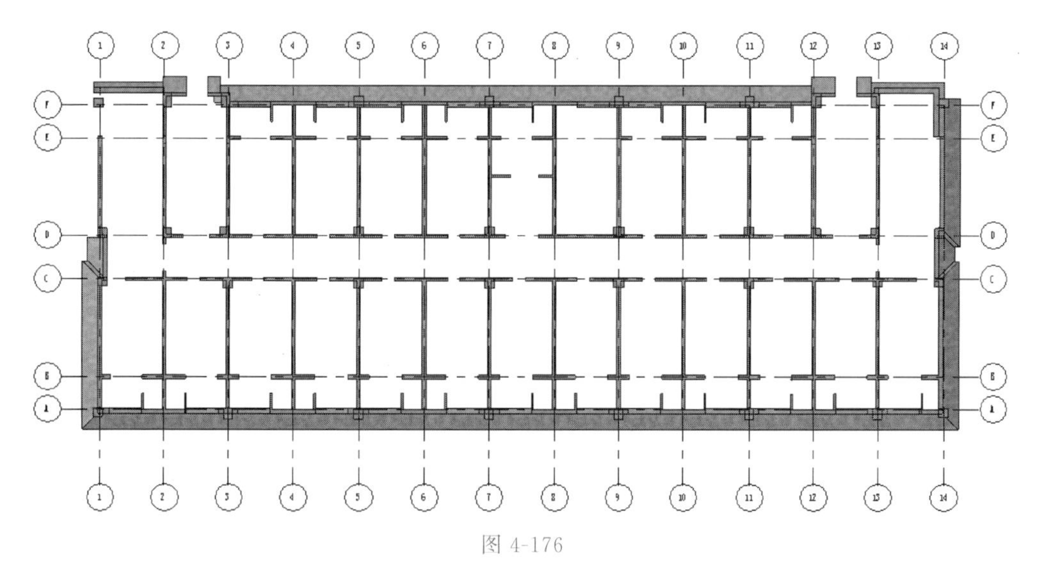

图 4-176

（10）单击“快速访问栏”中三维视图按钮，切换到三维，模型显示如图 4-177 所示。

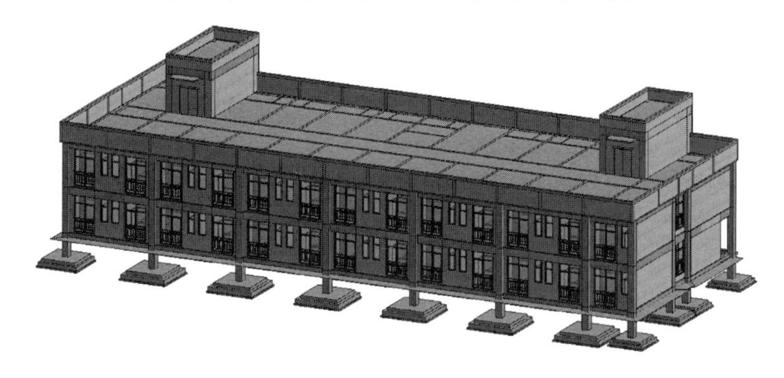

图 4-177

（11）单击“快速访问栏”中保存按钮，保存当前项目成果。

4.12.4 总结拓展

★ 步骤总结

上述 Revit 软件建立散水的操作步骤主要分为三步，第一步：建立散水轮廓族；第二

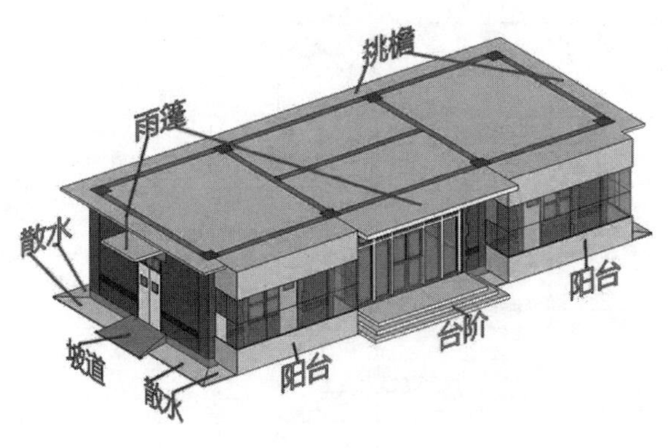

图 4-178

步：利用墙饰条工具载入散水族；第三步：沿所拾取墙底部边缘生成散水（含有修改转角、连接几何图形等小步骤）。按照本操作流程读者可以完成专用宿舍楼项目散水的创建。

★ 业务扩展

散水是与外墙勒脚垂直交接倾斜的室外地面部分（如图 4-178 所示），设置散水的目的是为了使建筑物外墙勒脚附近的地面积水能够迅速排走，并且防止屋檐的滴水冲刷外墙四周地面的土壤，减少墙身与基础受水浸泡的可能，保护墙身和基础以延长建筑物的寿命。散水的宽度应根据土壤性质、气候条件、建筑物的高度和屋面排水形式确定，一般为 600～1000mm。当屋面采用无组织排水时，散水宽度应大于檐口挑出长度 200～300mm。为保证排水顺畅，一般散水的坡度为 3%～5%左右，散水外缘高出室外地坪 30～50mm。散水常用材料为混凝土、水泥砂浆、卵石、块石等。

本节详细讲解了使用轮廓族创建散水的操作方法。在 Revit 软件中还可以使用板进行绘制，然后进行坡度设定即可完成散水的创建。

4.13　新建坡道(含坡道栏杆)

4.13.1　任务说明

打开 Revit 软件，根据提供的专用宿舍楼图纸，完成专用宿舍楼坡道的创建。

4.13.2　任务分析

★ 业务层面分析

建立坡道模型前，先根据专用宿舍楼图纸查阅坡道构件的尺寸、定位、属性等信息，保证坡道模型布置的正确性。根据“建施-03”中“一层平面图”可知坡道构件的平面定位信息及坡道宽度为 1200mm；根据“建施-07”中“F-A（A-F）立面图”可知坡道起点标高为－0.450m，终点标高为首层标高±0.000m；根据“建施-11”中“无障碍坡道断面图”可知坡道混凝土强度等级为 C15，坡道板厚度为 70mm。

★ 软件层面分析

（1）学习使用“楼板：建筑”命令创建坡道构件。

（2）学习使用“坡度箭头”命令创建带坡度的坡道。

（3）学习使用“栏杆扶手”命令创建坡道栏杆。

（4）学习使用“拾取新主体”命令修正坡道栏杆。

（5）学习使用“编辑扶手结构”命令修正坡道扶栏间距及高度。

4.13.3　任务实施

【说明】Revit 软件提供了坡道工具，可以为本项目添加坡道，坡道工具的使用与楼梯类似。本项目中 1 轴外侧与 D～F 轴线间位置坡道可以使用 Revit 软件专门的坡道工具绘制，也可以使用带坡度的板进行绘制，下面以《BIM 算量一图一练》中的专用宿舍楼项目为例，讲解使用带坡度的板绘制坡道的操作步骤。

（1）首先建立坡道构件类型。在“项目浏览器”中展开“楼层平面”视图类别，双击“首层”视图名称，进入“首层”楼层平面视图。为了绘图方便，先利用“过滤器”工具以及“视图控制栏”下的“隐藏图元”工具，将除了“结构柱、墙、轴网”之外的其他构件隐藏。完成后如图 4-179 所示。

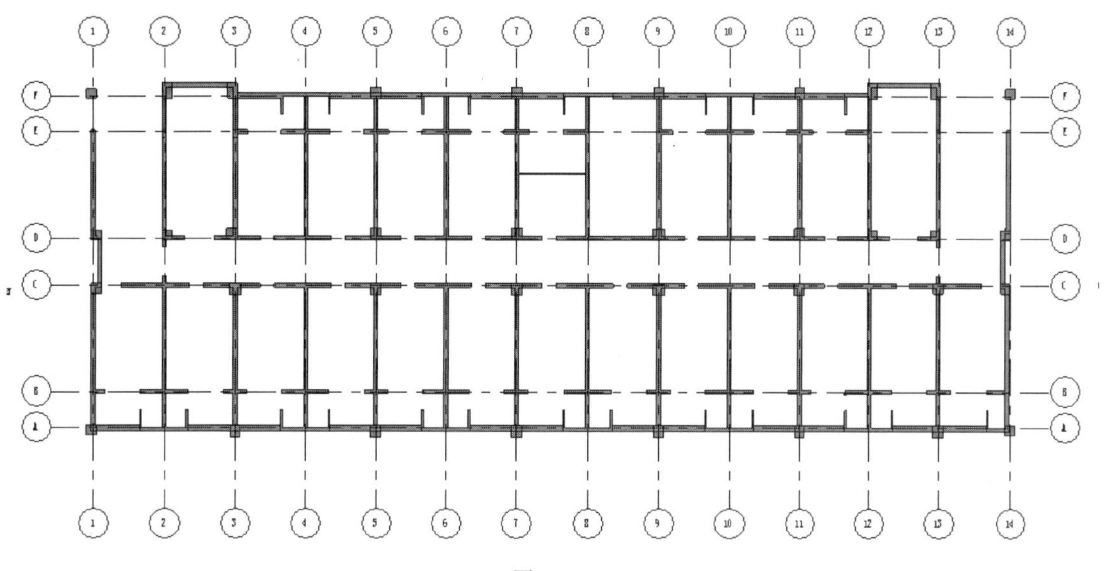

图 4-179

（2）单击“建筑”选项卡“构建”面板中的“楼板”下拉下的“楼板：建筑”工具，点击“属性”面板中的“编辑类型”，打开“类型属性”窗口，点击“复制”按钮，弹出“名称”窗口，输入“坡道板-70”，点击“确定”按钮关闭窗口。点击“结构”右侧“编辑”按钮，进入“编辑部件”窗口，修改“结构【1】”“厚度”为“70”，点击“结构【1】”“材质”“按类别”进入“材质浏览器”窗口，选择“混凝土-现场浇注混凝土-C15”，点击“确定”按钮关闭窗口。再次点击“确定”“确定”退出“类型属性”窗口，属性信息修改完毕。如图 4-180 所示。

类型属性

族(F)： 系统族：楼板　　载入(L)...

类型(T)： 坡道板-70　　复制(D)...

重命名(R)...

类型参数

参数	值
构造	
结构	编辑...
默认的厚度	70.0
功能	内部
图形	
粗略比例填充样式	
粗略比例填充颜色	黑色
材质和装饰	
结构材质	混凝土 - 现场浇注混凝土-C15
分析属性	

图 4-180

（3）构件定义完成后，在布置构件前先根据“建施-03”中“一层平面图”中坡道的尺寸线数值，设置坡道的平面尺寸定位条件。单击“建筑”选项卡“工作平面”面板中的“参照平面”工具，单击“绘制”面板中的“拾取线”工具，参照下图所示尺寸设置相应偏移量数值进行参照平面绘制。如图 4-181 所示。

（4）平面尺寸定位设置好后，开始布置构件。根据“建施-03”中“一层平面图”布置坡道。单击“建筑”选项卡“构建”面板中的“楼板”下拉下的“楼板：建筑”工具，在“属性”面板中找到坡道板-70，在“属性”面板设置“标高”为“首层”，“自标高的高度偏移”为“0”，Enter 键确认。“绘制”面板中选择“矩形”方式，其他设置默认不变，在 1 轴外侧与 D～E 轴线间位置绘制轮廓，如图 4-182 所示。

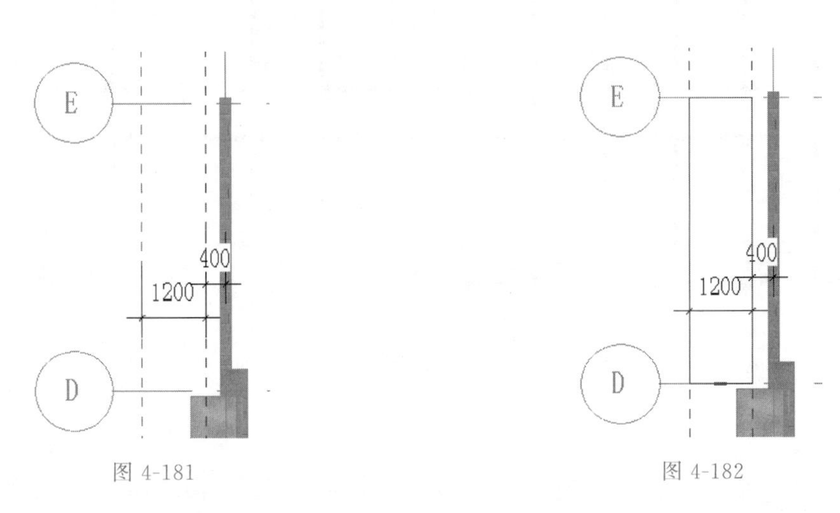

图 4-181　　　　图 4-182

（5）点击“绘制”面板中“坡度箭头”工具，在坡道板中心进行绘制。选中坡度箭头，修改“属性”面板中“尾高度偏移”为“0”，“头高度偏移”为“-450”，Enter 键确认。点击“模式”选项卡下绿色对勾，完成坡道板的建立。如图 4-183 所示。

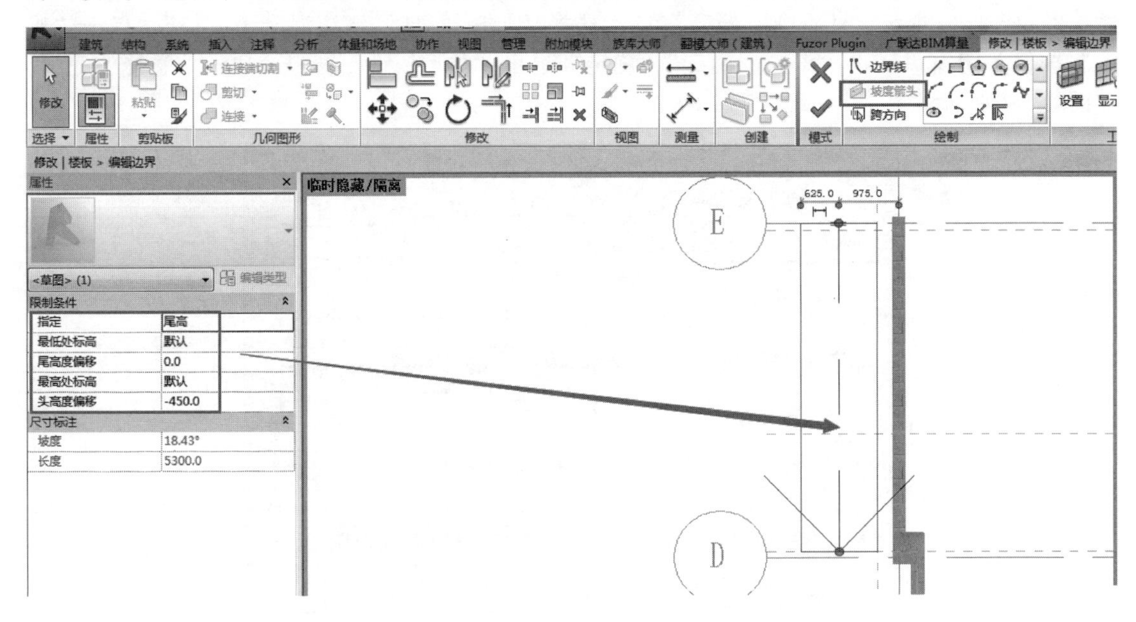

图 4-183

（6）切换到三维模型视图，利用“视图”选项卡“窗口”面板中的“平铺”工具将三维模型视图与“首层”楼层平面视图同时展示。看到的坡道板如图 4-184 所示。

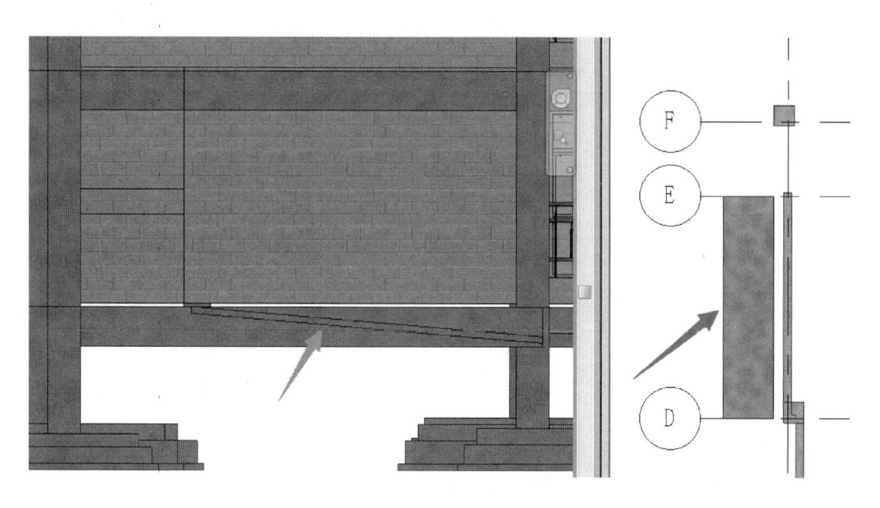

图 4-184

（7）继续在 1 轴外侧与 E～F 轴线位置绘制坡道板。使用“坡道板-70”、“矩形”方式绘制，完成后点击“模式”选项卡下绿色对勾，完成第二块坡道板的建立。如图 4-185、图 4-186 所示。

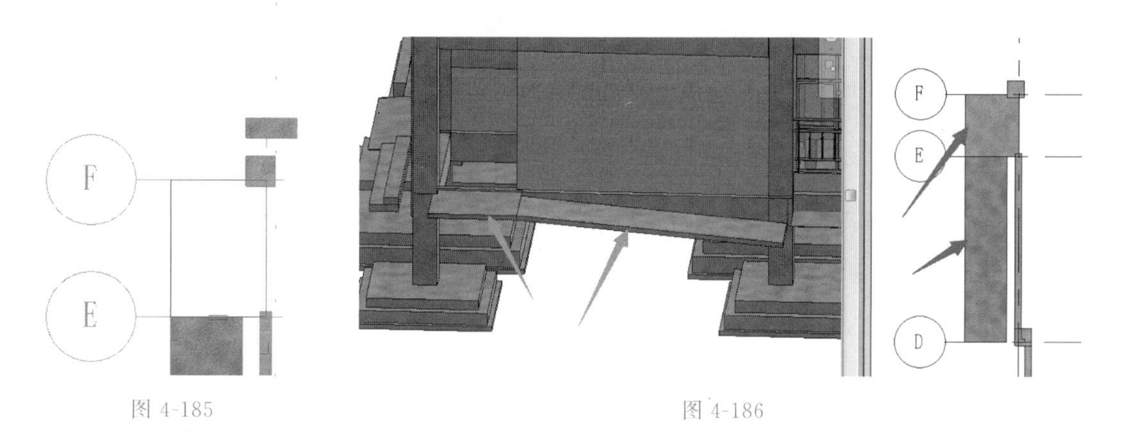

图 4-185　　图 4-186

（8）坡道绘制完成后，查阅“建施-07”中“F-A（A-F）立面图”、“建施-11”中“无障碍坡道断面图”可知坡道板上有栏杆，图纸中给出的栏杆为不锈钢管，为了讲解简单，下面利用 Revit 软件默认的“栏杆扶手”命令，使用默认设置在坡道板周边进行坡道栏杆绘制。

单击“建筑”选项卡“楼梯坡道”面板中的“栏杆扶手”下拉下的“绘制路径”工具，点击“属性”面板中的“编辑类型”，打开“类型属性”窗口，点击“复制”按钮，弹出“名称”窗口，输入“坡道栏杆”，点击“确定”按钮关闭窗口。再次点击“确定”按钮退出“类型属性”窗口。在“属性”面板设置“底部标高”为“首层”，“底部偏移”为“0”，Enter 键确认应用。“绘制”面板中选择“直线”绘制方式，其他设置默认不变，在 1 轴外侧与 D～E 轴线间位置坡道板外侧绘制栏杆轮廓。点击“模式”选项卡下绿色对勾，完成坡道栏杆的建立。如图 4-187、图 4-188 所示。

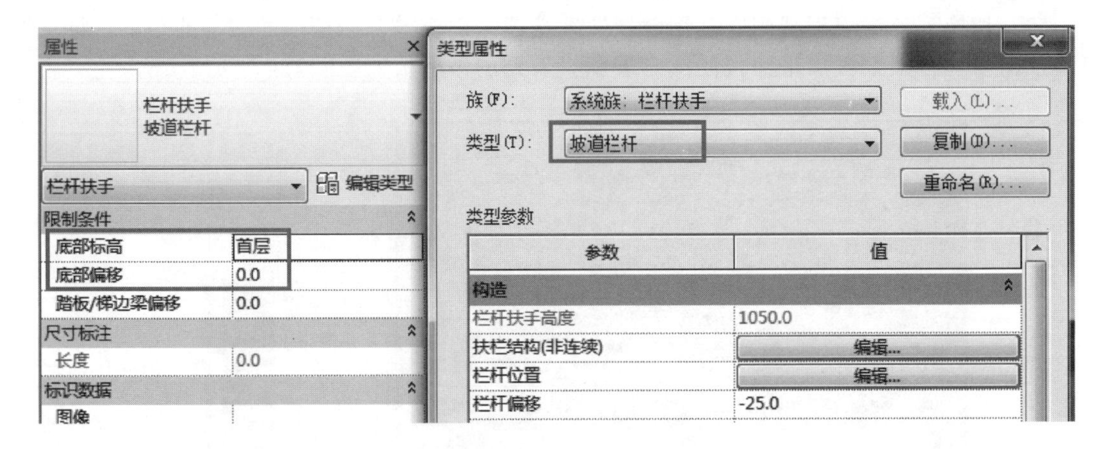

图 4-187

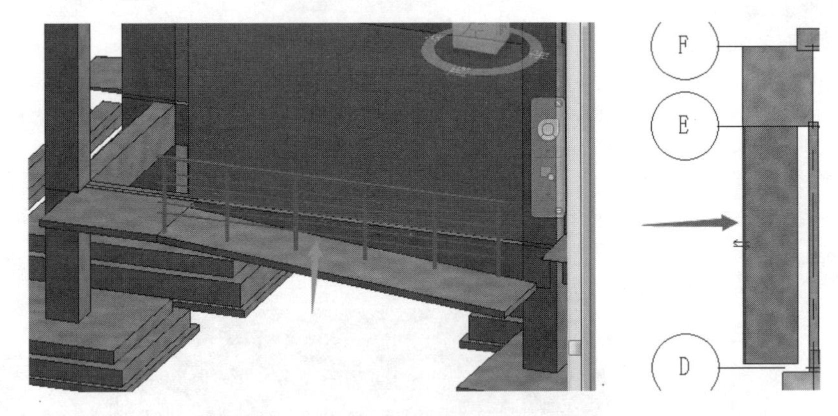

图 4-188

（9）此时可以发现，坡道栏杆没有与坡道标高吻合。保持坡道栏杆处于选中状态，继续点击“工具”选项卡下“拾取新主体”，点击坡道栏杆依附的坡道板。完成后如图 4-189 所示。

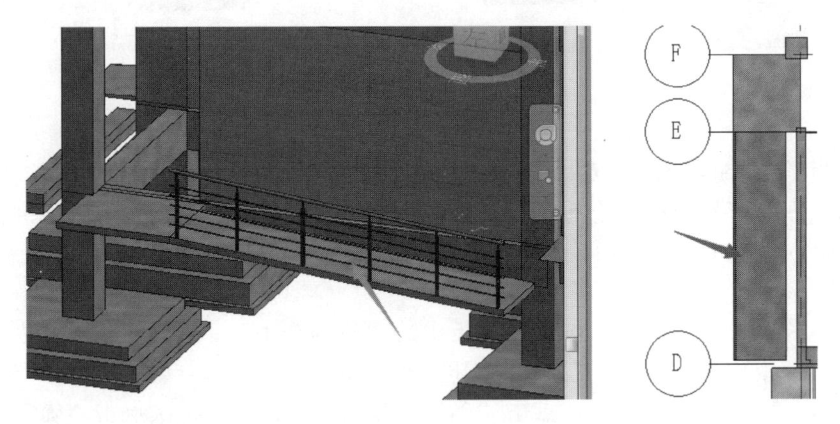

图 4-189

（10）按照上述操作方式，在 1 轴外侧与 D～F 轴线间位置坡道板内侧绘制栏杆轮廓，并将坡道栏杆依附在坡道板上。完成后如图 4-190 所示。

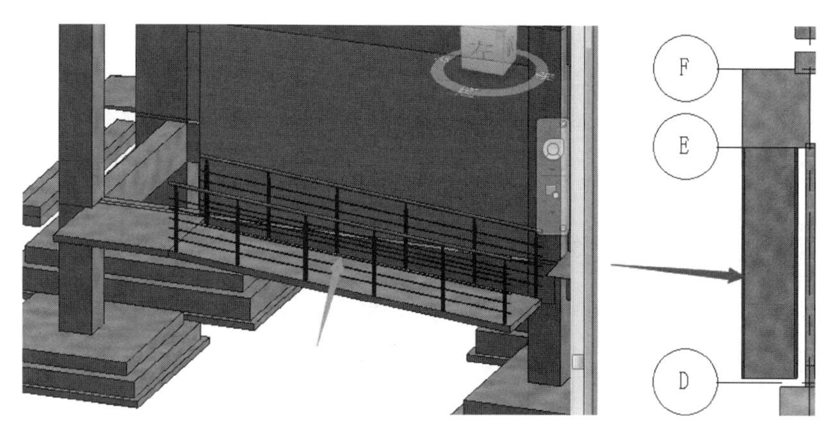

图 4-190

（11）选择刚绘制的坡道栏杆，点击“属性”面板中的“编辑类型”，打开“类型属性”窗口，点击“扶栏结构（非连续）”右侧“编辑”按钮，打开“编辑扶手（非连续）”窗口，修改所有扶手轮廓材质为“不锈钢”，完成后点击“确定”按钮退出“编辑扶手（非连续）”窗口。修改后坡道扶手显示如图 4-191、图 4-192 所示。

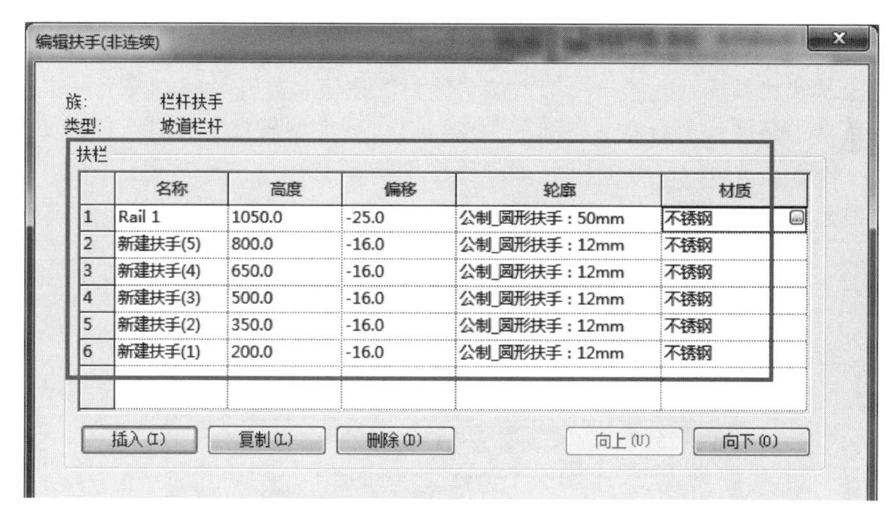

编辑扶手(非连续)

族: 栏杆扶手

类型: 坡道栏杆

扶栏

	名称	高度	偏移	轮廓	材质
1	Rail 1	1050.0	-25.0	公制_圆形扶手 : 50mm	不锈钢
2	新建扶手(5)	800.0	-16.0	公制_圆形扶手 : 12mm	不锈钢
3	新建扶手(4)	650.0	-16.0	公制_圆形扶手 : 12mm	不锈钢
4	新建扶手(3)	500.0	-16.0	公制_圆形扶手 : 12mm	不锈钢
5	新建扶手(2)	350.0	-16.0	公制_圆形扶手 : 12mm	不锈钢
6	新建扶手(1)	200.0	-16.0	公制_圆形扶手 : 12mm	不锈钢

插入(I)　复制(L)　删除(D)　向上(U)　向下(O)

图 4-191

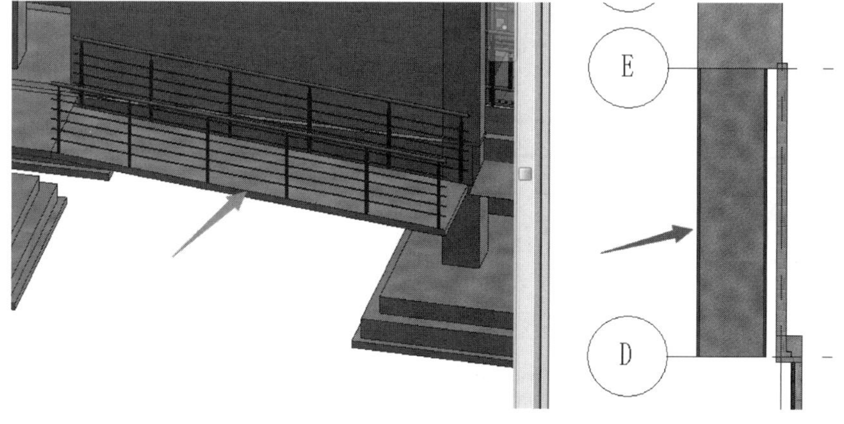

图 4-192

（12）继续使用坡道栏杆构件绘制第二块坡道板位置的栏杆扶手。由于第二块坡道板为平板，没有坡度，所以只需要绘制栏杆扶手路径，不需要再拾取新主体。使用“坡道栏杆”绘制，在“属性”面板设置“底部标高”为“首层”，“底部偏移”为“0”，Enter 键确认应用。“绘制”面板中选择“直线”绘制方式，其他设置默认不变。完成后如图 4-193 所示。

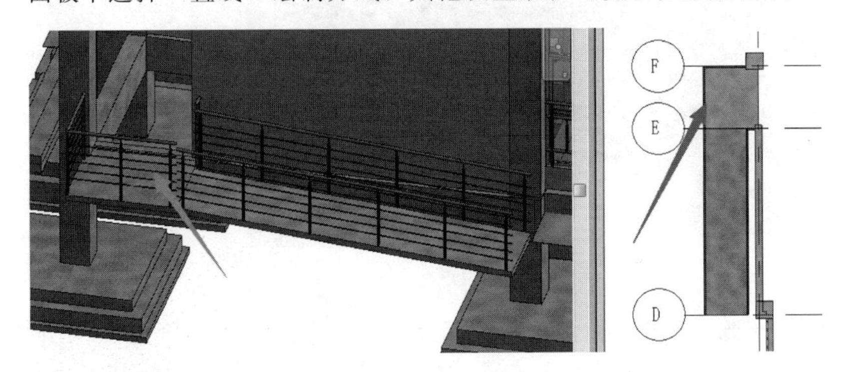

图 4-193

（13）修改刚刚绘制的坡道栏杆的标高，使之与下面的带坡度的坡道栏杆标高对齐。选择没有坡度的坡道板上的坡道栏杆，点击“属性”面板中的“编辑类型”，打开“类型属性”窗口，点击“复制”按钮，弹出“名称”窗口，输入“坡道栏杆-1”，点击“确定”按钮关闭窗口。点击“扶栏结构（非连续）”右侧“编辑”按钮，打开“编辑扶手（非连续）”窗口，逐个修改扶手高度，最后点击“确定”按钮退出“类型属性”窗口，如图 4-194、图 4-195 所示。标高修改完成后如图 4-196、图 4-197 所示。

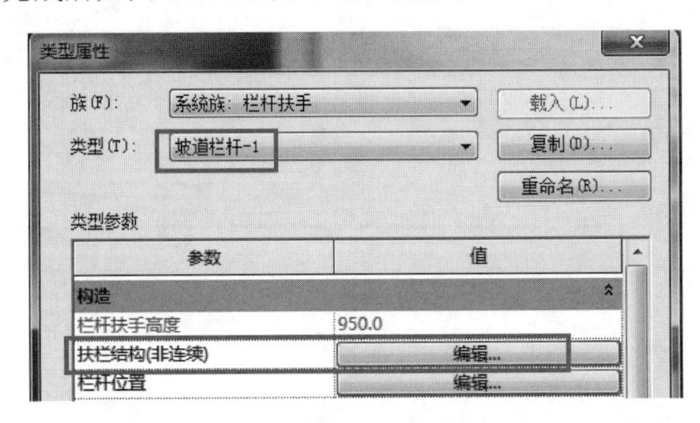

图 4-194

编辑扶手(非连续)

族: 栏杆扶手
类型: 坡道栏杆-1

扶栏

	名称	高度	偏移	轮廓	材质
1	Rail 1	950.0	-25.0	公制_圆形扶手 : 50mm	不锈钢
2	新建扶手(5)	700.0	-16.0	公制_圆形扶手 : 12mm	不锈钢
3	新建扶手(4)	550.0	-16.0	公制_圆形扶手 : 12mm	不锈钢
4	新建扶手(3)	400.0	-16.0	公制_圆形扶手 : 12mm	不锈钢
5	新建扶手(2)	250.0	-16.0	公制_圆形扶手 : 12mm	不锈钢
6	新建扶手(1)	100.0	-16.0	公制_圆形扶手 : 12mm	不锈钢

插入(I) 复制(L) 删除(D) 向上(U) 向下(O)

图 4-195

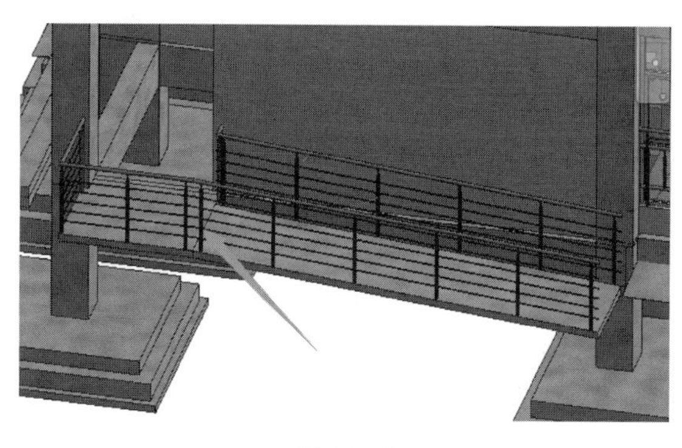

图 4-196

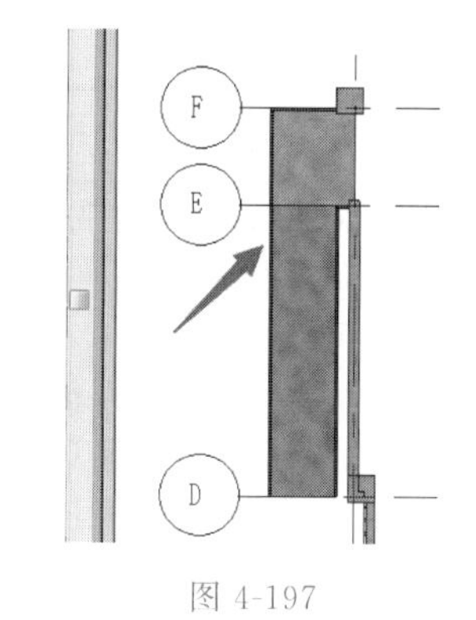

图 4-197

(14) 单击“快速访问栏”中保存按钮，保存当前项目成果。

4.13.4 总结拓展

★ 步骤总结

上述 Revit 软件建立坡道及栏杆的操作步骤主要分为五步，第一步：建立坡道构件类型；第二步：定位坡道平面位置（含参照平面、注释等步骤）；第三步：绘制坡道（含设置坡度等步骤）；第四步：绘制坡道栏杆（含定义坡道栏杆、绘制坡道栏杆路径、拾取新主体等步骤）；第五步：编辑坡道栏杆。按照本操作流程读者可以完成专用宿舍楼项目坡道及栏杆的创建。

★ 业务扩展

坡道是连接高差地面或者楼面的斜向交通通道。常见的坡道有两类：一类是为连接有高差的地面而设，如出入口处为通过车辆常结合台阶而设的坡道，或在有限时间里要求通过大量人流的建筑，如火车站、体育馆、影剧院的疏散坡道等；另一类是为连接两个楼层而设的行车坡道，常用在医院、残疾人机构、幼儿园、多层汽车库和仓库等场所。此外，室外公共活动场所也有结合台阶设置的坡道，以利于残疾人轮椅和婴儿车通过。

坡道的坡度与使用要求、面层作法、材料选用等因素有关。行人通过的坡道，坡度宜小于 1∶8；面层光滑的坡道，坡度宜小于或等于 1∶10；粗糙材料和有防滑条的坡道坡度可以稍陡，但不得大于 1∶6；斜面作成锯齿状坡道的坡度一般不宜大于 1∶4。

坡道面层多采用混凝土、天然石料等抗冻性好、耐磨损的材料，低标准或临时性的坡道则用普通黏土砖。实地铺筑坡道的方法和混凝土地面相同；架空式坡道作法和楼层作法类似。为了防滑，混凝土坡道上的水泥砂浆面层可划分成格条纹以增加摩擦力，也可采用水泥金刚砂防滑条；花岗石坡道可将表面作粗糙处理。

本节详细讲解了使用带坡度的板绘制坡道的操作方法。在 Revit 软件中还可以使用“坡道”命令进行坡道绘制。

4.14 新建空调板(含空调护栏)

4.14.1 任务说明

打开 Revit 软件，根据提供的专用宿舍楼图纸，完成专用宿舍楼空调板的创建。

4.14.2 任务分析

★ 业务层面分析

建立空调板模型前，先根据专用宿舍楼图纸查阅空调板构件的尺寸、定位、属性等信息，保证空调板模型布置的正确性。根据“建施-03”中“一层平面图”、“建施-04”中“二层平面图”可知空调板构件的平面定位信息（在所有的C3窗位置外侧）；根据“建施-06”中“14-1立面图和1-14立面图”（CAD测量）可知空调板厚度为100mm；根据“建施-07”中“F-A（A-F）立面图”（CAD测量）可知空调板厚度为100mm，首层空调板板顶标高为±0.000m，二层空调板板顶标高为±3.600m。图纸中未标注空调板混凝土强度等级，初步设定与楼层结构板一致，为C30。

★ 软件层面分析

（1）学习使用“楼板：建筑”命令创建空调板。

（2）学习使用“栏杆扶手”命令创建空调护栏。

4.14.3 任务实施

【说明】Revit软件中没有专门绘制空调板构件的命令，一般情况下使用“建筑”选项卡“构建”面板中的“楼板”下拉下的“楼板：建筑”工具创建空调板构件类型，在命名中包含“空调板”字眼即可。下面以《BIM算量一图一练》中的专用宿舍楼项目为例，讲解创建项目空调板的操作步骤。

（1）首先建立空调板构件类型。在“项目浏览器”中展开“楼层平面”视图类别，双击“首层”视图名称，进入“首层”楼层平面视图。为了绘图方便，先利用“过滤器”工具以及“视图控制栏”下的“隐藏图元”工具将除了“结构柱、墙、轴网”之外的其他构件隐藏。完成后如图4-198所示。

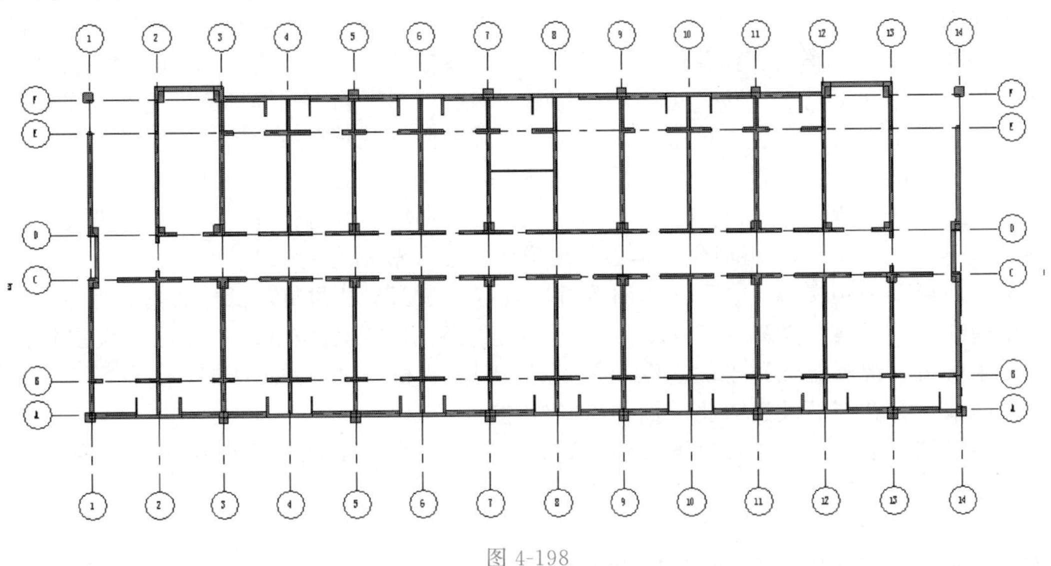

图4-198

（2）单击“建筑”选项卡“构建”面板中的“楼板”下拉下的“楼板：建筑”工具，点击“属性”面板中的“编辑类型”，打开“类型属性”窗口，点击“复制”按钮，弹出“名称”窗口，输入“空调板-100”，点击“确定”按钮关闭窗口。点击“结构”右侧“编辑”按钮，进入“编辑部件”窗口，修改“结构【1】”“厚度”为“100”，点击“结构【1】”“材质”“按类别”进入“材质浏览器”窗口，选择“混凝土-现场浇注混凝土-C30”，点击

“确定”关闭窗口，再次点击“确定”“确定”退出“类型属性”窗口，属性信息修改完毕。如图 4-199 所示。

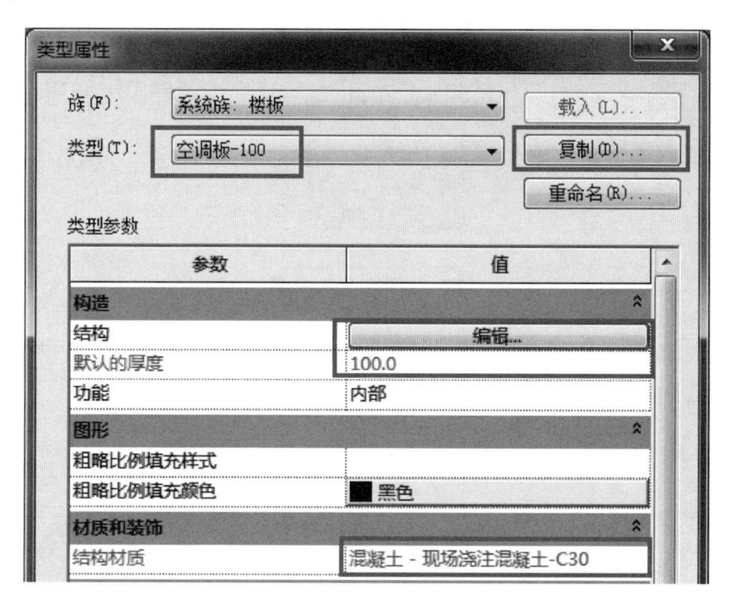

图 4-199

（3）构件定义完成后，在布置构件前，先根据“建施-03”中“一层平面图”中空调板的尺寸线数值，设置空调板的平面尺寸定位条件。单击“建筑”选项卡“工作平面”面板中的“参照平面”工具，单击“绘制面板”面板中的“拾取线”工具，参照下图所示尺寸设置相应偏移量数值并在 A 轴与 2 轴位置进行参照平面绘制（数值 650mm 根据 CAD 测量获得）。如图 4-200 所示。

（4）平面尺寸定位设置好后，开始布置构件。根据“建施-03”中“一层平面图”布置空调板。单击“建筑”选项卡“构建”面板中的“楼板”下拉下的“楼板：建筑”工具，在“属性”面板中找到空调板-100，在“属性”面板设置“标高”为“首层”，“自标高的高度偏移”为“0”，Enter 键确认。“绘制”面板中选择“矩形”方式，其他设置默认不变，在 A 轴与 2 轴位置绘制轮廓。如图 4-201 所示。

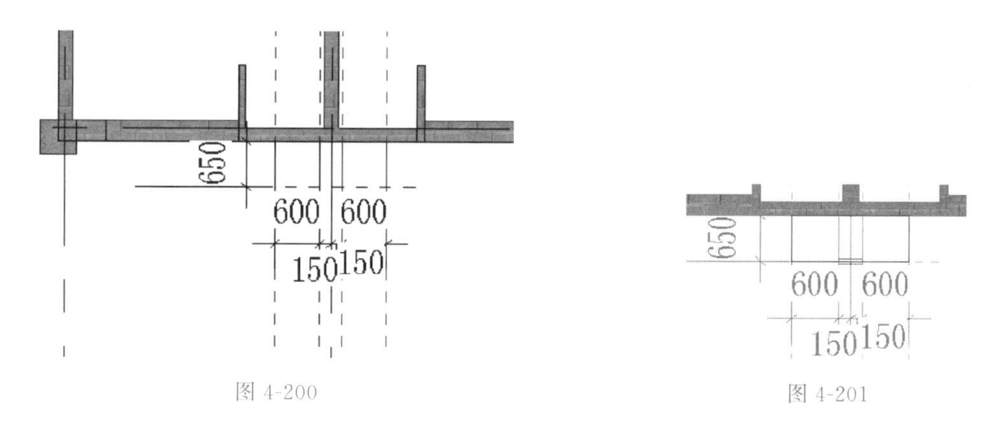

图 4-200

图 4-201

（5）点击“模式”选项卡下绿色对勾，完成空调板的建立。切换到三维模型视图，利用“视图”选项卡“窗口”面板中的“平铺”工具将三维模型视图与“首层”楼层平面视图同时展示。看到的空调板如图 4-202 所示。

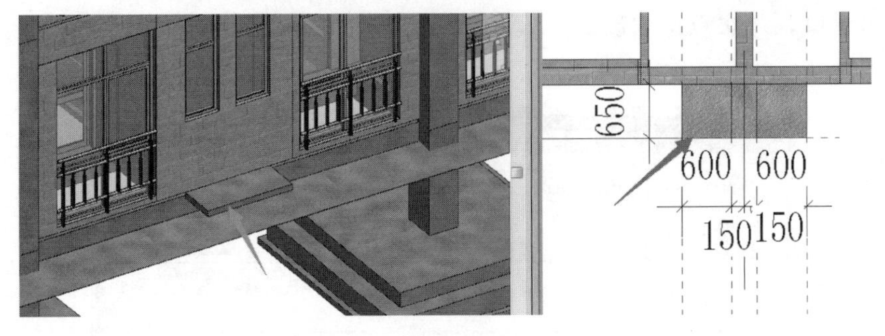

图 4-202

(6) 按照上述操作方式，根据“建施-03”中“一层平面图”在其他位置进行空调板绘制。为了绘图方便，可以使用“复制”命令快速创建首层其他位置空调板构件。绘制完成后查看三维模型视图。如图 4-203 所示。

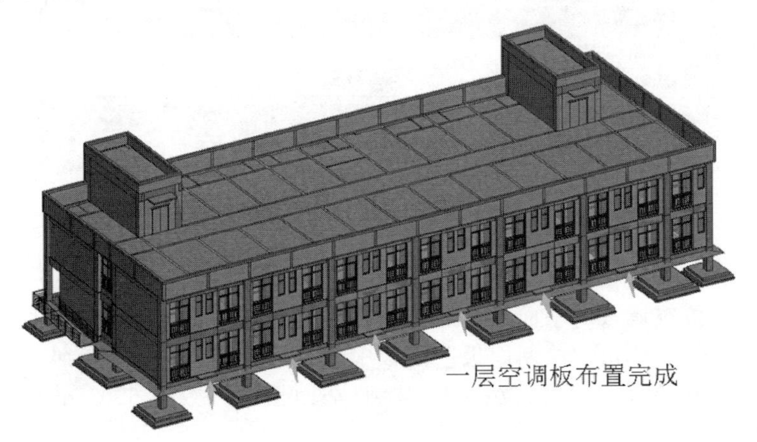

图 4-203

(7) 单击“快速访问栏”中保存按钮，保存当前项目成果。

(8)“首层”楼层平面视图空调板绘制完成后，开始绘制“二层”楼层平面视图空调板。根据“建施-04”中“二层平面图”在二层相应位置进行空调板绘制。为了绘图方便可以选择首层绘制的一块空调板，通过“右键-选择全部实例-在视图中可见”，选择首层绘制的所有空调板构件，然后使用“复制到剪贴板、粘贴、与选定的标高对齐”，选择“二层”，快速创建二层空调板构件。绘制完成后如图 4-204 所示。

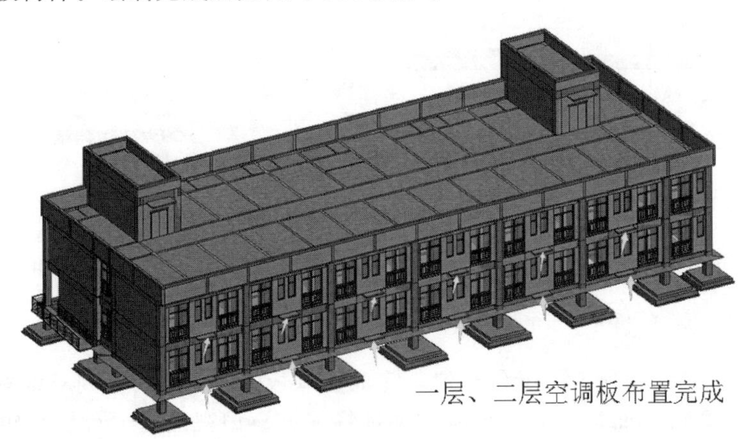

图 4-204

（9）单击“快速访问栏”中保存按钮，保存当前项目成果。

（10）空调板构件布置完成后，查阅“建施-06”中“14-1 立面图和 1-14 立面图”可知空调板上有护栏，护栏高度为 750mm（CAD 测量可知）；根据“建施-07”中“F-A（A-F）立面图”同样可知空调板护栏高度为 750mm（CAD 测量可知）；护栏标高的底部即为空调板的顶部。

（11）首先先建立空调板护栏构件类型。切换到“首层”楼层平面视图，单击“建筑”选项卡“楼梯坡道”面板中的“栏杆扶手”下拉下的“绘制路径”工具，点击“属性”面板中的“编辑类型”，打开“类型属性”窗口，点击“复制”按钮，弹出“名称”窗口，输入“空调板护栏”，点击“确定”按钮关闭窗口，如图 4-205 所示。点击“扶栏结构（非连续）”右侧“编辑”按钮，打开“编辑扶手（非连续）”窗口，逐个修改扶手高度及材质，点击“确定”按钮关闭窗口。如图 4-206 所示。

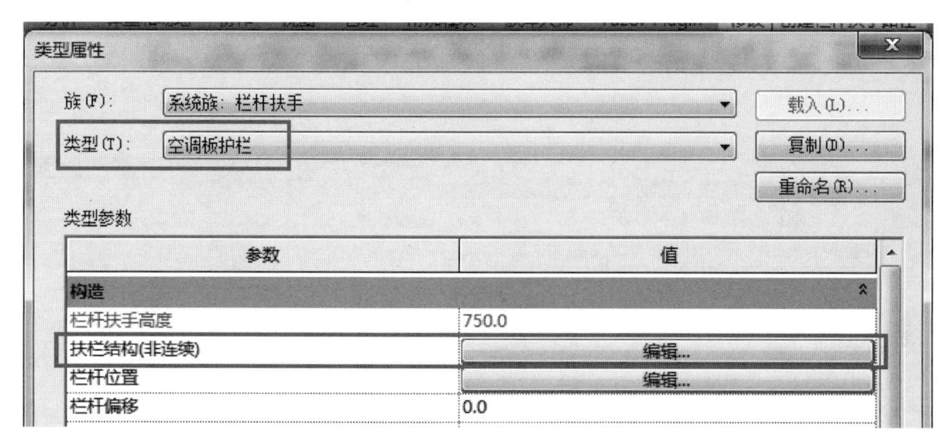

图 4-205

图 4-206

（12）点击“栏杆位置”右侧“编辑”按钮，打开“编辑栏杆位置”窗口，在主样式的“栏杆族”处设置为“无”（即不在扶手中添加栏杆），其他位置保持不变，点击“确定”按钮关闭窗口，返回“类型属性”窗口。修改“栏杆偏移”为“0”，点击“确定”按钮，退出“类型属性”窗口。如图 4-207、图 4-208 所示。

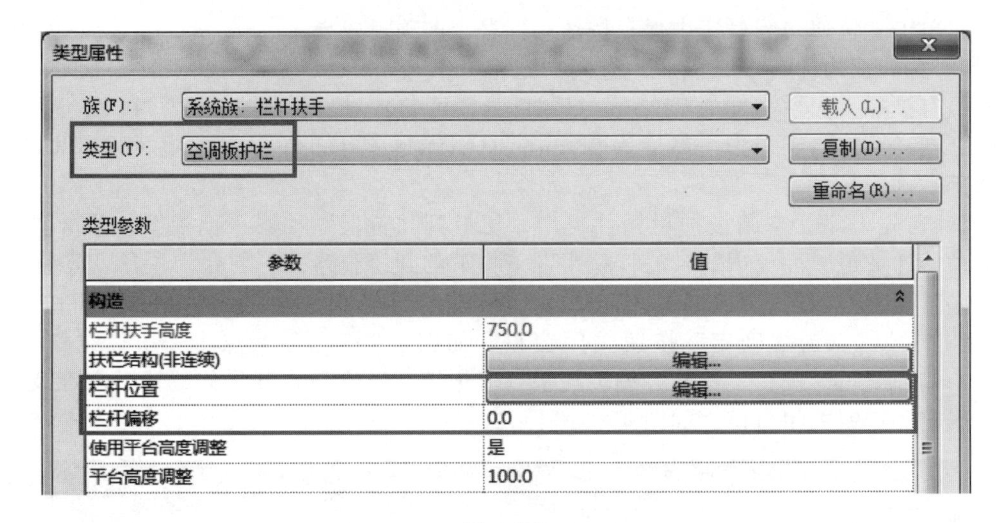

图 4-207

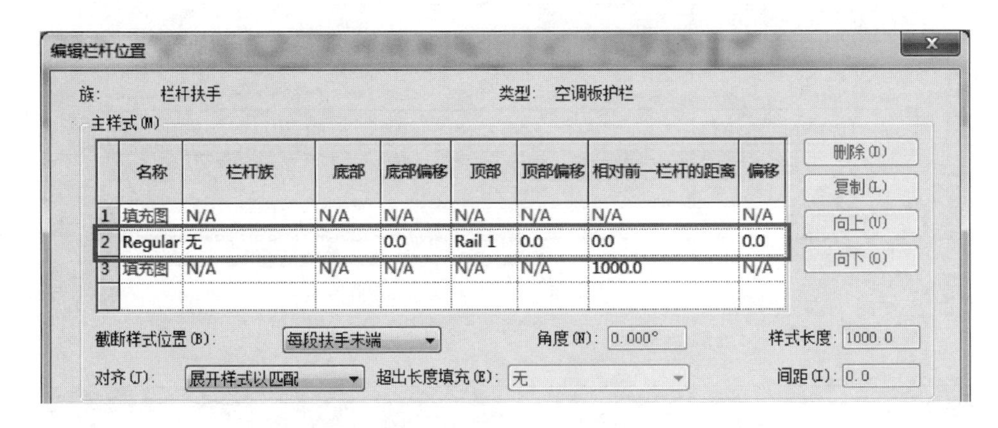

	名称	栏杆族	底部	底部偏移	顶部	顶部偏移	相对前一栏杆的距离	偏移
1	填充图	N/A	N/A	N/A	N/A	N/A	N/A	N/A
2	Regular	无		0.0	Rail 1	0.0	0.0	0.0
3	填充图	N/A	N/A	N/A	N/A	N/A	1000.0	N/A

图 4-208

（13）“类型属性”窗口设置完成后，设置“属性”面板中“底部标高”为“首层”，“底部偏移”为“0”，Enter 键确认。单击“绘制”面板中的“直线”绘制方式，设置选项栏中的“偏移量”为“50”，适当放大视图，沿 A 轴与 2 轴位置空调板外轮廓，绘制空调板护栏路径，完成后点击“模式”选项卡下绿色对勾，完成空调板护栏的建立。如图 4-209 所示。

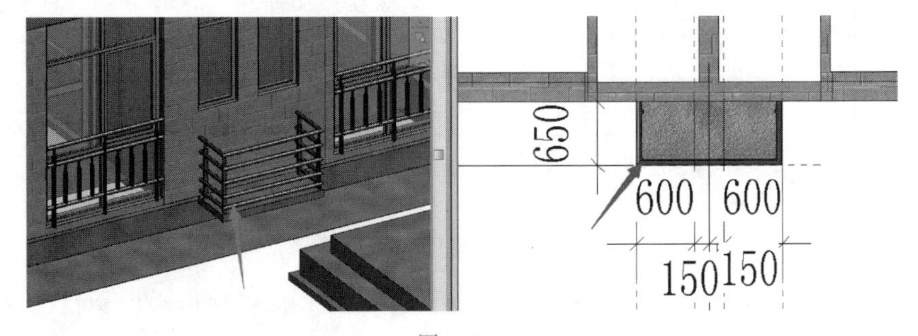

图 4-209

（14）A 轴与 2 轴位置室外空调护栏绘制完成后，可以利用“复制”命令在首层其他空调板位置进行空调板护栏布置，首层空调板护栏布置完成后如图 4-210 所示。

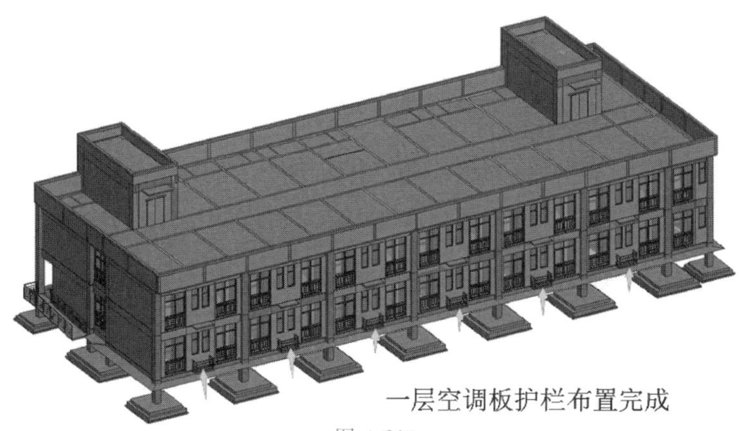

图 4-210

（15）“首层”楼层平面视图空调板护栏绘制完成后，开始绘制“二层”楼层平面视图空调板护栏。为了绘图方便可以选择首层绘制的一处空调板护栏，通过“右键-选择全部实例-在视图中可见”选择首层绘制的所有空调板护栏构件，然后使用“复制到剪贴板、粘贴、与选定的标高对齐”，选择“二层”，快速创建二层空调板护栏构件。绘制完成后如图 4-211 所示。

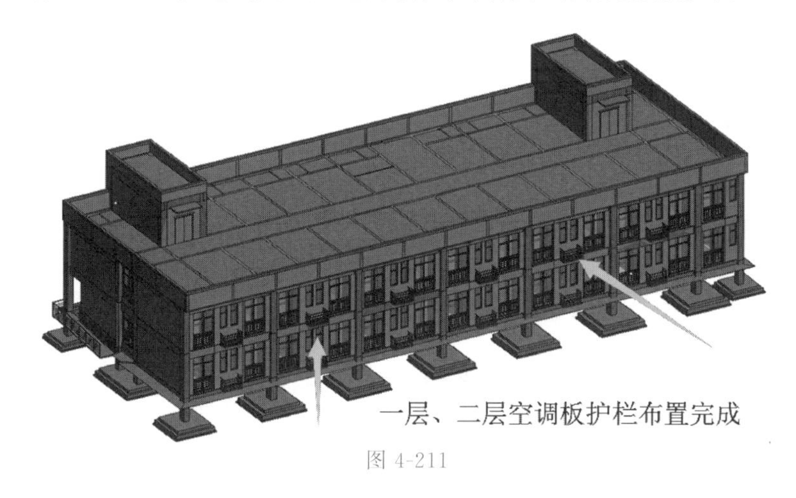

图 4-211

（16）单击“快速访问栏”中保存按钮，保存当前项目成果。

4.14.4 总结拓展

★ 步骤总结

上述 Revit 软件建立空调板及护栏的操作步骤主要分为六步，第一步：建立空调板构件类型；第二步：确定空调板平面位置（含参照平面、注释等小步骤）；第三步：绘制空调板；第四步：建立空调板护栏构件类型；第五步：布置“首层”楼层平面视图空调板护栏；第六步：布置“二层”楼层平面视图空调板护栏。按照本操作流程读者可以完成专用宿舍楼项目空调板及护栏的创建。

★ 业务扩展

空调板就是附设在外墙面上的外伸的混凝土板，用于安放空调室外机，一般的尺寸为 600mm×800mm 或 600mm×1000mm。由于空调板会有少量雨水进入且空调外机本身产生冷凝水，故宜在空调板上设置小型地漏或预埋管，接入空调冷凝水立管中以避免积水。

栏杆在使用中起分隔、导向的作用，使被分割区域边界明确清晰。栏杆的设计，应考虑安全、适用、美观、节省空间和施工方便等。从形式上看，栏杆可分为节间式与连续式两种。前者由立柱，扶手及横挡组成，扶手支撑于立柱上；后者具有连续的扶手，由扶手，栏杆柱及底座组成。常见种类有：木制栏杆、石栏杆、不锈钢栏杆、铸铁栏杆、铸造石栏杆、水泥栏杆、组合式栏杆。一般低栏高 0.2～0.3m，中栏 0.8～0.9m，高栏 1.1～1.3m。栏杆柱的间距一般为 0.5～2m。

建造栏杆的材料有木、石、混凝土、砖、瓦、竹、金属、有机玻璃和塑料等。栏杆的高度主要取决于使用对象和场所，一般高 900mm；幼儿园、小学楼梯栏杆还可建成双道扶手形式，分别供成人和儿童使用；在高险处可酌情加高。楼梯宽度超过 1.4m 时，应设双面栏杆扶手（靠墙一面设置靠墙扶手）；大于 2.4m 时，必须在中间加一道栏杆扶手。居住建筑中，栏杆不宜有过大空当或可攀登的横档。

本节详细讲解了空调板及护栏的绘制方式。在实际项目中常常会遇到形式各样的栏杆扶手。对于复杂的栏杆扶手可以使用 Revit 的族文件进行自由创建。

4.15 新建室内装修及外墙面装修

4.15.1 任务说明

打开 Revit 软件，根据提供的专用宿舍楼图纸，完成专用宿舍楼室内装修及外墙面装修的创建。

4.15.2 任务分析

★ 业务层面分析

建立室内装修模型前，先根据专用宿舍楼图纸查阅室内装修做法表，根据“建施-02”中“室内装修做法表”可知不同房间的楼地面、楼面、踢脚板、内墙面、顶棚的装修做法；根据“建施-06”中“14-1 立面图和 1-14 立面图”可知外墙面的装修做法。

★ 软件层面分析

（1）学习使用“编辑部件”命令创建楼地面。

（2）学习使用“编辑部件”命令创建楼面。

（3）学习使用“墙：饰条”命令创建踢脚板。

（4）学习使用“墙：饰条”命令创建内墙面。

（5）学习使用“编辑部件”命令创建顶棚。

（6）学习使用“编辑部件”命令创建外墙面。

4.15.3 任务实施

【说明】Revit 软件中基本没有专门绘制各类装修构件的命令，但是 Revit 软件提供了强大的“编辑部件”功能，可以利用各结构层的灵活定义来反映构件的装修做法，以达到精细化设计的目的。下面对装修做法表中“楼地面、楼面、踢脚板、内墙面、顶棚”以及立面图中的“外墙面”装修进行逐一讲解。

（1）楼地面装修

1）楼地面业务简介

楼地面就是第一层的地板，楼面是二层及以上各层的地板总称。

楼地面工程中地面构造一般为面层、垫层和基层（素土夯实）；楼层地面构造一般为面层、填充层和楼板。当地面和楼层地面的基本构造不能满足使用或构造要求时，可增设结合层、隔离层、填充层、找平层等其他构造层次。如图 4-212 所示。

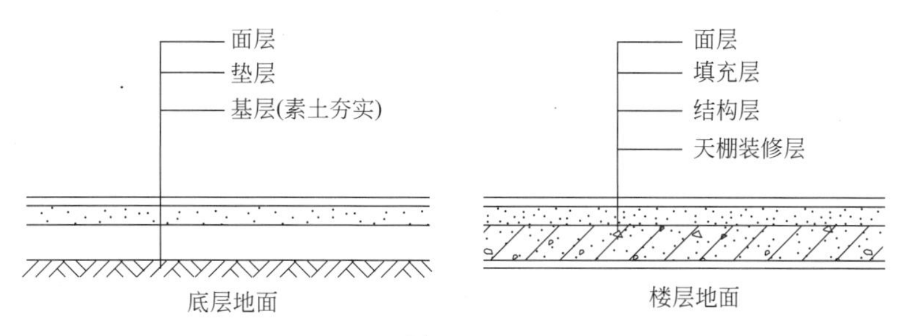

图 4-212

地面垫层常用的材料有混凝土、砂、炉渣、碎（卵）石等；结合层常用的材料有水泥砂浆、干硬性水泥砂浆、黏结剂等；填充层常用的材料有水泥炉渣、加气混凝土块、水泥膨胀珍珠岩块等；找平层常用的材料有水泥砂浆和混凝土；隔离层常用的材料有防水涂膜、热沥青、油毡等；面层常用的材料有混凝土、水泥砂浆、现浇（预制）水磨石、天然石材（大理石、花岗岩等）、陶瓷锦砖、地砖、木质板材、塑料、橡胶、地毯等。

楼地面的做法分为整体地面、石材地面、块料地面。整体地面包括水泥混凝土地面、橡胶地面、木地板等；石材地面包括花岗岩地面、大理石地面、文化石地面等；块料地面包括缸砖地面、铀砖地面等。

2）楼地面软件操作

【说明】在前述模型成果中我们并没有建立首层的楼板构件，这是因为图纸中没有一层板配筋图。根据本项目的特点，首层楼板的创建方法反映在了室内装修做法表中，也就是装修做法表中的楼地面。根据房间使用功能不同，楼地面的装修做法进行了分别描述（具体做法参见“建施-02”中“室内装修做法表”）。下面我们以“门厅”房间为例，利用“编辑部件”命令讲解楼地面的创建方法。

① 首先建立楼地面（门厅）构件类型。在“项目浏览器”中展开“楼层平面”视图类别，双击“首层”视图名称，进入“首层”楼层平面视图。单击“结构”选项卡“结构”面板中的“楼板”下拉下的“楼板：结构”工具，点击“属性”面板中的“编辑类型”，打开“类型属性”窗口，点击“复制”按钮，弹出“名称”窗口，输入“楼地面（门厅）”，点击“确定”按钮关闭窗口，如图 4-213 所示。点击“结构”右侧“编辑”按钮，进入“编辑部件”窗口。要创建正确的楼地面类型，必须设置正确的楼地面厚度、做法、材质等信息。在“编辑部件”的“功能”列表中提供了 7 种楼板功能，即“结构【1】”、“衬底【2】”、“保

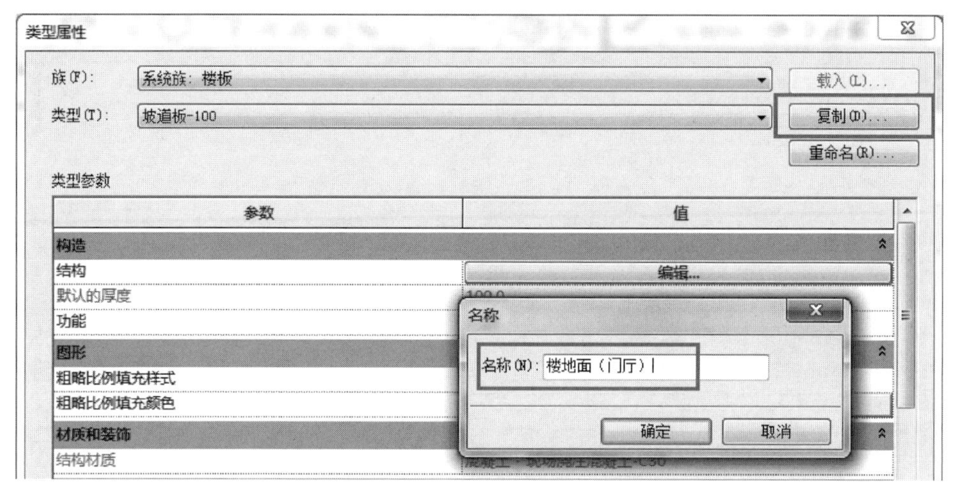

图 4-213

温层/空气层【3】”、“面层 1【4】”、“面层 2【5】”、“涂膜层”（通常用于防水涂层，厚度必须为 0）、“压型板【1】”。这些功能可以定义楼板结构中每一层在楼板中所起的作用。需要额外说明的是，Revit 功能层之间是有关联关系和优先级关系的，例如结构【1】表示当板与板连接时，板各层之间连接的优先级别。方括号中的数字越大，该层的连接的优先级越低）。如图 4-214 所示。

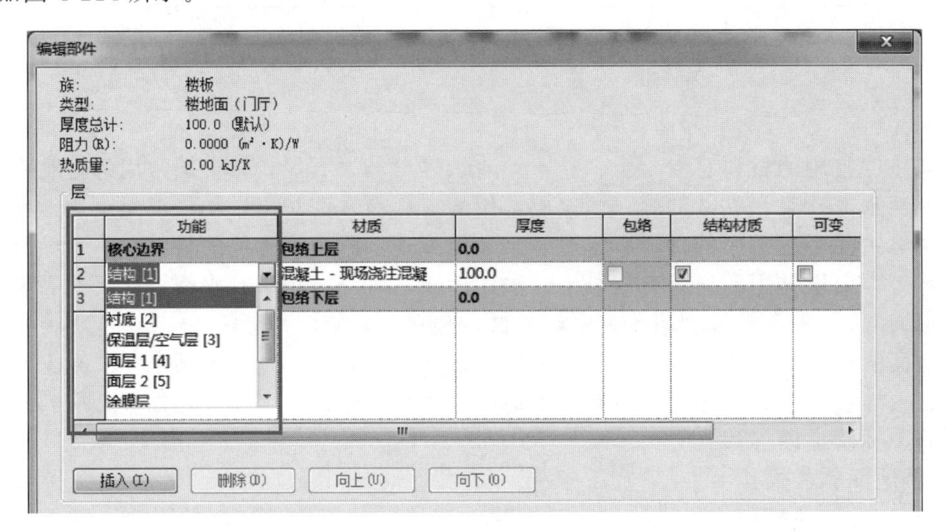

图 4-214

② 上述括号内内容详细讲解了“编辑部件”中“功能”列表的具体用途，下面依据楼地面（门厅）的装修做法在 Revit 中进行匹配设置。修改“结构【1】”“厚度”为“60”，材质修改为“混凝土垫层”，选择第二行，然后点击“插入”按钮 3 次，在“层”列表中插入 3 个新层，新插入的层默认厚度为“0.0”，功能为“结构【1】”。选择第二行，单击“向上”按钮 1 次，变成第一行，在功能下拉列表中修改为“面层 2【5】”，材质修改为“花岗岩石材”，“厚度”修改为“20”。选择第四行，单击“向上”按钮两次，变成第二行，在功能下拉列表中修改为“衬底【2】”，材质修改为“水泥砂浆”，“厚度”修改为“30”。选择第四行，单击“向下”按钮两次，变成第六行，在功能下拉列表中修改为“面层 2【5】”，材质修改为“碎石”，“厚度”修改为“150”。设置完成后点击“确定”按钮，关闭“编辑部件”窗口。如图 4-215 所示。

编辑部件

族: 楼板
类型: 楼地面（门厅）
厚度总计: 260.0 (默认)
阻力(R): 0.0000 (m²·K)/W
热质量: 0.00 kJ/K

层

	功能	材质	厚度	包络	结构材质	可变
1	面层 2 [5]	花岗岩石材	20.0	☐	☐	☐
2	衬底 [2]	水泥砂浆	30.0	☐	☐	☐
3	核心边界	包络上层	0.0			
4	结构 [1]	混凝土垫层	60.0	☐	☑	☐
5	核心边界	包络下层	0.0			
6	面层 2 [5]	碎石	150.0	☐	☐	☐

插入(I) 删除(D) 向上(U) 向下(O)

图 4-215

③ 构件定义完成后，开始布置构件。在“属性”面板设置“标高”为“首层”，“自标高的高度偏移”为“0”，Enter 键确认。“绘制”面板中选择“矩形”方式，选项栏中“偏移量”设置为“0”，根据“建施-03”中“一层平面图”找到门厅位置（1～2 轴与 D～E 轴轴线交点围成的封闭区域）绘制矩形框，绘制完成后单击“模式”面板中的“绿色对勾”工具，完成门厅位置楼地面的创建，如图 4-216、图 4-217 所示。过程中会弹出载入跨方向族窗口，点击“否”即可。弹出“是否希望将高达此楼层标高的墙附着到此楼

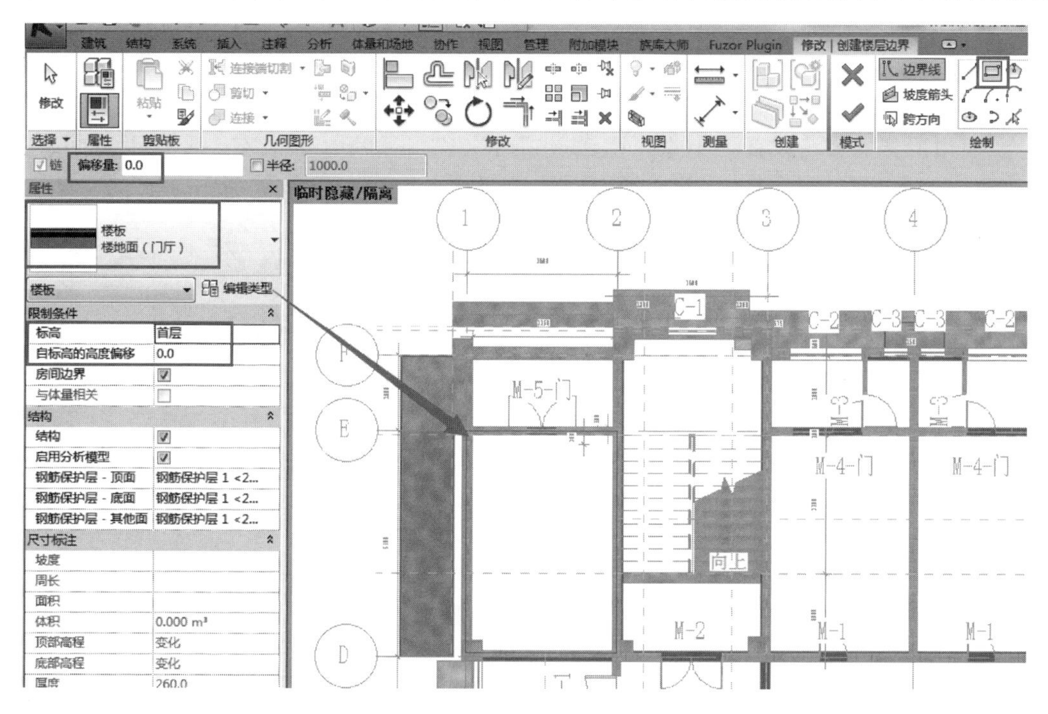

图 4-216

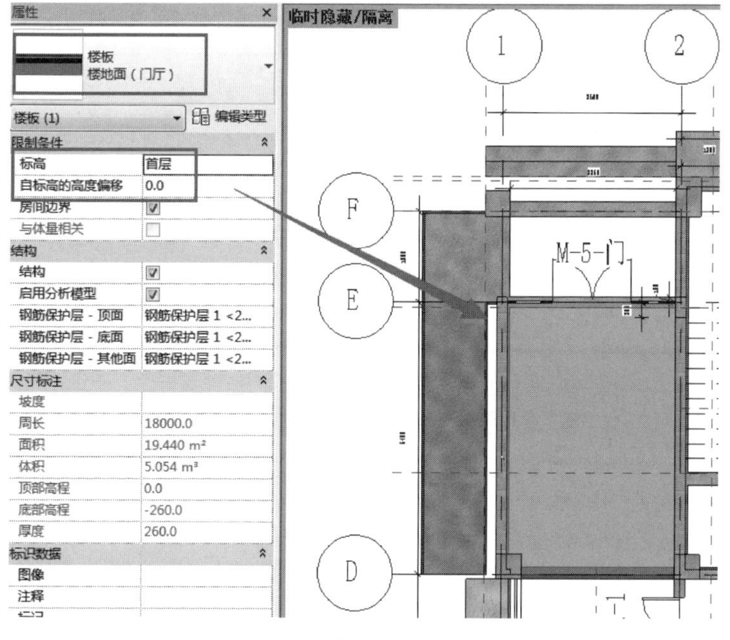

图 4-217

层的底部窗口”，点击“否”即可。如图 4-218、图 4-219 所示。

图 4-218

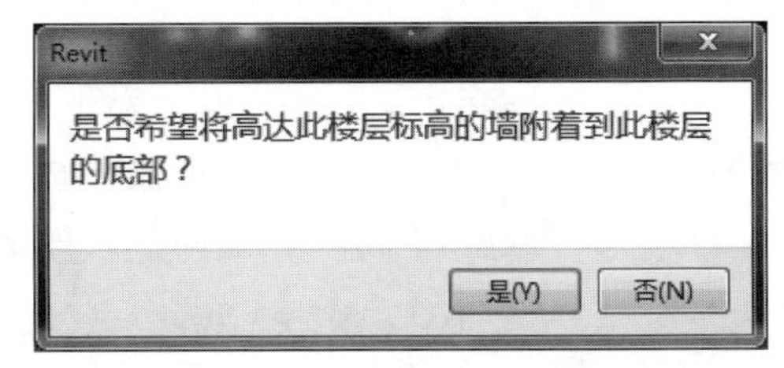

图 4-219

④ 使用同样的方法设置“走道、阳台、宿舍”、“开水房、洗浴室、公用卫生间、宿舍卫生间”、“楼梯间”、“管理室”的楼地面做法，如图 4-220～图 4-224 所示。

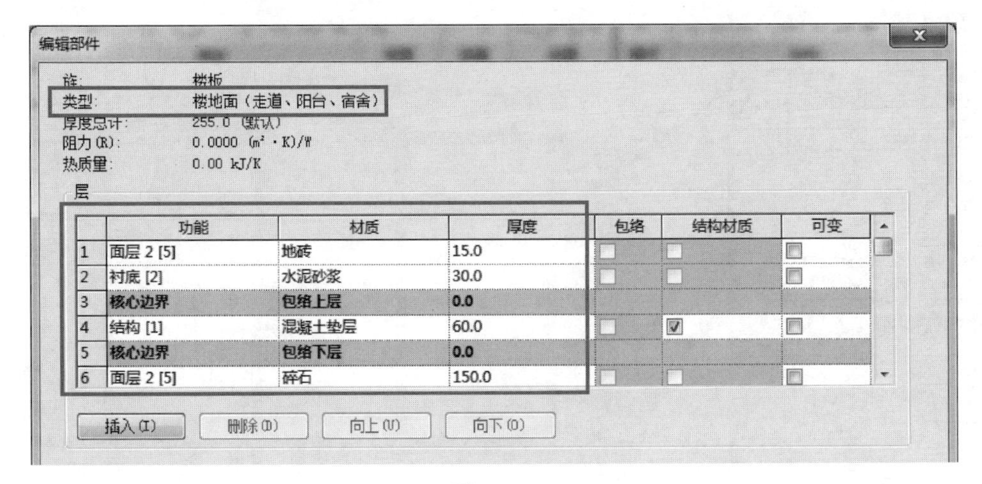

图 4-220

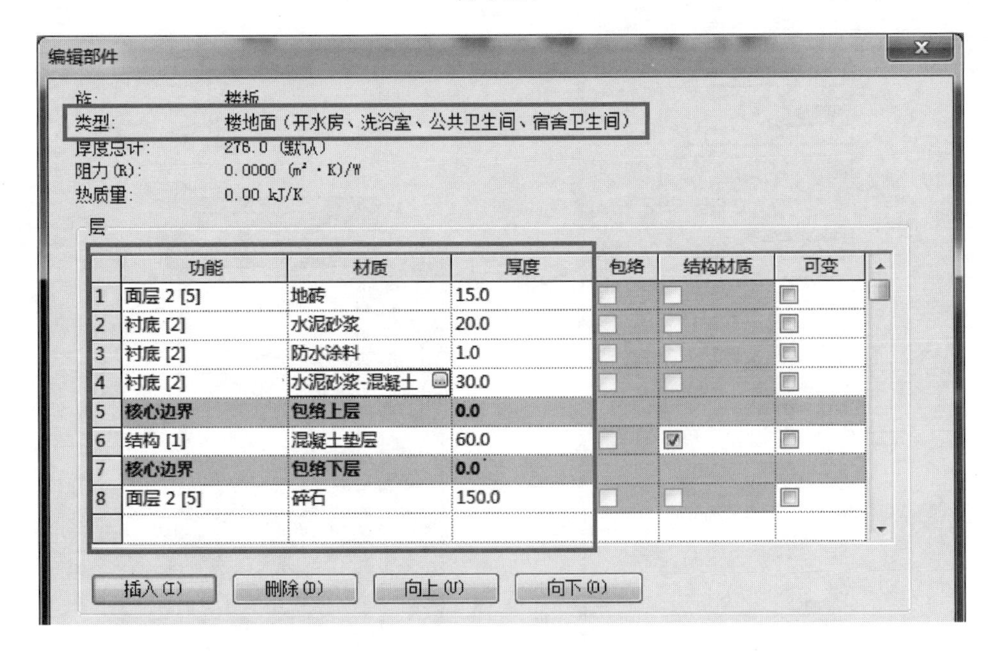

图 4-221

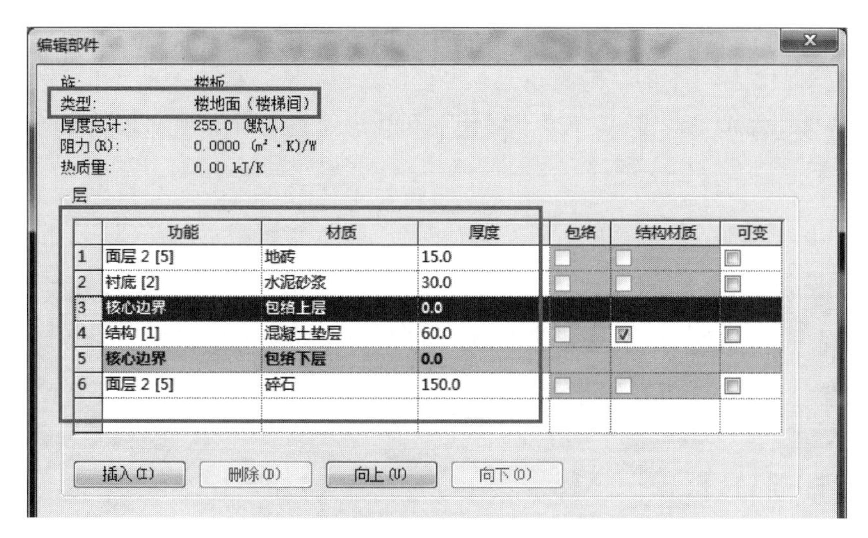

图 4-222

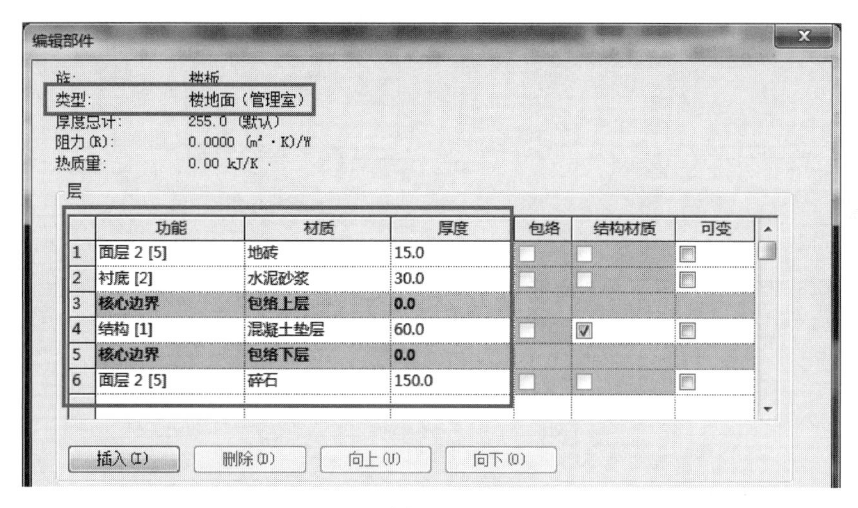

图 4-223

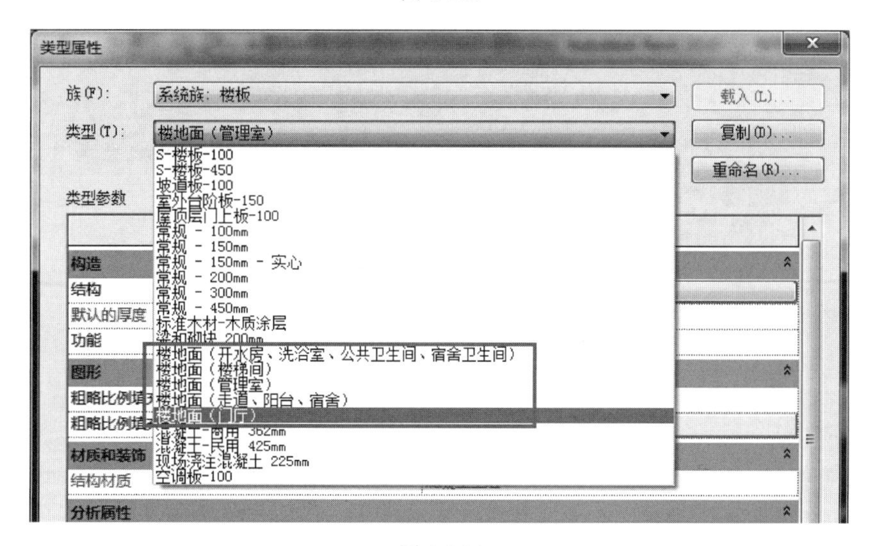

图 4-224

⑤ 楼地面构件全部定义完成后，开始布置构件。为了绘图方便，可以先使用“过滤器”工具以及“视图控制栏”下的“隐藏图元”工具将除了“墙、楼板、轴网”之外的其他构件隐藏，然后根据“建施-03”中“一层平面图”在相应位置布置楼地面构件。布置完成后如图 4-225 所示。

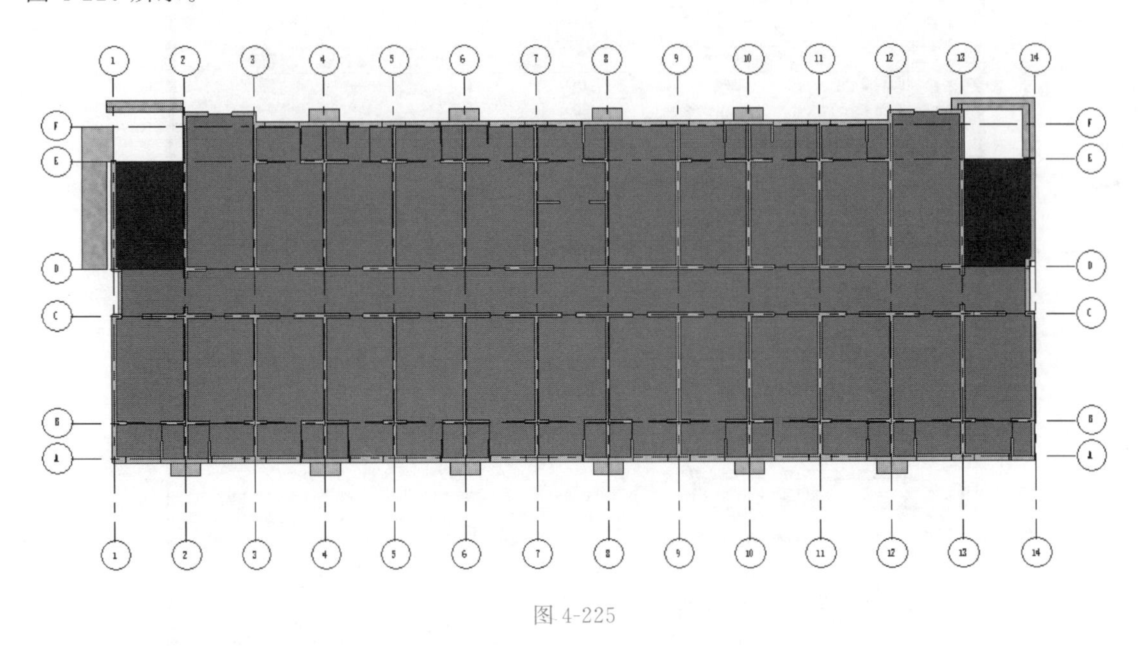

图 4-225

⑥ 切换到三维模型视图，鼠标放在 ViewCube 上，右键，选择“定向到视图”→“楼层平面”→“楼层平面：首层”，按住 Shift 键＋鼠标滚轮将模型进行三维旋转查看。如图 4-226 所示。

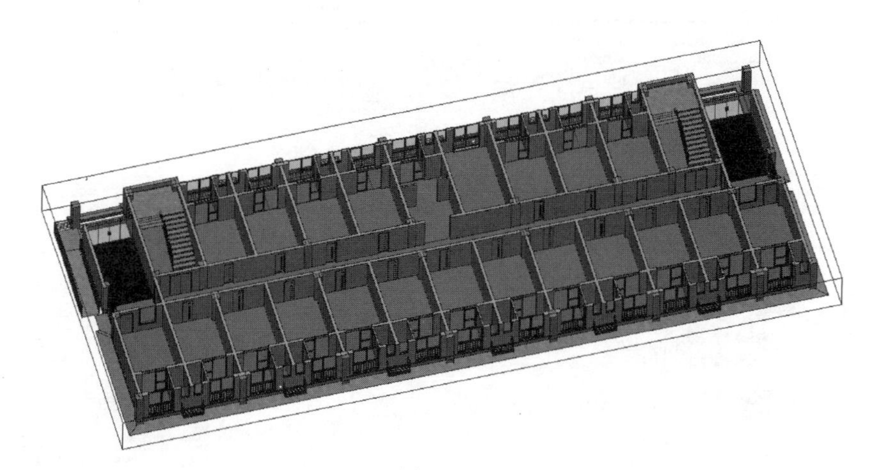

图 4-226

⑦ 单击“快速访问栏”中保存按钮，保存当前项目成果。

（2）楼面装修

1）楼面业务简介

楼面特指楼层的地上表面，位于屋顶层的楼面则称为屋面。楼面在建筑剖面图上看，只是一条楼层的分界线，因而不能用楼面指代一个楼层。楼面用于表示此处的材料装饰与构造做法的标高位置，如三层楼面是指第三层地面的相关信息，与第二层楼关联但不能包含第二层楼的构件。

严格来说具有现浇混凝土板的面都应该叫做楼面，地面则是指与土有接触的面，比如有地下室的建筑物首层地面做法设计也是参考楼面做法执行，一般只有垫层做法和面层做法，而框架结构独立基础无地下室（本项目结构形式）的情况下，首层地面做法设计是按照地面做法执行，一般会有回填灰土垫层、垫层和面层做法。

2）楼面软件操作

【说明】根据“建施-02”中“室内装修做法表”可知，无论哪个房间，楼面的结构层都是“现浇钢筋混凝土楼板”。根据房间不同，楼面的装修做法不同。前面讲解结构建模过程中，对于二层的结构板构件我们都是一整块绘制的，是因为考虑到实际现场浇筑也是整块板浇筑。但是楼面装修时根据房间布局不同而进行个性化装修，所以要实现“建施-02”中“室内装修做法表”中不同房间楼面的装修做法，有如下方法。第一种，删除原有二层的结构板构件，按照前面讲解的楼地面的定义方式和绘制方式重新建立二层带装修的楼面模型；第二种，保留原有二层的结构板构件，然后按照前面讲解的楼地面的定义方式对楼板面层进行定义，然后再根据房间布局不同进行单独绘制。在算量要求精确地情况下建议使用第一种方法进行绘制。如果使用第二种方法，在建立楼板面层构件时，在 Revit 的“编辑部件”窗口中“结构【1】”是必须存在的，并且“厚度”必须大于或等于“1mm”，如图 4-227 所示。但是“现浇钢筋混凝土楼板”已经绘制，所以只需要上面的装修厚度即可。为了单独做楼板面层，只能将原来是面层或衬底的厚度放在结构层厚度中，面层或衬底的材质放在结构层的材质中，这样布置后同一个位置楼板会有至少两种结构层，在算量汇总时并不合适。所以综合考虑本节采取第一种方法重新建立带装修属性的二层楼板构件。

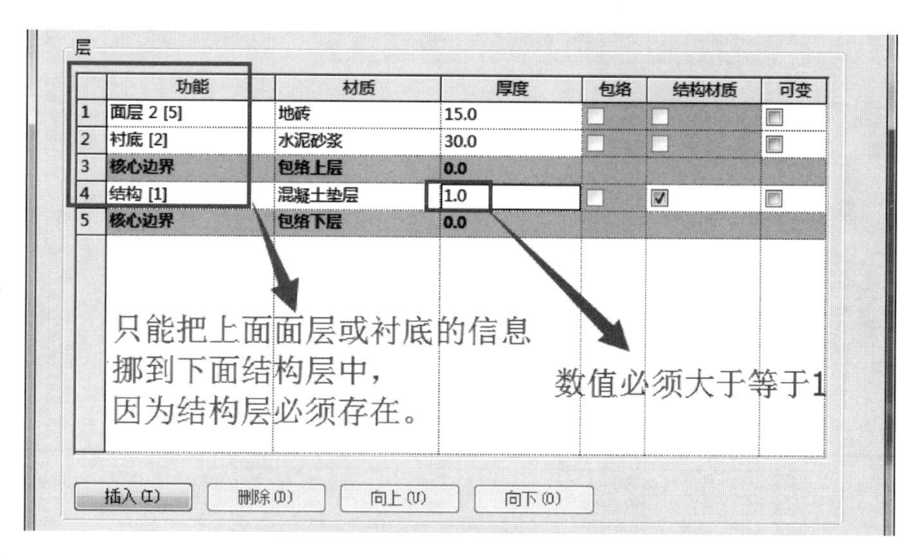

图 4-227

① 在“项目浏览器”中展开“楼层平面”视图类别，双击“二层”视图名称，进入“二层”楼层平面视图。选择二层所有结构板将其删除。为了绘图方便，先使用“过滤器”工具以及“视图控制栏”下的“隐藏图元”工具将除了“墙、楼板、轴网”之外的其他构件隐藏，然后按照首层创建楼地面的方法创建二层各房间带装修的楼面构件。二层楼面定义完

成后如图 4-228～图 4-233 所示。

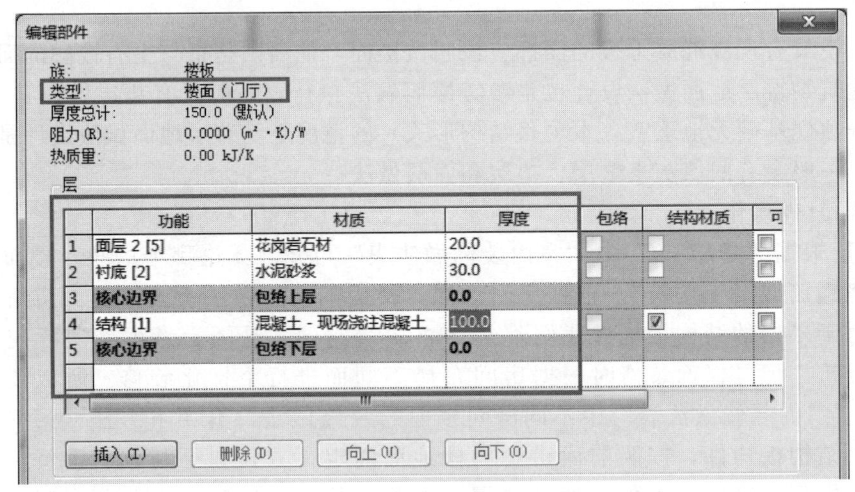

图 4-228

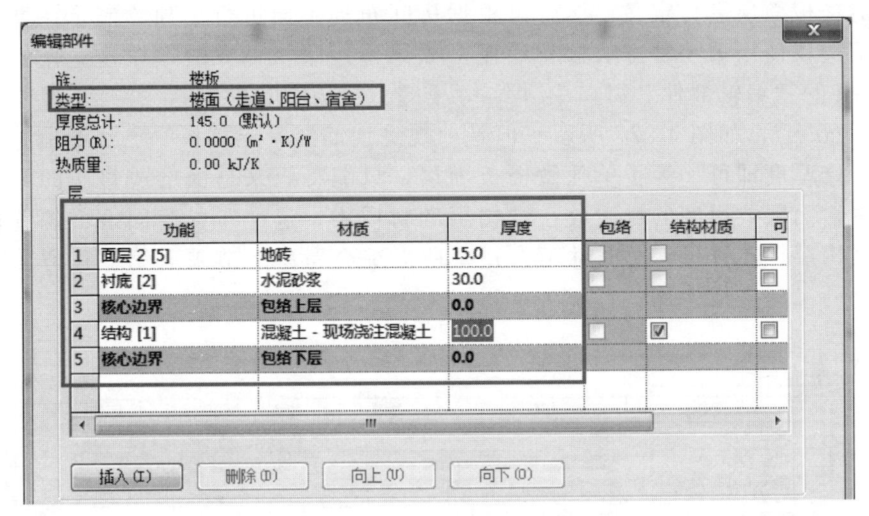

图 4-229

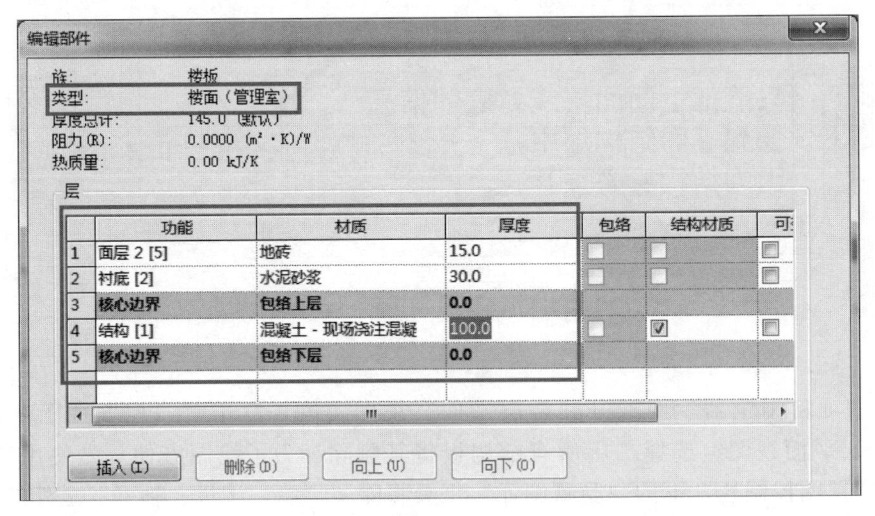

图 4-230

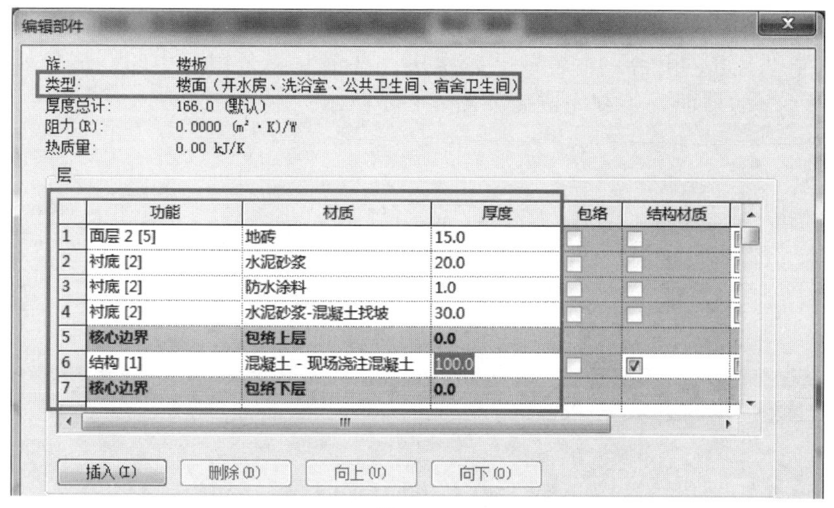

图 4-231

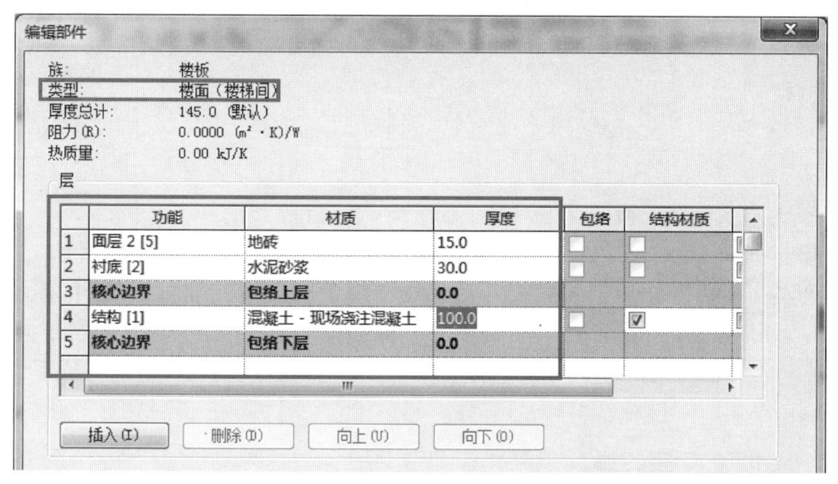

图 4-232

图 4-233

② 构件定义完成后，开始布置构件。根据“建施-04”中“二层平面图”布置二层带装修的楼面构件。“走道、阳台、宿舍”、“开水房、洗浴室、公用卫生间、宿舍卫生间”、“楼梯间”、“管理室”的楼面，绘制完成后如图 4-234 所示。

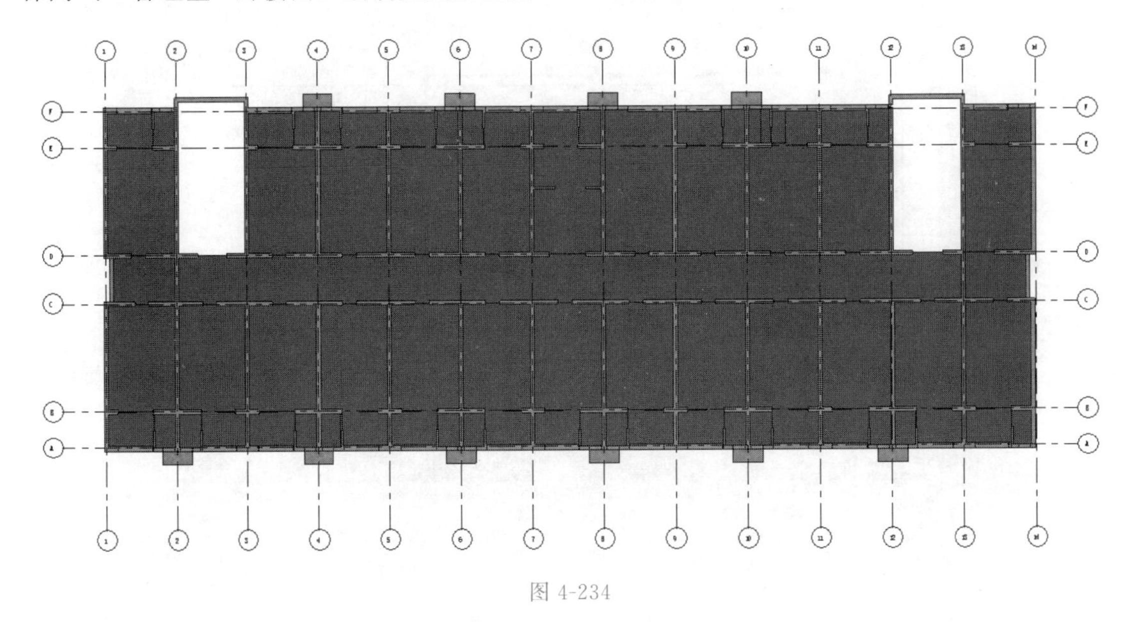

图 4-234

③ 单击“快速访问栏”中保存按钮，保存当前项目成果。

④ 二层楼面创建完成后，开始创建屋顶层以及楼梯屋顶层带装修的屋面。根据“建施-05”中“屋顶层平面图”可知，屋顶层有屋面 1、屋面 2、屋面 3 共计 3 种屋面板类型。查阅“建施-07”可知屋面 1、屋面 2、屋面 3 的装修做法。按照上述创建二层带装修的楼面的方法，分别创建“屋面 1”、“屋面 2”、“屋面 3” 3 种带做法构件。创建完成后如图 4-235～图 4-237 所示。

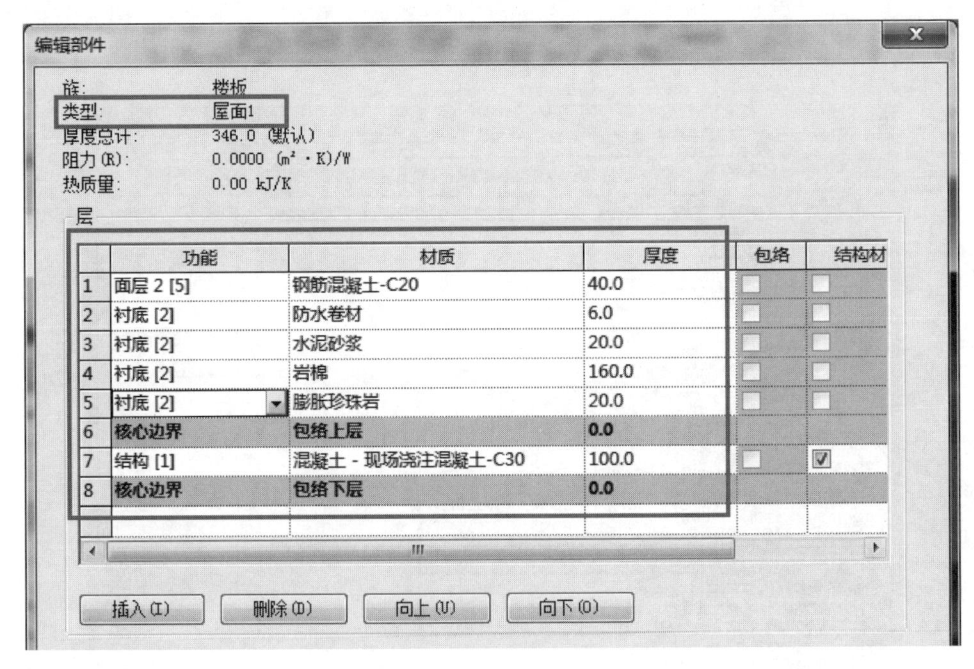

图 4-235

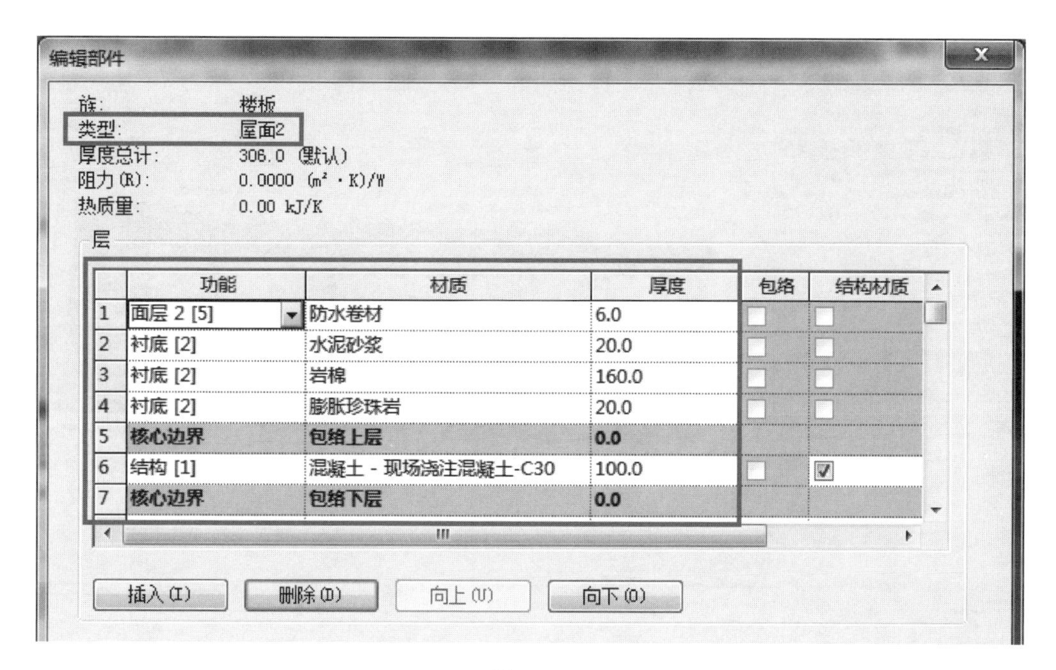

图 4-236

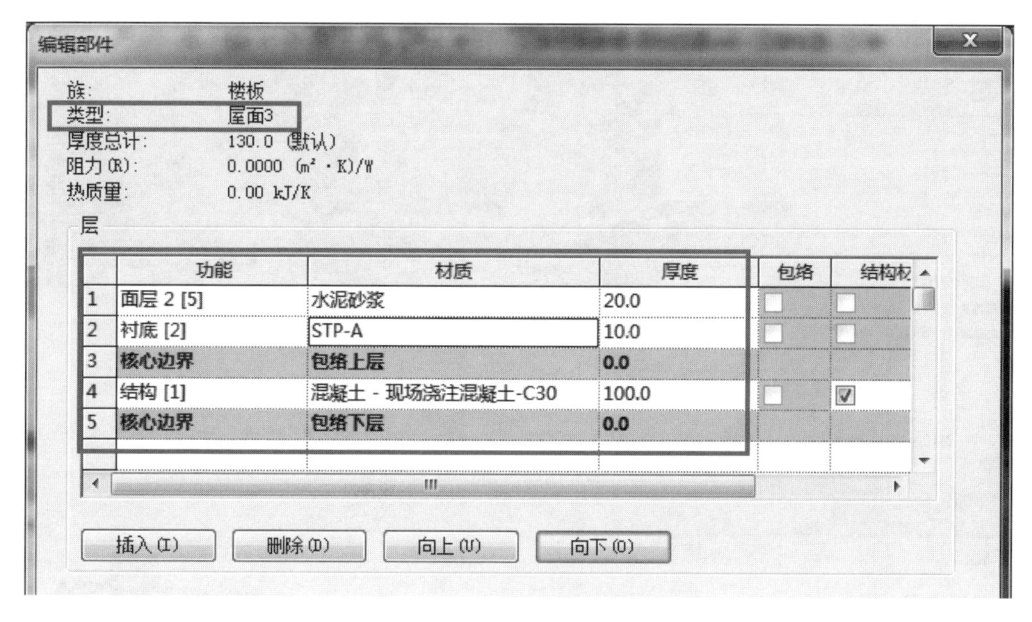

图 4-237

⑤ 构件定义完成后，开始布置构件。前面讲解结构板建模过程中已经绘制了屋面 1（当时构件名称为“S-楼板-100”）、屋面 2（当时构件名称为“S-楼板-100”）、屋面 3（当时构件名称为“屋顶层门上板-100”）。因为屋顶层及楼梯屋顶层没有房间布局区分，现在只需要选择已经绘制的屋面结构板替换为新建立的屋面 1、屋面 2、屋面 3 构建类型即可。切换到三维模型视图，去掉“属性”面板中剖面框的勾选，选择屋顶层的“S-楼板-100”图元，找到“属性”面板构件类型中的“屋面 1”进行替换；同样的方法，选择楼梯屋顶层的“S-楼板-100”图元，替换为“屋面 2”，选择楼梯屋顶层的“屋顶层门上板-100”图元，替换为

“屋面 3”。过程如图 4-238～图 4-241 所示。

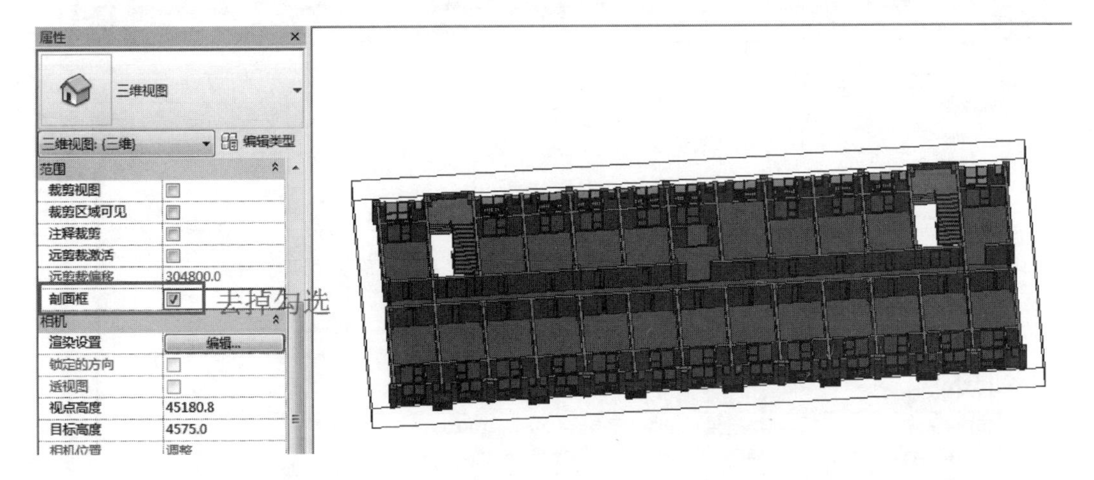

图 4-238

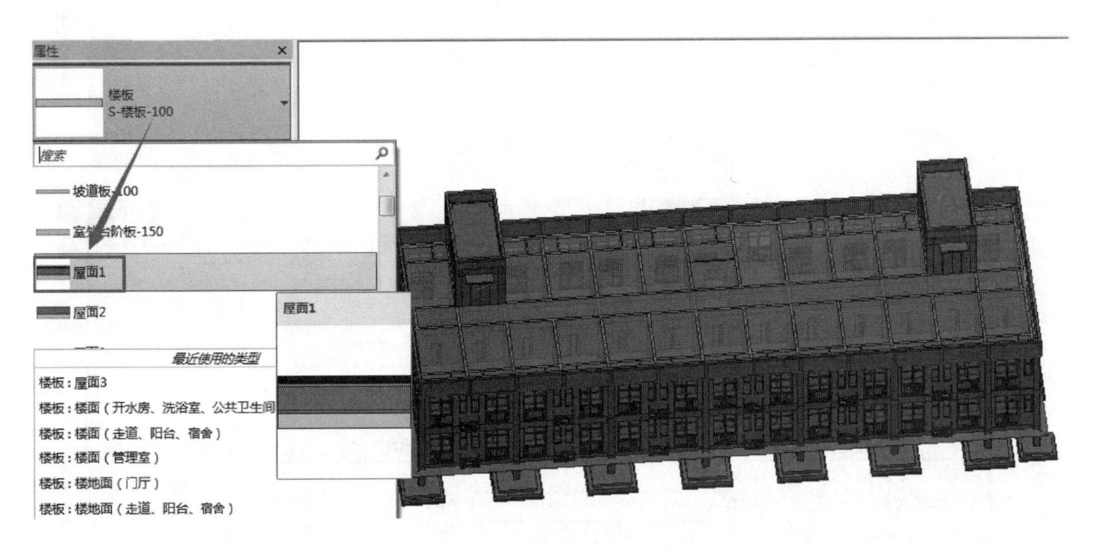

图 4-239

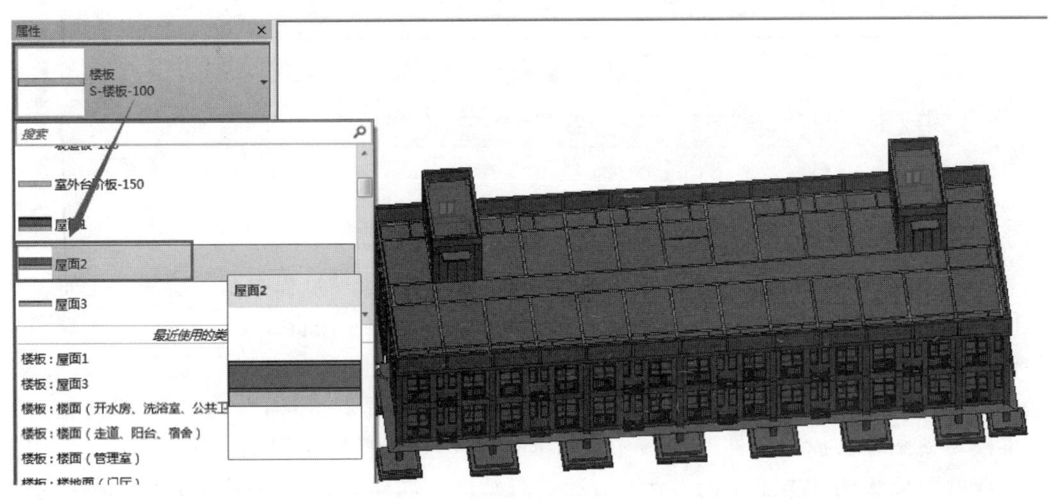

图 4-240

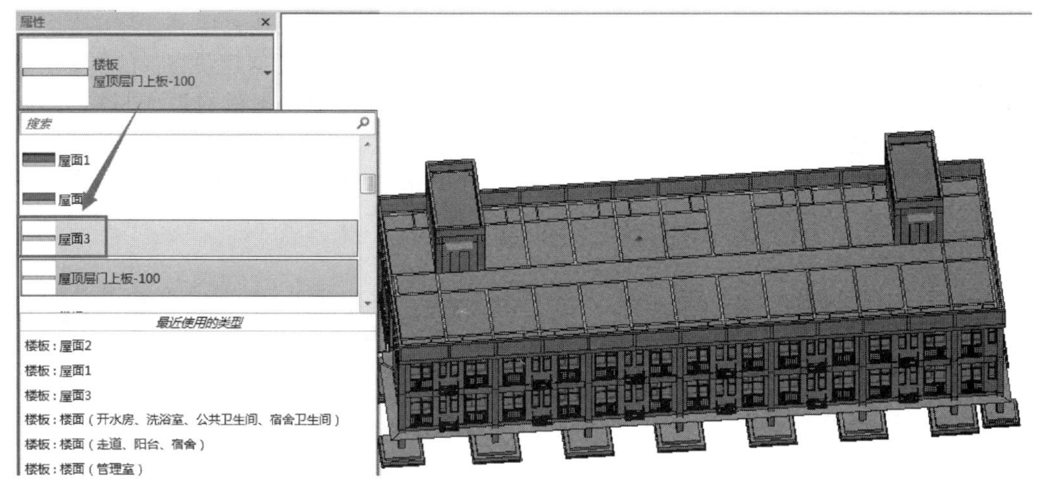

图 4-241

⑥ 单击“快速访问栏”中保存按钮，保存当前项目成果。

（3）踢脚板装修

1）踢脚板业务简介

踢脚板又称为脚踢板或地脚线，是楼地面和墙面相交处的一个重要构造节点。踢脚板有两个作用：一是保护作用，遮盖楼地面与墙面的接缝，使墙体和地面之间更好地结合牢固，减少墙体变形，避免外力碰撞造成破坏；二是装饰作用，在居室设计中，腰线、踢脚线（踢脚板）起着视觉的平衡作用。

市场上常见的制作踢脚线的材料有原木质材料、中密度纤维板、高密度纤维板和新材料PVC高分子发泡材料。每种材料都各有特点，但是对于消费者来说最重要的考虑因素依然是质量和价格，各项质量指标中，尤以环保指标最要紧。PVC高分子发泡材料是后起之秀，因为它的配方中不含铅，也不会散发氨、游离甲醛等对人身体有害的气体，做到了无毒无害无放射性。此外，PVC踢脚线安装后不需油漆装饰；虽然原木踢脚线对人体也无害，但油漆却造成了污染。一些瓷砖厂家为配合地面砖的需要，推出了瓷砖踢脚线，可以更好地与瓷砖进行搭配，且不怕水、火，易擦洗。

居室的踢脚线在墙的最下部，从地面向上12～15cm，是墙面装饰的一部分，也是墙面与地面的分界线。踢脚板的一般高度为100～180mm。目前踢脚线的高度一般选用66mm或70mm，使室内装修看上去更加秀气、美观；装饰绘图时一般绘制150mm。

踢脚板的选色应区别于地面和墙面，建议选地面与墙面的中间色；同时还可根据房间的面积来确定颜色：房间面积小的踢脚板选靠近地面的颜色，反之则宜选靠近墙壁的颜色。

Revit软件中没有专门绘制踢脚板构件的命令，我们可以使用“墙：饰条”功能来放置踢脚板，也可以使用墙功能单独创建踢脚板构件。为了操作快捷，下面讲解使用“墙：饰条”功能创建踢脚板的操作方法。

2）踢脚板软件操作

【说明】查阅“建施-02”中“室内装修做法表”可知踢脚板根据房间不同做法不一。其中“走道、阳台、宿舍、开水房、洗浴室、公用卫生间、宿舍卫生间、楼梯间”等房间做法一致，“门厅”、“管理室”有单独做法。踢脚板是遮盖楼地面与墙面的接缝，绘制在墙底部，根据房间布局、装修不同；但是在前面建模过程中，首层和二层墙构件没有考虑房间分隔，是通长创建的，所以如果想完全按照“室内装修做法表”通过房间分隔来创建踢脚板，则需要对已经绘制的内墙构件进行打断处理（使用“修改”面板中的“拆分图元”工具即可）。

内墙构件根据房间分隔进行打断处理的操作步骤不再赘述，假设现在首层和二层的墙体都是按照房间分隔来进行绘制的，下面将详细讲解使用“墙：饰条”功能创建踢脚板的操作方法。

① 首先先创建踢脚板轮廓。查阅“室内装修做法表”，可知踢脚板的组成材质共分为5种：10～15厚大理石石材板、12厚1∶2水泥砂浆、6厚1∶2.5水泥砂浆、8厚1∶3水泥砂浆、10～15厚花岗石石材板，踢脚板高度都为100mm。点击“应用程序菜单”按钮，在列表中选择“新建-族”选项，以“公制轮廓.rft”族样板文件为族样板，进入轮廓族编辑模式。如图4-242所示。

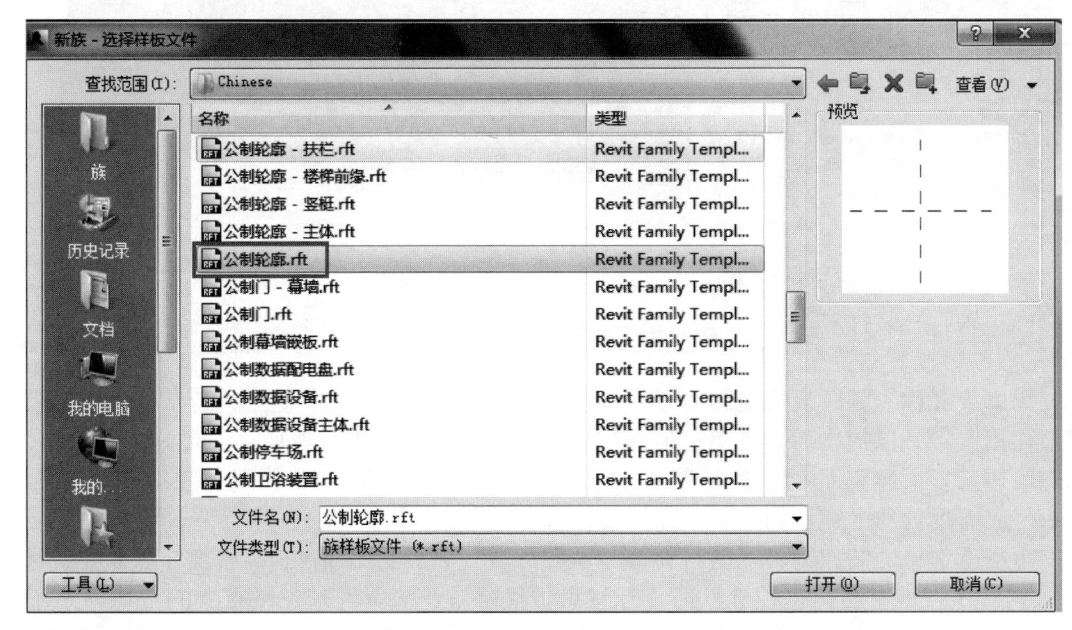

图 4-242

② 单击“创建”选项卡“详图”面板中的“直线”工具，参照下图所示尺寸绘制首尾相连且封闭的踢脚板截面轮廓。单击保存按钮，将创建的族分别命名为“10-15厚大理石石材板-踢脚板”、“12厚水泥砂浆-踢脚板”、“6厚水泥砂浆-踢脚板”、“8厚水泥砂浆-踢脚板”、“10-15厚花岗石石材板-踢脚板”，如图4-243～图4-247所示。文件保存路径为：“Desktop \ 案例工程 \ 专用宿舍楼 \ 族 \ 轮廓族”。单击“族编辑器”面板中的“载入到项目”按钮，将轮廓族载入到专用宿舍楼项目中，如图4-248所示。

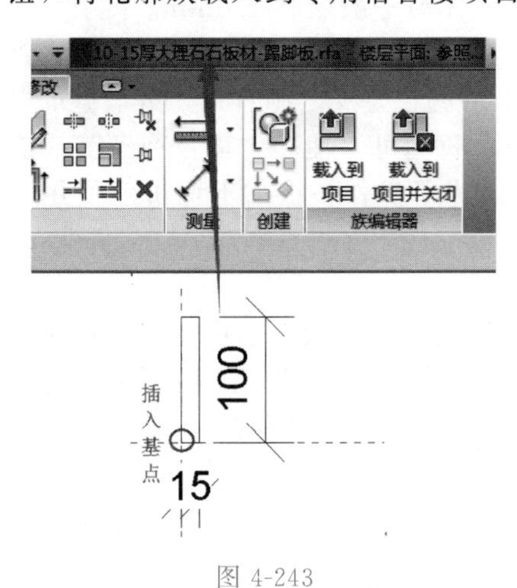

图 4-243

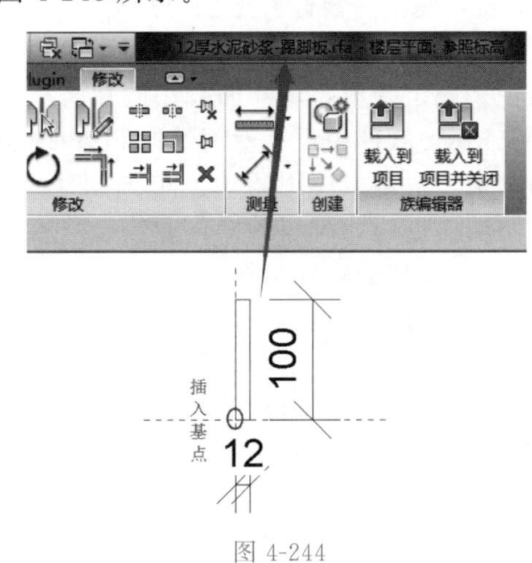

图 4-244

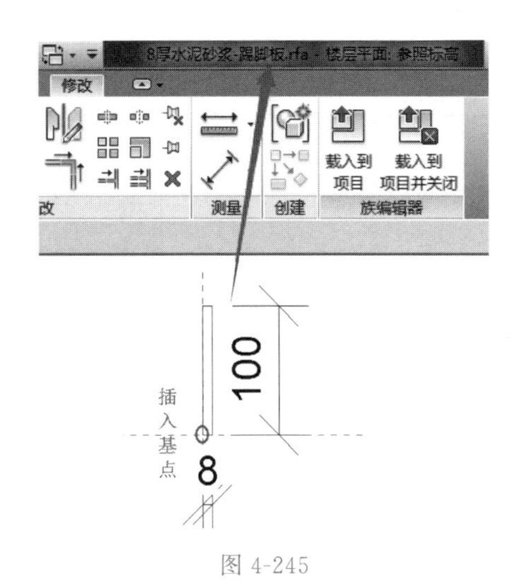

图 4-245

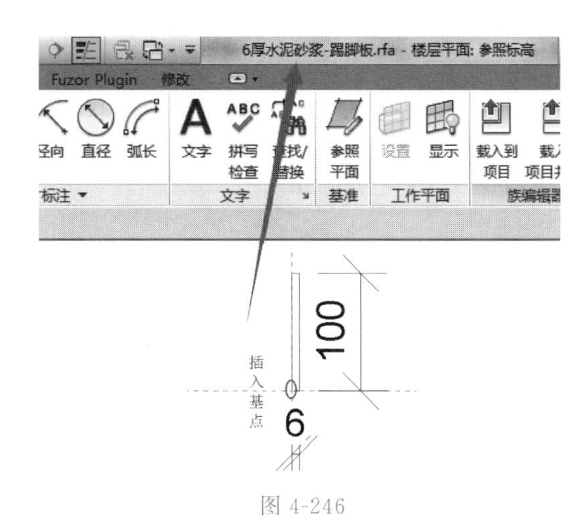

图 4-246

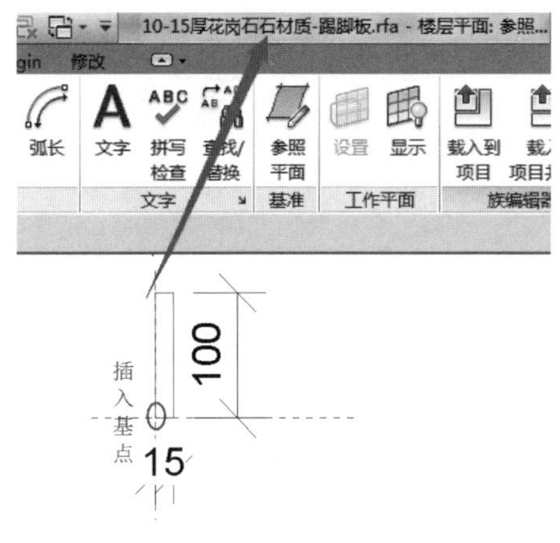

图 4-247

图 4-248

③ 创建不同材质的墙饰条构件。切换到专用宿舍楼项目中，单击“建筑”选项卡“构建”面板中的“墙”下拉下的“墙：饰条”工具，点击“属性”面板中的“编辑类型”，打开“类型属性”窗口，点击“复制”按钮，创建“10-15 厚大理石石材板-踢脚板”。在“轮廓”右侧选择“10-15 厚大理石石材板-踢脚板”，在“材质”右侧选择“大理石”，“剪切墙”和“被插入对象剪切”默认勾选；继续创建“12 厚水泥砂浆-踢脚板”，在“轮廓”右侧选择“12 厚水泥砂浆-踢脚板”，在“材质”右侧选择“水泥砂浆”；创建“6 厚水泥砂浆-踢脚板”，在“轮廓”右侧选择“6 厚水泥砂浆-踢脚板”，在“材质”右侧选择“水泥砂浆”；创建“8 厚水泥砂浆-踢脚板”，在“轮廓”右侧选择“8 厚水泥砂浆-踢脚板”，在“材质”右侧选择“水泥砂浆”；创建“10-15 厚花岗石石材板-踢脚板”，在“轮廓”右侧选择“10-15 厚花岗石石材板-踢脚板”，在“材质”右侧选择“花岗石”。如图 4-249、图 4-250 所示。

④ 创建完墙饰条构件后，开始给墙布置踢脚板。先布置首层走道位置踢脚板构件。为了布置方便，将模型切换到三维模型视图，鼠标放在 ViewCube 上，右键，选择“定向到视图”→“楼层平面”→“楼层平面：首层”，按住 Shift 键＋鼠标滚轮将模型进行三维旋转，旋转到合适视角便于布置墙饰条。如图 4-251 所示。

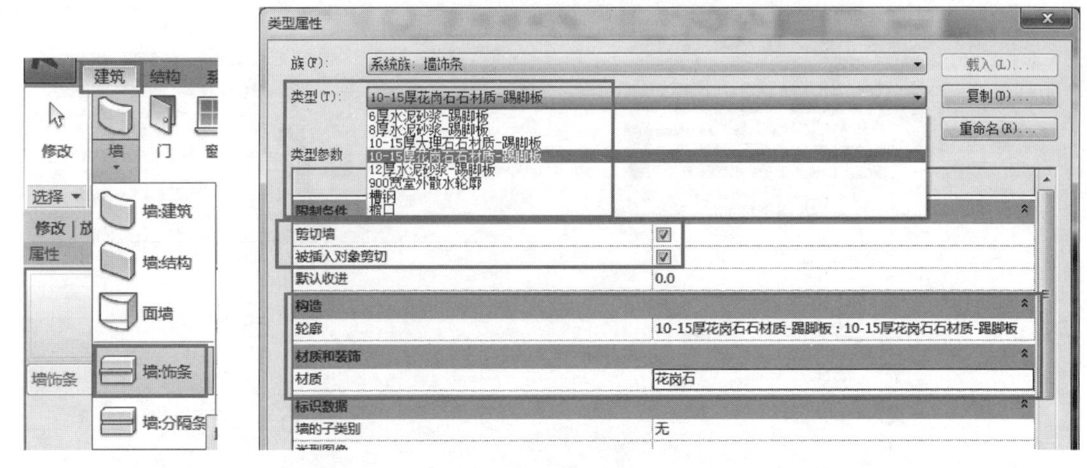

图 4-249　　　　　　　　　　图 4-250

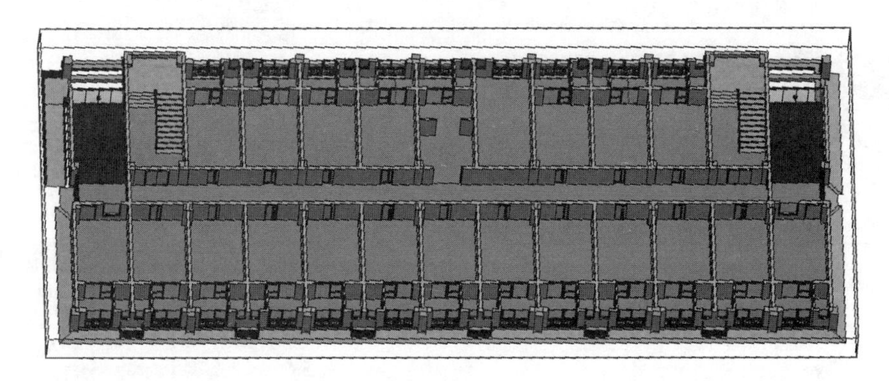

图 4-251

⑤ 走道位置踢脚板做法为 6 厚水泥砂浆与 8 厚水泥砂浆，且 6 厚水泥砂浆在外侧。在“墙：饰条”的“属性”面板构件类型中找到“6 厚水泥砂浆-踢脚板”，“放置”面板中选择“水平”，鼠标移动到走道位置的墙下侧单击，沿所拾取墙底部边缘生成 6mm 外侧的墙饰条。选择 6mm 外侧的墙饰条，在“属性”面板中设置“与墙的偏移”为“8”（为了保证在布置 8mm 内侧的墙饰条时不会与 6mm 外侧的墙饰条重叠）。如图 4-252 所示。

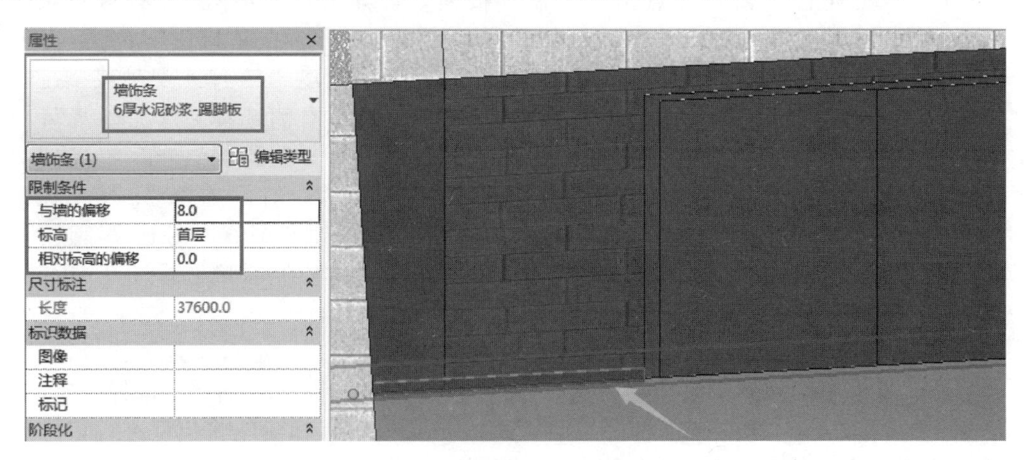

图 4-252

⑥ 选择刚布置的 6mm 外侧的墙饰条，将其隐藏。继续在“墙：饰条”的“属性”面板构件类型中找到“8 厚水泥砂浆-踢脚板”，“放置”面板中选择“水平”，鼠标再次移动到走道位置的墙下侧单击，沿所拾取墙底部边缘生成 8mm 内侧的墙饰条。如图 4-253 所示。

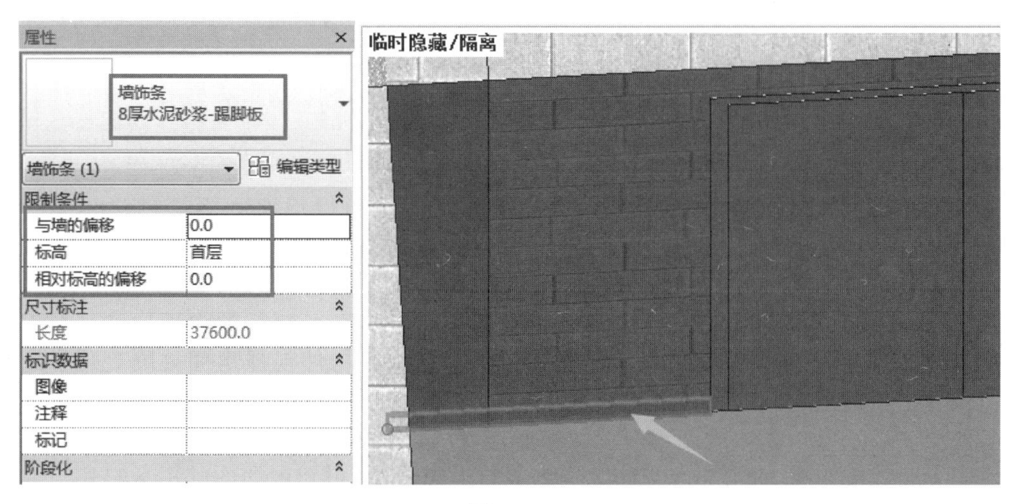

图 4-253

⑦ 将 6mm 外侧的墙饰条与 8mm 内侧的墙饰条同时显示，切换到俯视图并放大，布置踢脚板的位置如图 4-254 所示。

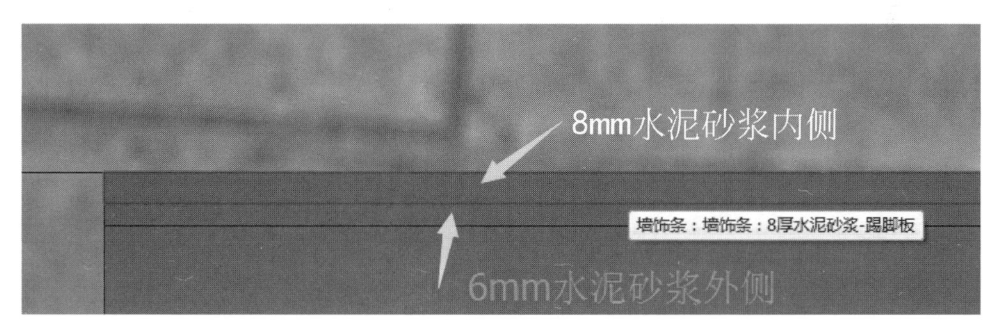

图 4-254

⑧ 使用同样的方法，根据“建施-02”中“室内装修做法表”中不同房间踢脚板的做法，对不同房间的墙进行踢脚板的布置。

⑨ 使用同样的方法，对二层的不同房间的墙进行踢脚板的布置。

⑩ 单击“快速访问栏”中保存按钮，保存当前项目成果。

（4）内墙面装修

1）内墙面业务简介

内墙面是指房间中（室内）四周墙面，包括外墙的内面；封闭阳台内的墙面也属于内墙面，即室外可以看到的墙面为外墙面，在室外看不到的墙面为内墙面。

墙面装饰的主要目的是保护墙体，美化墙面环境，让被装饰的墙焕然一新、清新环保。墙面装修最常用的手法为刷乳胶漆、贴壁纸、铺板材、贴瓷砖，具体如下。

① 刷乳胶漆　这是对墙壁最简单也是最普遍的装修方式。通常先对墙壁进行面层处理，用腻子找平，打磨光滑平整，然后刷乳胶漆。乳胶漆是目前墙面处理的主流。

② 贴壁纸　墙壁面层处理平整后，铺贴壁纸。壁纸的种类非常多，有几百种甚至上千种，色彩、花纹非常丰富。壁纸清洁起来也很简单，新型壁纸都可以用湿布直接擦拭。

③ 铺板材　墙面整体都铺上基层板材，外面贴上装饰面板，整体效果雍容华贵，但会使房间显得拥挤。

④ 贴瓷砖　瓷砖除了可以用在铺设地面外，还可以用在墙面装饰，一般比较多的是厨卫和阳台。瓷砖装修之所以常被用在这些地方，是因为其具有耐脏、易清洗的特点。

2）内墙面软件操作

【说明】Revit 软件中没有专门绘制内墙面构件的命令，我们可以使用“墙：饰条”功能来放置内墙面，也可以使用“编辑部件”的功能来创建内墙面。为了每一道内墙的内外侧装修做法都可以顾忌到，我们讲解下使用“墙：饰条”功能创建内墙面的操作方法。

查阅“建施-02”中“室内装修做法表”可知，内墙面根据房间不同做法不一。其中“开水房、洗浴室、公用卫生间、宿舍卫生间”这些房间与其他房间做法不同。但是在前面建模过程中，首层和二层墙构件没有考虑房间分隔，是通长创建的，所以如果想完全按照“室内装修做法表”通过房间分隔来创建内墙面，则需要对已经绘制的内墙构件进行打断处理（使用“修改”面板中的“拆分图元”工具即可）。内墙构件根据房间分隔进行打断处理的操作步骤不再赘述，假设现在首层和二层的墙体都是按照房间分隔来进行绘制的，下面重点讲解使用“墙：饰条”功能创建内墙面的操作方法，具体操作步骤如下。

① 首先先创建内墙面轮廓。查阅“室内装修做法表”，可知内墙面的组成材质总共分为 4 种：2 厚纸筋石灰罩面、12 厚水泥石灰膏砂浆、10 厚墙面砖、4 厚强力胶粉泥。后面建立内墙面轮廓的操作步骤与建立踢脚板轮廓的方法一致，不再赘述，需要注意的是内墙面轮廓创建时高度为 3600mm（因为首层和二层的层高均为 3600mm）。创建完毕后将内墙面轮廓族分别保存到“Desktop \ 案例工程 \ 专用宿舍楼 \ 族 \ 轮廓族”，并且载入到专用宿舍楼项目中。完成后如图 4-255 所示。

② 创建不同材质的内墙面构件。建立内墙面构件的操作步骤与建立踢脚板构件的方法一致，不再赘述。完成后如图 4-256 所示。

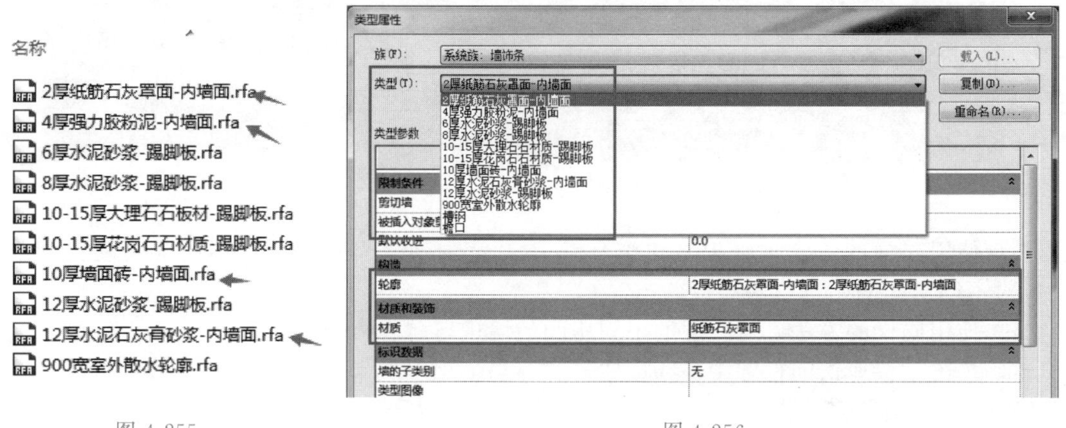

图 4-255

图 4-256

③ 创建完内墙面的墙饰条构件后，开始给内墙布置内墙面。布置内墙面构件的操作步骤与布置踢脚板构件的方法一致，不再赘述。

④ 同样的方法，对二层的不同房间的墙进行内墙面的布置。

⑤ 单击“快速访问栏”中保存按钮，保存当前项目成果。

（5）顶棚装修

1）顶棚业务简介

室内空间上部的结构层或装修层；为室内美观及保温隔热的需要，多数设顶棚（吊顶），把屋面的结构层隐蔽起来，以满足室内使用要求，又称天花、天棚、平顶。常用顶棚有两类，分别为直接式顶棚和悬吊式顶棚。

① 直接式顶棚：指直接在楼板底面进行抹灰或粉刷、粘贴等装饰而形成的顶棚，一般用于装修要求不高的房间，其要求和做法与内墙装修相同。屋顶（或楼板层）的结构下表面直接露于室内空间。现代建筑中有用钢筋混凝土浇成井字梁、网格，或用钢管网架构成结构顶棚，以显示结构美。

② 悬吊式顶棚：为了对一些楼板底面极不平整或在楼板底敷设管线的房间加以修饰美化，或满足较高隔声要求而在楼板下部空间所作的装修。在屋顶（或楼板层）结构下，另吊挂一顶棚，称吊顶棚。吊顶棚可节约空调能源消耗，供结构层与吊顶棚之间布置设备管线之用。

吊顶的类型多种多样，按结构形式可分为以下几种。

a. 整体性吊顶：指顶面形成一个整体、没有分格的吊顶形式，其龙骨一般为木龙骨或槽型轻钢龙骨，面板用胶合板、石膏板等；也可在龙骨上先钉灰板条或钢丝网，然后用水泥砂浆抹平形成吊顶。

b. 活动式装配吊顶：将其面板直接搁在龙骨上，通常与倒 T 型轻钢龙骨配合使用。这种吊顶龙骨外露，形成纵横分格的装饰效果，且施工安装方便，又便于维修，是目前应用推广的一种吊顶形式。

c. 隐蔽式装配吊顶：指龙骨不外露，饰面板表面平整，整体效果较好的一种吊顶形式。

d. 开敞式吊顶：通过特定形状的单元体及其组合而成，吊顶的饰面是敞口的，如木格栅吊顶、铝合金格栅吊顶，具有良好的装饰效果，多用于重要房间的局部装饰。

2）顶棚软件操作

【说明】Revit 软件中可以使用“天花板”命令创建顶棚构件，也可以使用“编辑部件”的功能来创建顶棚。查阅“建施-02”中“室内装修做法表”可知虽然房间布局不同，但是顶棚的装修做法一致。本项目图纸中并没有告知顶棚为直接式顶棚还是悬吊式顶棚，仅根据装修做法表只能初步判断本项目为直接式顶棚（也就是直接在楼板底面进行抹灰或粉刷，装修做法参见“建施-02”中“室内装修做法表”）。那么综合考虑后可以在原有二层楼面、屋顶层楼面、楼梯屋顶层楼面基础上，利用“编辑部件”功能进行顶棚装修的完善。

① 单击“结构”选项卡“结构”面板中的“楼板”下拉下的“楼板：结构”工具在“属性”面板中找到二层的楼面构件类型，在其基础上进行复制，创建带顶棚装修材质的构件类型（重新创建可以保留原始楼面构件类型，以便根据需求不同将模型灵活切换为不同形式模型）。创建完成后如图 4-257～图 4-261 所示。

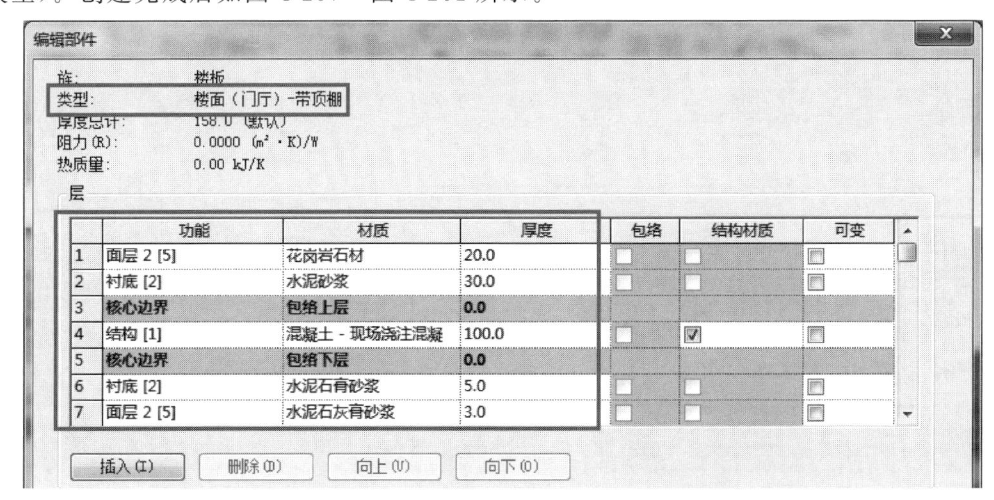

图 4-257

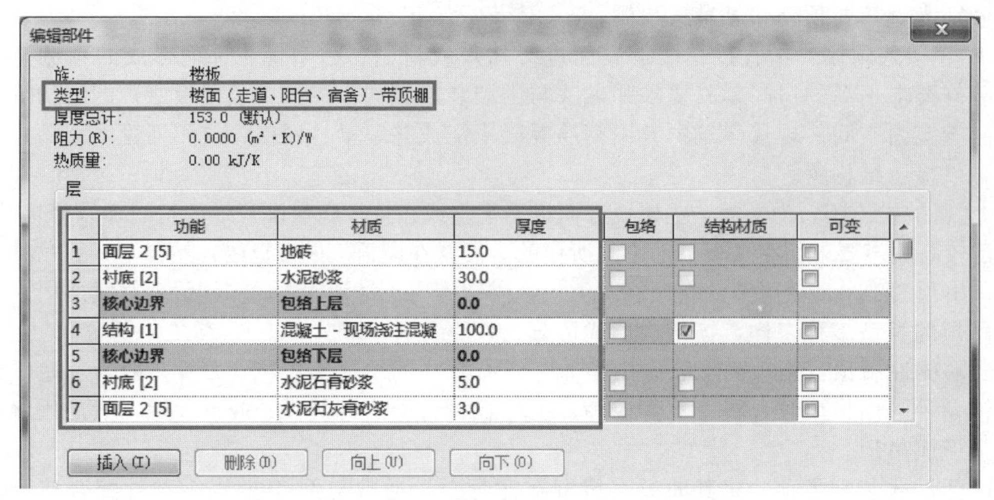

图 4-258

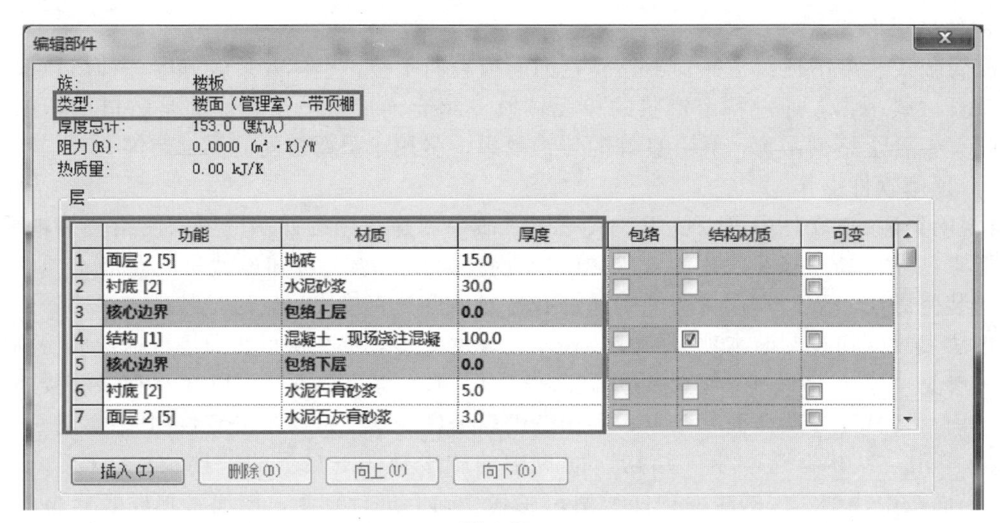

图 4-259

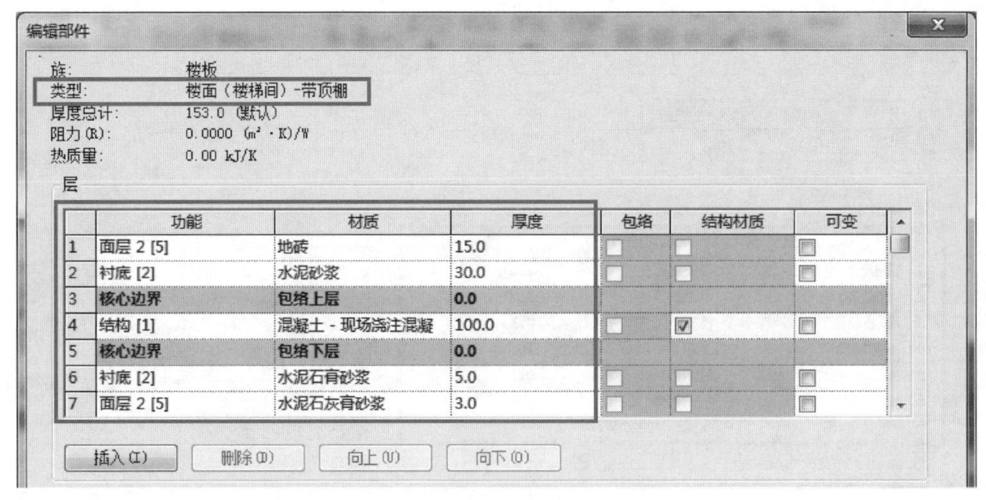

图 4-260

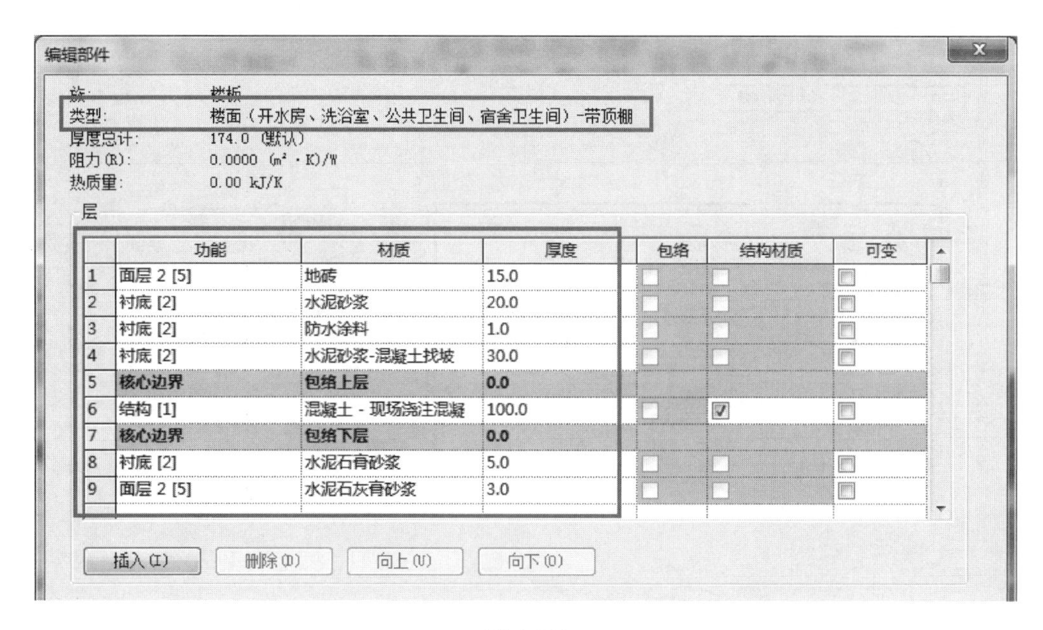

编辑部件

族：楼板
类型：楼面（开水房、洗浴室、公共卫生间、宿舍卫生间）-带顶棚
厚度总计：174.0（默认）
阻力(R)：0.0000 (m²·K)/W
热质量：0.00 kJ/K

层

	功能	材质	厚度	包络	结构材质	可变
1	面层 2 [5]	地砖	15.0	☐	☐	☐
2	衬底 [2]	水泥砂浆	20.0	☐	☐	☐
3	衬底 [2]	防水涂料	1.0	☐	☐	☐
4	衬底 [2]	水泥砂浆-混凝土找坡	30.0	☐	☐	☐
5	核心边界	包络上层	0.0			
6	结构 [1]	混凝土 - 现场浇注混凝	100.0	☐	☑	☐
7	核心边界	包络下层	0.0			
8	衬底 [2]	水泥石膏砂浆	5.0	☐	☐	☐
9	面层 2 [5]	水泥石灰膏砂浆	3.0	☐	☐	☐

插入(I)　删除(D)　向上(U)　向下(O)

图 4-261

② 构件定义完成后，开始布置构件。切换到三维模型视图，鼠标放在 ViewCube 上，右键，选择“定向到视图”→“楼层平面”→“楼层平面：二层”，将二层的楼面图元分别选择（同类的可以先选择一个图元→右键→选择全部实例→在视图中可见，进行快速选择），修改为刚刚创建的带顶棚的楼面构件。

③ 单击“快速访问栏”中保存按钮，保存当前项目成果。

④ 二层带顶棚装修的楼面创建完成后，开始创建屋顶层以及楼梯屋顶层带顶棚装修的楼面板。按照上述创建二层带顶棚装修的楼面板的方法，分别创建“屋面 1-带顶棚”、“屋面 2-带顶棚”、“屋面 3-带顶棚”的做法构件。创建完成后如图 4-262～图 4-264 所示。

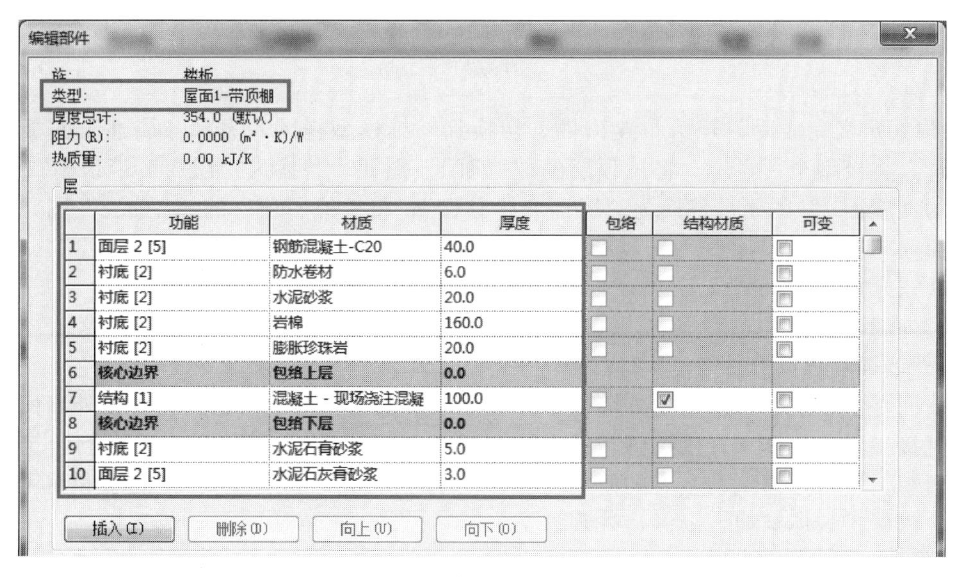

编辑部件

族：楼板
类型：屋面1-带顶棚
厚度总计：354.0（默认）
阻力(R)：0.0000 (m²·K)/W
热质量：0.00 kJ/K

层

	功能	材质	厚度	包络	结构材质	可变
1	面层 2 [5]	钢筋混凝土-C20	40.0	☐	☐	☐
2	衬底 [2]	防水卷材	6.0	☐	☐	☐
3	衬底 [2]	水泥砂浆	20.0	☐	☐	☐
4	衬底 [2]	岩棉	160.0	☐	☐	☐
5	衬底 [2]	膨胀珍珠岩	20.0	☐	☐	☐
6	核心边界	包络上层	0.0			
7	结构 [1]	混凝土 - 现场浇注混凝	100.0	☐	☑	☐
8	核心边界	包络下层	0.0			
9	衬底 [2]	水泥石膏砂浆	5.0	☐	☐	☐
10	面层 2 [5]	水泥石灰膏砂浆	3.0	☐	☐	☐

插入(I)　删除(D)　向上(U)　向下(O)

图 4-262

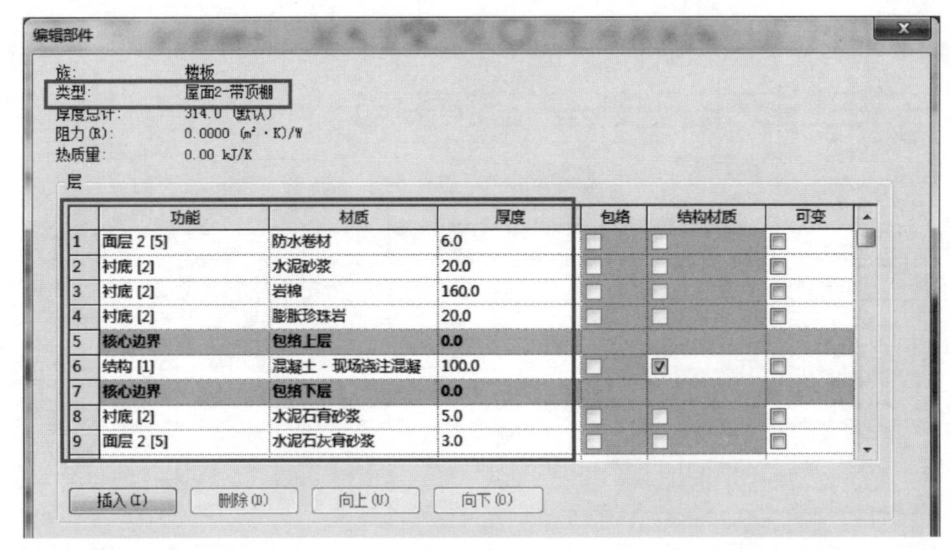

图 4-263

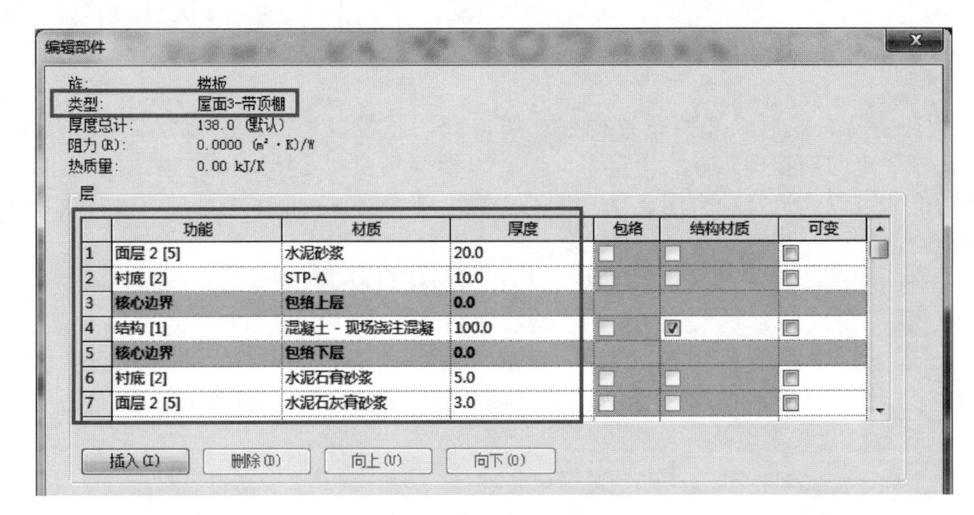

图 4-264

⑤ 构件定义完成后，开始布置构件。切换到三维模型视图，去掉“属性”面板中剖面框的勾选，将模型全部显示。将屋顶层的“屋面 1”图元，替换为“屋面 1-带顶棚”；将楼梯屋顶层的“屋面 2”图元，替换为“屋面 2-带顶棚”；将楼梯屋顶层的“屋面 3”图元，替换为“屋面 3-带顶棚”。

⑥ 单击“快速访问栏”中保存按钮，保存当前项目成果。

（6）外墙面装修

1）外墙面业务简介

外墙面是指建筑装饰中的室外墙面，外墙面通常也是相对于内墙面而言。外墙面是和室外空气直接接触的墙体（直接接触指没有墙和门窗和室外空气相隔），直接影响建筑物外观和城市面貌，应根据建筑物本身的使用要求和技术经济条件选用具有一定防水和耐风化性能的材料，以保护墙体结构，以保持外观清洁。

2）外墙面软件操作

【说明】根据“建施-07”中“F-A（A-F）立面图”外墙面做法 1 和外墙面作法 2 可知，外墙面有 2 种装修做法，第一种做法为贴饰面砖，第二种做法为刷外墙涂料。查阅“建施-

06”中“14-1 立面图和 1-14 立面图”，只看到标注外墙为贴白色面砖横贴，没有刷涂料的指示。在前面结构建模中首层、二层、屋顶层、楼梯屋顶层外墙都已经建立模型，现在只需要在原有外墙模型基础上加上外侧的装修做法即可。因为外墙面只有对室外的一面，不用考虑房间分隔，所以外墙面装修可以使用 Revit 软件的“编辑部件”功能进行创建。

① 根据“建施-03”中“一层平面图”、“建施-04”中“二层平面图”、“建施-05”中“屋顶层平面图”可知墙构件有 300mm 外墙、200mm 外墙、200mm 女儿墙 3 种外墙类型。根据“建施-07”中“F-ACA-F 立面图”外墙面做法，在原有外墙构件类型基础上，分别创建“A-建筑墙-外-300-带墙面”、“A-建筑墙-外-200-带墙面”、“A-女儿墙-200-带墙面”的做法构件（重新创建可以保留原始外墙构件类型，以便根据需求不同将模型灵活切换为不同形式模型）。创建完成后如图 4-265～图 4-267 所示。

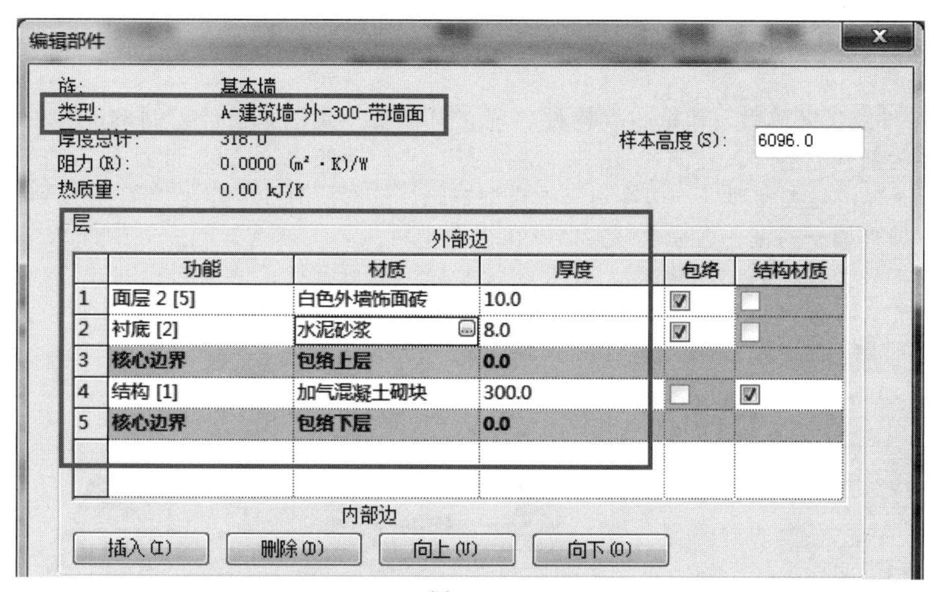

图 4-265

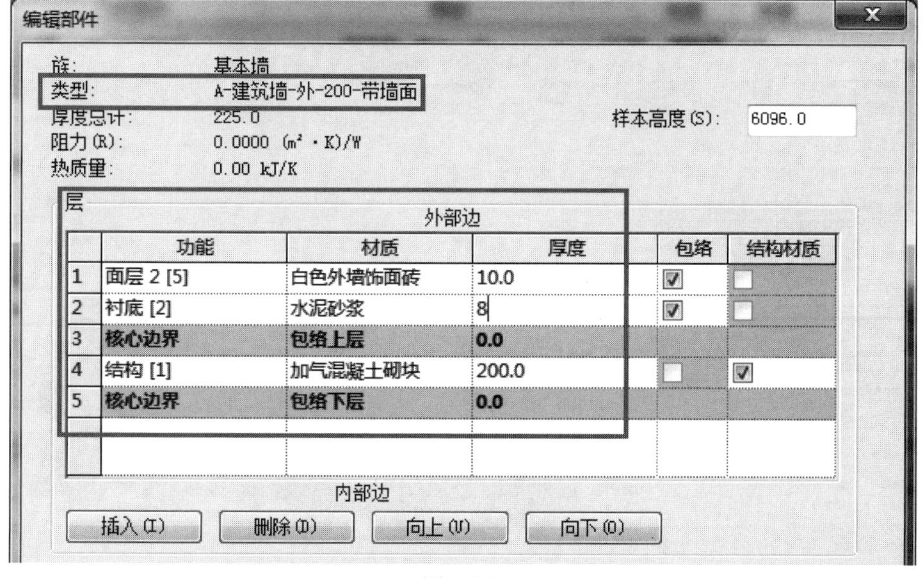

图 4-266

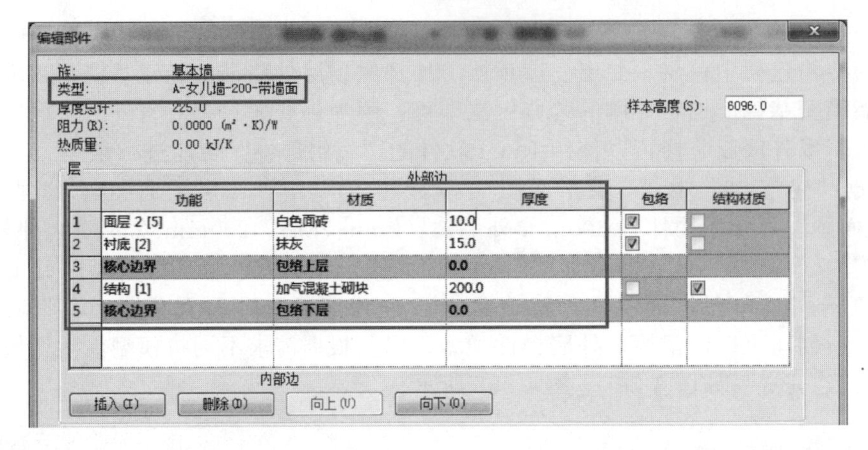

图 4-267

② 构件定义完成后，开始布置构件。现在只需要分别选择已经绘制的 3 种外墙图元，将其替换为新建立的“A-建筑墙-外-300-带墙面”、“A-建筑墙-外-200-带墙面”、“A-女儿墙-200-带墙面”构建类型即可。切换到三维模型视图，选择所有 300 厚外墙图元（可以先选择一道 300 厚外墙→右键→选择全部实例→在视图中可见，快速选择同一类构件），找到“属性”面板构件类型中的“A-建筑墙-外-300-带墙面”进行替换；使用同样的方法，选择 200 厚外墙图元，替换为“A-建筑墙-外-200-带墙面”，选择 200 厚女儿墙图元，替换为“A-女儿墙-200-带墙面”。完成后如图 4-268～图 4-271 所示。

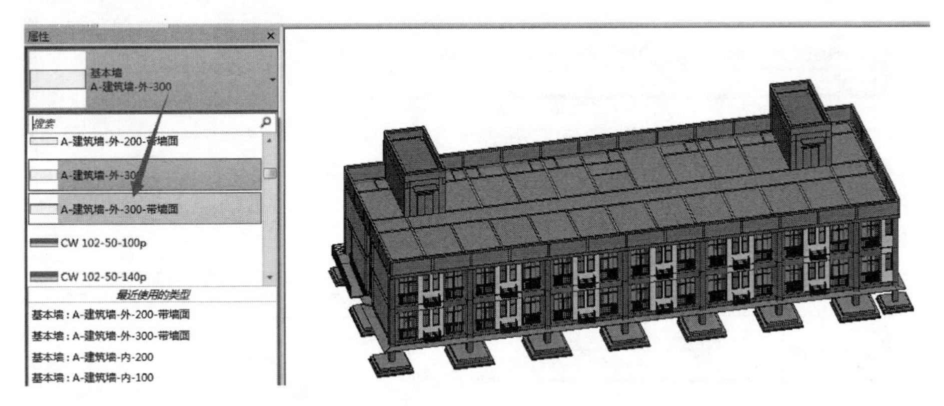

图 4-268

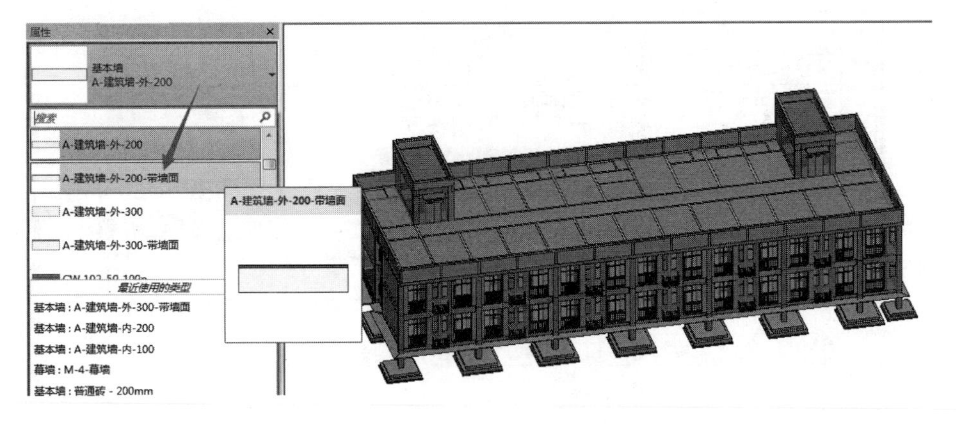

图 4-269

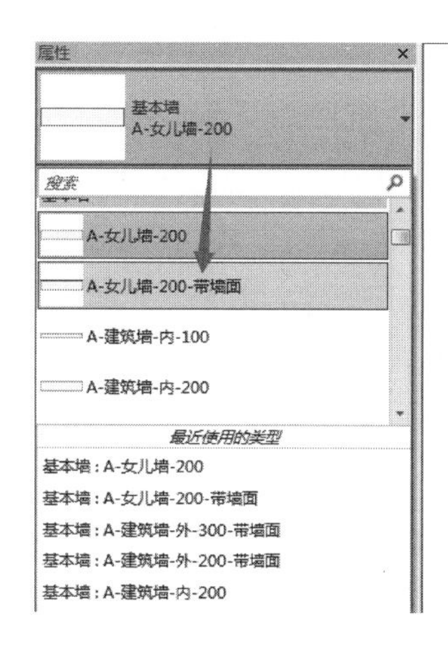

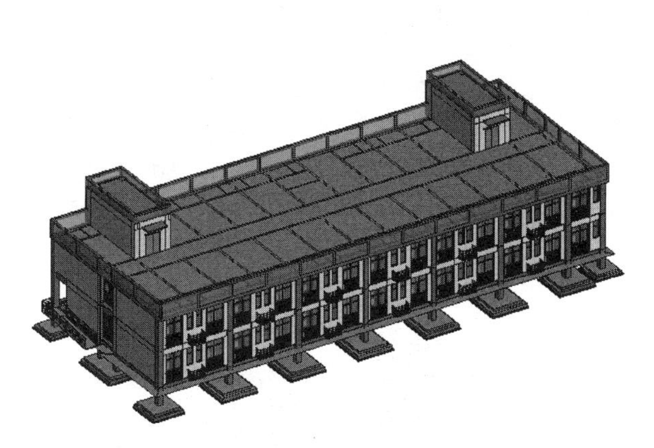

图 4-270

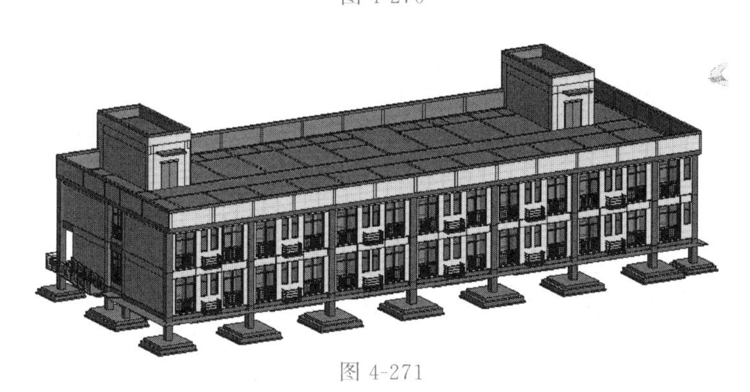

图 4-271

③ 单击“快速访问栏”中保存按钮，保存当前项目成果。

（7）其他室外装修

【说明】根据“建施-06”中“14-1 立面图和 1-14 立面图”，“建施-07”中 F-A（A-F）立面图已经讲述了外墙面的装修做法；再查阅“建施-06”中“14-1 立面图和 1-14 立面图”可知，立面图中还告知了空调板材质为“白色涂料”，空调护栏材质为“砖红色成品空调格栅”。前面建筑建模部分已经讲述了空调板和空调护栏的创建，此处材质的添加只需要修改对应材质即可，不再赘述。

4.15.4 总结拓展

★ 步骤总结

上述 Revit 软件建立室内装修及外墙面装修的步骤主要分为五步，第一步：建立楼地面装修做法；第二步：建立楼面装修做法；第三步：建立踢脚板装修做法；第四步：建立内墙面装修做法；第五步：建立顶棚装修做法；第六步：建立外墙面装修做法。按照本操作流程读者可以完成专用宿舍楼项目室内装修及外墙面装修的创建。

★ 业务扩展

室内装修包括房间设计、装修、家具布置及各种小装点。室内装修偏重于建筑物里面的装修建设，不仅在装修设计施工期间，还包括入住之后长期的不断装饰。另外应逐渐树立“轻装修、重装饰”的概念；装修时，使用的材料越多、越复杂，污染物可能越多。

装修施工按工种分类包括拆除工、水电工、泥工、木工、油漆工等。按施工项目划分则包括以下内容。

(1) 拆除工程：拆除一些非承重墙、门洞、多余结构等。

(2) 水电工程：包括给水管和排水管重新布置和施工；电路回路重新设置，开关、插座、灯具重新确定位置并布线，设置专用线等。

(3) 顶棚工程：包括所有吊顶和顶部的各种装饰造型等。

(4) 墙面工程：包括墙面基层处理、涂刷刷乳胶漆等。

(5) 地面工程：包括木地板、地砖、复合地板、踢脚板的安装等。

(6) 家具工程：包括大衣柜、书柜、电视柜、橱柜、鞋柜、书桌、酒柜等。

(7) 门窗工程：包括门窗制作安装和包门窗套等。

(8) 油漆工程：包括所有装修项目的各种油漆施工。

(9) 安装工程：包括抽油烟机、风扇、冰箱、洗菜盆、面盆、洁具、灯具、电器、空调等安装。

本节详细讲解了室内装修及外墙面装修的绘制方式。本项目的室内装修可以理解为简单的粗装修，并没有软装工程。软装是相对于硬装而言，即指除了室内装潢中固定的、不能移动的装饰物（如地板、顶棚、墙面以及门窗等）之外，其他可以移动的、易于更换的饰物（如窗帘、沙发、靠垫、壁挂、地毯、床上用品、灯具以及装饰工艺品、居室植物等）。在实际复杂真实的项目中，装修也是项目中非常重要的一部分，需要根据图纸、业主及合同要求进行 BIM 模型的创建，在现场施工前就展现出项目装修后的面貌。

Revit 软件对于粗装修的解决方案主要是利用“编辑部件”功能或者是单独的功能（类似墙：饰条这种）进行创建。对于软装修（可以理解为精装修），如家具、植物的布置，一般需要利用 Revit 软件自身提供的家具族、植物族进行创建，或者是进行单独族的创建。

练 习 题

一、选择题

1. 下列哪个视图应被用于编辑墙的立面外形（　　）

A. 表格　　B. 图纸视图

C. 3D 视图或是平行于墙面的视图　　D. 楼层平面视图

2. 如何在天花板建立一个开口（　　）

A. 修改天花板，将“开口”参数的值设为“是”

B. 修改天花板，编辑它的草图加入另一个闭合的线回路

C. 修改天花板，编辑它的外侧回路的草图线，在其上产生曲折

D. 删除这个天花板，重新创建，使用坡度功能

3. 由于 Revit 中有内墙面和外墙面之分，最好按照哪种方向绘制墙体（　　）

A. 顺时针　　B. 逆时针

C. 根据建筑的设计决定　　D. 顺时针逆时针都可以

4. 如果无法修改玻璃幕墙网格间距，可能的原因是（　　）

A. 未点开锁工具　　B. 幕墙尺寸不对

C. 竖梃尺寸不对　　D. 网格间距有一定限制

5. 关于弧形墙，下面说法正确的是（　　）

A. 弧形墙不能直接插入门窗　　B. 弧形墙不能应用“编辑轮廓”命令

C. 弧形墙不能应用“附着顶/底”命令　　D. 弧形墙不能直接开洞

6. 在绘制墙时，要使墙的方向在外墙和内墙之间翻转，如何实现（　　）

A. 单击墙体　　B. 双击墙体

C. 单击蓝色翻转箭头　　　　D. 按 Tab 键

7. 天花板高度受何者定义（　　）

A. 高度对标高的偏移　　　　B. 创建的阶段

C. 基面限制条件　　　　D. 形式

8. 编辑墙体结构时，可以（　　）

A. 添加墙体的材料层　　　　B. 可以修改墙体的厚度

C. 可以添加墙饰条　　　　D. 以上都可

9. 当旋转主体墙时，与之关联的窗（　　）

A. 将随之移动　　　　B. 将不动

C. 将消失　　　　D. 将与主体墙反向移动

10. 用“拾取墙”命令创建楼板，使用哪个键切换选择，可一次选中所有外墙，单击生成楼板边界（　　）

A. Tab　　B. Shift　　C. Ctrl　　D. Alt

11. 以下有关“墙”的说法描述有误的是（　　）

A. 当激活“墙”命令以放置墙时，可以从类型选择器中选择不同的墙类型

B. 当激活“墙”命令以放置墙时，可以在“图元属性”中载入新的墙类型

C. 当激活“墙”命令以放置墙时，可以在“图元属性”中编辑墙属性

D. 当激活“墙”命令以放置墙时，可以在“图元属性”中新建墙类型

12. 以下哪个不是可设置的墙的类型参数（　　）

A. 粗略比例填充样式　　　　B. 复合层结构

C. 材质　　　　D. 连接方式

13. 选择墙以后，鼠标拖拽控制柄不可以实现修改的是（　　）

A. 墙体位置　　　　B. 墙体类型

C. 墙体长度和高度

14. 墙结构（材料层）在视图中如何可见（　　）

A. 决定墙的连接如何显示　　　　B. 设置材料层的类别

C. 视图精细程度设置为中等或精细　　　　D. 连接柱与墙

15. 幕墙系统是一种建筑构件，它由什么主要构件组成（　　）

A. 嵌板　　B. 幕墙网格　　C. 竖梃　　D. 以上皆是

16. 楼板的厚度决定于（　　）

A. 楼板结构　　B. 工作平面　　C. 构件形式　　D. 实例参数

17. 如何调整模型三维剖切的位置（　　）

A. 在视图属性中设置“视图范围”

B. 调整视图比例

C. 选择剖面框，在其“图元属性”中设置

D. 拖拽剖面框面上的三角形夹点，调整其范围到需要的剖切位置

18. 下面对于编辑墙体轮廓说法不正确的是（　　）

A. 选择墙体后，单击“编辑轮廓”可以进入草图模式编辑

B. 可以删除轮廓线并绘制特定的形状的轮廓

C. 如果希望将编辑的墙恢复为其原有形状，请在立面视图中选择此墙，然后单击“删除草图”。

D. Revit 中用“编辑轮廓”命令编辑墙体的立面外形

19. 绘制墙体时，由于墙体的宽度，Revit Architecture 对墙进行定位将根据（　　）

A. 墙中线

B. 墙外边界

C. 墙内边界

D. 定位线，可以是墙中线、核心层中心线、涂层面等

20. 在 Revit Architecture 中，使用墙体工具不能在平面视图中直接绘制的墙体形状为（　　）

A. 直线　　　　B. 弧形　　　　C. 圆形　　　　D. 椭圆

答案：CBAAB CADAA BDBCD ADCDD

二、操作应用题

1. 根据下图给定的北立面和东立面，创建玻璃幕墙及其水平竖梃模型，以“幕墙.rvt”为文件名将模型保存下来。

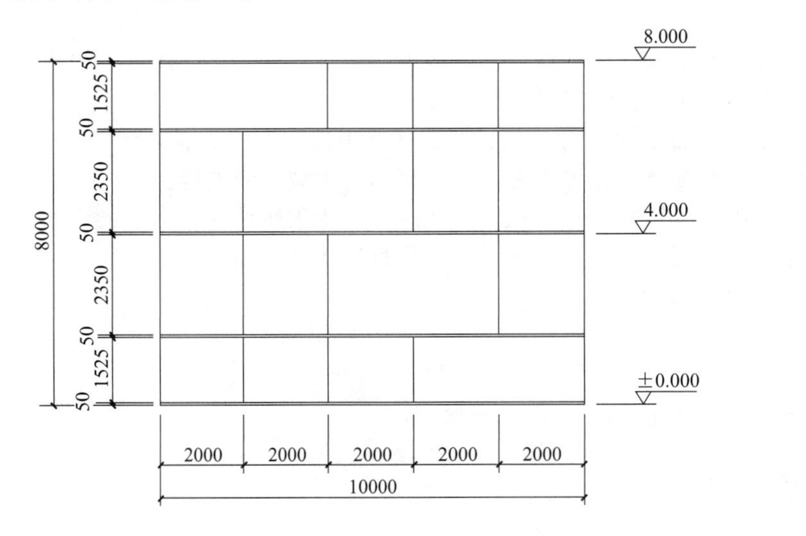

北立面图 1:100

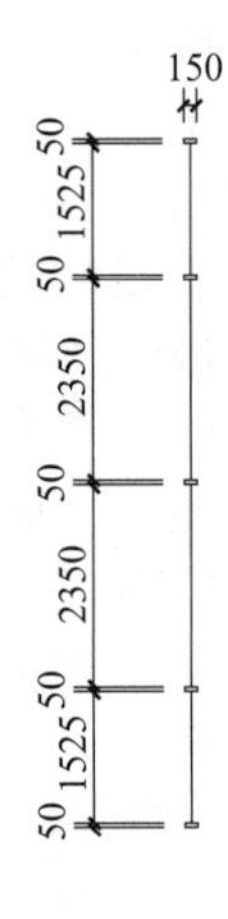

东立面图 1:100

2. 按照给出的楼梯平、剖面图创建楼梯模型，栏杆高度为 1100，栏杆样式不限，结果以“楼梯”为文件名保存下来。

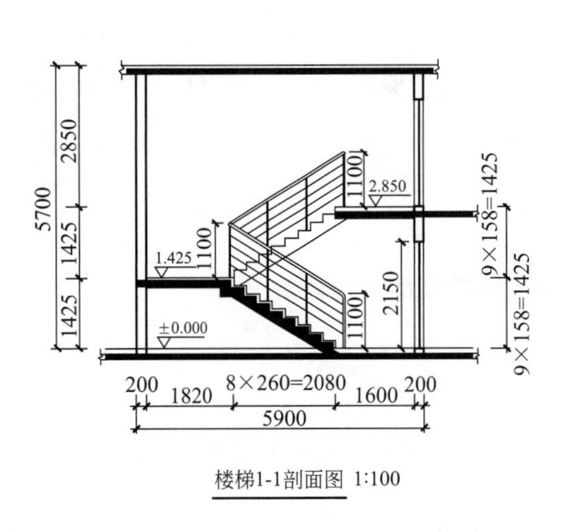

楼梯1-1剖面图 1:100

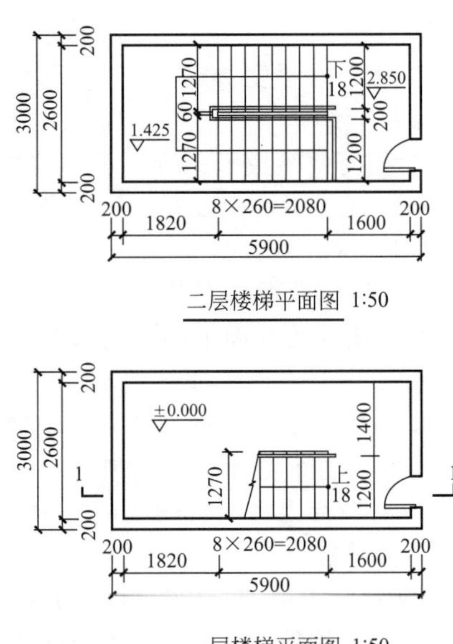

二层楼梯平面图 1:50

一层楼梯平面图 1:50

3. 请用基于墙的公制常规模型族模板，创建符合下图要求的窗族，各尺寸通过参数控制。该窗窗框断面尺寸为 60mm×60mm，窗扇边框断面尺寸为 40mm×40mm，玻璃厚度为 6mm，墙、窗框、窗扇边框、玻璃全部中心对齐，并创建窗的平、立面表达。将模型以“双扇窗. rfa”为文件名保存下来。

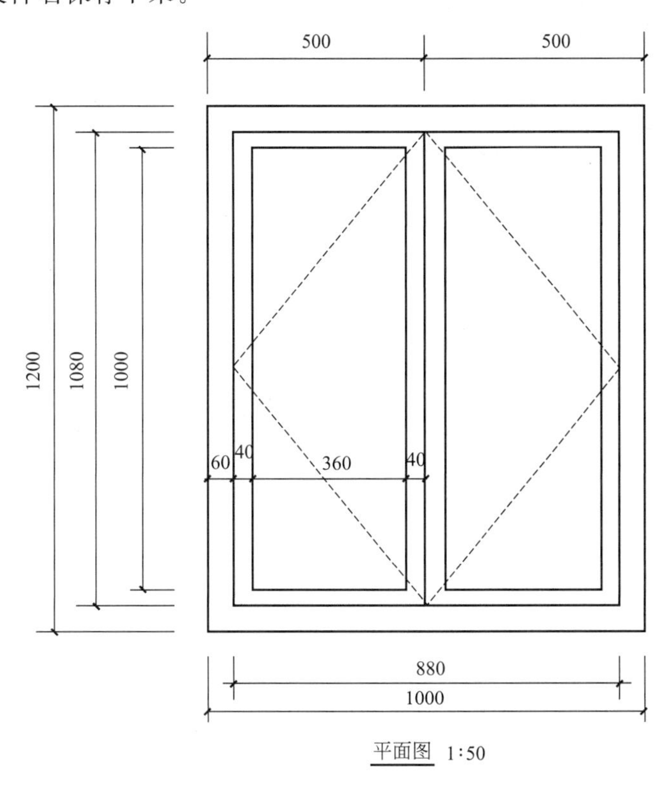

平面图 1:50

5 模型后期应用

Revit 软件除了强大的模型搭建能力外还有强大的模型后期处理能力，可以对模型进行简单的浏览展示、图片渲染、漫游动画、材料统计、出图等应用。由于 Revit 软件本身对电脑配置有一定要求，在加载 BIM 大模型的情况下就更加吃力，所以建议读者更多的使用 Revit 软件进行模型搭建。

针对 Revit 软件中对 BIM 模型的后期应用操作，本章节将重点讲解如何在 Revit 软件中对搭建好的 BIM 模型进行可视化展示、漫游动画制作、渲染图片、材料统计、出图等功能，帮助读者加深对 Revit 软件的认识。

5.1 模型浏览

【说明】主体模型绘制完毕后，可以对模型进行全方位查看。本节将针对“对于整体模型的自由查看”、“定位到某个视图进行查看”、“控制构件的隐藏和显示”三种方式进行讲解。学习使用“ViewCube”、“定向到视图”、“隐藏类别”、“重设临时隐藏/隔离”等命令浏览 BIM 模型。具体操作步骤如下。

【方式 1】对于整体模型的自由查看

(1) 单击“快速访问栏”中三维视图按钮，切换到三维查看模型成果，如图 5-1 所示。

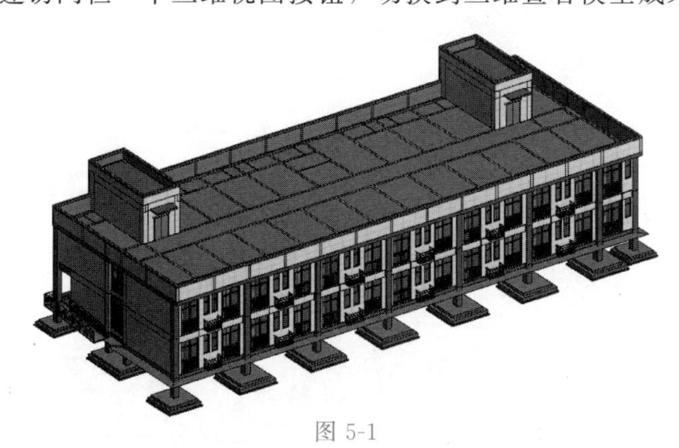

图 5-1

(2) 对于这个整体模型可以使用 Shift 键＋鼠标滚轮，对模型进行旋转查看；或者直接点击 ViewCube 上各角点进行各视图的自由切换，方便对模型进行快速查看，如图 5-2 所示。

【方式 2】定位到某个视图进行查看

(1) 在三维视图状态下，将鼠标放在 ViewCube 上，右键选择“定向到视图”，可以定向打开任意楼层平面、立面及三维视图。例如定位打开“楼层平面-楼层平面：首层”。如图 5-3、图 5-4 所示。

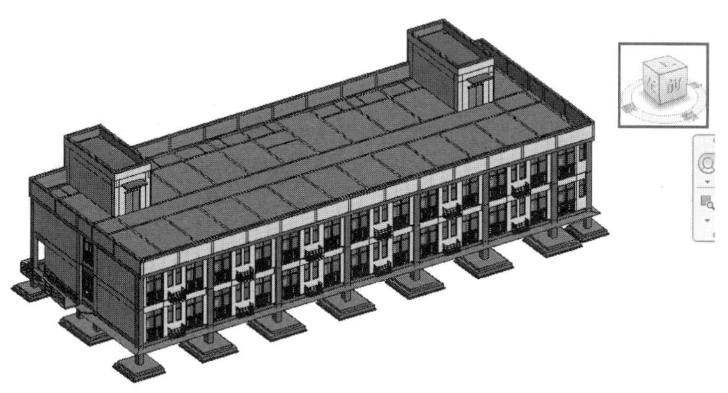

图 5-2

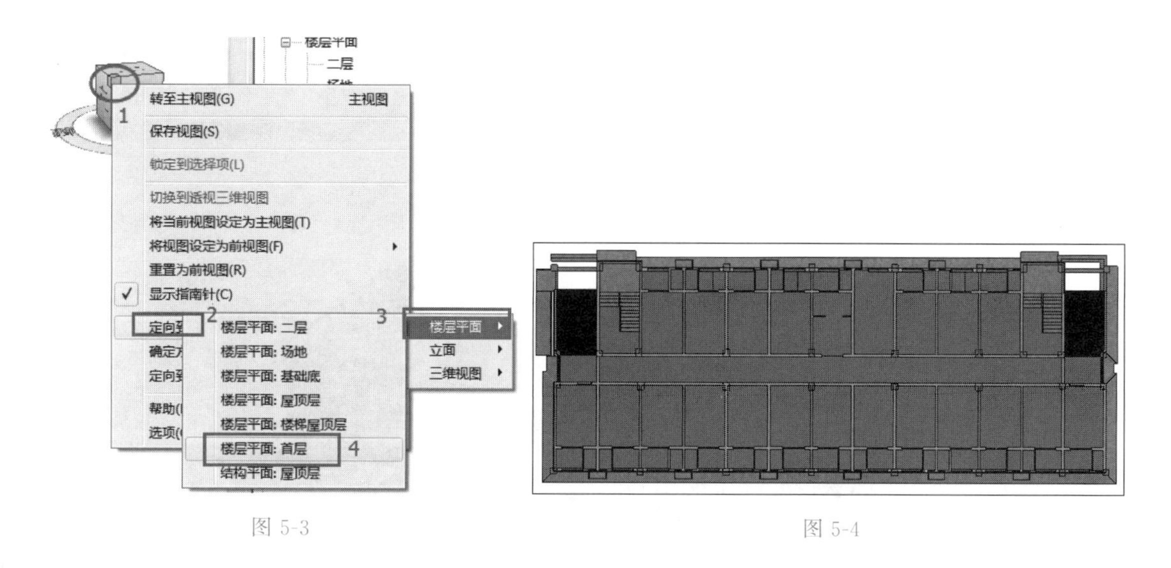

图 5-3　　图 5-4

（2）可以看到模型外围有个矩形框，称为剖面框。可以取消勾选“属性”面板中“剖面框”对勾，模型将全部显示出来（默认为俯视图状态），使用 Shift 键＋鼠标滚轮，模型将再次在三维状态下展示。如图 5-5 所示。

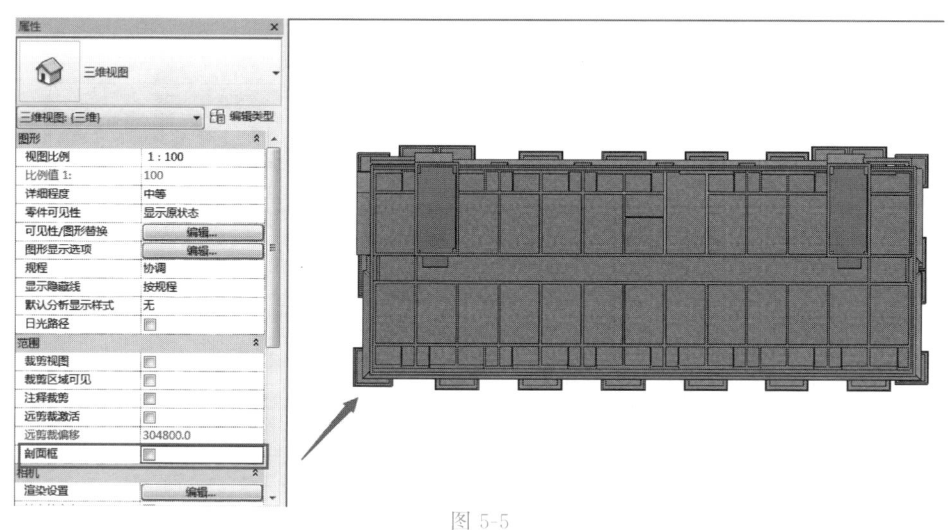

图 5-5

【方式 3】控制构件的隐藏和显示

方法一：使用可见性控制

（1）例如在三维视图状态下，点击“属性”面板中“可见性/图形替换”后面的“编辑”按钮，打开“三维视图：{三维}的可见性/图形替换”窗口，例如取消勾选“墙”构件类型，点击“确定”按钮，关闭窗口，则三维模型中墙构件全部隐藏。如图 5-6、图 5-7 所示。

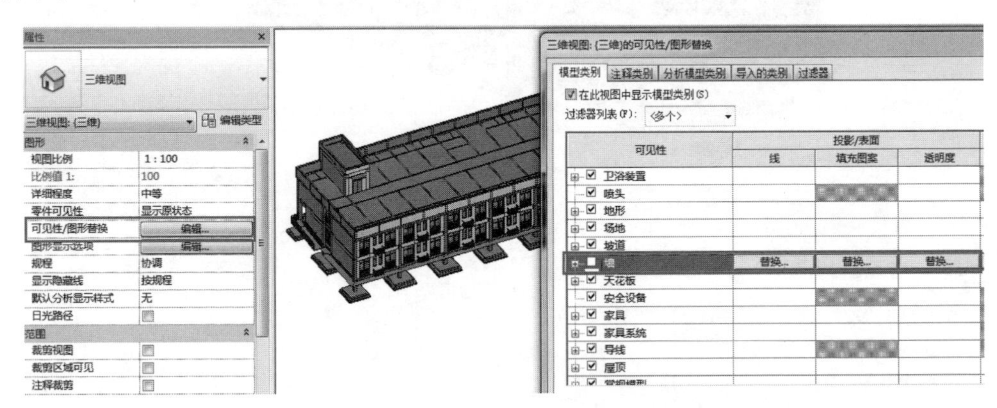

图 5-6

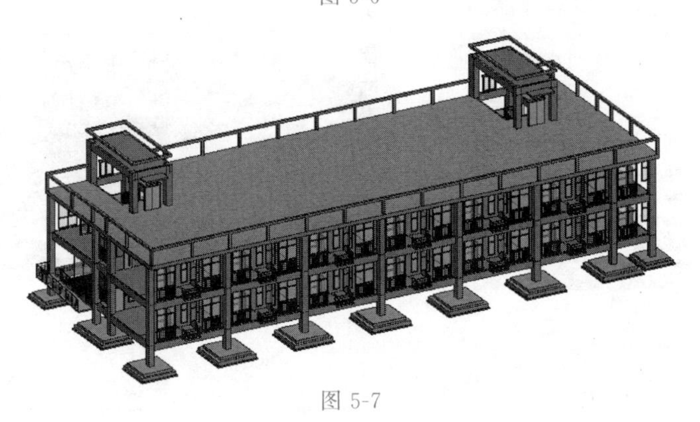

图 5-7

（2）可以再次点击“属性”面板中“可见性/图形替换”后面的“编辑”按钮，打开“三维视图：{三维}的可见性/图形替换”窗口，将“墙”构件类型再次勾选，点击“确定”按钮，关闭窗口，则三维模型中墙构件恢复显示状态。如图 5-8 所示。

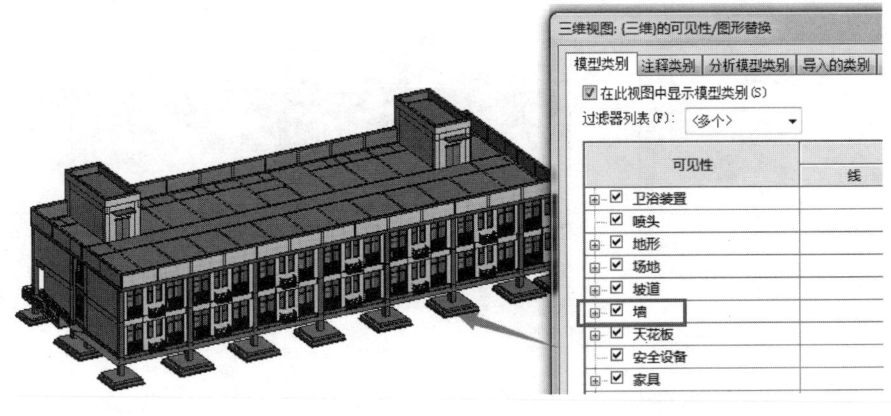

图 5-8

方法二：使用“视图控制栏”中“临时隐藏/隔离”功能临时隐藏显示构件。

（1）例如在三维视图状态下，选择模型中的一个结构柱图元，点击“视图控制栏”中“临时隐藏/隔离”功能中的“隐藏类别”工具，整个模型中的柱图元全部隐藏。如图 5-9、图 5-10 所示。

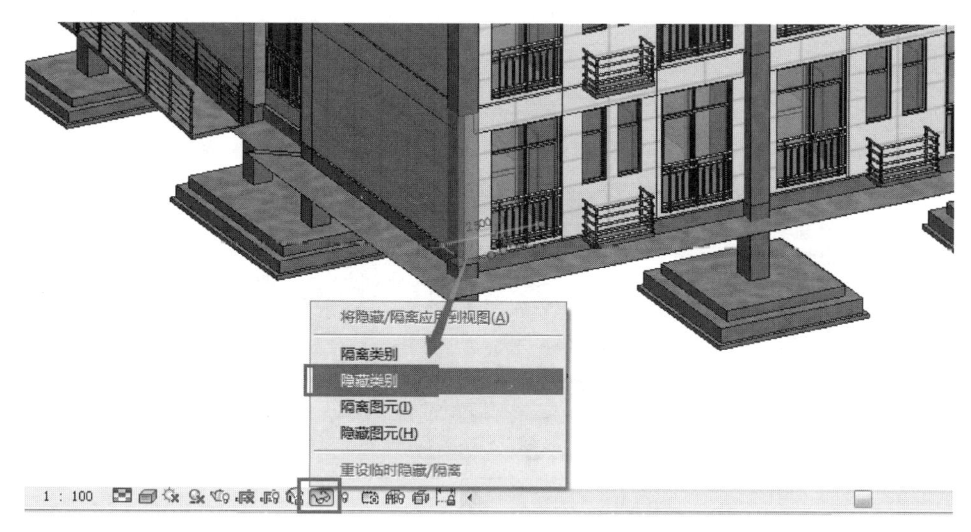

图 5-9

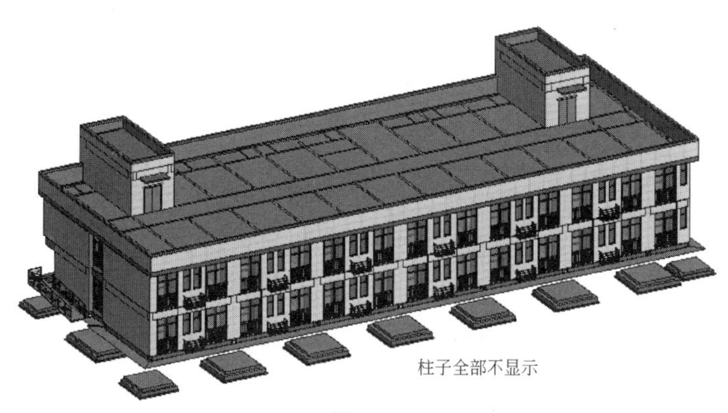

图 5-10

（2）再次点击“视图控制栏”中“临时隐藏/隔离”功能中的“重设临时隐藏/隔离”工具，则整个模型中的柱图元全部显示出来。如图 5-11、图 5-12 所示。

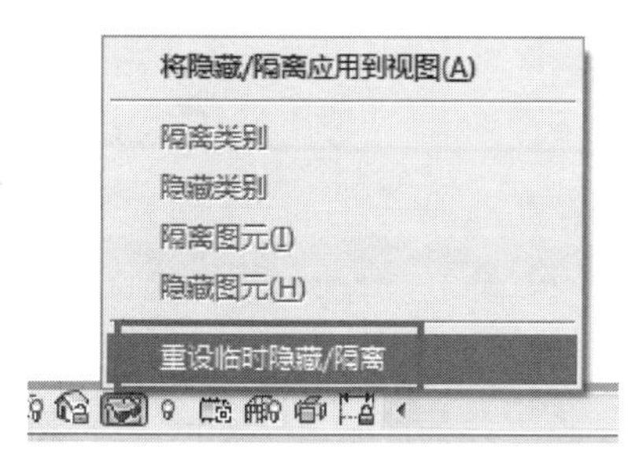

图 5-11

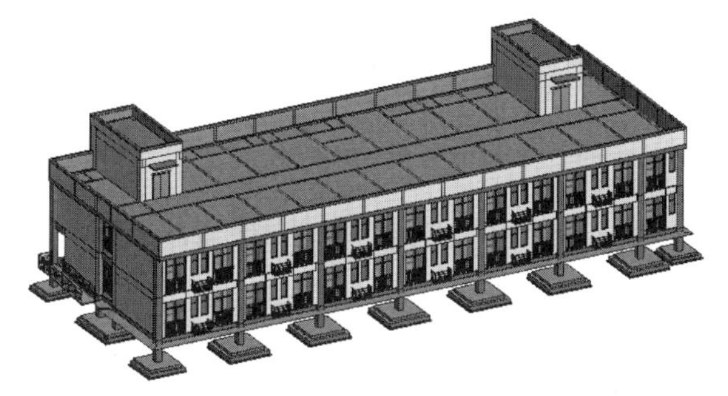

图 5-12

（3）单击“快速访问栏”中保存按钮，保存当前项目成果。

5.2 漫游动画

【说明】主体模型绘制完毕后，在 Revit 软件中可以对模型进行简单漫游动画制作，将会学习使用“漫游”、“编辑漫游”、“导出漫游动画”等命令创建漫游动画。具体操作步骤如下。

（1）双击“项目浏览器”中“首层”，进入“首层”楼层平面视图。如图 5-13 所示。

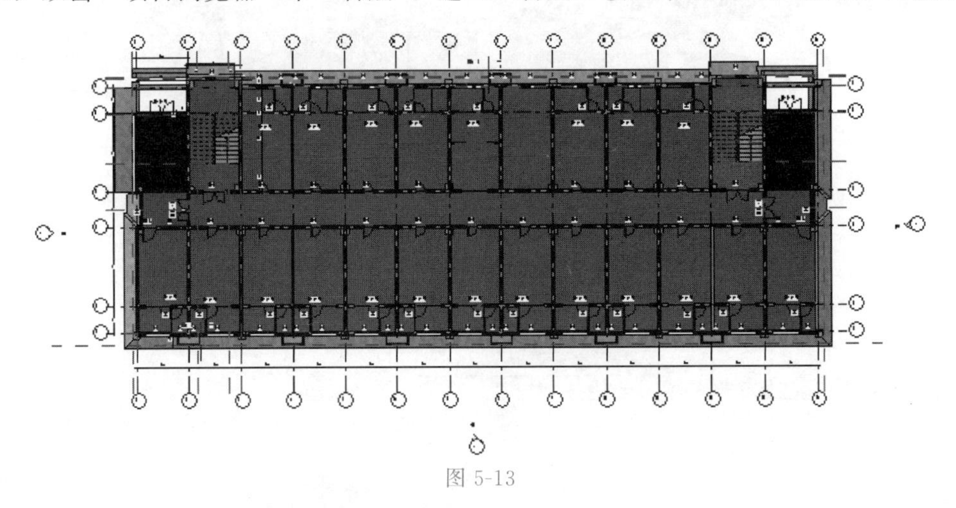

图 5-13

（2）单击“视图”选项卡“创建”面板中的“三维视图”下拉下的“漫游”工具。进入“修改｜漫游”上下文选项，其他设置保持不变，从建筑物外围进行逐个点击（点击的位置为后期关键帧位置），注意点击的位置距离建筑物远一点，以保持后期看到的漫游模型为整栋建筑。漫游路径设置完成后，点击“漫游”选项卡中“完成漫游”工具，同时在“项目浏览器”的“漫游”视图类别下新增了“漫游 1”的动画。过程如图 5-14～图 5-17 所示。

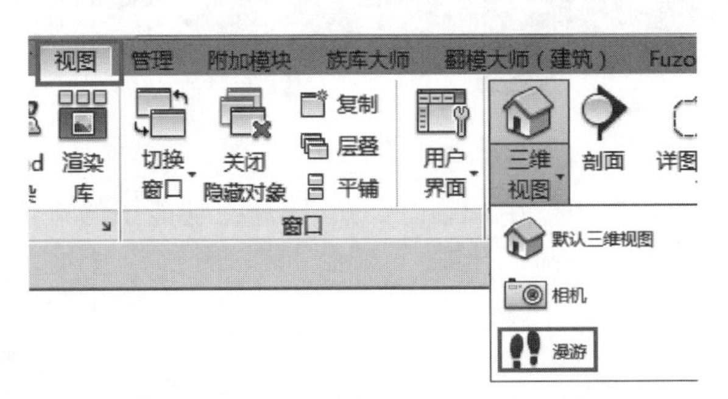

图 5-14

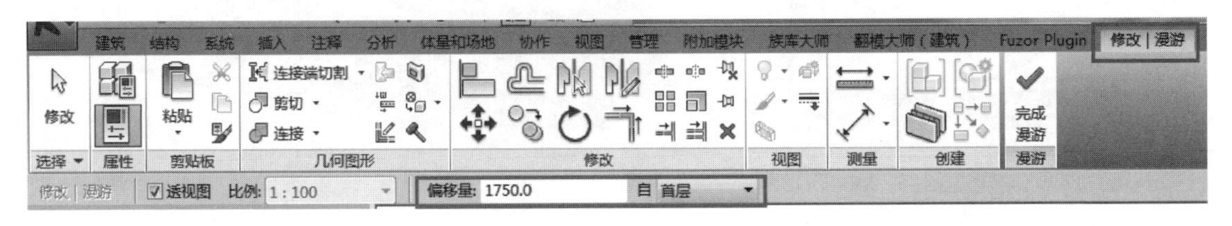

图 5-15

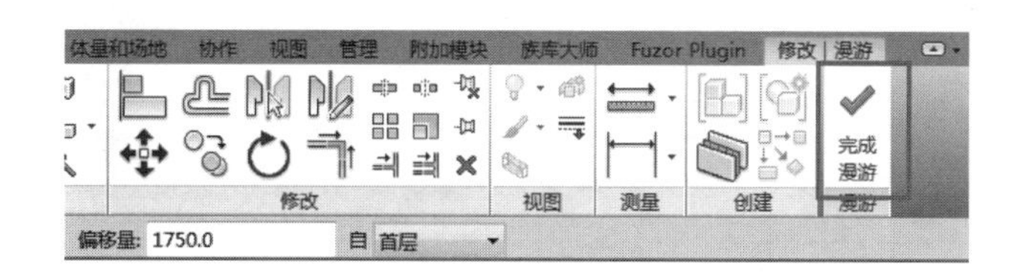

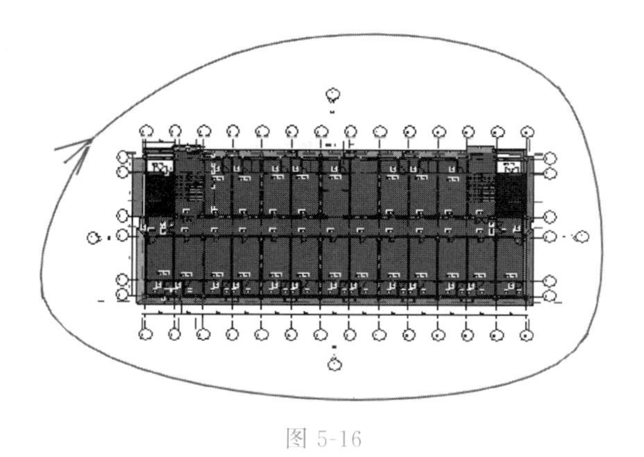

图 5-16

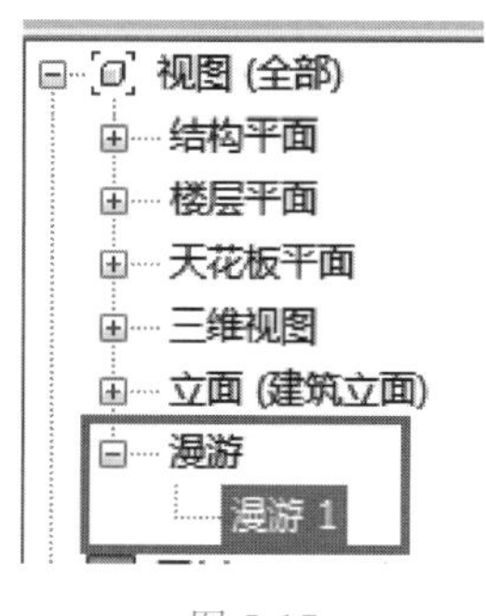

图 5-17

（3）双击“漫游 1”激活“漫游 1”视图，使用“视图”选项卡“窗口”面板中的“平铺”工具，将“漫游 1”视图与“首层”楼层平面视图进行平铺展示。点击“漫游 1”视图中的矩形框，则“首层”楼层平面视图中刚刚绘制的漫游路径被选择。如图 5-18 所示。

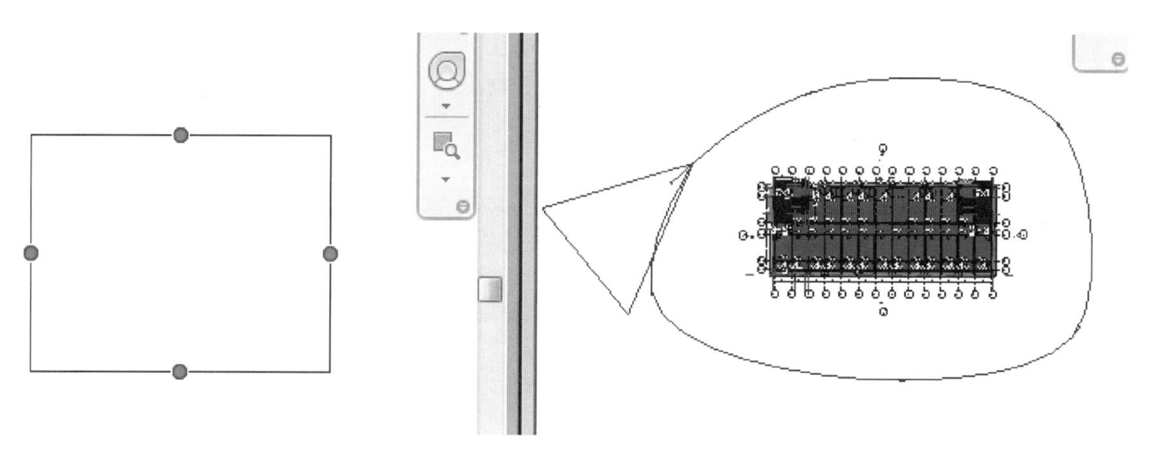

图 5-18

（4）对漫游路径进行编辑，使“漫游 1”视图中可以清晰显示漫游过程中的模型变化。单击“首层”楼层平面视图，使之处于激活状态。单击“漫游”面板中的“编辑漫游”，进入“编辑漫游”上下文选项，漫游路径上出现红色原点。红色原点即为漫游动画的关键帧，大喇叭口即为当前关键帧下看到的视野范围，“小相机”图标为当前漫游视点位置。过程如图 5-19～图 5-21 所示。

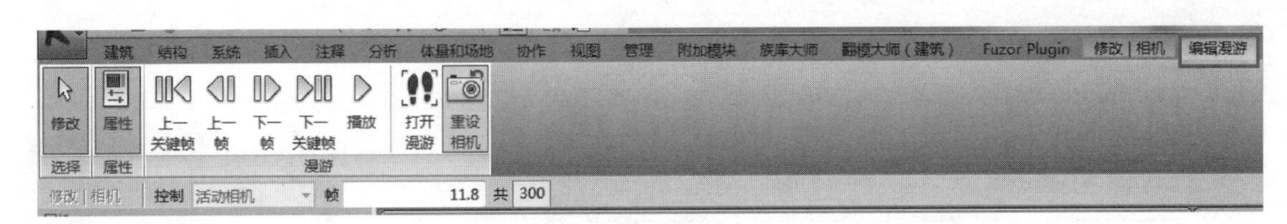

图 5-20

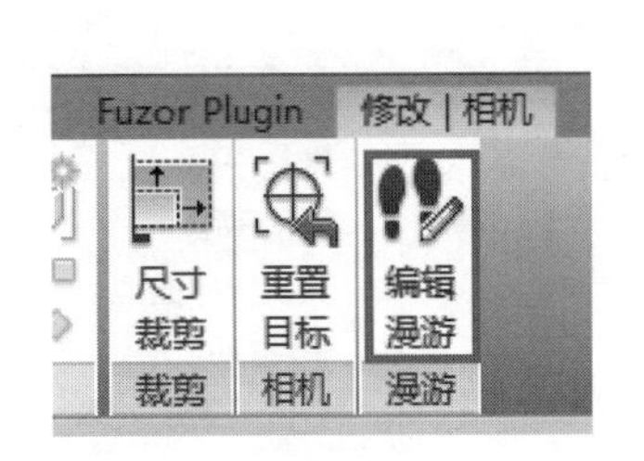

图 5-19

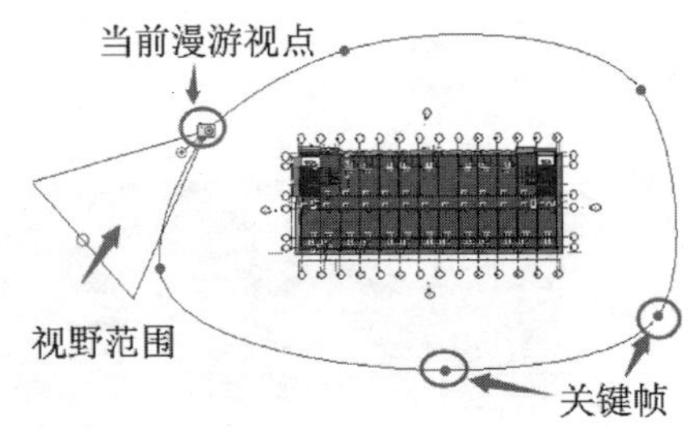

图 5-21

(5) 移动“小相机”图标，放在开始漫游的第一个关键帧位置（红点位置），点击粉色的移动目标点，将视野范围（大喇叭口）对准 BIM 模型。移动前与移动后如图 5-22、图 5-23 所示。

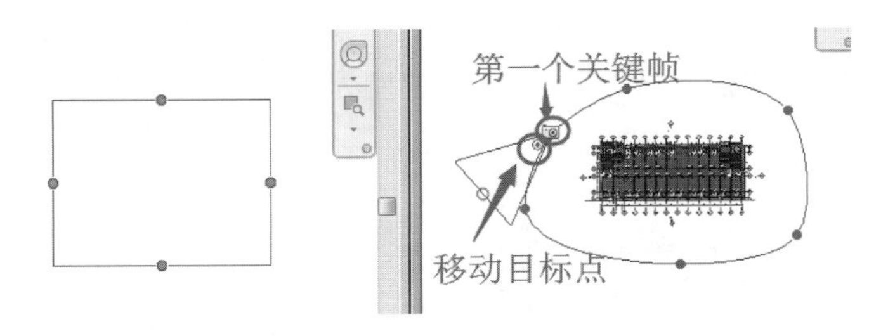

图 5-22

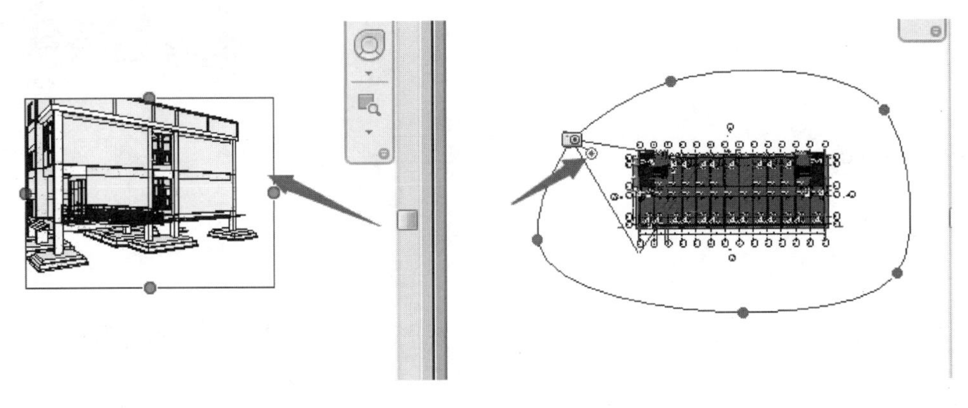

图 5-23

(6) 单击“漫游 1”视图，使之处于激活状态。单击“视图控制栏”中“视觉样式”功能中的“真实”工具，模型显示如图 5-24、图 5-25 所示。

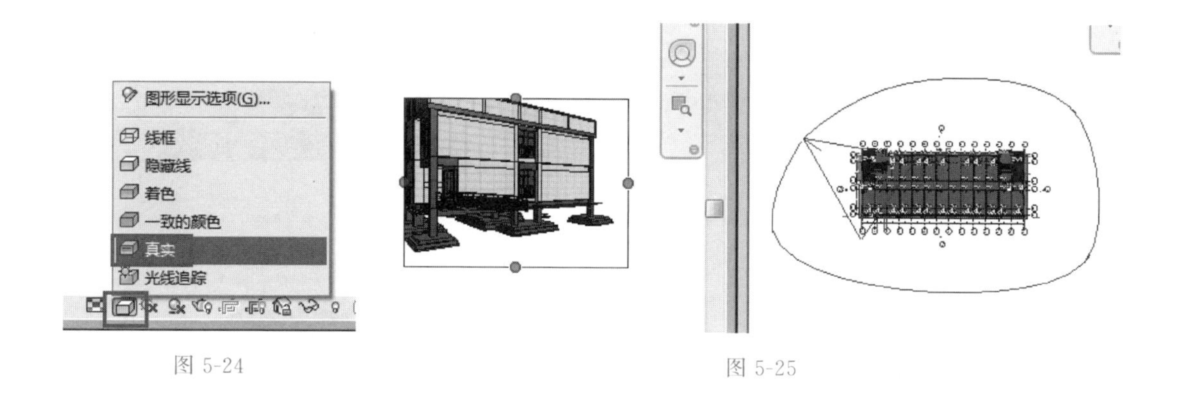

图 5-24　　图 5-25

（7）点击“漫游 1”视图中的矩形框，向外拉伸四条边线上的蓝色原点，使模型区域更多。如图 5-26 所示。

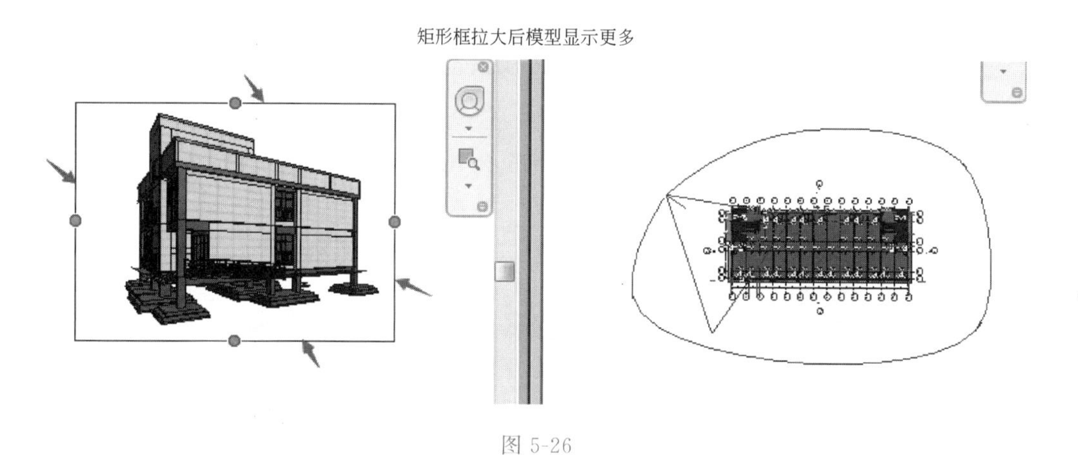

图 5-26

（8）修改“属性”面板中“远剪裁偏移”数值为“50000”（也可以在“首层”楼层平面视图中手动拖动大喇叭口的开口范围），使当前关键帧看到更多模型。如图 5-27 所示。

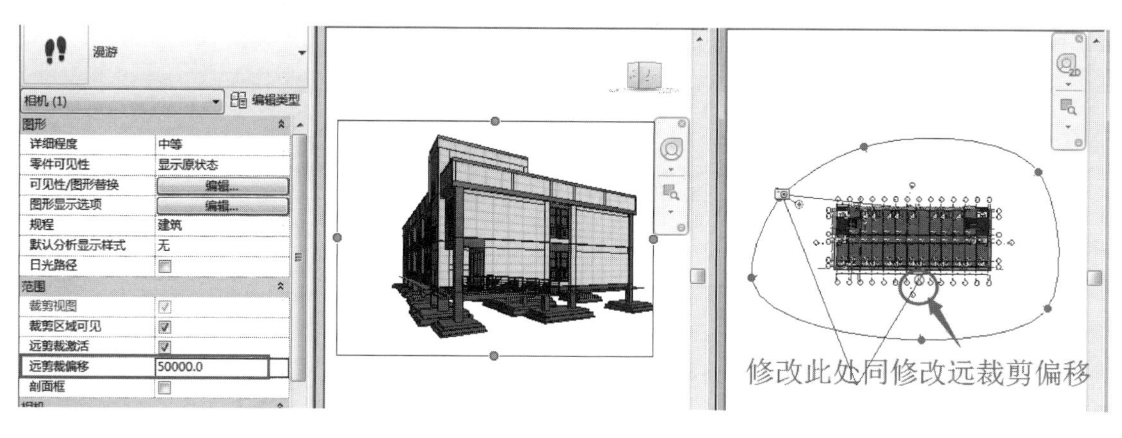

图 5-27

（9）单击“首层”楼层平面视图，使之处于激活状态。单击“编辑漫游”选项卡“漫游”面板中的“下一关键帧”工具，相机位置自动切换到下一个红色原点位置。点击粉色的移动目标点，将视野范围（大喇叭口）对准 BIM 模型。如图 5-28 所示。

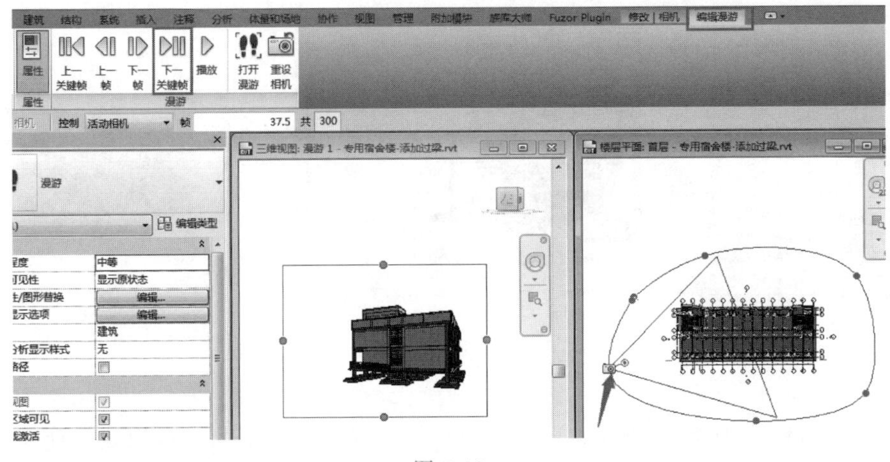

图 5-28

（10）按照上述操作步骤利用“下一关键帧”工具，逐个将相机移动到后面的关键帧位置（红色原点），修改好后面每个关键帧看到的模型范围。最后将关键帧定在第一个起点红色原点位置。如图 5-29 所示。

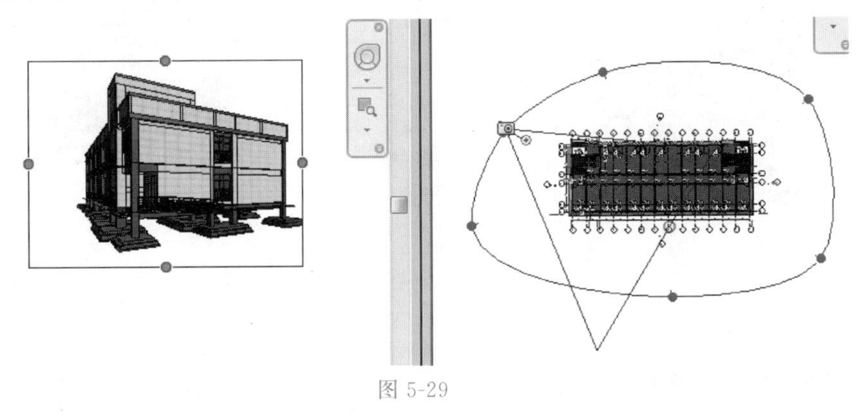

图 5-29

（11）单击“漫游 1”视图，使之处于激活状态，点击“编辑漫游”选项卡“漫游”面板中的“播放”工具，可以将做好的漫游动画进行播放。如图 5-30 所示。

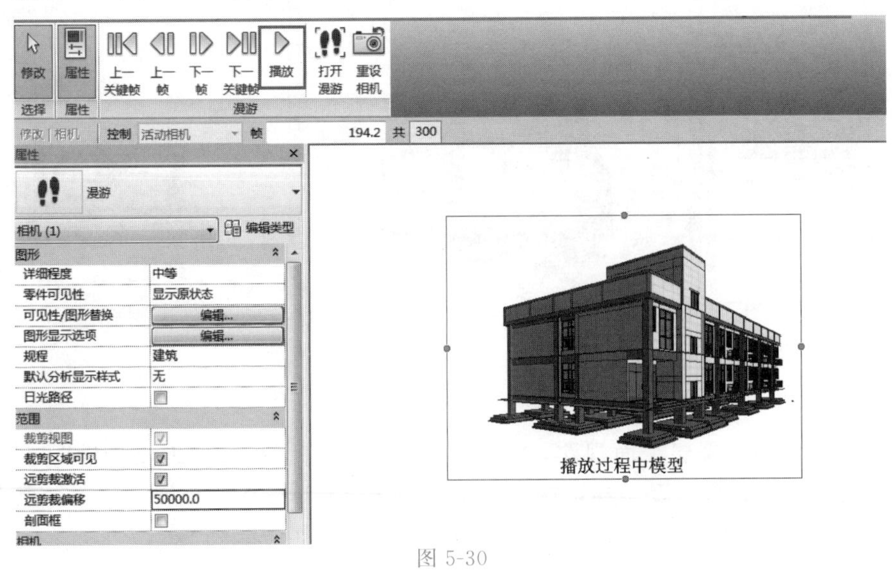

图 5-30

（12）最终将漫游动画导出。单击“应用程序”按钮，点击“导出”“图像和动画”下的“漫游”工具，弹出“长度/格式”窗口，无需修改，点击“确定”按钮，关闭窗口，弹出“导出漫游”窗口，指定存放路径为“Desktop \ 案例工程 \ 专用宿舍楼 \ 漫游动画”，命名为“漫游动画”，默认文件类型为“. avi”格式，点击“保存”按钮弹出“视频压缩”窗口，无需修改，点击“确定”按钮，关闭窗口。过程如图 5-31～图 5-33 所示。

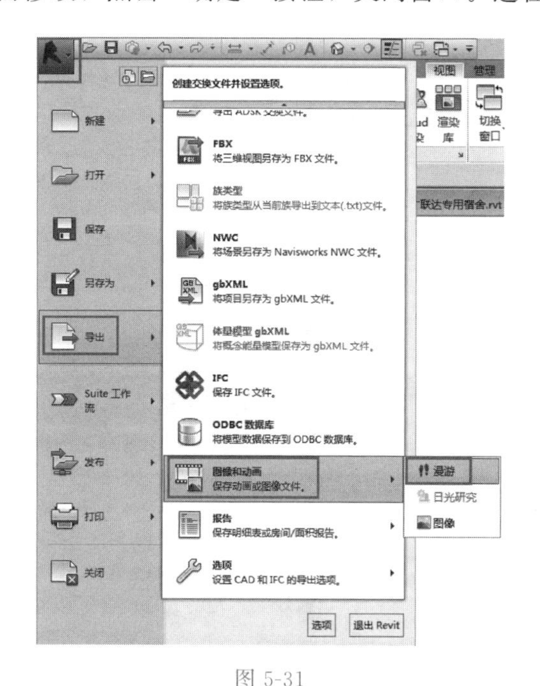

图 5-31

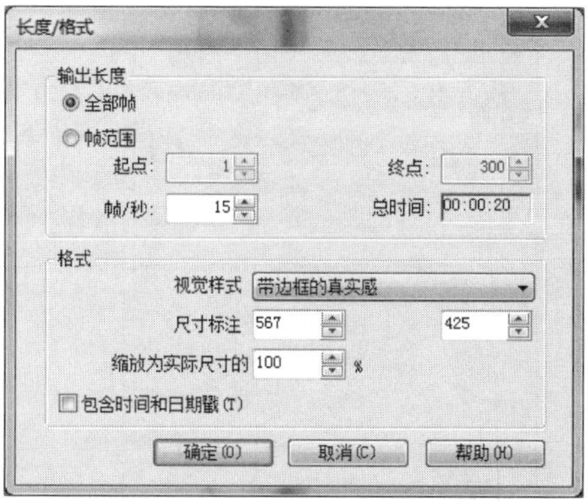

图 5-32

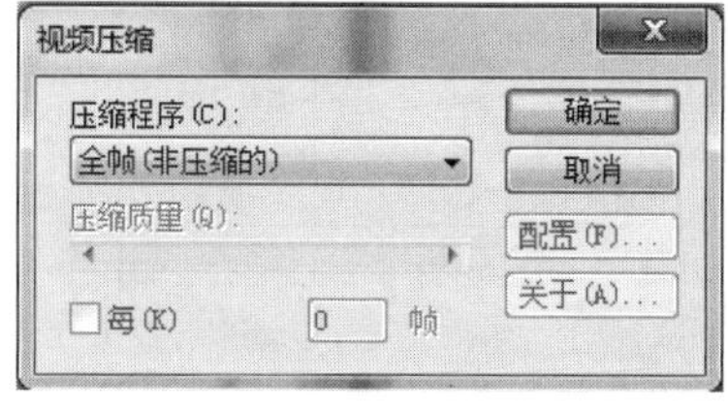

图 5-33

（13）导出的漫游动画可以脱离 Revit 软件进行播放展示。单击“快速访问栏”中保存按钮，保存当前项目成果。

5.3 图片渲染

【说明】主体模型绘制完毕后，在 Revit 软件中可以对模型进行简单图片渲染制作，本节将使用“渲染”、“相机”等命令创建渲染图片。具体操作步骤如下。

【方式 1】对整体模型制作渲染图片

（1）单击“快速访问栏”中三维视图按钮，切换到三维，查看模型成果。如图 5-34 所示。

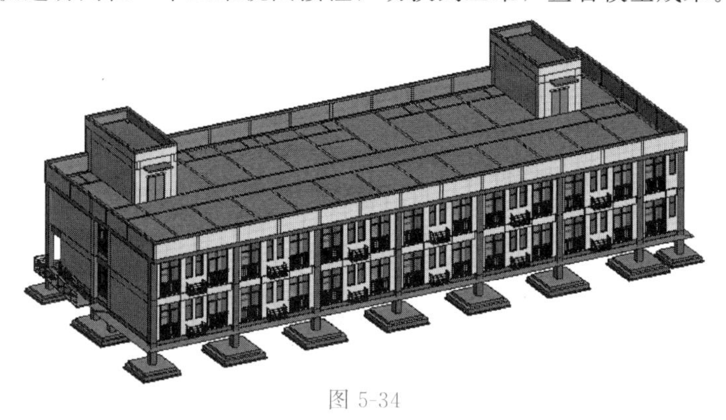

图 5-34

（2）单击“视图”选项卡“图形”面板中的“渲染”工具，打开“渲染”窗口，可以对窗口中的功能进行按需修改。在“质量”下“设置”右侧的下拉框中选择“中”，注意应根据电脑配置可以选择不同的渲染质量，配置越高电脑可以选择越高的渲染设置，以保证得到更清晰的图片。“渲染”窗口中其他设置可以暂不修改，设置完成后点击窗口左上角“渲染”按钮，弹出“渲染进度”窗口，进度条显示100％后，图片渲染完成。如图5-35～图5-37所示。

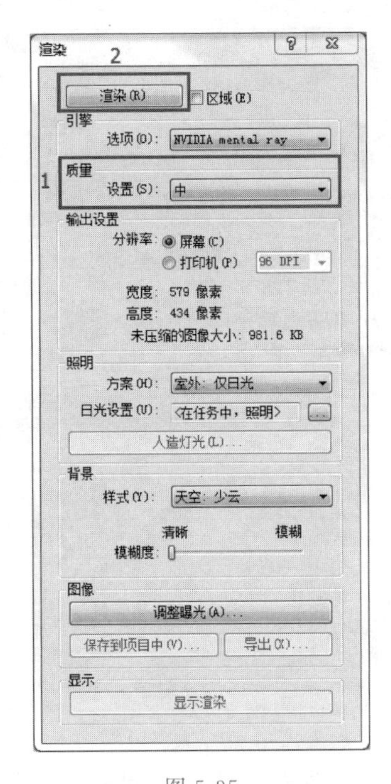

图5-35

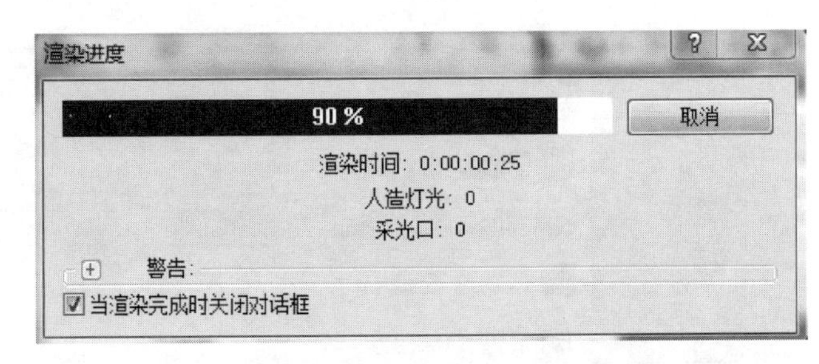

图5-36

图5-37

（3）点击“渲染”窗口中的“保存到项目中”工具，弹出“保存到项目中”窗口，设置保存名称为“整体渲染图片”，点击“确定”按钮，关闭窗口。同时在“项目浏览器”中新增“渲染”视图类别，含有刚保存到项目的“整体渲染图片”。如图5-38、图5-39所示。

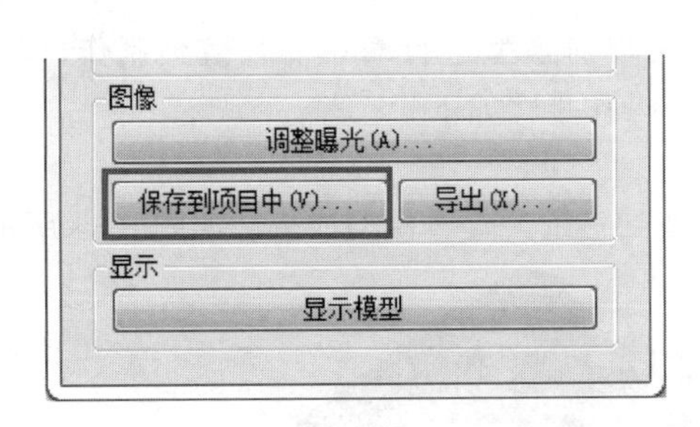

图5-38

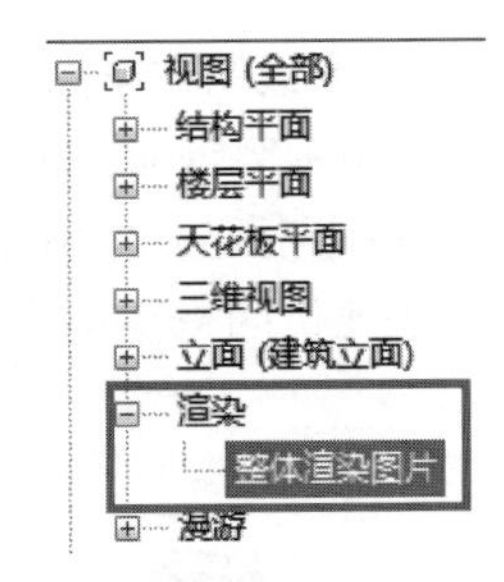

图5-39

（4）点击“渲染”窗口中的“导出”工具，弹出“保存图像”窗口，命名为“整体渲染图片”，指定存放路径为“Desktop\案例工程\专用宿舍楼\渲染图片”，命名为“整体渲染图片”，默认文件类型为“.jpg，jpeg”格式，点击“保存”按钮，关闭窗口。将渲染的图片导出，可以脱离Revit软件打开图片。如图5-40所示。

（5）也可以关闭“渲染”窗口，单击“应用程序”按钮，点击“导出”“图像和动画”下的“图像”工具，将渲染的图片导出。如图5-41所示。

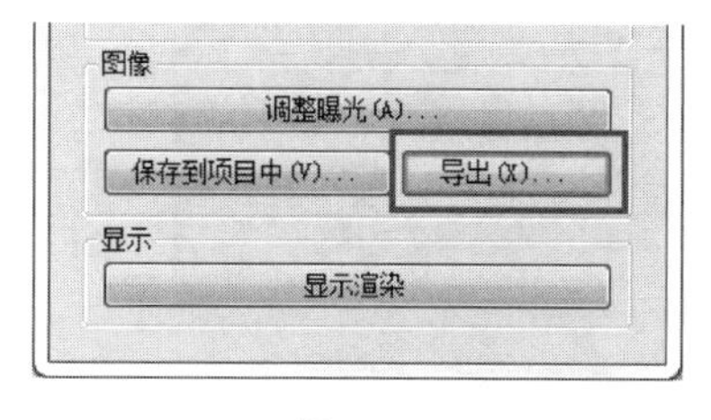

图 5-40

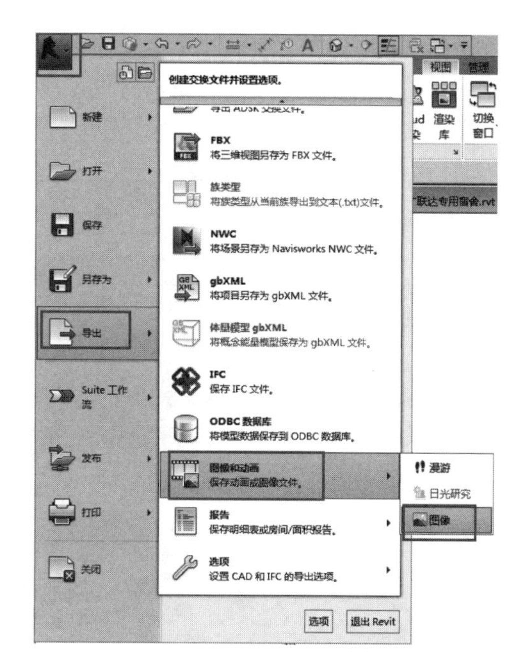

图 5-41

【方式 2】对局部图片进行渲染

（1）例如在三维视图状态下，单击“视图”选项卡“创建”面板中的“三维视图”下拉下的“相机”工具。单击空白处放置相机，鼠标向模型位置移动，形成相机视角。如图 5-42、图 5-43 所示。

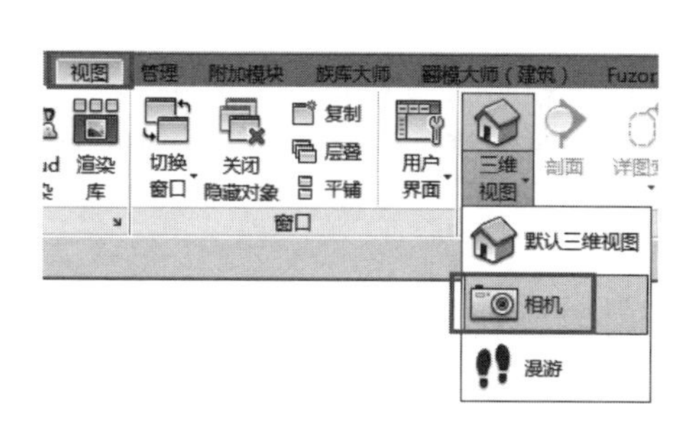

图 5-42

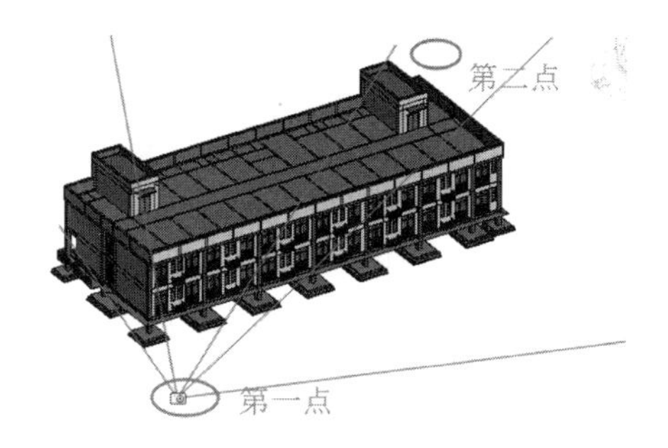

图 5-43

（2）相机布置完成后，同时在“项目浏览器”中新增“三维视图”视图类别，此时含有刚才相机形成的“三维视图 1”，如图 5-44 所示。

（3）同时自动切换进入“三维视图 1”的视图中。单击“视图控制栏”中“视觉样式”功能中的“真实”工具，模型显示如图 5-45 所示。

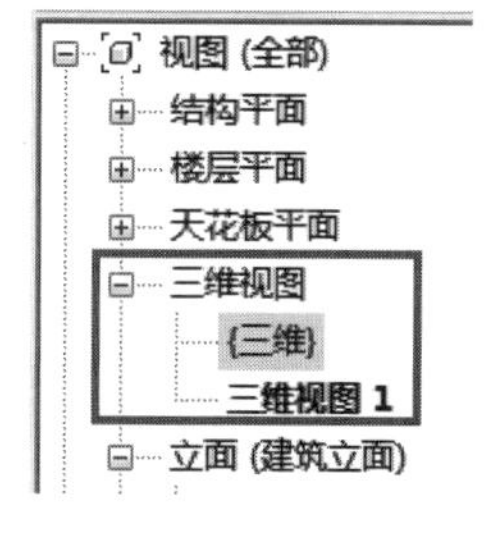

图 5-44

图 5-45

（4）单击“视图”选项卡“图形”面板中的“渲染”工具，打开“渲染”窗口，可以对窗口中的功能按需进行设计。渲染完成后也可以“保存到项目中”或“导出”到 Revit 软件之外。如图 5-46 所示。

图 5-46

（5）导出的渲染图片可以脱离 Revit 软件进行展示。单击“快速访问栏”中保存按钮，保存当前项目成果。

5.4 材料统计

【说明】主体模型绘制完成后，在 Revit 软件中可以对模型进行简单的图元明细表统计。将会学习使用“明细表/数量”、“导出明细表”等命令创建明细表。下面以“门”构件为例讲解明细表统计的方法。

【方式 1】直接利用已设置好的门明细表进行统计

双击“项目浏览器”中“明细表/数量”下的“门明细表”，打开“门明细表”视图，如图 5-47、图 5-48 所示。

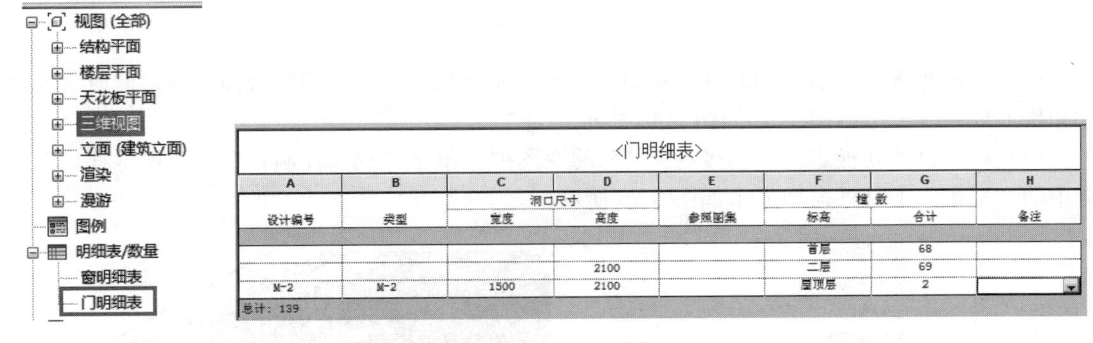

<门明细表>

A	B	C	D	E	F	G	H
设计编号	类型	洞口尺寸		参照图集	樘数		备注
		宽度	高度		标高	合计	
					首层	68	
			2100		二层	69	
M-2	M-2	1500	2100		屋顶层	2	

总计：139

图 5-47　　　　图 5-48

【方式 2】自定义门明细表

（1）单击“视图”选项卡“创建”面板中的“明细表”下拉下的“明细表/数量”工具。如图 5-49 所示。

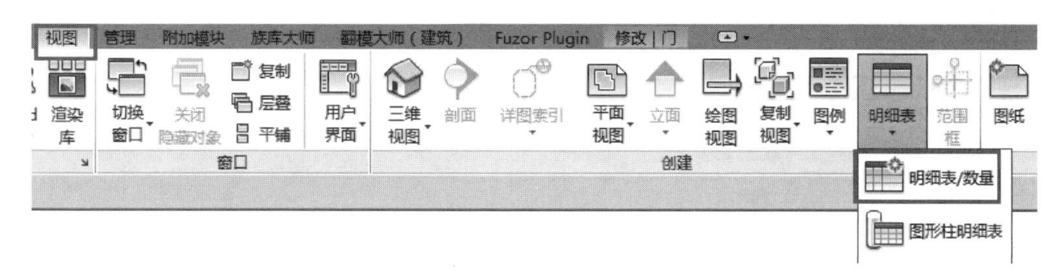

图 5-49

（2）弹出“新建明细表”窗口，在“类别”列表中选择“门”对象类型，即本明细表将统计项目中门对象类别的图元信息，修改明细表名称为“专用宿舍楼-门明细表”，确认明细表类型为“建筑构件明细表”，其他参数默认，单击“确认”按钮，打开“明细表属性”窗口。如图 5-50 所示。

（3）弹出“明细表属性”窗口，在“明细表属性”窗口的“字段”选项卡中，“可用的字段”列表中显示门对象类别中所有可以在明细表中显示的实例参数和类型参数。依次在列表中选择“类型、宽度、高度、合计”参数，单击“添加”按钮，添加到右侧的“明细表字段”列表中。在“明细表字段”列表中选择各参数，单击“上移”或“下移”按钮，按图中所示顺序调节字段顺序，该列表中从上至下顺序反映了后期生成的明细表从左至右各列的显示顺序。如图 5-51 所示。

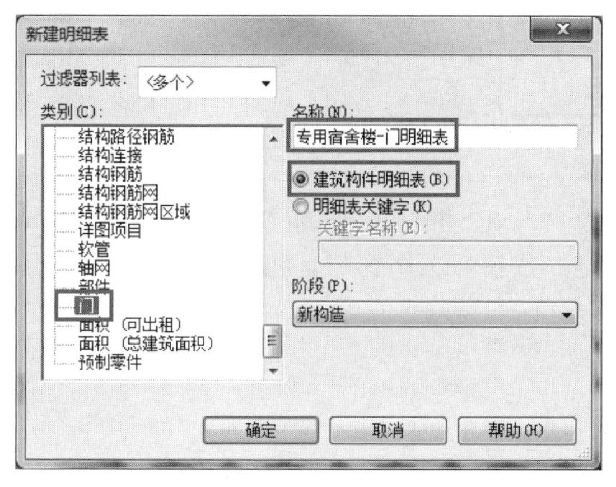

图 5-50

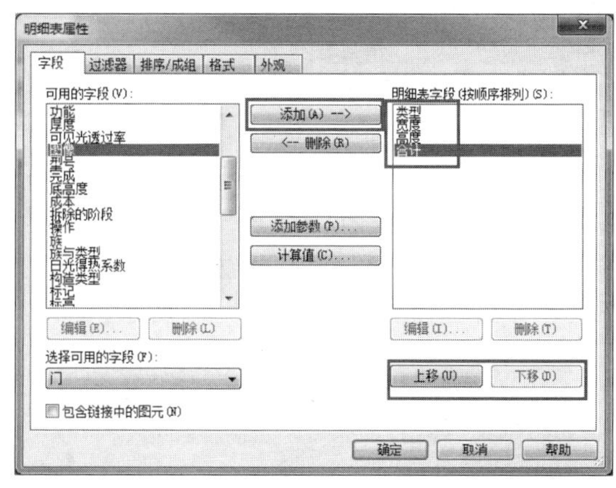

图 5-51

（4）切换到“排序/成组”选项卡，设置“排序方式”为“类型”，排序顺序为“升序”，不勾选“逐项列举每个实例”选项，此时将按门“类型”参数值在明细表中汇总显示已选字段。如图 5-52 所示。

（5）切换至“外观”选项卡，确认勾选“网格线”选项，设置网格线样式为“细线”，勾选“轮廓”选项，设置轮廓线样式为“中粗线”，取消勾选“数据前的空行”选项，确认勾选“显示标题”和“显示页眉”选项，单击“确定”按钮，完成明细表属性设置。如图 5-53 所示。

（6）Revit 软件自动按照指定字段建立名称为“专用宿舍楼-门明细表”的新明细表视图，并自动切换至该视图，还将自动切换至“修改明细表/数量”上下文选项。如图 5-54 所示。

（7）如有需要还可以继续在“属性”面板中进行相应修改设置。最终将“专用宿舍楼-门明细表”导出。单击“应用程序”按钮，点击“导出”“报告”下的“明细表”工具。弹出“导出明细表”窗口，指定存放路径为“Desktop \ 案例工程 \ 专用宿舍楼 \ 明细表”，命

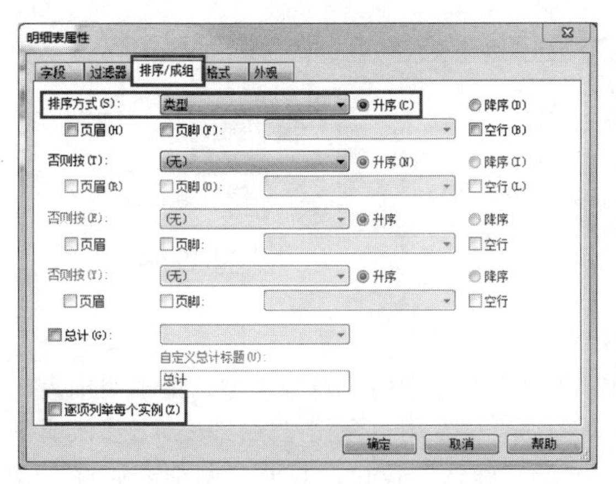

图 5-52

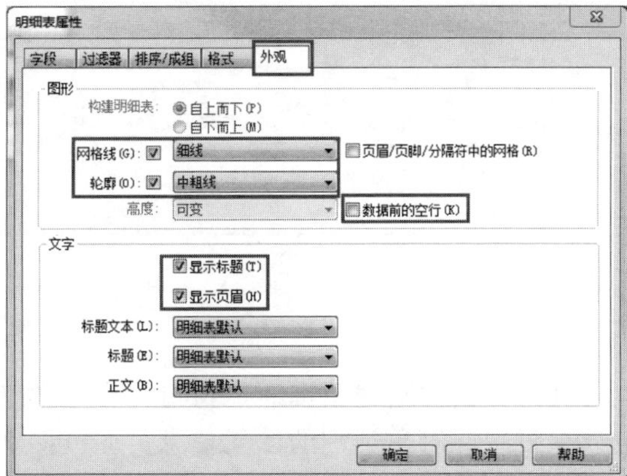

图 5-53

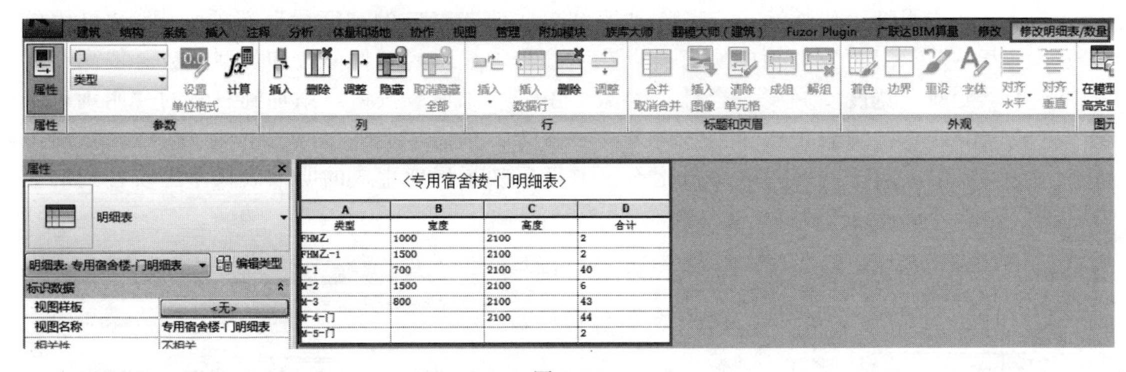

A	B	C	D
类型	宽度	高度	合计
FHMZ	1000	2100	2
FHMZ-1	1500	2100	2
M-1	700	2100	40
M-2	1500	2100	6
M-3	800	2100	43
M-4-门		2100	44
M-5-门			2

图 5-54

名为“专用宿舍楼-门明细表”，默认文件类型为“.txt”格式。点击“确定”按钮，弹出“导出明细表”窗口，默认设置即可，点击“确定”按钮，关闭窗口，将“专用宿舍楼-门明细表”导出。如图 5-55、图 5-56 所示。

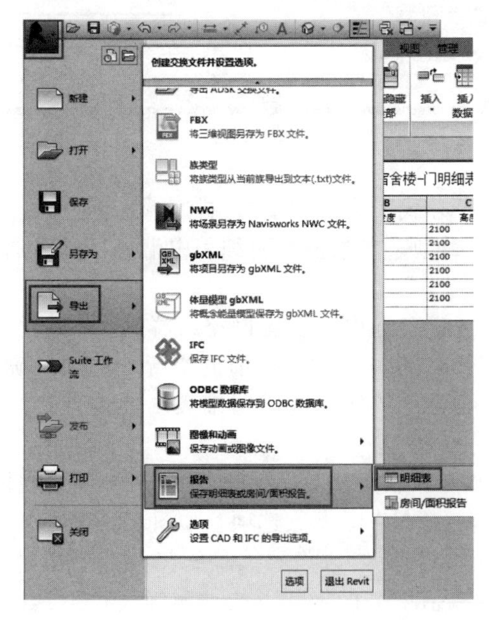

图 5-55

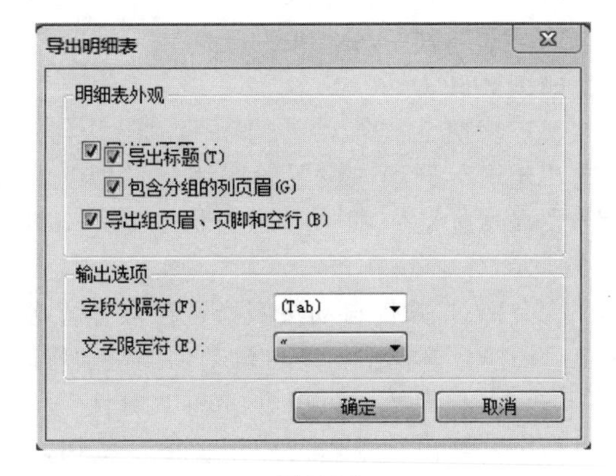

图 5-56

（8）导出的文本类型明细表可以脱离 Revit 软件打开，可以利用 Office 软件进行后期的编辑修改。单击“快速访问栏”中保存按钮，保存当前项目成果。

5.5 出施工图

【说明】Revit 软件可以将项目中多个视图或明细表布置在一个图纸视图中，形成用于打印和发布的施工图纸。将会学习使用“图纸”、“视图”、“导出 DWG 格式”等命令创建施工图。下面简单讲解下利用 Revit 软件中“新建图纸”工具为项目创建图纸视图，并将指定的视图布置在图纸视图中形成最终施工图档的操作过程。

（1）首先创建图纸视图。单击“视图”选项卡“图纸组合”面板中的“图纸”工具，弹出“新建图纸”窗口，点击“载入”按钮，弹出“载入族”窗口，默认进入 Revit 族库文件夹，点击“标题栏”文件夹，找到“A0 公制. rfa”文件，点击“打开”命令，将其载入到“新建图纸”窗口中，点击“确定”按钮，以 A0 公制标题栏创建新图纸视图，并自动切换至视图。创建的新图纸视图在“图纸（全部）”视图类别中。选择刚创建的新图纸视图，“右键-重命名”修改“编号”为“001”，修改“名称”为“专用宿舍楼图纸”。过程如图 5-57～图 5-59 所示。

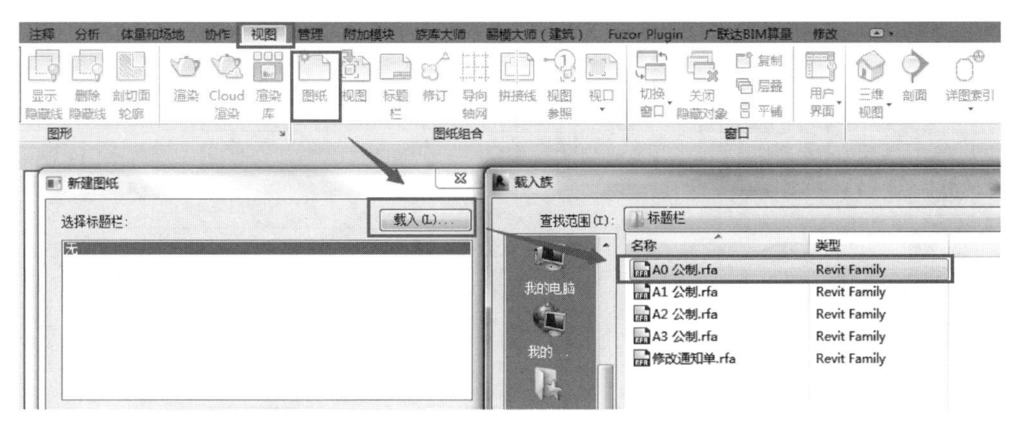

图 5-57

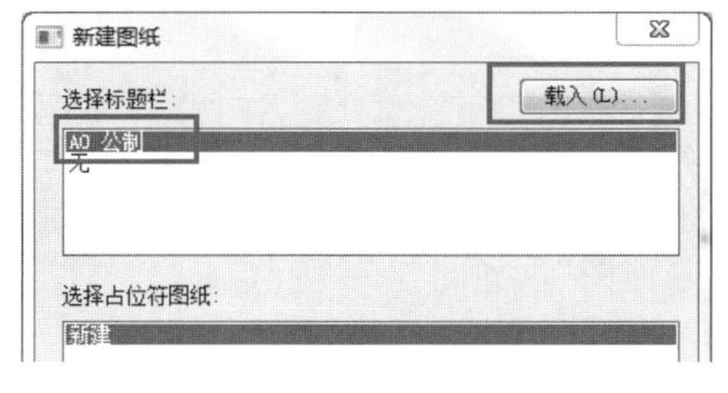

图 5-58

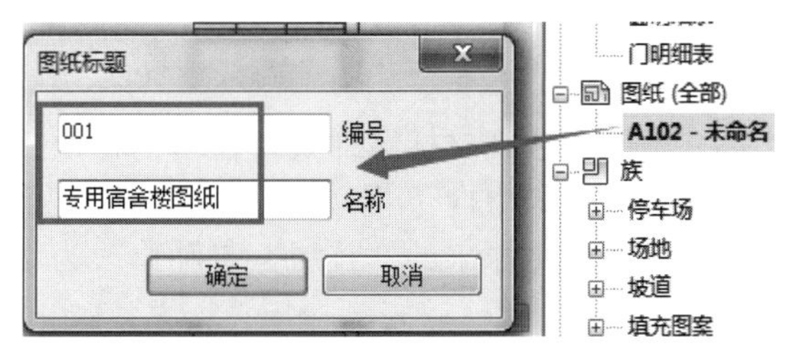

图 5-59

（2）将项目中多个视图或明细表布置在一个图纸视图中。单击“视图”选项卡“图纸组合”面板中的“视图”工具，弹出“视图”窗口，在窗口中列出了当前项目中所有的可用视图。选择“楼层平面：首层”点击“在图纸中添加视图”按钮，默认给出“楼层平面：首层”摆放位置及视图范围预览，在“专用宿舍楼出图”视图范围内找到合适位置放置该视图（在图纸中放置的视图称为“视口”），Revit 软件自动在视口底部添加视口标题，默认以该视口的视口名称命名该视口。如果想修改视口标题样式，则需要选择默认的视口标题，在“属性”面板中点击“编辑类型”，打开“类型属性”窗口，修改类型参数“标题”为所使用的族即可。如图 5-60～图 5-62 所示。

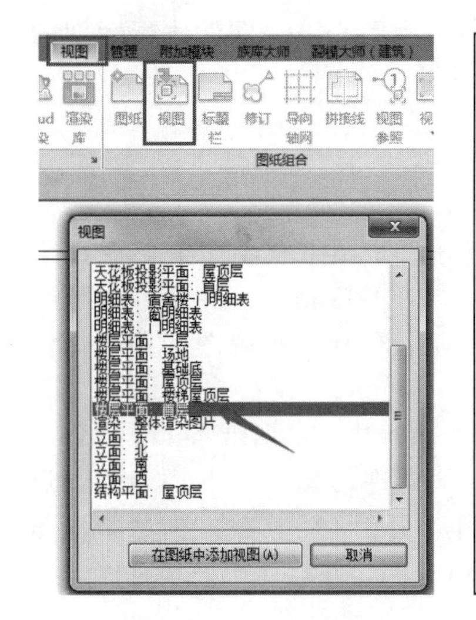

图 5-60

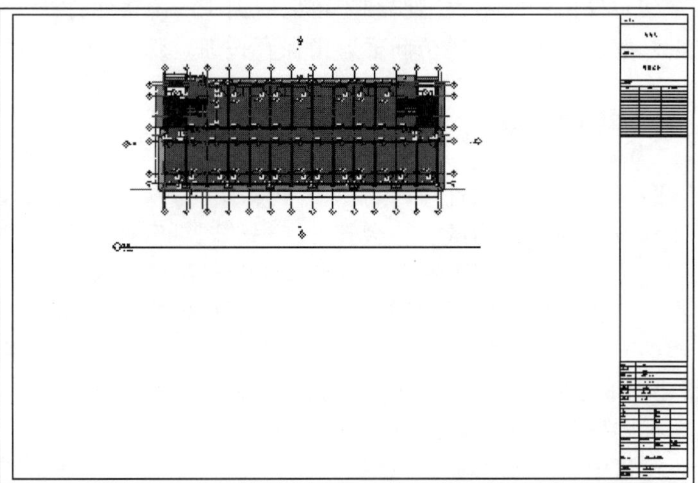

图 5-61

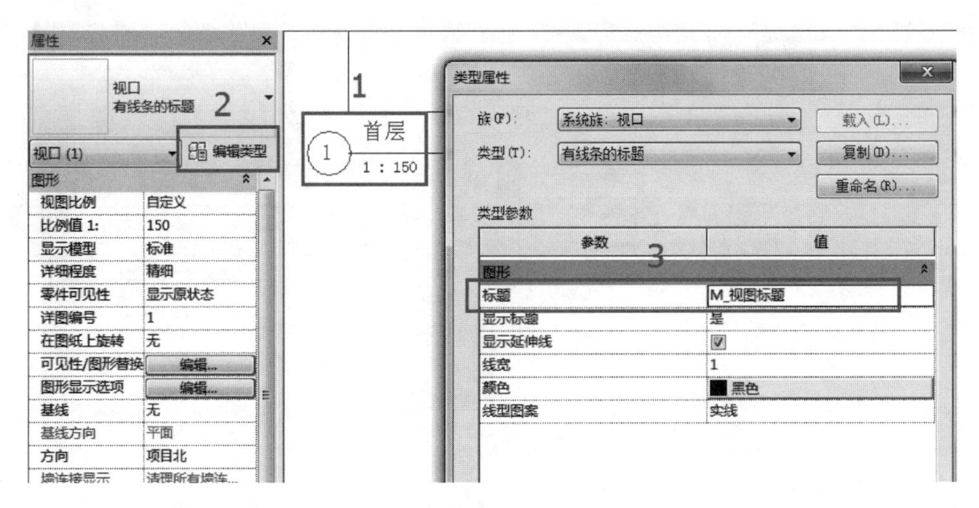

图 5-62

（3）除了修改视口标题样式，还可以修改视口的名称。选择刚放入的首层视口，鼠标在视口“属性”面板中向下拖动，找到“图纸上的标题”，输入“一层平面图”，Enter 键确认，视口标题则由原来的“首层”自动修改为“一层平面图”，如图 5-63 所示。

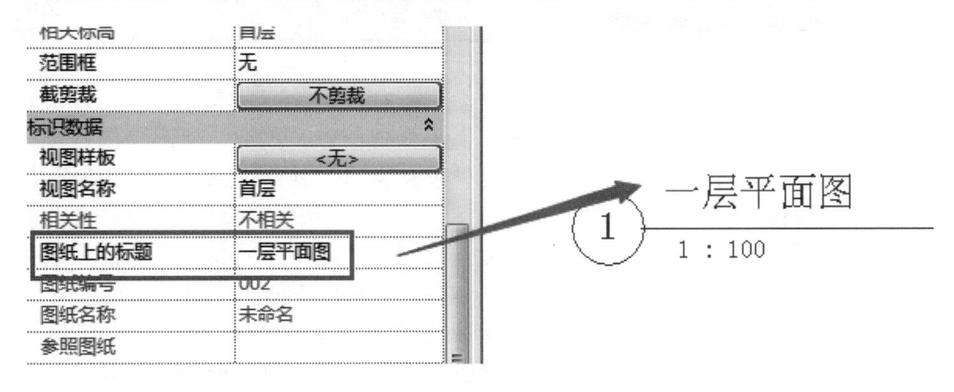

图 5-63

（4）按照上述操作方法可以将其他平面、立、剖面图纸、材料明细表等视图添加到图纸视图中。需要注意的是除了上述讲到的放置视图的方法外，还可以通过拖拽的方式把视图放入图纸中。保证“专用宿舍楼图纸”处于激活状态下，在项目浏览器中找到“二层”，单击“二层”视图并按住鼠标左键不放将此视图拖入“专用宿舍楼图纸”视图中合适位置放置即可。如图 5-64 所示。

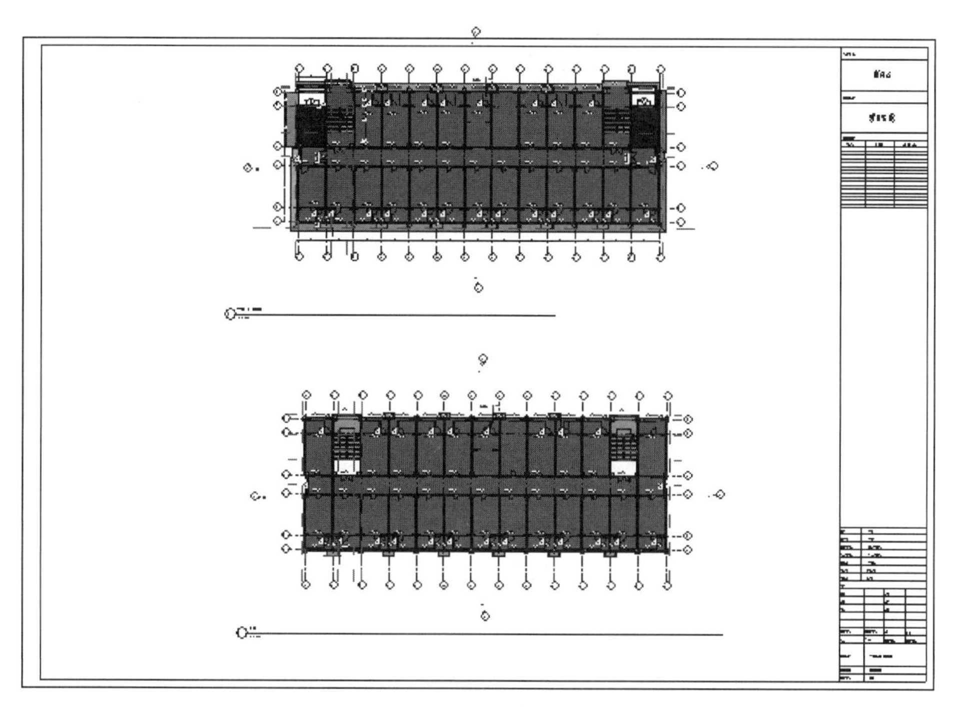

图 5-64

（5）图纸中的视口创建好后，点击“注释”选项卡“符号”面板中的“符号”工具。在“属性”面板的下拉类型选项中找到“指北针”，在图纸右上角空白位置单击放置指北针符号。如图 5-65、图 5-66 所示。

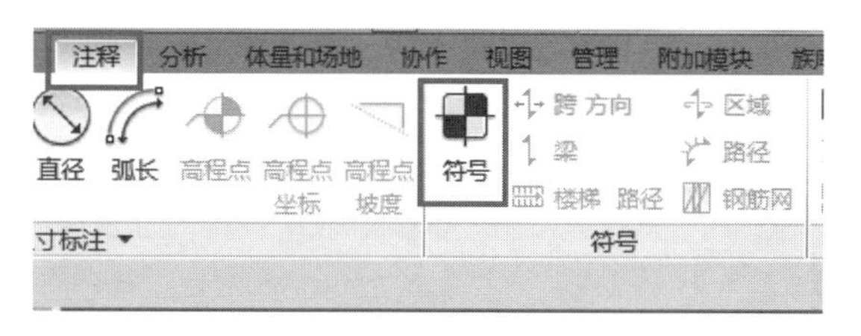

图 5-65

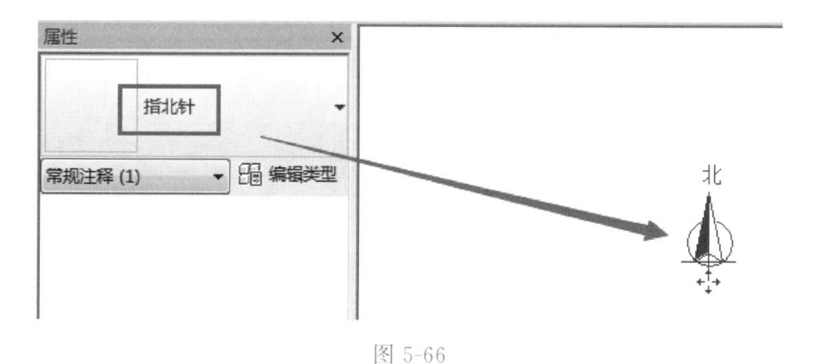

图 5-66

（6）图纸布置完成后，可以将图纸导出，在实际项目中实现图纸共享。单击“应用程序”按钮，点击“导出”“CAD格式”下的“DWG”工具，弹出“DWG导出”窗口，无需修改，点击“下一步”按钮，关闭窗口，弹出“导出CAD格式”窗口，指定存放路径为“Desktop \ 案例工程 \ 专用宿舍楼 \ 出图，命名为“专用宿舍楼图纸”，默认文件类型为“AutoCAD 2013. dwg”格式（目前Revit2016可以导出的图纸版本类型有2013、2010、2007三种版本，在实际项目图纸传输中按需选择），点击“确定”按钮，关闭窗口。【注意】窗口中“将图纸上的视图和链接作为外部参照导出”，若勾选则导出的文件采用AutoCAD外部参照模式）。如图5-67、图5-68所示。

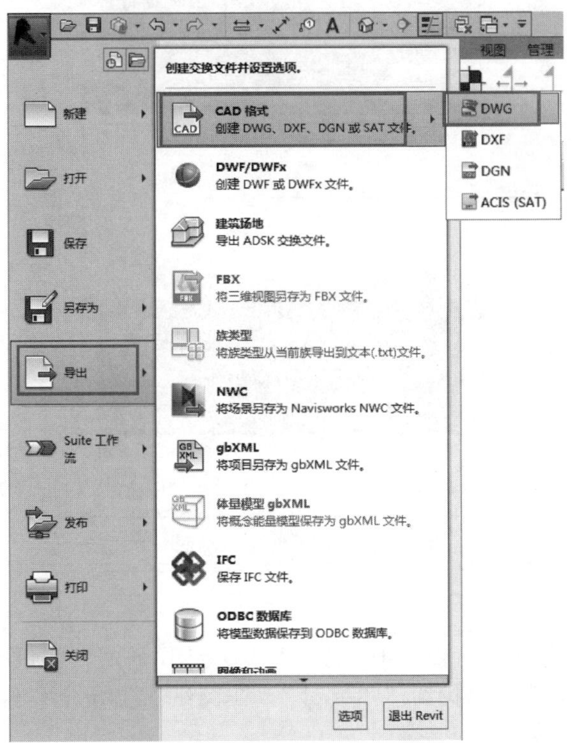

图 5-67

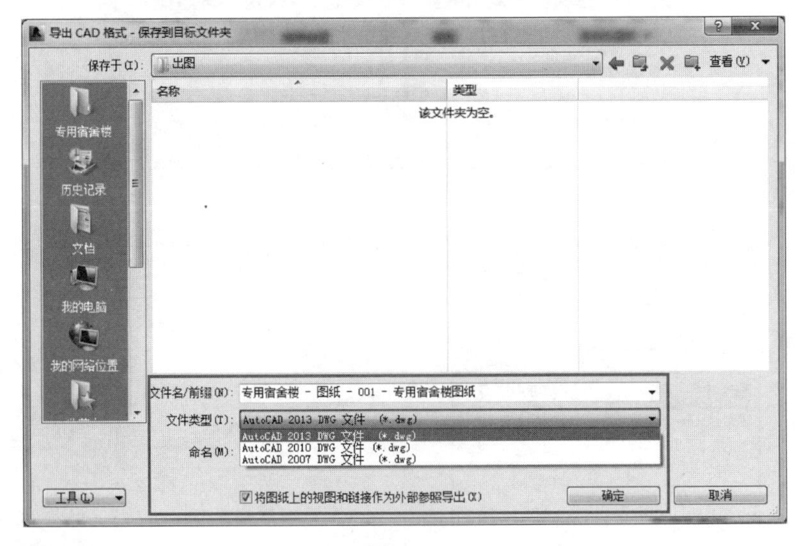

图 5-68

（7）导出的 DWG 文件可以脱离 Revit 软件打开，可以利用 CAD 看图软件或 AutoCAD 软件进行后期的看图及编辑修改。单击“快速访问栏”中保存按钮，保存当前项目成果。

5.6 总结

在 BIM 技术应用过程中，最基础的工作就是创建模型，然后以 BIM 模型为基础结合项目需求、合同要求开展具体的 BIM 应用工作。Revit 作为市场上普遍应用的 BIM 软件，除了强大的参数化建模能力外，还具备丰富的基于 BIM 模型的延伸应用，除了上面讲到的模型浏览、制作漫游视频、图片渲染、材料统计、出施工图外，Revit 还有碰撞检查、日照分析、房间面积计算等应用；所有这些后期应用操作都基于 BIM 模型，所以当 BIM 模型发生变化时，Revit 会自动更新所有相关信息（包括所有图纸、表格、工程量表等）。

Revit 强大的参数化建模、精确统计、协同设计、碰撞检查等功能，在民用及工厂设计领域，已经越来越多的应用到甲方、设计、施工、咨询等各类企业。所以无论读者从事建筑工程的哪个环节的工作，都应尽快学习 BIM，应用 BIM，利用 BIM 技术管理项目，创造价值。

6 与其他软件对接

前期BIM模型搭建是BIM工作的第一步，模型后期还有很多应用场景，如利用模型进行工程量统计，以便指导施工现场报量采购工作；或利用BIM模型进行碰撞检查，将大部分模型碰撞问题解决在施工前期，避免现场返工。Revit软件本身具有强大的建模能力，但是BIM模型的后期应用还需要与众多行业优秀BIM软件合作。本章节将重点讲解如何将搭建好的Revit模型与建筑行业其他主流BIM软件（如Navisworks软件、Fuzor软件、广联达土建算量软件GCL2013、广联达BIM 5D软件）进行对接，以方便模型后期的多层次应用，最终为BIM模型提升应用价值。

6.1 Revit与Navisworks软件对接

通过了解Navisworks软件，学习使用“Navisworks 2016”等命令导出Navisworks文件，实现Revit数据与Navisworks软件对接。下面将从软件简介与数据对接两方面进行讲解。

★ Navisworks软件简介

Autodesk Navisworks软件能够将AutoCAD和Revit系列等应用创建的设计数据，与来自其他设计工具的几何图形和信息相结合，将其作为整体的三维项目，通过多种文件格式进行实时审阅，而无需考虑文件的大小。Navisworks软件产品可以帮助所有相关方将项目作为一个整体来看待，从而优化从设计决策、建筑实施、性能预测和规划直至设施管理和运营等各个环节。

Autodesk Navisworks软件系列包括四款产品，能够加强对项目的控制，使用现有的三维设计数据透彻了解并预测项目的性能，即使在最复杂的项目中也可提高工作效率，保证工程质量。

Autodesk Navisworks Manage软件是设计和施工管理专业人员使用的、用于全面审阅解决方案，以保证项目顺利进行。Navisworks Manage将精确的错误查找和冲突管理功能与动态的四维项目进度仿真和照片级可视化功能完美结合。

Autodesk Navisworks Simulate软件能够精确地再现设计意图，制定准确的四维施工进度表，超前实现施工项目的可视化。在实际动工前就可以在真实的环境中体验所设计的项目，更加全面地评估和验证所用材质和纹理是否符合设计意图。

Autodesk Navisworks Review软件支持实现整个项目的实时可视化，审阅各种格式的文件，而无需考虑文件大小。

Autodesk Navisworks Freedom软件是免费的。Autodesk Navisworks NWD文件与三维DWF格式文件浏览器。

★ Revit 与 Navisworks 数据对接

（1）Revit 软件可以直接导出为 Navisworks 软件可识别的数据格式，所以两个软件数据互通只需要在电脑上安装好 Revit 和 Navisworks 程序即可，无需其他插件。安装好的 Revit 和 Navisworks 软件如图 6-1 所示。

Navisworks Manage 2016
Revit 2016

图 6-1

（2）回到 Revit 软件，单击“附加模块”选项卡“外部”面板中的“外部工具”下拉下的“Navisworks 2016”工具，弹出“导出场景为”窗口，指定存放路径为“Desktop \ 案例工程 \ 专用宿舍楼 \ Revit 与 Navisworks 软件对接”，命名为“Revit 与 Navisworks 对接文件”，默认保存的文件类型为“. nwc”格式。点击“保存”按钮，弹出“导出进度条”窗口，等待片刻，全部导出完成后进度条消失。如图 6-2、图 6-3 所示。

图 6-2

图 6-3

（3）打开安装好的 Navisworks 软件，单击“快速访问栏”中“打开”工具，弹出“打开”窗口，找到刚刚 Revit 导出的“Revit 与 Navisworks 对接文件”，点击“打开”按钮。Revit 建立好的 BIM 模型整体显示在 Navisworks 软件中。配合 Shift 键＋鼠标滚轮，对模型进行查看，如图 6-4 所示。

图 6-4

（4）在 Navisworks 软件中可以对 BIM 模型进行浏览查看、碰撞检查、渲染图片、动画制作、进度模拟等操作，以配合现场投标、施工过程指导等工作。这里不再详述操作步骤，读者可以在腾讯课堂搜索“Navisworks 软件全模块讲解-不仅仅讲软件”或者“焦明明”找到视频进行学习。

6.2 Revit 与 Fuzor 软件对接

通过了解 Fuzor 软件，学习使用“Launch Fuzor”等命令将 Revit 文件转化进入 Fuzor 软件，实现 Revit 数据与 Fuzor 软件对接。下面将从软件简介与数据对接两方面进行讲解。

★ Fuzor 软件简介

Fuzor 是由美国 Kalloc Studios 打造的一款虚拟现实级的 BIM 软件平台，首次将最先进的多人游戏引擎技术引入建筑工程行业，拥有独家双向实时无缝链接专利，具备同类软件无法比拟的功能体验。

Fuzor 是革命性的 BIM 软件，不仅提供实时的虚拟现实场景，更可在瞬间变成和游戏场景一样的亲和度极高的模型，最重要的是它保留了完整的 BIM 信息，实现了“用玩游戏的体验做 BIM”。Fuzor 包含如下具体功能。

（1）双向实时同步　Fuzor 的 Live Link 是 Fuzor 和 Revit、ArchiCAD 之间建立一座沟通的桥梁，此功能使两个软件可以双向实时同步两者的变化，无需为再得到一个良好的可视化效果而在几个软件中转换。

（2）强大的 BIM 虚拟现实引擎　Fuzor 开发了自有 3D 引擎，模型承受量、展示效果、数据支持都是为 BIM 量身定做。在 Fuzor 里的光照模拟、材质显示都在性能和效果之间找了最好的平衡。

（3）服务器、平台化支持　Fuzor 支持多人基于私有服务器的协同工作，模型文件以及它的一切变化都可以记录在服务器里。

（4）云端问题追踪　Fuzor217 通过协同服务器，可将项目参与各方的问题交互都放到用户的私有云或公有云上，让项目管理者可以随时调出或添加项目中发生的问题，并实时的将问题分配给相应责任人。

（5）移动端支持　Fuzor 有强大的移动端支持，可以让大于 5G 的 BIM 模型在移动设备里流畅展示，即可以在移动端设备里自由浏览、批注、测量、查看 BIM 模型参数。

（6）客户端浏览器　Fuzor 可以把文件打包为一个 EXE 的可执行文件，供其他没有安装 Fuzor 的人员一样审阅模型，并同时对 BIM 成果进行标注，操作非常的便捷。

（7）2D 地图导航　在 Fuzor 的 2D 地图导航中，点选地图上某一点，视图将会瞬间移动所需位置；允许用户输入 X、Y、Z 坐标瞬移相机（或虚拟人物）到项目的特定点。

（8）物体可见控制　Fuzor 允许隐藏、着色或改变对象的不透明度，这些变化可以应用于所选对象或所有实例，突出显示问题区域和快速识别项目中的对象。

（9）FUZOR 注释功能　用户可以对一个对象添加注释，也可以将注释保存为一个文件，使其他同事可以将注释载入到 Fuzor 或 Revit 中，注释清晰且被标注模型高亮显示。

（10）实时族对象放置　用户可以在 Fuzor 环境下直接放置 Revit 族对象时，移动或删除族对象时可以使用 Live Link 连接功能把这些改变同步到 Revit 文件中。

（11）广泛的设备支持　Fuzor 用户可以使用多种设备（USB 游戏垫、触摸屏和 3D 鼠标），也可以跨越不同的显示平台。

★ Revit 与 Fuzor 数据对接

（1）Revit 软件可以直接与 Fuzor 软件实现数据互通，在电脑上安装好 Revit 和 Fuzor

程序后，在 Revit 软件中会自动添加“Fuzor Plugin”选项卡，点开选项卡，出现“Fuzor Ultimate”面板，面板中有“Launch Fuzor”等 8 个工具。如图 6-5、图 6-6 所示。

图 6-5　　图 6-6

（2）保持 Revit 软件和 Fuzor 软件同时处于打开状态。切换到 Revit 软件，单击“Fuzor Plugin”选项卡“Fuzor Ultimate”面板中的“Launch Fuzor”。Revit 软件开始将 BIM 模型输出到 Fuzor 软件，切换到 Fuzor 软件后等待片刻，可以看到 Revit 中模型传输到 Fuzor 软件中。如图 6-7 所示。

图 6-7

（3）在 Fuzor 软件中可以对 BIM 模型进行浏览查看、碰撞检查、渲染图片、动画制作等操作，以配合现场投标、施工过程指导等工作。这里不再详述操作步骤，读者可以在腾讯课堂搜索“BIM：轻松学习 Fuzor 软件从入门到精通”或者“焦明明”找到视频进行学习。

6.3 Revit 与广联达算量软件 (GCL) 对接

通过了解广联达土建算量 GCL2013 软件，学习使用“导出 GFC”等命令导出 GFC 文件，实现 Revit 数据与广联达算量软件（GCL）对接。下面将从软件简介与数据对接两方面进行讲解。

★ 广联达算量软件（GCL）简介

广联达土建算量软件 GCL 2013 是基于广联达公司自主平台研发的一款算量软件，无需安装 CAD 软件即可运行。软件内置全国各地现行清单、定额计算规则，第一时间响应全国各地行业动态，远远领先于同行软件，确保用户及时使用。软件采用 CAD 导图算量、绘图输入算量、表格输入算量等多种算量模式，三维状态自由绘图、编辑，高效、直观、简单。软件运用三维计算技术、轻松处理跨层构件计算，彻底解决困扰用户难题。提量简单，无需套做法也可出量，报表功能强大、提供了做法及构件报表量，满足招标方、投标方各种报表需求。Revit 与广联达算量软件（GCL）数据对接具体步骤如下。

★ Revit 与广联达算量软件（GCL）数据对接

（1）由于 Revit 数据不能直接导出广联达算量软件（GCL）可识别的数据格式，所以需要安装广联达研发的“GFC 插件”来实现两个软件之间的数据互通。GFC 插件在 Revit 和广联达算量软件（GCL）安装完毕后进行安装。GFC 插件安装完毕后在 Revit 软件中会自动添加“广联达 BIM 算量”选项卡，点开选项卡，有“广联达土建”面板，面板中有“导出 GFC”等 5 个工具。如图 6-8、图 6-9 所示。

图 6-8

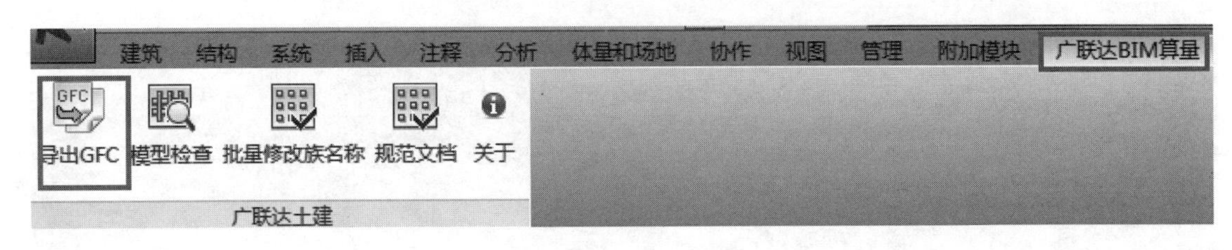

图 6-9

（2）单击“广联达 BIM 算量”选项卡“广联达土建”面板中的“导出 GFC”工具，弹出“导出 GFC-楼层转化”窗口，无需修改，点击“下一步”按钮，弹出“导出 GFC-构件转化”窗口，无需修改，点击“导出”按钮，弹出“另存为”窗口，指定存放路径为“Desktop \ 案例工程 \ 专用宿舍楼 \ Revit 与广联达算量软件（GCL）对接”，命名为“Revit 与广联达算量软件（GCL）数据对接”，默认保存的文件类型为“. gfc”格式。点击“保存”按钮，弹出“构件导出进度”条窗口，等待片刻，全部导出完成后弹出“提示”窗口，显示导出成功。如图 6-10～图 6-13 所示。

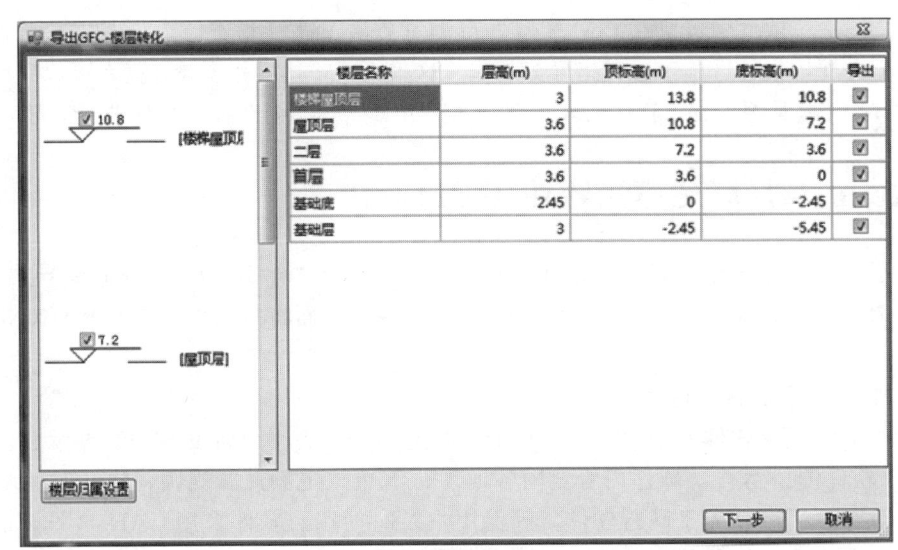

楼层名称	层高(m)	顶标高(m)	底标高(m)	导出
楼梯屋顶层	3	13.8	10.8	☑
屋顶层	3.6	10.8	7.2	☑
二层	3.6	7.2	3.6	☑
首层	3.6	3.6	0	☑
基础底	2.45	0	-2.45	☑
基础层	3	-2.45	-5.45	☑

图 6-10

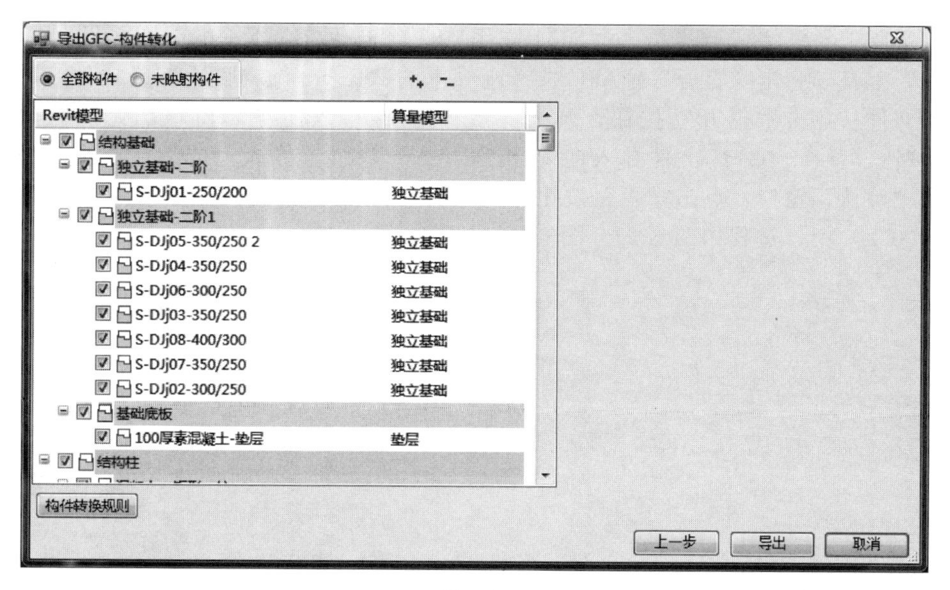

图 6-11

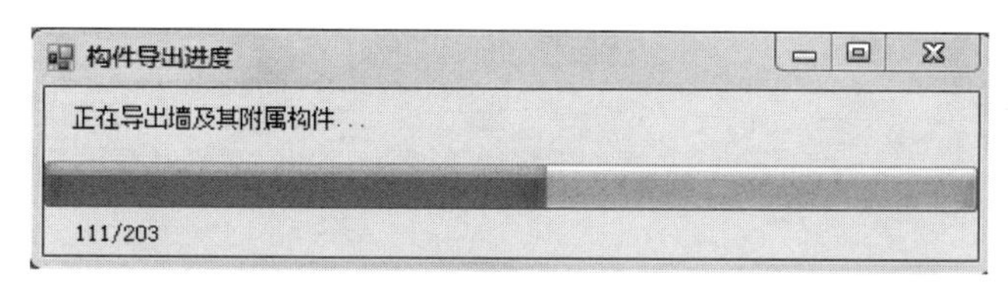

图 6-12

图 6-13

(3) 打开广联达算量软件(GCL),新建工程后,需要登陆广联云账号,如图 6-14 所示。【注意】广联达算量软件(GCL)在导入 Revit 导出的.gfc 数据时需要登陆广联云账号,没有广联云账号的需要先注册。

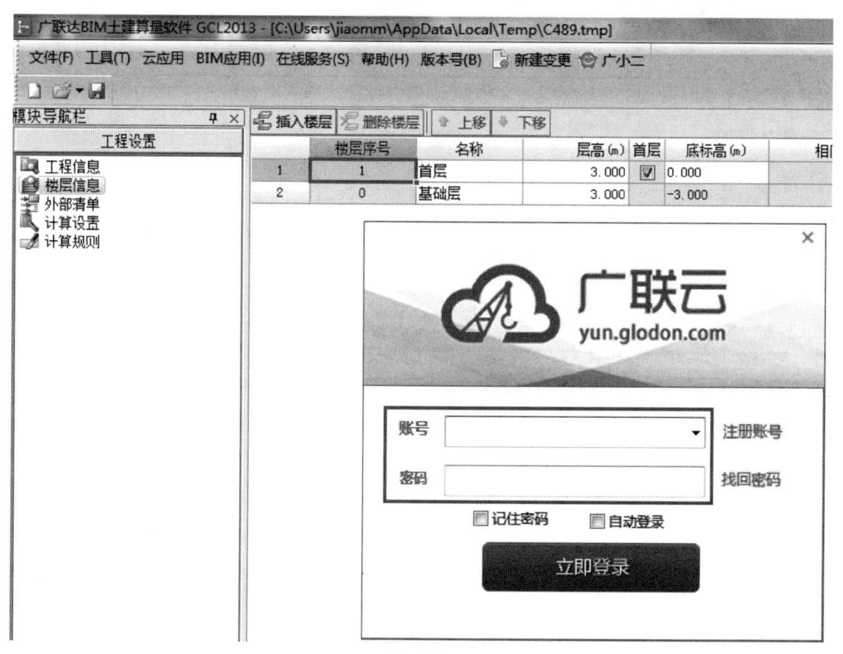

图 6-14

（4）广联云登陆完成后，单击“BIM 应用”选项卡“导入 Revit 交换文件（GFC）-单文件导入”工具，弹出“打开”窗口，选择刚导出的“Revit 与广联达算量软件（GCL）数据对接”文件，点击“打开”按钮，弹出“GFC 文件导入向导”窗口，无需修改，点击“完成”按钮，弹出“GFC 文件导入向导-正在导入”窗口，导入完成后，点击“完成”按钮，弹出“确认”窗口，点击“否”按钮，关闭窗口。此时 Revit 数据已经导入到广联达算量软件（GCL）中。过程如图 6-15～图 6-17 所示。

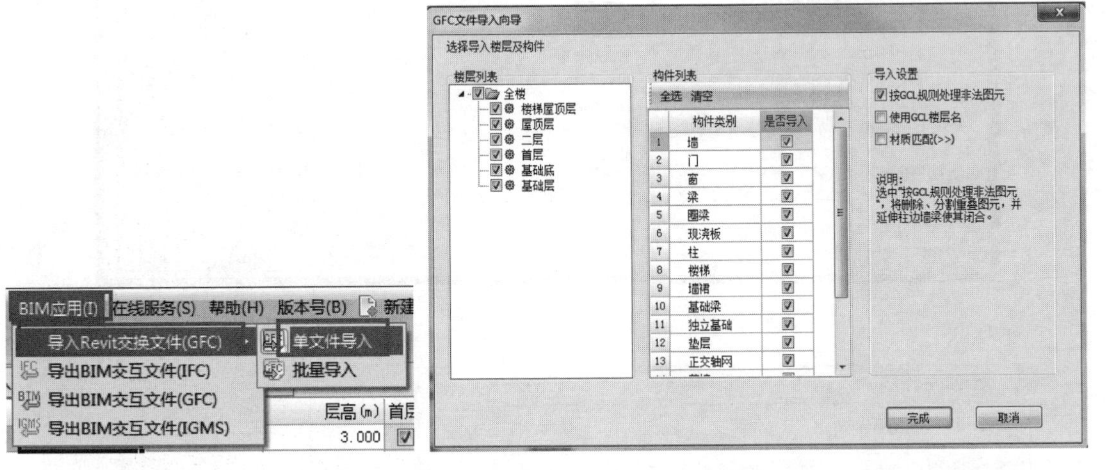

图 6-15　　　　　　　　　　图 6-16

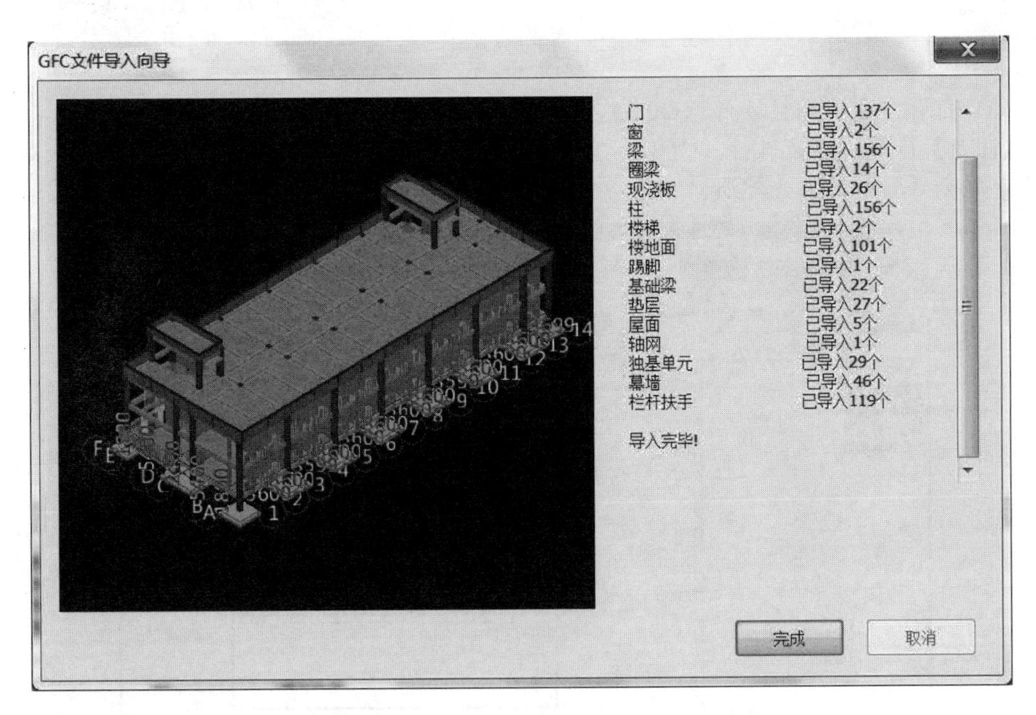

图 6-17

（5）点击软件左下角“绘图输入”进入绘图界面。如图 6-18、图 6-19 所示。

（6）单击“视图”选项卡下“构件图元显示设置”弹出“构件图元显示设置-轴网”窗口，勾选左侧全部图元（除轴网外）。如图 6-20、图 6-21 所示。

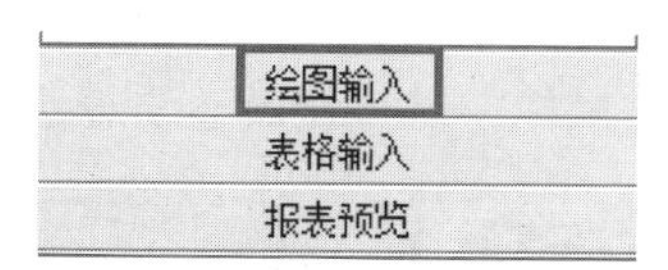

图 6-18

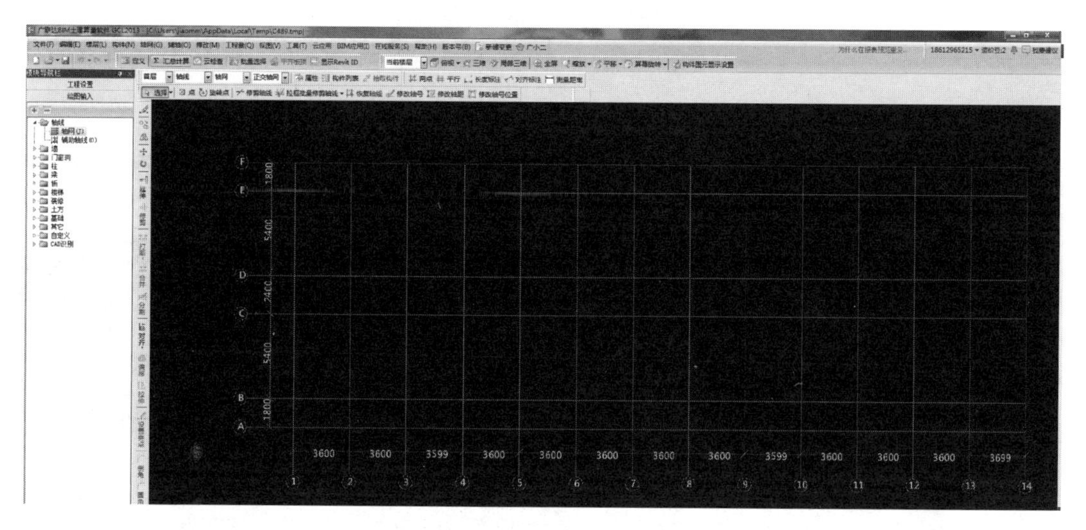

图 6-19

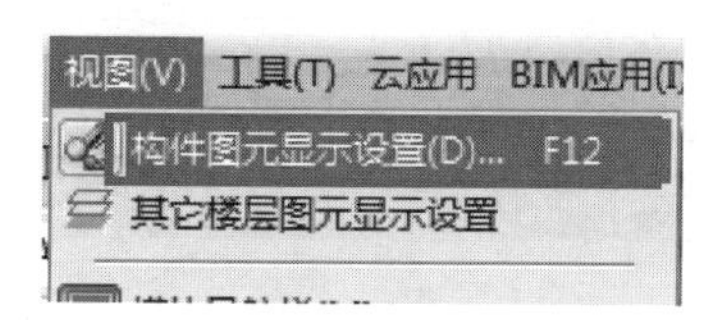

图 6-20

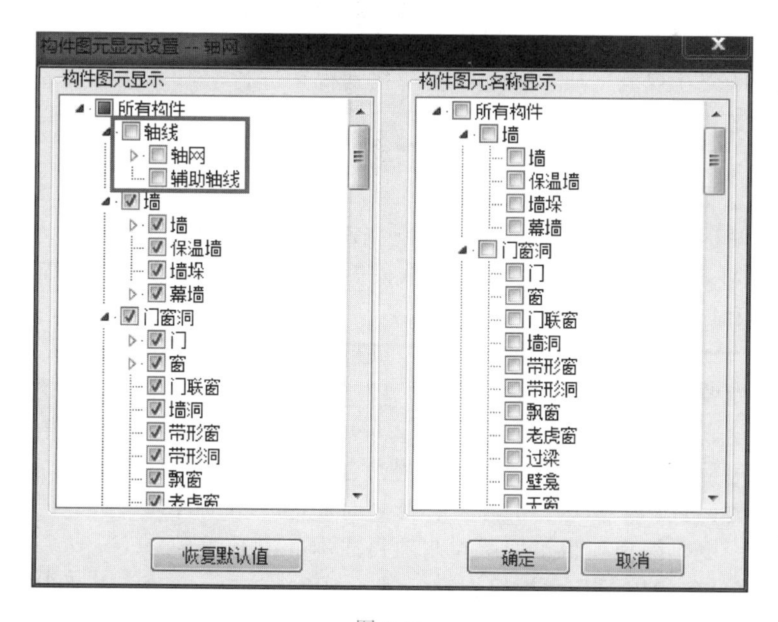

图 6-21

（7）点击“全部楼层”后点击“三维”工具，Revit 建立好的 BIM 模型整体显示在广联达算量软件（GCL）中，Ctrl 键＋鼠标左键可旋转查看模型。如图 6-22、图 6-23 所示。

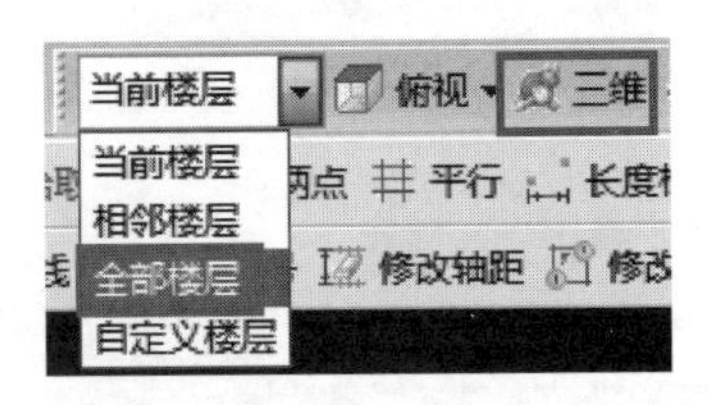

图 6-22

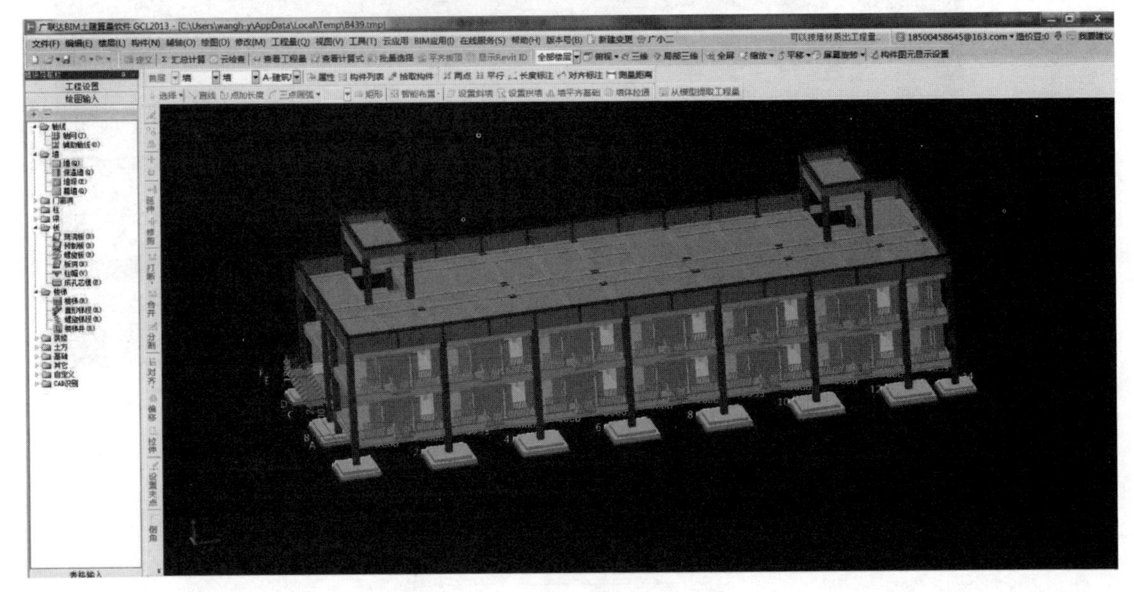

图 6-23

（8）在广联达算量软件（GCL）中可以对模型进行汇总计算，出具工程量表单数据，指导现场算量结算等工作。这里不再详述操作步骤，读者可以在腾讯课堂搜索“Revit 模型与广联达算量软件交互规范”或者“焦明明”找到视频进行学习。

6.4 Revit 与广联达 BIM 5D 软件对接

通过了解广联达 BIM 5D 软件，学习使用“BIM 5D”等命令导出 E5D 文件，实现 Revit 数据与广联达 BIM 5D 软件对接。下面将从软件简介与数据对接两方面进行讲解。

★ 广联达 BIM 5D 软件简介

广联达 BIM 5D 以 BIM 集成平台为核心，通过三维模型数据接口集成土建、钢构、机电、幕墙等多个专业模型，并以 BIM 集成模型为载体，将施工过程中的进度、合同、成本、清单、质量、安全、图纸等信息集成到同一平台，利用 BIM 模型的形象直观、可计算分析的特性，为施工过程中的进度管理、现场协调、合同成本管理、材料管理等关键过程及时提供准确的构件几何位置、工程量、资源量、计划时间等，帮助管理人员进行有效决策和精细管理，减少施工变更，缩短项目工期、控制项目成本、提升质量。

广联达 BIM5D 包含以下几大模块内容：基于 BIM 的进度管理、基于 BIM 的物资管理、基于 BIM 的分包和合同管理、基于 BIM 的成本管理、基于 BIM 的质量安全管理、基于 BIM 的云端管理和基于平台安全权限控制管理。

★ Revit 与广联达 BIM 5D 软件数据对接

(1) 目前电脑上单独安装 Revit 软件是不能直接把数据导出为广联达 BIM 5D 软件可识别的数据格式，只有电脑上同时安装 Revit 软件和广联达 BIM 5D 软件，并且在安装广联达 BIM 5D 软件过程中需要勾选 BIM 5D 软件所要支持的 Revit 版本（目前广联达 BIM 5D 软件支持 Revit2014～2017 版本），勾选后安装完成才会在 Revit 软件的“附加模块”选项卡中添加“广联达 BIM”面板（含有“BIM 5D”图标及下拉下的“配置规则、导出全部图元、导出所选图元、关于”四个下拉工具）。如图 6-24～图 6-26 所示。

图 6-24

Revit 2016

广联达BIM5D 2.5

图 6-25

图 6-26

(2) 单击“广联达 BIM”面板中的“BIM 5D”下拉下的“导出全部图元”工具，弹出“E5D 文件路径”窗口，指定存放路径为“Desktop \ 案例工程 \ 专用宿舍楼 \ Revit 与广联达 BIM 5D 软件对接”，命名为“Revit 与广联达 BIM 5D 软件数据对接”，默认保存的文件类型为“. E5D”格式。点击“保存”按钮，弹出“范围设置”窗口，在“选项设置-专业选择”中勾选“土建（土建、粗装修、幕墙、钢构、措施）”实际项目中需根据项目所属专业选择合适的专业，如图 6-27 所示。窗口中其他设置保持不变，点击“下一步”按钮，进入“跨层图元楼层设置”窗口，如图 6-28 所示。默认继续点击“下一步”按钮，进入“图元检查”窗口，图元检查窗口，含有“已识别图元、多义性的图元、未识别的图元”3 个选项卡，点击“未识别的图元”选项卡，向下滑动右侧滚动条，可以看到未识别图元主要为“独立基础-二阶”以及“门、窗”构件，如图 6-29 所示。可以快速批量选择同类构件进行 BIM 5D 专业的匹配和构件类型的匹配。点击序号 1 的“独立基础-二阶”，按住键盘的 Shift 键，向下滑动右侧滚动条，点击序号 29 的“独立基础-二阶”，全部选中后，点击序号 29 对应的“BIM 5D 专业”下拉小三角，点击“土建”专业，此时被选中的序号 1～29 行“构件类型”自动显示为“墙-墙”，继续点击序号 29 对应的“构件类型”下拉小三角，点击“基础-独立基础”，此时选中的 1～29 行的 BIM 5D 专业和构件类型修改正确 。同样的操作，点击序号 30 的“M-1”，按住键盘的 Shift 键，点击序号 119 的“M-1”，统一修改“BIM 5D 专业”为“粗装修”，“构件类型”为“门窗-门”。同样的方法修改窗构件。全部修改完毕后，查看最

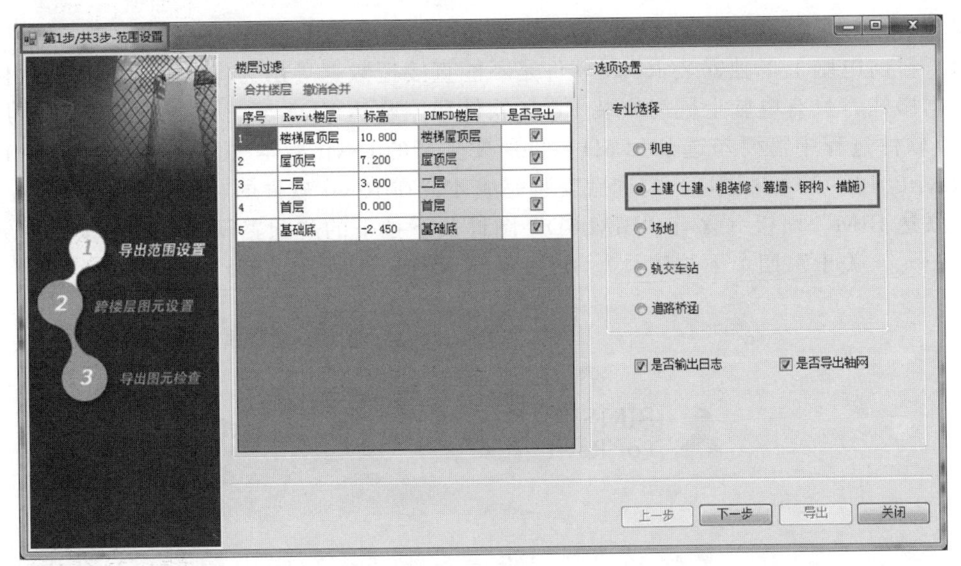

图 6-27

图 6-28

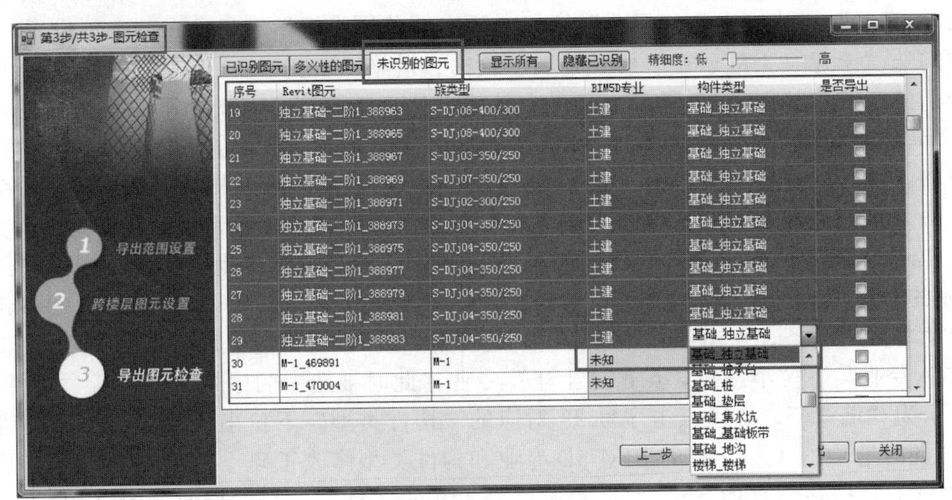

图 6-29

后的序号 227～229 行，双击定位到三维模型中，可以看到“属性”面板显示为“漫游”，这些不影响实体构件，无须修改。最后除序号 227～229 行外，将序号 1～226 行全部选中，勾选“是否导出”复选框，如图 6-30 所示。点击“导出”按钮，弹出“确认”窗口，提示还有图元专业为“未知”（就是指的序号 227～229 行），是否继续导出，点击“是”按钮，关闭窗口，切换到进度条模式，等待片刻，全部导出完成后弹出“导出完成”窗口，Revit 模型数据导出为.ED5 文件数据。如图 6-31～图 6-33 所示。

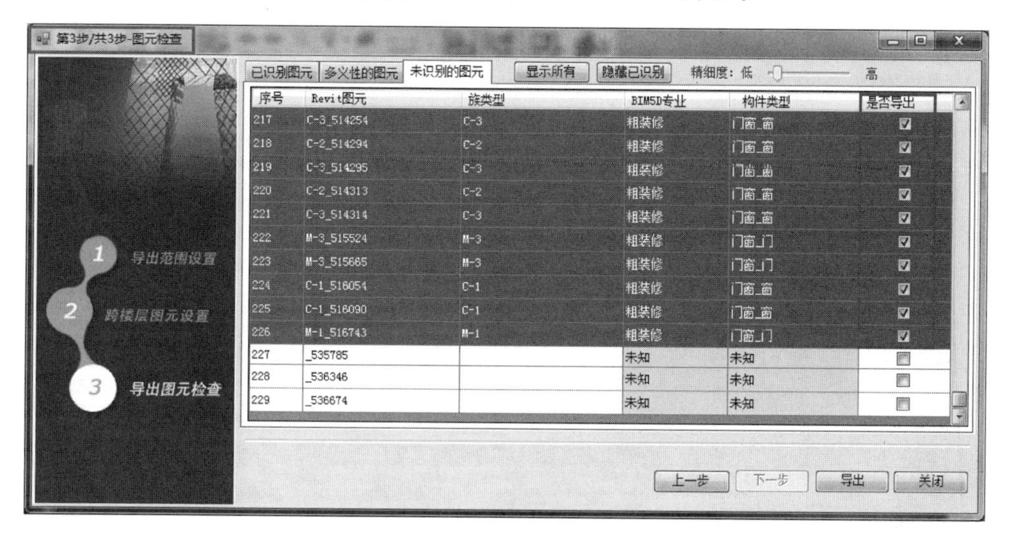

图 6-30

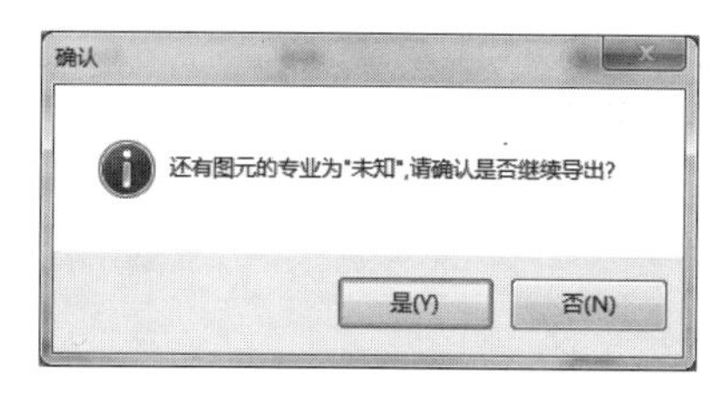

图 6-31

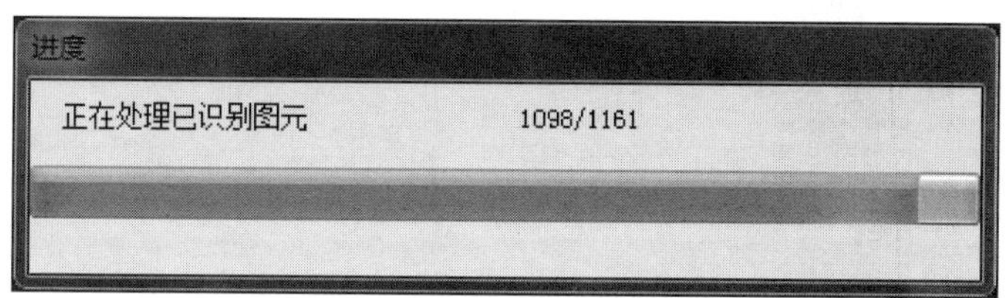

图 6-32

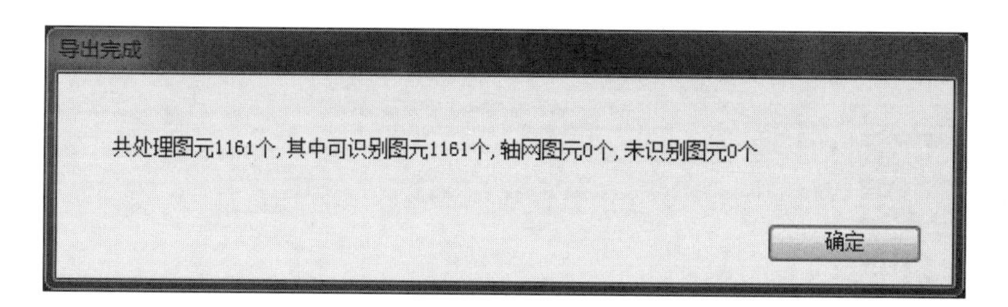

图 6-33

（3）打开广联达 BIM 5D 软件，新建工程后，在导航栏左侧功能模块区点击“数据导入”，在“模型导入”选项卡，“实体模型”一栏中点击“添加模型”，弹出“打开模型文件”窗口，选择刚导出的“Revit 与广联达 BIM5D 软件数据对接”文件，点击“打开”按钮，弹出“添加模型”窗口，可以修改“单体匹配”中单体的名称，点击“导入”按钮，将模型导入到 BIM 5D 软件。选中刚导入的模型文件，点击“文件预览”，可以对导入进来的三维模型进行各维度查看。如图 6-34～图 6-37 所示。

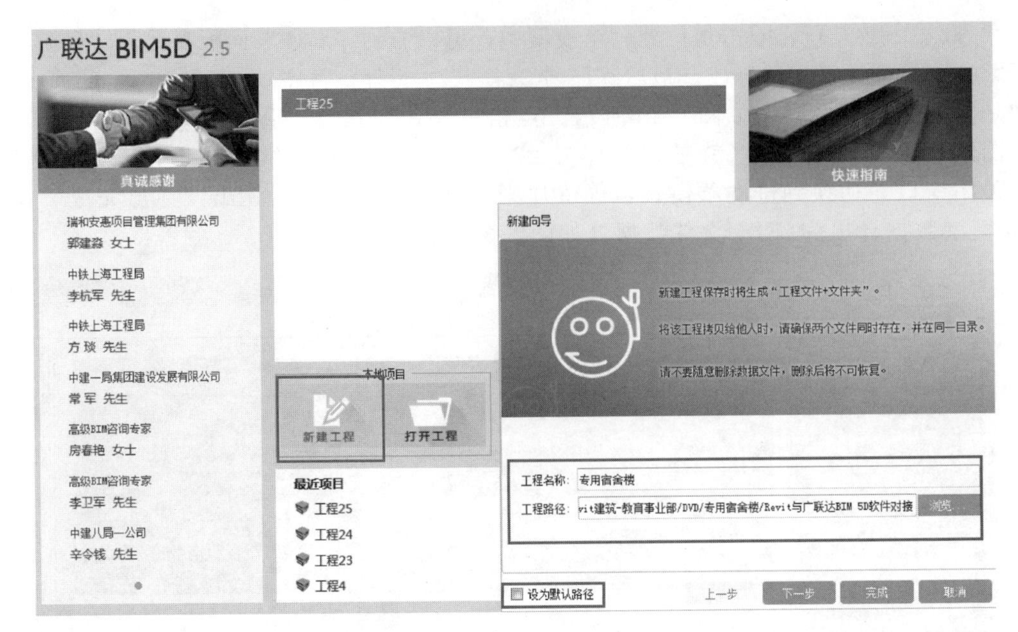

图 6-34

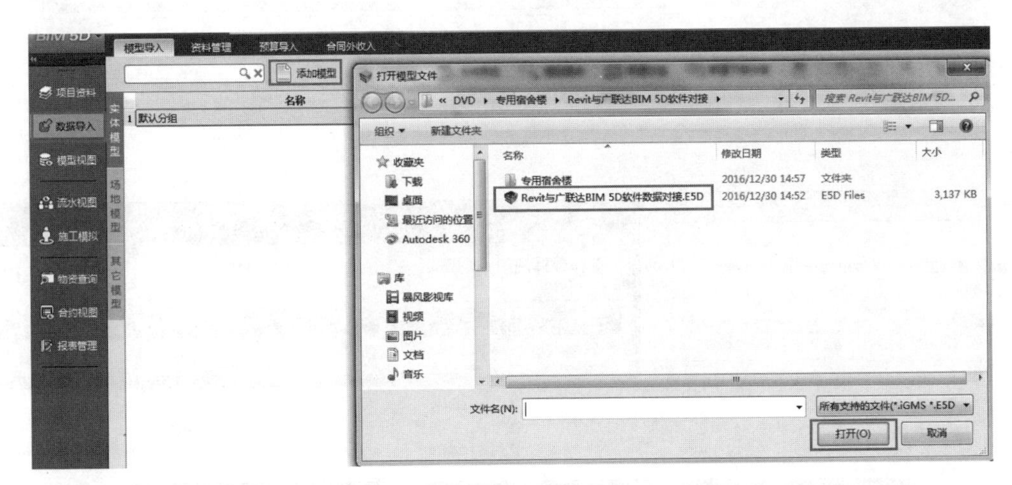

图 6-35

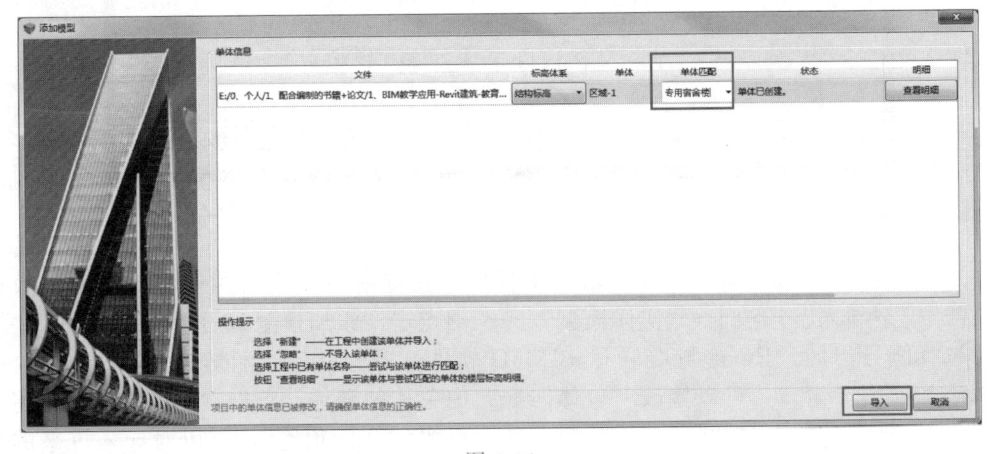

图 6-36

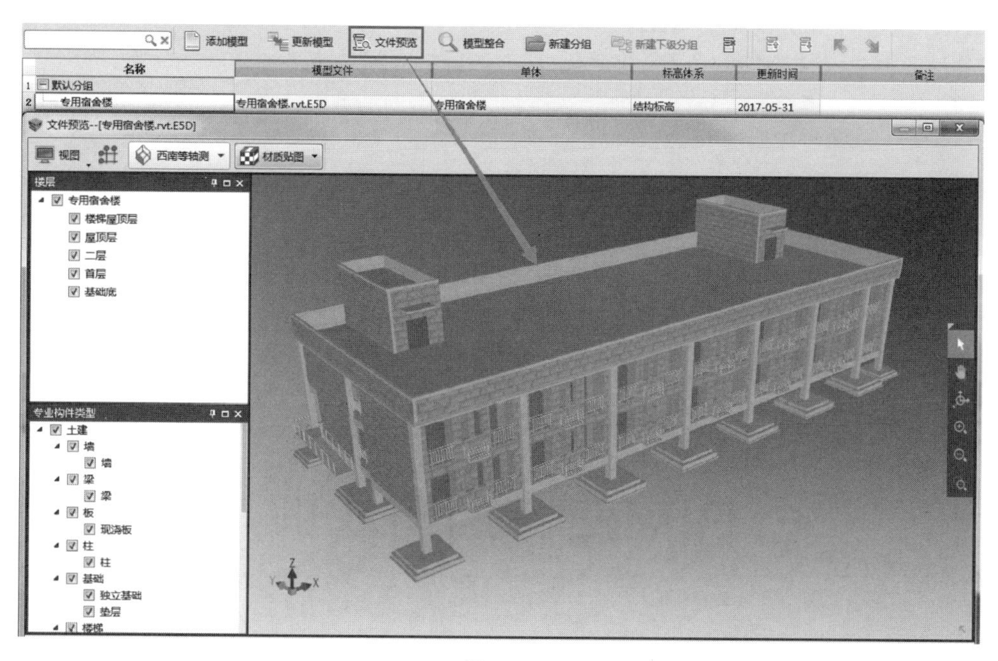

图 6-37

（4）BIM 5D 软件作为一个平台型的软件，不仅可以集成 Revit、Tekla、MagiCAD、GCL、GGJ 等不同的 BIM 软件产生的模型，还可以利用这些 BIM 模型进行项目进度管理，实时获得项目进度详情，显示进度滞后预警；可以进行 BIM 的物资管理，多维度的快速统计工程量、自动生成物资报表；能够通过移动端进行质量安全数据采集，将质量安全问题反馈到平台上并与模型定位挂接，实现质量安全过程管理的可视化、统一化；能够进行 5D 模拟的多方案对比，预测随着项目进展所需的资源需求以及消耗情况。这里不再详述操作步骤，读者可以在腾讯课堂搜索“广联达 BIM 5D 全流程项目实操讲解”或者“焦明明”找到视频进行学习。

6.5 总结

在用 Revit 软件进行 BIM 建模的过程中，除了上述讲到的可以将 Revit 软件中的模型导出为 Navisworks、Fuzor、GCL、BIM 5D 软件可读取的数据之外，Revit 中创建的模型也可以导入到 3ds Max 中进行更加专业绚丽的渲染操作；也可以导入到 Autodesk Ecotest Analysis 中进行生态方面的分析，比如环境影响模拟、节能减排设计分析等；还可以通过专用的接口将结构柱、梁等模型导入到 PKPM 或 YJK 软件进行结构模型的受力计算。

由此可见，Revit 软件具有强大的 OPEN 特性，可以和众多主流 BIM 软件进行数据交换，以提高数据共享，协同工作的效率，这也是 Revit 软件作为 BIM 圈内市场占有率较高的一款软件的重要原因。通过上述内容，读者需要了解的是没有任何一款 BIM 软件可以解决实际项目中所有的需求，在现阶段 BIM 模型创建及应用的过程中，应该根据项目需求选择更轻便快捷的软件进行组合，通过数据传输保证各 BIM 软件都发挥最大的价值，这也体现了 BIM 生态圈内合作共赢的理念。

第 3 篇

BIM建模项目实训

学习目标

1. 理解 Revit 结构与建筑建模的基本思路。
2. 掌握结构与建筑构件实体的创建、编辑与修改等操作。
3. 综合提高 Revit 建模能力水平。
4. 利用 Revit 软件，熟练完成员工宿舍楼的模型创建。

7 员工宿舍楼项目实训

7.1 建模实训课程概述

本书在前述章节讲解中，主要以专用宿舍楼项目为例进行讲解，意在帮助读者快速了解Revit软件建立模型的流程，并在建模过程中熟悉Revit功能、掌握Revit建模技巧。为了继续巩固读者的BIM软件操作技能，本章节将通过一个与前述章节类似的员工宿舍楼项目让读者再次对Revit建模有深入了解。由于两个项目类型接近，所以在本章节的讲解中主要是介绍建模思路，具体操作步骤不再赘述。

7.2 建模思路概述

（1）建模前期准备　利用专用宿舍楼中讲到的创建项目、建立标高、建立轴网的方式，建立员工宿舍楼对应项目文件、标高体系、轴网体系。

（2）结构模型搭建　利用专用宿舍楼中讲到的创建结构模型的方式建立员工宿舍楼对应结构体系构件。

（3）建筑模型搭建　利用专用宿舍楼中讲到的创建建筑模型的方式建立员工宿舍楼对应建筑体系构件。

（4）模型后期应用　进行模型浏览、漫游动画、图片渲染、材料统计、出施工图等操作。

（5）与其他软件对接　将Revit模型与Navisworks软件、Fuzor软件、广联达算量软件（GCL）软件、广联达BIM 5D软件实现数据对接。

整体建模过程如图7-1所示。

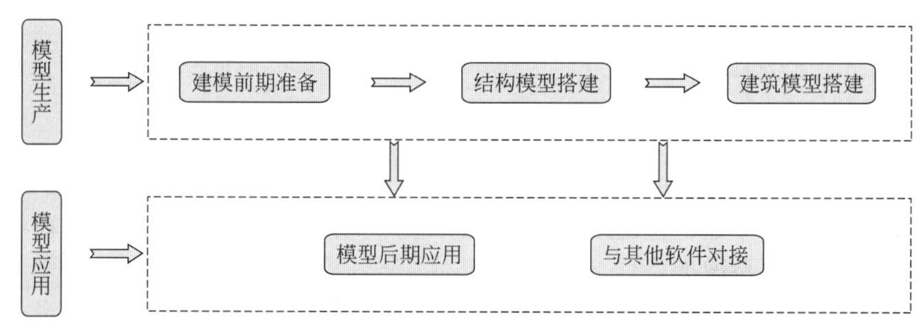

图 7-1

7.3 建模前期准备

7.3.1 准备资料

搭建实体模型前，需要先进行底层基础数据的设置，以保证后期模型的正确性。一般情况下建立模型前需要先建立项目文件，并建立好标高及轴网体系。如图 7-2 所示。

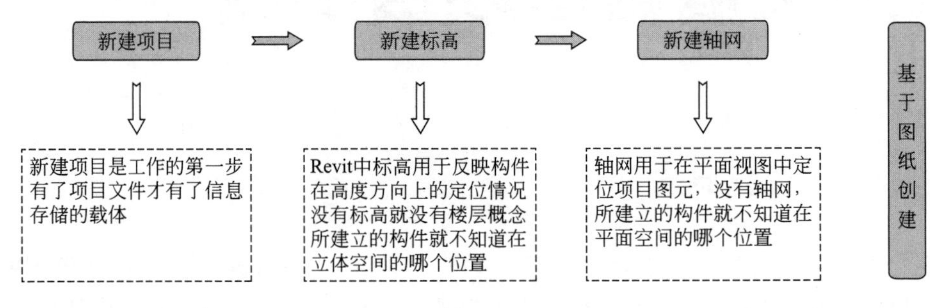

图 7-2

7.3.2 新建项目

启动 Revit 软件，通过“应用程序”中的“新建”—“项目”命令，以“项目模板 2016. rte”为样板文件创建项目并保存为“员工宿舍楼. rvt”项目文件。

7.3.3 新建标高

进入立面视图，先打开“南”立面视图，根据建筑立面图及结构图中的结构层楼面标高，使用“建筑”选项卡“基准”面板中的“标高”工具建立标高体系，如图 7-3 所示。

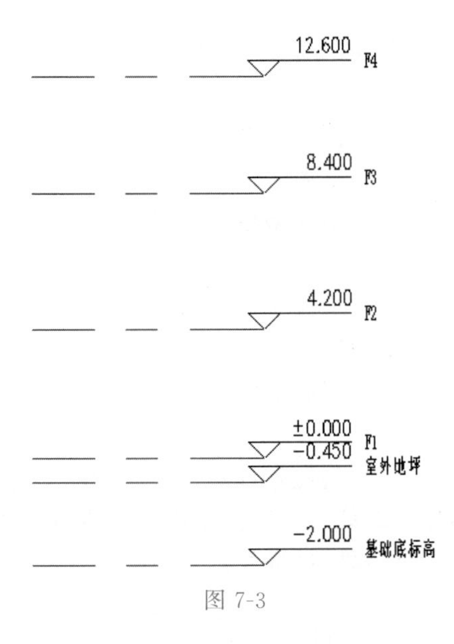

图 7-3

7.3.4 新建轴网

进入楼层平面视图，打开“首层”楼层平面视图，根据“一层平面图”，使用“建筑”选项卡“基准”面板中的“轴网”工具建立轴网体系，如图 7-4 所示。

7.3.5 成果总结

（1）建模能力提高　通过上述操作流程可以完整地建立项目文件，创建轴网及标高体系，为后期创建实体模型做准备。

（2）综合能力提高　通过本案例工程能够利用软件的功能将图纸信息、业务知识以及施工现场场景进行转化，实现业务知识与软件操作的双向提高。

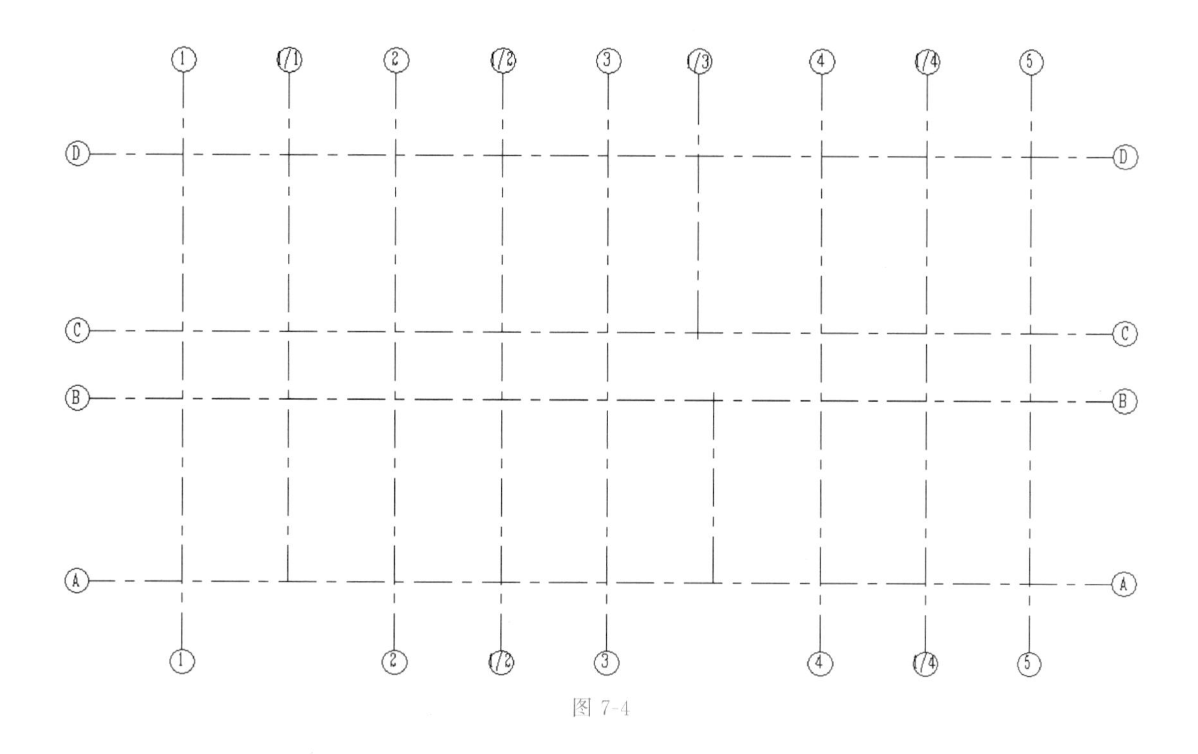

图 7-4

7.4 结构模型搭建

7.4.1 结构模型搭建思路

结构是一个项目的骨架，为了保证“骨架”的强壮性、稳定性，需要将项目的基础、结构柱、结构梁、结构板、楼梯等构件进行搭建。在搭建结构模型前要以图纸为建模依据，正确创建 BIM 模型，并及时保存成果。如图 7-5 所示。

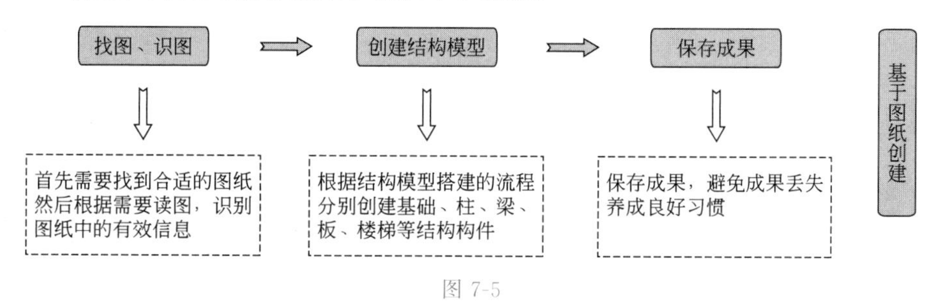

图 7-5

7.4.2 结构模型创建流程

本员工宿舍楼项目配备了完整的图纸资料，在建立结构模型的过程中需要对应查阅图纸，并按照由下到上，由主体到局部的思路进行模型的创建。如图 7-6 所示。

7.4.3 新建条形基础

启动 Revit 软件，通过“应用程序”中的“新建”—“族”命令，以“公制结构基础 .rft”为族样板文件创建条形基础模型。在族文件中切换到“左/右”立面视图，使用“创

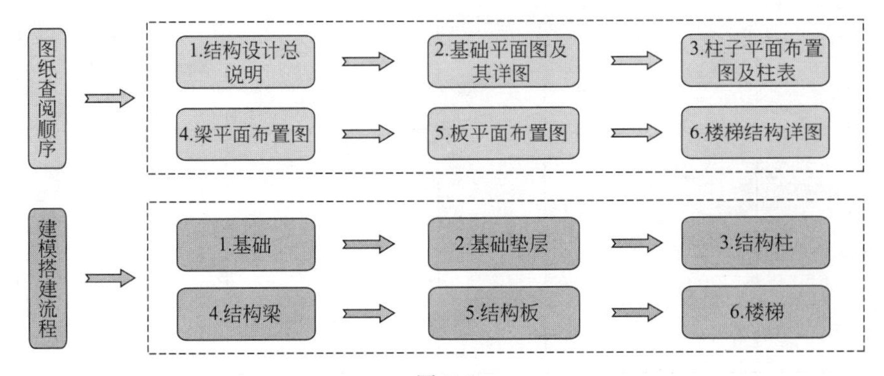

图 7-6

建”菜单下的“拉伸”命令，“绘制”面板中的“直线”工具描绘出条形基础截面轮廓。为了方便条形基础在项目中使用，对条形基础进行参数设置。如图 7-7 所示。

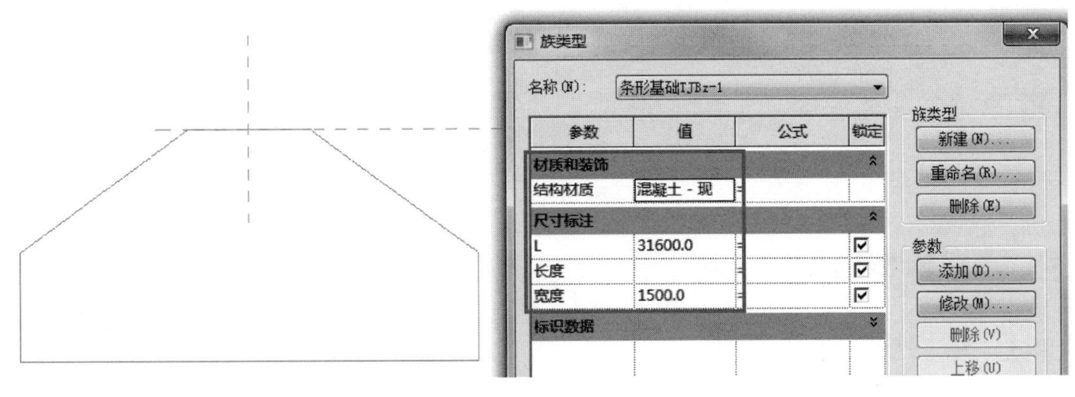

图 7-7

对建立好的条形基础族进行保存，并将其载入到“员工宿舍楼. rvt”项目中。参照“基础平面布置图”进行绘制，绘制完成后如图 7-8 所示。

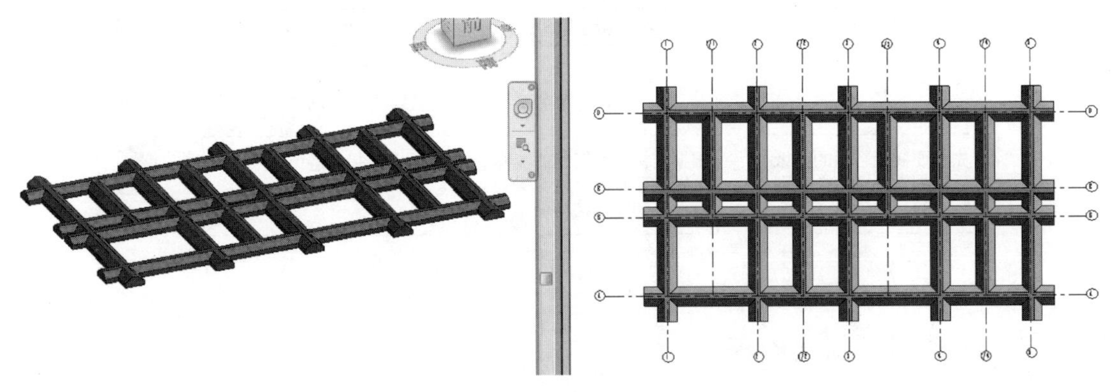

图 7-8

7.4.4 新建基础垫层

以“结构”选项卡“基础”面板中的“板”下拉下的“结构基础：楼板”工具为基础，复制出“基础垫层构件”，根据“基础平面布置图”进行相应厚度、材质、标高信息设置后进行基础垫层绘制。绘制完成后如图 7-9 所示（为了方便展示，下图将基础垫层进行选中）。

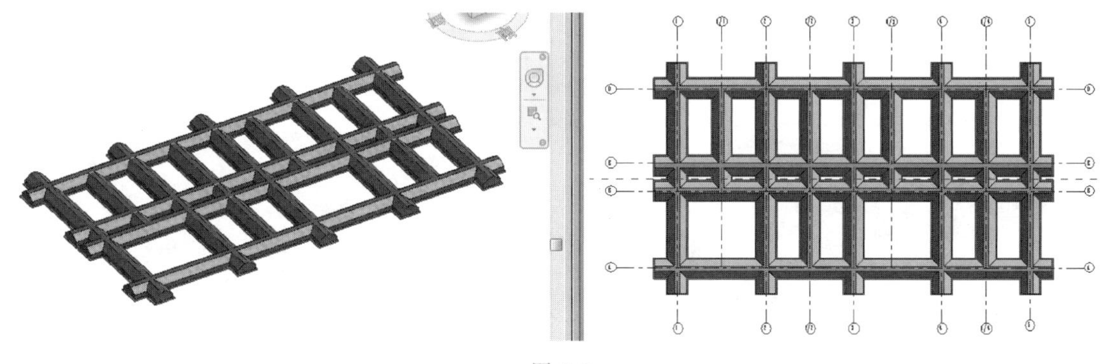

图 7-9

7.4.5 新建结构柱

以“结构”选项卡“结构”面板中的“柱”为基础，根据结构图纸信息建立相应结构柱构件类型，并对各结构柱的尺寸、材质、混凝土强度等级、标高信息进行设置。最终依据相应各层结构图纸对结构柱进行逐层创建。绘制完成后如图 7-10 所示。

7.4.6 新建结构梁

以“结构”选项卡“结构”面板中的“梁”为基础，根据结构图纸信息建立相应结构梁构件类型，并对各结构梁尺寸、材质、混凝土强度等级、标高信息进行设置。最终依据相应各层结构图纸对结构梁进行逐层创建。绘制完成后如图 7-11 所示。

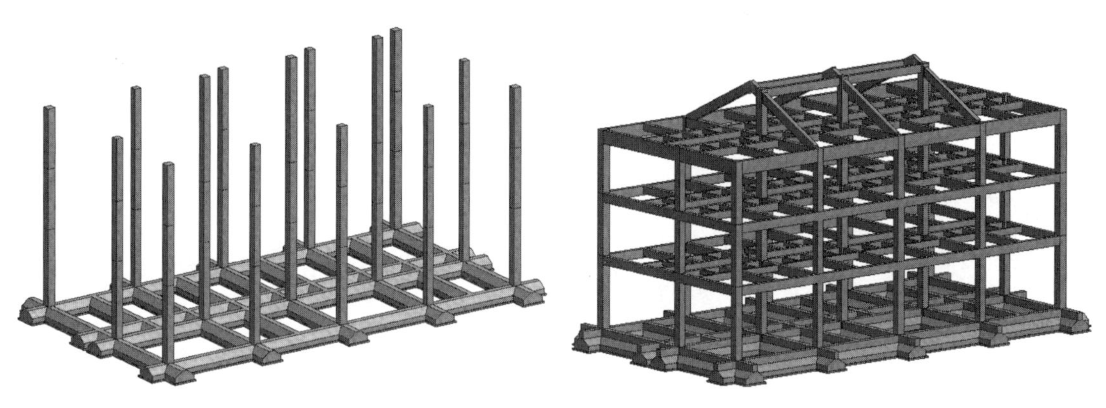

图 7-10　　图 7-11

7.4.7 新建结构板

以“结构”选项卡“结构”面板中的“楼板”下拉下的“楼板：结构”为基础，根据结构图纸信息建立相应结构板构件类型，并对各结构板厚度、材质、混凝土强度等级、标高信息进行设置。最终依据相应各层结构图纸对结构板进行逐层创建。绘制完成后如图 7-12 所示。

7.4.8 新建屋顶

以“建筑”选项卡“构建”面板中的“屋顶”下拉下的“迹线屋顶”为基础，根据图纸信息建立相应屋顶构件类型，并对屋顶厚度、材质、混凝土强度等级、标高信息进行设置。最终依据相应图纸在相应位置创建屋顶。绘制完成后如图 7-13 所示。

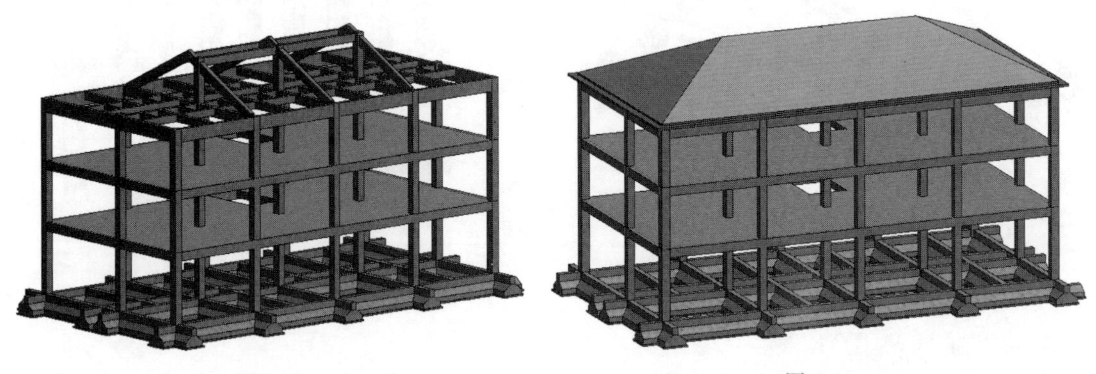

图 7-12　　　　图 7-13

7.4.9　新建屋顶檐板

以“建筑”选项卡“构建”面板中的“屋顶”下拉下的“屋顶：封檐板”为基础，根据图纸信息建立相应屋顶封檐板构件类型。并在相应位置创建屋顶封檐板。绘制完成后如图 7-14 所示。

7.4.10　新建楼梯

以“建筑”选项卡“楼梯坡道”面板中的“楼梯”下拉下的“楼梯（按草图）”为基础，根据图纸信息建立相应楼梯构件类型，并对楼梯各参数、材质、混凝土强度等级、标高信息进行设置。最终根据相应图纸在相应位置创建楼梯。绘制完成后如图 7-15 所示。

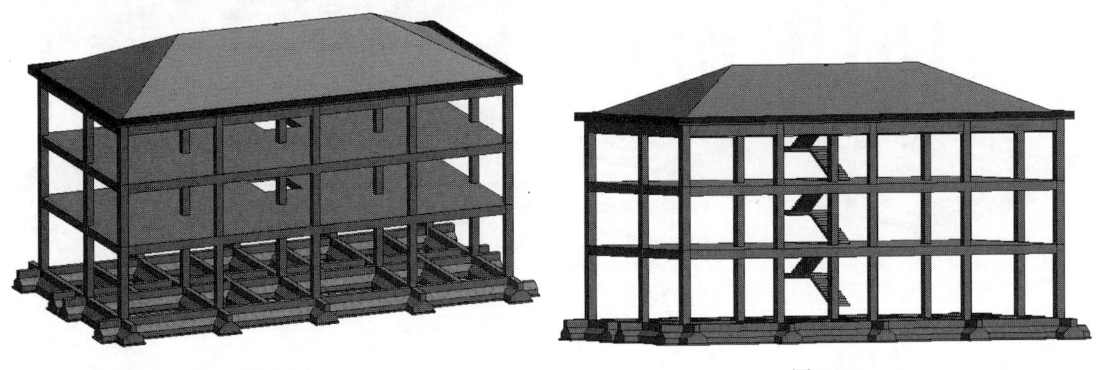

图 7-14　　　　图 7-15

7.4.11　结构模型搭建总结

（1）建模能力提高　通过上述操作流程可以完整地建立结构基础、结构柱、结构梁、结构板、屋顶、楼梯等构件，不断提高自身实操能力。

（2）综合能力提高　通过本案例工程能够利用软件的功能将图纸信息、业务知识以及施工现场场景进行转化，实现业务知识与软件操作的双向提高。

7.5 建筑模型搭建

7.5.1 建筑模型搭建思路

建筑模型是项目的外皮构造，给人最直观的感受。在搭建建筑模型前，需要找到对应的图纸进行分析，并结合软件操作进行构件的创建及图元的绘制。如图 7-16 所示。

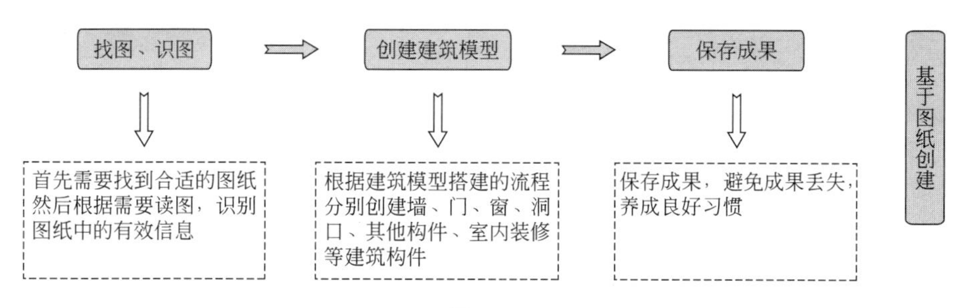

图 7-16

7.5.2 建筑模型创建流程

本员工宿舍楼项目配备了完整的图纸资料，在建立建筑模型的过程中需要对应查阅图纸，并按照由主体模型到细部构件的思路进行模型的创建，如图 7-17 所示。

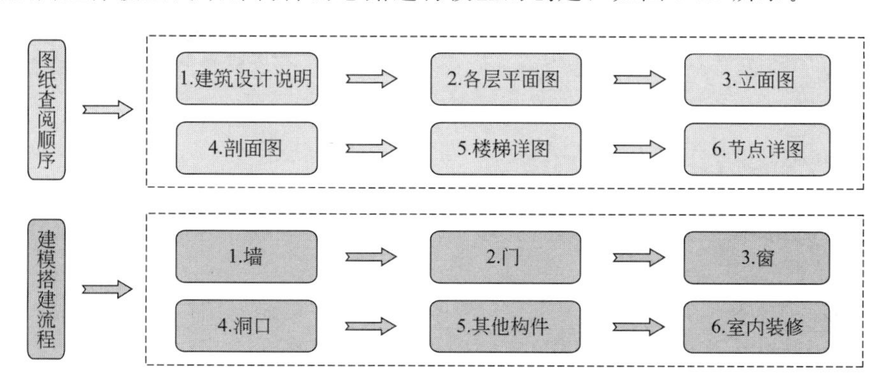

图 7-17

7.5.3 新建墙

以“建筑”选项卡“构建”面板中的“墙”下拉下的“墙：建筑”为基础，根据建筑图纸信息建立相应建筑墙构件类型，并对墙厚度、材质、混凝土强度等级、标高信息进行设置。最终依据相应各层建筑图纸对建筑墙进行逐层创建。绘制完成后如图 7-18 所示。

7.5.4 新建门

以“建筑”选项卡“构建”面板中的“门”为基础，根据建筑图纸信息建立相应门构件类型，并对门各参数、材质、标高信息进行设置。最终依据相应各层建筑图纸对门进行逐层创建。绘制完成后如图 7-19 所示。

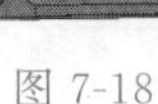

图 7-18

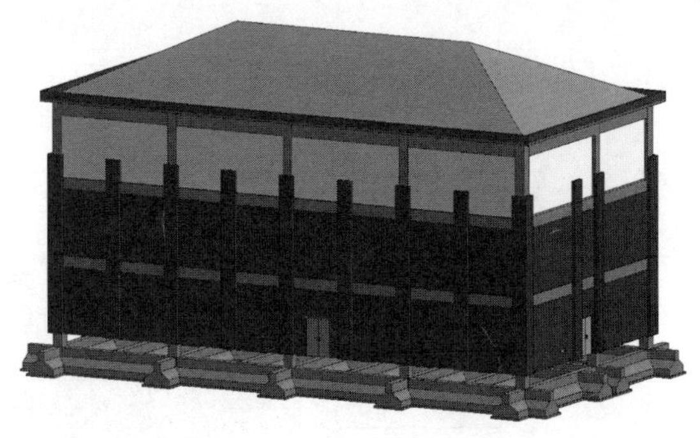

图 7-19

7.5.5 新建窗

以“建筑”选项卡“构建”面板中的“窗”为基础，根据建筑图纸信息建立相应窗构件类型，并对窗各参数、材质、标高信息进行设置。最终依据相应各层建筑图纸对窗进行逐层创建。绘制完成后如图 7-20 所示。

图 7-20

7.5.6 新建其他零星构件

对于员工宿舍楼中的零星构件，如台阶、散水、坡道、栏杆等构件，可以参见前述章节中教学步骤进行建模，此处不再赘述。

7.5.7 建筑模型搭建总结

（1）建模能力提高　通过上述操作流程可以完整地建立墙、门、窗、其他零星等构件，不断提高自身实操能力。

（2）综合能力提高　通过本案例工程能够利用软件的功能将图纸信息、业务知识以及施工现场场景进行转化，实现业务知识与软件操作的双向提高。

7.6 模型后期应用

将搭建好的员工宿舍楼模型进行模型后期的应用，并完成员工宿舍楼项目的模型浏览、漫游动画、图片渲染、材料统计、出施工图等应用操作。如图 7-21 所示。

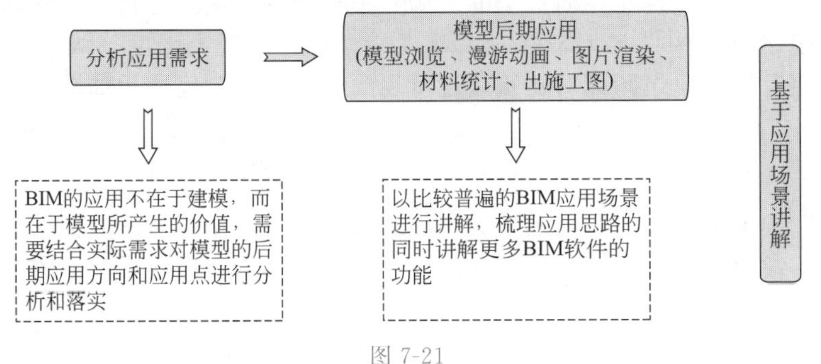

图 7-21

7.7 与其他软件对接

利用数据接口或插件文件，将搭建好的员工宿舍楼模型与建筑行业其他主流 BIM 软件进行对接，以方便模型后期的多层次应用，最终为 BIM 模型提升应用价值。如图 7-22 所示。

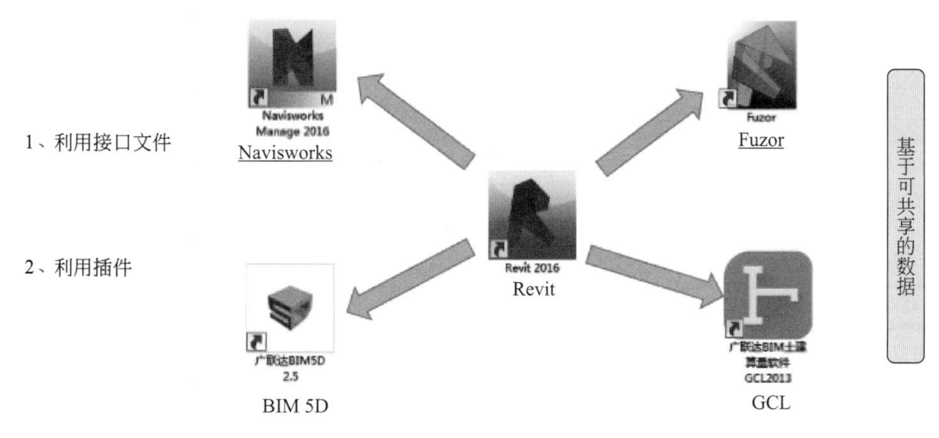

图 7-22

7.8 项目总结

（1）本项目员工宿舍楼的创建流程与上一章节相同，先建立标高、轴网、然后开始结构、建筑构件的搭建。

（2）读者在掌握一般项目建模流程的基础上可以逐步加深对 Revit 软件操作的熟练程度。

（3）读者在学习过程中可以举一反三，将 Revit 软件灵活应用在各种不同类型的建筑中，最终实现 BIM 设计。

参考文献

[1] 黄亚斌，王全杰. Revit 建筑应用实训教程. 北京：化学工业出版社，2016.
[2] 黄亚斌，王全杰. Revit 机电应用实训教程. 北京：化学工业出版社，2016.
[3] 朱溢镕. BIM 算量一图一练. 北京：化学工业出版社，2016.